Alternierende Differentialformen

Alternierende Differentialformen

von
Dr. Harald Holmann,
Dr. Hansklaus Rummler
Mathematisches Institut der
Universität Fribourg

2., durchgesehene Auflage

Bibliographisches Institut Mannheim/Wien/Zürich
B.I.-Wissenschaftsverlag

CIP-Kurztitelaufnahme der Deutschen Bibliothek

Holmann, Harald:
Alternierende Differentialformen / von Harald Holmann; Hansklaus Rummler. - 2., durchges. Aufl. - Mannheim; Wien; Zürich: Bibliographisches Institut, 1981.
ISBN 3-411-01612-4
NE: Rummler, Hansklaus:

Druck: Klambt-Druck GmbH, Speyer
Bindearbeit: Pilger-Druckerei GmbH, Speyer
Printed in Germany
ISBN 3-411-01612-4

VORWORT

Es ist heute vielfach üblich, der klassischen zweisemestrigen Vorlesung über Infinitesimalrechnung eine ein- oder zweisemestrige Fortsetzung folgen zu lassen, die in die Theorie der Differentialformen einführt. Aus solchen Vorlesungen ist auch dieses Buch entstanden. Es ist daher vor allem für Studenten ab drittem Semester geschrieben, die einen einjährigen Kurs in Differential- und Integralrechnung sowie in Linearer Algebra absolviert haben. Der folgende Stoff der Grundvorlesung wird sogar noch einmal entwickelt: die Sätze über implizite Funktionen, die Transformationsformel für Gebietsintegrale.

Die Theorie der Differentialformen ist auch für den Physiker von Interesse (klassische Mechanik und Feldtheorie). Sie ist ihm allerdings meistens in einer anderen Darstellung, nämlich als Vektoranalysis, vertraut. In den Paragraphen 17 und 21 wird – vor allem für den Physiker – die Übersetzung von Ergebnissen aus der Theorie der Differentialformen in die Sprache der Vektoranalysis vorgenommen. So werden z.B. die in der Physik vorkommenden Integralformeln in der in der Physik üblichen Symbolik dargestellt, der jedoch durch Verwendung der vektorwertigen Differentialformen ein auch den reinen Mathematiker befriedigender Sinn gegeben wird.

In der Infinitesimalrechnung (besonders bei Funktionen mehrerer Veränderlicher) spielt die Lineare Algebra endlich-dimensionaler reeller Vektorräume eine große Rolle; ganz analog muß man für die Theorie der Differentialformen gewisse Abschnitte der Multilinearen Algebra heranziehen. Kapitel I ist daher der Multilinearen Algebra, soweit sie für die Theorie der Differentialformen benötigt wird, gewidmet.

Kapitel II ist eine Einführung in die Theorie der differenzierbaren Mannigfaltigkeiten. Es dient im wesentlichen zur Vorbereitung auf den eigentlichen Gegenstand des Buches, der in den Kapiteln III und IV dargestellt wird.

Dem Beispiel der Infinitesimalrechnung folgend haben wir die Behandlung der Differentialformen aufgeteilt in Differentialrechnung (Kapitel III) und Integralrechnung (Kapitel IV) der Differentialformen. Zur Einführung ist diese Aufteilung ganz nützlich, wenngleich in den Anwendungen häufig gerade beide Aspekte zusammen von Bedeutung sind (vgl. § 20).

Einen genaueren Überblick über den in diesem Buch behandelten Stoff erhält man aus dem Inhaltsverzeichnis, wo zu jedem Paragraphen die dargestellten Gegenstände stichwortartig angegeben sind.

Dieses Buch ist in gewisser Weise auch eine Einführung in die Grundbegriffe der Differentialgeometrie. Einerseits erfordert das die Behandlung der Differentialformen, andererseits lassen sich aus der Theorie der Differentialformen häufig leicht differentialgeometrische Aussagen gewinnen. Für eine tiefergehende Einführung in die Differentialgeometrie sei der Leser aber auf die im Literaturverzeichnis angegebenen Bücher hingewiesen.

Auf Anwendungen der Theorie der Differentialformen konnte nur beschränkt eingegangen werden (vgl. § 13 und § 14). Auch hier sei der interessierte Leser auf weiterführende Bücher im Literaturverzeichnis hingewiesen.

Herrn Otto Bossart sind wir für seine Hilfe bei der technischen Anfertigung des Manuskripts und für wertvolle Hinweise zu einigen Abschnitten sehr zu Dank verpflichtet. Herzlich danken möchten wir Frau Erika Wälti und Frau Ruth Züllig für das Schreiben des Manuskripts. Nicht zuletzt schulden wir dem Bibliographischen Institut großen Dank für sein Entgegenkommen und seine Geduld.

VORWORT ZUR 2. AUFLAGE

Die vorliegende 2. Auflage unterscheidet sich von der 1. Auflage nur dadurch, daß Druckfehler – wie wir hoffen – weitgehend beseitigt sind. Das Literaturverzeichnis wurde durch einige neuere Bücher über Differentialformen ergänzt.

Fribourg 1981 H. Holmann · H. Rummler

INHALT

KAPITEL I

MULTILINEARE ALGEBRA

Vom Leser werden nur elementare Grundkenntnisse der linearen Algebra erwartet, wie man sie etwa in dem B. I.-Taschenbuch von H. Holmann über „Lineare und multilineare Algebra I“ in den Paragraphen 1, 2 und 3 findet. Neben den klassischen Begriffen der linearen Algebra werden wir Begriffe wie Kategorien, Funktoren und Morphismen von Funktoren verwenden. Diese sollen jedoch nur als Sprechweisen dienen, um immer wieder auftretende ähnliche Sachverhalte auf eine einheitliche und einfache Weise auszudrücken. Man findet diese Begriffe in der hier verwendeten Form im Anhang des oben erwähnten B. I.-Taschenbuches zusammengestellt.

In diesem Kapitel haben wir es vor allem mit den folgenden Kategorien zu tun:

$\mathscr{V} = \mathscr{V}_{\mathbb{R}} :=$ Kategorie der reellen Vektorräume und linearen Abbildungen.

$\mathscr{A} = \mathscr{A}_{\mathbb{R}} :=$ Kategorie der $\mathbb{R}$-Algebren und Algebramorphismen.

$\mathscr{A}^g = \mathscr{A}^g_{\mathbb{R}} :=$ Kategorie der graduierten $\mathbb{R}$-Algebren und graduierten Algebramorphismen.

An die Definition einer graduierten $\mathbb{R}$-Algebra und eines graduierten Algebramorphismus sei noch einmal erinnert:

Eine graduierte $\mathbb{R}$-Algebra besteht aus einer $\mathbb{R}$-Algebra A und einer Darstellung $A = \bigoplus_{i \in \mathbb{N}} A_i$ der unterliegenden Vektorraumstruktur von A als direkte Summe linearer Unterräume A_i, $i \in \mathbb{N}$, so daß $A_i \cdot A_j \subseteq A_{i+j}\ \forall i, j \in \mathbb{N}$.

Ein Algebramorphismus $f: A \to B$ zwischen graduierten $\mathbb{R}$-Algebren $A = \bigoplus_{i \in \mathbb{N}} A_i$ und $B = \bigoplus_{i \in \mathbb{N}} B_i$ heißt graduiert, wenn $f(A_i) \subseteq B_i\ \forall i \in \mathbb{N}$.

§ 1: Multilinearformen

1.1 Definition: *$X_1,\ldots,X_p, Y$ seien reelle Vektorräume, d.h. Elemente aus* Ob$\mathscr{V}$. *Eine Abbildung*

$$\psi: X_1 \times \cdots \times X_p \to Y$$

heißt p-linear, wenn für alle $i=1,\ldots,p$ und für alle $x_j \in X_j, j=1,\ldots,p, j \neq i$, die Abbildungen

$$\psi(x_1,\ldots,x_{i-1},\square,x_{i+1},\ldots,x_p): X_i \to Y$$

linear sind.

Ist $X = X_1 = \cdots = X_p$ und $Y = \mathbb{R}$, so bezeichnen wir das p-fache cartesische Produkt von X mit $X^p := \bigtimes_p X = X_1 \times \cdots \times X_p$ und nennen eine p-lineare Abbildung

$$\psi: X^p \to \mathbb{R}$$

eine p-Linearform oder kurz eine p-Form auf X.

Die Menge $\mathfrak{M}_p(X_1,\ldots,X_p; Y)$ aller p-linearen Abbildungen $\psi: X_1 \times \cdots \times X_p \to Y$ bildet, wie man leicht verifiziert, einen reellen Vektorraum bezüglich der beiden folgenden Verknüpfungen:

$$(\varphi+\psi)(x_1,\ldots,x_p) := \varphi(x_1,\ldots,x_p) + \psi(x_1,\ldots,x_p),$$
$$(k\cdot\varphi)(x_1,\ldots,x_p) := k\cdot\varphi(x_1,\ldots,x_p)$$

für $\varphi, \psi \in \mathfrak{M}_p(X_1,\ldots,X_p; Y)$, $k \in \mathbb{R}$, $x_i \in X_i$, $i=1,\ldots,p$. Speziell bilden die p-Formen auf X einen reellen Vektorraum $\mathfrak{M}_p(X) := \{\psi: X^p \to \mathbb{R}; \psi\ p\text{-linear}\}$ für alle $p \in \mathbb{N}$, $p>0$. Es erweist sich als nützlich, für $p=0$ zu definieren: $\mathfrak{M}_0(X) := \mathbb{R}$.

$\mathfrak{M}(X) := \bigoplus_{p\in\mathbb{N}} \mathfrak{M}_p(X)$ besitzt zusätzlich zur Vektorraumstruktur eine innere Multiplikation, die es zu einer graduierten $\mathbb{R}$-Algebra macht, der sogenannten Multilinearformenalgebra von X. Diese Multiplikation ist für $\psi = \sum_{p\in\mathbb{N}} \psi_p$, $\varphi = \sum_{p\in\mathbb{N}} \varphi_p \in \mathfrak{M}(X)$ $(\psi_p, \varphi_p \in \mathfrak{M}_p(X)\ \forall p \in \mathbb{N})$ wie folgt erklärt:

$$\psi \circ \varphi := \sum_{n\in\mathbb{N}} \left(\sum_{p+q=n} \psi_p \circ \varphi_q \right).$$

Dabei ist $\psi_p \circ \varphi_q : X^{p+q} \to \mathbb{R}$ die folgende $(p+q)$-Form auf X:

$$(\psi_p \circ \varphi_q)(x_1,\ldots,x_p,x_{p+1},\ldots,x_{p+q}) := \psi_p(x_1,\ldots,x_p)\cdot\varphi_q(x_{p+1},\ldots,x_{p+q}).$$

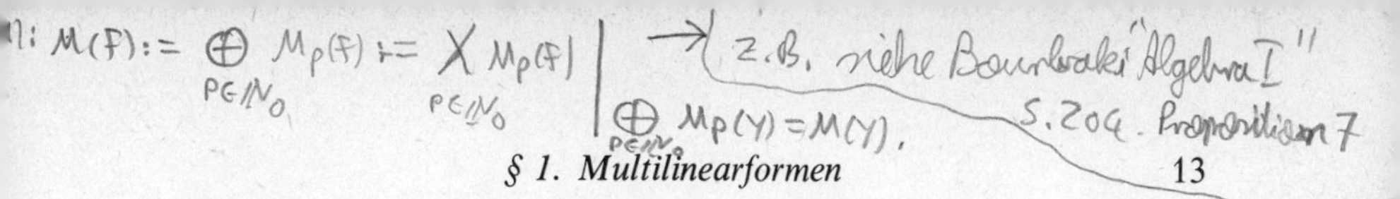

Ist $p=0$ oder $q=0$, d.h. $\psi_{\mathrm{p}} \in \mathbb{R}$ oder $\varphi_{\mathrm{q}} \in \mathbb{R}$, so ist $\psi_{\mathrm{p}} \circ \varphi_{\mathrm{q}}$ die übliche Multiplikation mit Skalaren.

Sei $f: X \to Y$ eine lineare Abbildung, d.h. $f \in \mathscr{V}(X, Y)$; dann wird durch die Zuordnung

$$\mathfrak{M}_{\mathrm{p}}(Y) \ni \psi_{\mathrm{p}} \mapsto \psi_{\mathrm{p}} \circ \Big(\mathop{\mathsf{X}}_{\mathrm{p}} f \Big) \in \mathfrak{M}_{\mathrm{p}}(X),$$

wobei $\mathop{\mathsf{X}}_{\mathrm{p}} f = f \times \cdots \times f : X^{\mathrm{p}} \to Y^{\mathrm{p}}$ das p-fache cartesische Produkt der Abbildung f bezeichnet, eine lineare Abbildung

$$\mathfrak{M}_{\mathrm{p}}(f): \mathfrak{M}_{\mathrm{p}}(Y) \to \mathfrak{M}_{\mathrm{p}}(X)$$

definiert; d.h. es ist

$$(\mathfrak{M}_{\mathrm{p}}(f)\psi_{\mathrm{p}})(x_1, \ldots, x_{\mathrm{p}}) = \psi_{\mathrm{p}}(f(x_1), \ldots, f(x_{\mathrm{p}})).$$

Man prüft leicht nach, daß

$$\mathfrak{M}(f) := \bigoplus_{p \in \mathbb{N}} \mathfrak{M}_{\mathrm{p}}(f) : \mathfrak{M}(Y) \to \mathfrak{M}(X)$$

einen graduierten Algebramorphismus darstellt.

In der Sprechweise von Kategorien und Funktoren kann man sagen:

1.2 Satz: $\mathfrak{M}_{\mathrm{p}}: \mathscr{V} \to \mathscr{V}$ und $\mathfrak{M}: \mathscr{V} \to \mathscr{A}^{g}$ sind kontravariante Funktoren, d.h. es gilt:

(1) $\qquad \mathfrak{M}_{\mathrm{p}}(I_X) = I_{\mathfrak{M}_{\mathrm{p}}(X)}$ und $\mathfrak{M}(I_X) = I_{\mathfrak{M}(X)} \; \forall X \in \mathrm{Ob}\,\mathscr{V}$

(für irgendeine Menge A bezeichne I_{A} stets die identische Selbstabbildung von A),

(2) $\qquad \mathfrak{M}_{\mathrm{p}}(f) \circ \mathfrak{M}_{\mathrm{p}}(g) = \mathfrak{M}_{\mathrm{p}}(g \circ f)$ und $\mathfrak{M}(f) \circ \mathfrak{M}(g) = \mathfrak{M}(g \circ f)$

für alle linearen Abbildungen $X \xrightarrow{f} Y \xrightarrow{g} Z$ *aus der Kategorie* $\mathscr{V}$.

$\mathscr{S}_{\mathrm{p}}$ bezeichne die Gruppe der Permutationen von $\{1, \ldots, p\}$. Jedem $\pi \in \mathscr{S}_{\mathrm{p}}$ und jedem reellen Vektorraum X kann man einen Vektorraumautomorphismus

$$\pi_X: \mathfrak{M}_{\mathrm{p}}(X) \to \mathfrak{M}_{\mathrm{p}}(X)$$

zuordnen. Dieser ist definiert durch

$$(\pi_X \psi_{\mathrm{p}})(x_1, \ldots, x_{\mathrm{p}}) := \psi_{\mathrm{p}}(x_{\pi(1)}, \ldots, x_{\pi(\mathrm{p})})$$

für $\psi_{\mathrm{p}} \in \mathfrak{M}_{\mathrm{p}}(X)$ und $x_1, \ldots, x_{\mathrm{p}} \in X$. Die Linearität von π_X verifiziert man unmittelbar. π_X ist bijektiv, da $(\pi^{-1})_X$ eine Umkehrabbildung von π_X darstellt.

1.3 Satz: *Für jedes* $X \in \operatorname{Ob}\mathscr{V}$ *definiert die Zuordnung* $\pi \mapsto \pi_X$, $\pi \in \mathscr{S}_p$, *einen Gruppenmorphismus*

$$\mathscr{S}_p \to \operatorname{Aut}(\mathfrak{M}_p(X)).$$

Beweis. Seien $\pi, \sigma \in \mathscr{S}_p$, $\psi_p \in \mathfrak{M}_p(X)$; dann rechnet man für $x = (x_1, \ldots, x_p) \in X^p$ aus:

$$\begin{aligned}((\pi_X \circ \sigma_X)\psi_p)(x_1, \ldots, x_p) &= (\pi_X(\sigma_X \psi_p))(x_1, \ldots, x_p)\\ &= (\sigma_X \psi_p)(x_{\pi(1)}, \ldots, x_{\pi(p)}) = \psi_p(x_{\pi(\sigma(1))}, \ldots, x_{\pi(\sigma(p))})\\ &= \psi_p(x_{(\pi\circ\sigma)(1)}, \ldots, x_{(\pi\circ\sigma)(p)}) = ((\pi\circ\sigma)_X \psi_p)(x_1, \ldots, x_p),\end{aligned}$$

d.h. $\pi_X \circ \sigma_X = (\pi \circ \sigma)_X$. ∎

Die Automorphismengruppe $\operatorname{Aut}(\mathfrak{M}_p(X))$ von $\mathfrak{M}_p(X)$ ist in der Endomorphismenalgebra $\operatorname{End}(\mathfrak{M}_p(X))$ von $\mathfrak{M}_p(X)$ enthalten. Wir können folglich Linearkombinationen

$$\sum_{\pi \in \mathscr{S}_p} \lambda_\pi \cdot \pi_X$$

bilden, wobei die Koeffizienten $\lambda_\pi \in \mathbb{R}$ sind für alle $\pi \in \mathscr{S}_p$. Wir wollen speziell die folgenden Endomorphismen von $\mathfrak{M}_p(X)$ studieren:

$$\begin{aligned} S_X^p &:= \frac{1}{p!} \sum_{\pi \in \mathscr{S}_p} \operatorname{sign}(\pi) \cdot \pi_X, \qquad p > 0,\\ S_X^0 &:= I_{\mathbb{R}}. \end{aligned}$$

1.4 Satz: *Für jedes* $X \in \operatorname{Ob}\mathscr{V}$ und jedes $\pi \in \mathscr{S}_p$ *gilt:*

(1) $$\pi_X \circ S_X^p = \operatorname{sign}(\pi) \cdot S_X^p,$$

(2) $$S_X^p \circ S_X^p = S_X^p.$$

Beweis: (1)

$$\begin{aligned}\pi_X \circ S_X^p &= \frac{1}{p!} \sum_{\sigma \in \mathscr{S}_p} \operatorname{sign}(\sigma) \cdot \pi_X \circ \sigma_X\\ &= \frac{1}{p!} \operatorname{sign}(\pi) \cdot \sum_{\sigma \in \mathscr{S}_p} \operatorname{sign}(\pi\circ\sigma)(\pi\circ\sigma)_X = \operatorname{sign}(\pi) \cdot S_X^p.\end{aligned}$$

(2) $$S_X^p \circ S_X^p = \frac{1}{p!} \sum_{\pi \in \mathscr{S}_p} \operatorname{sign}(\pi) \cdot \pi_X \circ S_X^p = \frac{1}{p!} \sum_{\pi \in \mathscr{S}_p} (\operatorname{sign}(\pi))^2 \cdot S_X^p = S_X^p. \quad ∎$$

Die Vektorraumendomorphismen S_X^p von $\mathfrak{M}_p(X)$ lassen sich zu einem Vektorraumendomorphismus S_X von $\mathfrak{M}(X)$ zusammenfassen:

$$S_X := \bigoplus_{p \in \mathbb{N}} S_X^p.$$

1.5 Satz: *S_X ist eine Projektion, d.h. $S_X \circ S_X = S_X$.*

Beweis:

$$S_X \circ S_X = \Big(\bigoplus_{p\in\mathbb{N}} S_X^p\Big) \circ \Big(\bigoplus_{p\in\mathbb{N}} S_X^p\Big) = \bigoplus_{p\in\mathbb{N}} (S_X^p \circ S_X^p) = \bigoplus_{p\in\mathbb{N}} S_X^p = S_X. \quad ■$$

Obgleich S_X kein Algebramorphismus ist, gilt doch:

1.6 Satz: Kern $S_X = \bigoplus_{p\in\mathbb{N}}$ Kern S_X^p *ist ein homogenes, zweiseitiges Ideal von $\mathfrak{M}(X)$.*

Wir erinnern uns an die Definition eines zweiseitigen Ideals in einer Algebra:

Eine Unteralgebra A' einer Algebra A heißt ein zweiseitiges Ideal in A, wenn $A \cdot A' \subset A'$ und $A' \cdot A \subset A'$ ist. Ein Ideal A' einer graduierten Algebra $A = \bigoplus_{i\in\mathbb{N}} A_i$ heißt homogen, wenn $A' = \bigoplus_{i\in\mathbb{N}} A'_i$, wobei A'_i ein linearer Teilraum von A_i ist für alle $i \in \mathbb{N}$.

Beweis: Es genügt zu zeigen, daß für $\varphi_p \in \operatorname{Kern} S_X^p$, $\psi_q \in \mathfrak{M}_q(X)$ stets gilt: $\varphi_p \circ \psi_q$ und $\psi_q \circ \varphi_p$ liegen in Kern S_X^{p+q}. Wir zeigen: $S_X^{p+q}(\varphi_p \circ \psi_q) = 0$; analog ergibt sich $S_X^{p+q}(\psi_q \circ \varphi_p) = 0$. $\mathscr{S}_p$ kann als die Untergruppe von $\mathscr{S}_{p+q}$ aufgefaßt werden, die aus den Permutationen von $\{1,\ldots,p+q\}$ besteht, die die Zahlen $p+1,\ldots,p+q$ elementweise festlassen. $\mathscr{S}_{p+q}$ ist dann gleich der Vereinigung von paarweise verschiedenen Äquivalenzklassen modulo $\mathscr{S}_p$ von der Form $\pi \cdot \mathscr{S}_p$, $\pi \in \mathscr{S}_{p+q}$. Um zu zeigen, daß

$$\frac{1}{(p+q)!} \sum_{\pi\in\mathscr{S}_{p+q}} \operatorname{sign}(\pi) \cdot \pi_X(\varphi_p \circ \psi_q) = 0$$

ist, genügt es zu beweisen, daß für festes $\pi \in \mathscr{S}_{p+q}$ gilt:

$$\sum_{\sigma\in\mathscr{S}_p} \operatorname{sign}(\pi\circ\sigma)\,(\pi\circ\sigma)_X(\varphi_p \circ \psi_q) = 0.$$

Das ergibt sich wie folgt:

$$\begin{aligned}
\sum_{\sigma\in\mathscr{S}_p} \operatorname{sign}(\pi\circ\sigma) \cdot (\pi_X \circ \sigma_X)(\varphi_p \circ \psi_q) &= \operatorname{sign}(\pi) \cdot \pi_X\Big(\sum_{\sigma\in\mathscr{S}_p} \operatorname{sign}(\sigma) \cdot \sigma_X(\varphi_p \circ \psi_q)\Big) \\
&= \operatorname{sign}(\pi) \cdot \pi_X\Big(\sum_{\sigma\in\mathscr{S}_p} \operatorname{sign}(\sigma) \cdot (\sigma_X(\varphi_p) \circ \psi_q)\Big) \\
&= \operatorname{sign}(\pi) \cdot \pi_X\Big(\Big(\sum_{\sigma\in\mathscr{S}_p} \operatorname{sign}(\sigma) \cdot \sigma_X(\varphi_p)\Big) \circ \psi_q\Big) \\
&= \operatorname{sign}(\pi) \cdot \pi_X(p!\, S_X^p(\varphi_p) \circ \psi_q) = 0. \quad ■
\end{aligned}$$

Die Elemente des Bildes von $S_X^p: \mathfrak{M}_p(X) \to \mathfrak{M}_p(X)$, $p \in \mathbb{N}$, lassen sich wie folgt charakterisieren:

1.7 Satz: *Für ein Element* $\varphi_p \in \mathfrak{M}_p(X)$ *sind folgende Aussagen äquivalent:*

(a) $$\varphi_p \in S_X^p(\mathfrak{M}_p(X)),$$

(b) $$S_X^p(\varphi_p) = \varphi_p,$$

(c) $$\pi_X(\varphi_p) = \operatorname{sign}(\pi) \cdot \varphi_p \quad \forall \pi \in \mathscr{S}_p.$$

Beweis: (a) und (b) sind äquivalent, da S_X^p eine Projektion darstellt, d.h., da $S_X^p \circ S_X^p = S_X^p$ ist.
(b)$\Rightarrow$(c): Da $\varphi_p = S_X^p(\varphi_p)$ ist, so gilt:

$$\pi_X(\varphi_p) = \pi_X(S_X^p(\varphi_p)) = \operatorname{sign}(\pi) \cdot S_X^p(\varphi_p) = \operatorname{sign}(\pi) \cdot \varphi_p.$$

(c)$\Rightarrow$(b): Aus $\pi_X(\varphi_p) = \operatorname{sign}(\pi) \cdot \varphi_p \; \forall \pi \in \mathscr{S}_p$ folgt:

$$S_X^p(\varphi_p) = \frac{1}{p!} \sum_{\pi \in \mathscr{S}_p} \operatorname{sign}(\pi) \cdot \pi_X(\varphi_p) = \frac{1}{p!} \sum_{\pi \in \mathscr{S}_p} \operatorname{sign}(\pi)^2 \cdot \varphi_p = \varphi_p. \quad \blacksquare$$

1.8 Satz: *Sei* $f: X \to Y$ *eine lineare Abbildung, d.h.* $f \in \mathscr{V}(X, Y)$; *dann gilt:*

(1) $$S_X^p \circ \mathfrak{M}_p(f) = \mathfrak{M}_p(f) \circ S_Y^p \quad \forall p \in \mathbb{N},$$

(2) $$S_X \circ \mathfrak{M}(f) = \mathfrak{M}(f) \circ S_Y.$$

Beweis: Für $\psi_p \in \mathfrak{M}_p(Y), x_1, \ldots, x_p \in X$ rechnet man aus:

$$\begin{aligned}(S_X^p(\mathfrak{M}_p(f)\psi_p))(x_1,\ldots,x_p) &= \frac{1}{p!} \sum_{\pi \in \mathscr{S}_p} \operatorname{sign}(\pi)(\mathfrak{M}_p(f)\psi_p)(x_{\pi(1)},\ldots,x_{\pi(p)}) \\ &= \frac{1}{p!} \sum_{\pi \in \mathscr{S}_p} \operatorname{sign}(\pi) \cdot \psi_p(f(x_{\pi(1)}),\ldots,f(x_{\pi(p)})) \\ &= S_Y^p(\psi_p)(f(x_1),\ldots,f(x_p)) \\ &= (\mathfrak{M}_p(f)(S_Y^p \psi_p)(x_1,\ldots,x_p),\end{aligned}$$

d.h. $S_X^p \circ \mathfrak{M}_p(f) = \mathfrak{M}_p(f) \circ S_Y^p$. $\blacksquare$

Die Aussage von Satz 1.8 kann man auch wie folgt formulieren:

1.9 Satz: $S^p: \mathfrak{M}_p \to \mathfrak{M}_p$ *und* $S: \mathfrak{M} \to \mathfrak{M}$ *sind Morphismen von Funktoren.*

$\mathfrak{M}$ muß hier als Funktor mit Werten in der Kategorie $\mathscr{V}$ betrachtet werden.

§ 2: Alternierende Multilinearformen

2.1 Definition: *X, Y seien reelle Vektorräume. Eine p-lineare Abbildung $\varphi_p: X^p \to Y$ heißt alternierend, wenn $\varphi_p(x_1, \dots, x_p) = 0$ ist, falls irgendzwei der Vektoren $x_1, \dots, x_p \in X$ gleich sind.*

Ist $Y = \mathbb{R}$, so heißt φ_p eine alternierende p-Form.

Wir definieren:

$$\mathfrak{A}_p(X) := \{\varphi_p \in \mathfrak{M}_p(X);\ \varphi_p \text{ alternierend}\} \text{ für } p > 0,$$
$$\mathfrak{A}_0(X) := \mathfrak{M}_0(X) = \mathbb{R}.$$

Man beweist leicht die folgenden Aussagen:

2.2 Satz: (1) *$\mathfrak{A}_p(X)$ ist für $X \in \mathrm{Ob}\,\mathscr{V}$ ein linearer Unterraum von $\mathfrak{M}_p(X)$.*

(2) *Für lineare Abbildungen $f: X \to Y$ aus $\mathscr{V}(X, Y)$ ist $\mathfrak{M}_p(f)(\mathfrak{A}_p(Y)) \subseteq \mathfrak{A}_p(X)$, so daß man definieren kann:*

$$\mathfrak{A}_p(f) := \mathfrak{M}_p(f) \mid \mathfrak{A}_p(Y) \to \mathfrak{A}_p(X).$$

(3) *$\mathfrak{A}_p: \mathscr{V} \to \mathscr{V}$ ist ein kontravarianter Funktor für alle $p \in \mathbb{N}$.*

Bemerkung: $\mathfrak{A}(X) := \bigoplus_{p \in \mathbb{N}} \mathfrak{A}_p(X)$ ist ein linearer Teilraum von $\mathfrak{M}(X) = \bigoplus_{p \in \mathbb{N}} \mathfrak{M}_p(X)$, aber keine Teilalgebra.

2.3 Satz: *Es ist $\mathfrak{A}_p(X) = S_X^p(\mathfrak{M}_p(X))$ und $\mathfrak{A}(X) = S_X(\mathfrak{M}(X))$ für alle $X \in \mathrm{Ob}\,\mathscr{V}$.*

Beweis: Wegen Satz 1.7 genügt es zu zeigen, daß für $\varphi_p \in \mathfrak{M}_p(X)$ gilt:

$$\varphi_p \text{ alternierend} \Leftrightarrow \pi_X(\varphi_p) = \mathrm{sign}(\pi) \cdot \varphi_p \quad \forall \pi \in \mathscr{S}_p.$$

(a) Sei φ_p alternierend; dann gilt für eine Transposition $(i,j) \in \mathscr{S}_p$ (die die beiden Zahlen i und j, $1 \le i < j \le p$, vertauscht und alle andern festläßt):

$$\begin{aligned} 0 = \varphi_p(\dots, x_i + x_j, \dots, x_i + x_j, \dots) &= \varphi_p(\dots, x_i, \dots, x_i, \dots) + \varphi_p(\dots, x_i, \dots, x_j, \dots) \\ &+ \varphi_p(\dots, x_j, \dots, x_i, \dots) + \varphi_p(\dots, x_j, \dots, x_j, \dots) = \varphi_p(\dots, x_i, \dots, x_j, \dots) \\ &+ \varphi_p(\dots, x_j, \dots, x_i, \dots), \text{ d.h. } \varphi_p(\dots, x_j, \dots, x_i, \dots) = -\varphi_p(\dots, x_i, \dots, x_j, \dots) \end{aligned}$$

oder $(i,j)_X(\varphi_p) = -\varphi_p$. Da jede Permutation $\pi \in \mathscr{S}_p$ ein Produkt von Transpositionen ist und da $\mathrm{sign}(\pi) = 1$ oder -1, je nachdem ob die Anzahl der Transpositionen gerade oder ungerade ist, so gilt stets $\pi_X(\varphi_p) = \mathrm{sign}(\pi) \cdot \varphi_p$.

(b) Sei umgekehrt $\pi_X(\varphi_p) = \text{sign}(\pi) \cdot \varphi_p$ für alle $\pi \in \mathcal{S}_p$, so gilt speziell für Transpositionen $(i,j) \in \mathcal{S}_p$, $i<j$, daß $(i,j)_X(\varphi_p) = -\varphi_p$ ist. Sind unter den Vektoren $x_1, \ldots, x_p \in X$ die Vektoren x_i und x_j gleich, so folgt:

$$-\varphi_p(\ldots, x_i, \ldots, x_j, \ldots) = (i,j)_X(\varphi_p)(\ldots, x_i, \ldots, x_j, \ldots) = \varphi_p(\ldots, x_j, \ldots, x_i, \ldots)$$
$$= \varphi_p(\ldots, x_i, \ldots, x_j, \ldots),$$

d.h. $\varphi_p(\ldots, x_i, \ldots, x_j, \ldots) = 0$; φ_p ist also alternierend. ∎

Obwohl der lineare Raum $\mathfrak{A}(X)$ für $X \in \text{Ob}\,\mathscr{V}$ keine Teilalgebra von $\mathfrak{M}(X)$ darstellt, so kann man ihm doch eine ausgezeichnete Algebrastruktur geben:

2.4 Satz: (1) *Für jedes* $X \in \text{Ob}\,\mathscr{V}$ *existiert genau eine Struktur einer graduierten Algebra auf* $\mathfrak{A}(X)$, *so daß*

$$S'_X := S_X \,|\, \mathfrak{M}(X) \to \mathfrak{A}(X)$$

zu einem graduierten Algebramorphismus wird.
(2) *Für jedes* $f \in \mathscr{V}(X, Y)$ *ist dann* $\mathfrak{A}(f): \mathfrak{A}(Y) \to \mathfrak{A}(X)$ *ein graduierter Algebramorphismus.*
(3) $\mathfrak{A}: \mathscr{V} \to \mathscr{A}^g$ ist ein kontravarianter Funktor.

Beweis: Der Beweis von (1) und (2) ergibt sich aus den im vorigen Paragraphen nachgewiesenen Eigenschaften von $S_X: \mathfrak{M}(X) \to \mathfrak{M}(X)$ und den folgenden Sätzen 2.5 und 2.6. Die Funktoreigenschaft (3) folgt unmittelbar aus Satz 1.2. ∎

2.5 Satz: $B = \bigoplus_{p \in \mathbb{N}} B_p$ *sei eine graduierte* $\mathbb{R}$*-Algebra,* $P: B \to B$ *eine lineare Abbildung mit folgenden Eigenschaften:*

(a) $$P(B_p) \subseteq B_p\,,$$

(b) $$P \circ P = P\,,$$

(c) Kern P *ist ein zweiseitiges Ideal in* B.

Dann gibt es genau eine Struktur einer graduierten $\mathbb{R}$*-Algebra auf* $A := P(B)$, *so daß*

$$P' := P \,|\, B \to A$$

zu einem graduierten Algebramorphismus wird.

2.6 Satz: $B = \bigoplus_{p \in \mathbb{N}} B_p$ *und* $\tilde{B} = \bigoplus_{p \in \mathbb{N}} \tilde{B}_p$ *seien graduierte* $\mathbb{R}$*-Algebren,* $P: B \to B$, $\tilde{P}: \tilde{B} \to \tilde{B}$ *lineare Abbildungen mit den Eigenschaften* (a), (b), (c) *von Satz* 2.5.

$f: B \to \tilde{B}$ sei ein graduierter Algebramorphismus, so daß $\tilde{P} \circ f = f \circ P$ ist. Dann ist $f' := f \mid A \to \tilde{A}$ mit $A := P(B)$, $\tilde{A} := \tilde{P}(\tilde{B})$ ein graduierter Algebramorphismus bzgl. der eindeutig bestimmten Algebrastrukturen von A und $\tilde{A}$, für die $P' := P \mid B \to A$ und $\tilde{P}' := \tilde{P} \mid \tilde{B} \to \tilde{A}$ graduierte Algebramorphismen werden.

Beweis: (zu Satz 2.5): *Eindeutigkeit:* A habe die Struktur einer graduierten Algebra, so daß $P': B \to A$ ein graduierter Algebramorphismus wird. Dann ist A bzgl. der unterliegenden Vektorraumstruktur ein linearer Teilraum von B. Bezeichnen wir mit „$\circ$" bzw. „$\vartriangle$" die innere Multiplikation von B bzw. A, so gilt für $a_1, a_2 \in A$:

$$a_1 \vartriangle a_2 = P(a_1) \vartriangle P(a_2) = P(a_1 \circ a_2),$$

d.h., die Multiplikation („$\vartriangle$") von A ist durch die Multiplikation („$\circ$") von B eindeutig bestimmt. Die Graduierung $B = \bigoplus_{p \in \mathbb{N}} B_p$ von B induziert eindeutig die Graduierung $A = \bigoplus_{p \in \mathbb{N}} A_p$ von A mit $A_p := P(B_p)$.

Existenz: Es ist zu zeigen, daß (a) der lineare Teilraum $A = \bigoplus_{p \in \mathbb{N}} A_p$, $A_p := P(B_p)$, von B durch die Multiplikation

$$a_1 \vartriangle a_2 := P(a_1 \circ a_2)$$

für $a_1, a_2 \in A$ zu einer graduierten $\mathbb{R}$-Algebra wird und (b) $P': B \to A$ zu einem graduierten Algebramorphismus.

(a) Die Multiplikation „$\vartriangle$" ist bilinear; denn es gilt z.B.

$$\begin{aligned}(\lambda_1 a_1 + \lambda_2 a_2) \vartriangle b &= P((\lambda_1 a_1 + \lambda_2 a_2) \circ b) = P(\lambda_1 (a_1 \circ b) + \lambda_2 (a_2 \circ b)) \\ &= \lambda_1 P(a_1 \circ b) + \lambda_2 P(a_2 \circ b) = \lambda_1 (a_1 \vartriangle b) + \lambda_2 (a_2 \vartriangle b) \\ &\text{für } \lambda_1, \lambda_2 \in \mathbb{R},\ a_1, a_2, b \in A.\end{aligned}$$

Die Multiplikation „$\vartriangle$" ist assoziativ. Dazu rechnet man für $a_1, a_2, a_3 \in A$ einfach aus: $a_1 \circ a_2 = P(a_1 \circ a_2) + c$, $c \in \operatorname{Kern} P$, da P eine Projektion darstellt; $P((a_1 \circ a_2) \circ a_3) = P((P(a_1 \circ a_2) + c) \circ a_3) = P((a_1 \vartriangle a_2) \circ a_3 + c \circ a_3)$ $= P((a_1 \vartriangle a_2) \circ a_3) + P(c \circ a_3) = (a_1 \vartriangle a_3) \vartriangle a_3$, da $c \circ a_3 \in \operatorname{Kern} P$. Analog ergibt sich: $P(a_1 \circ (a_2 \circ a_3)) = a_1 \vartriangle (a_2 \vartriangle a_3)$. Da die Multiplikation „$\circ$" assoziativ ist, so auch „$\vartriangle$".

(b) Elemente $b_1, b_2 \in B$ kann man stets eindeutig in der Form $b_1 = a_1 + c_1$, $b_2 = a_2 + c_2$ schreiben, wobei $a_1, a_2 \in A$, $c_1, c_2 \in \operatorname{Kern} P$. Daraus folgt: $P'(b_1 \circ b_2) = P'((a_1 + c_1) \circ (a_2 + c_2)) = P'(a_1 \circ a_2 + c_1 \circ a_2 + a_1 \circ c_2 + c_1 \circ c_2)$ $= P'(a_1 \circ a_2) = a_1 \vartriangle a_2 = P'(b_1) \vartriangle P'(b_2)$, da $c_1 \circ a_2 + a_1 \circ c_2 + c_1 \circ c_2$ aus $\operatorname{Kern} P$. $P': B \to A$ ist graduiert, denn es ist $A = \bigoplus_{p \in \mathbb{N}} A_p$ mit $A_p = P(B_p)$. ∎

Beweis (zu Satz 2.6): Da $f(A)=f(P(A))=\tilde{P}(f(A))\subseteq\tilde{P}(\tilde{B})=\tilde{A}$ ist, so ist $f':=f\,|\,A\to\tilde{A}$ wohldefiniert und als Beschränkung einer linearen Abbildung wieder linear. f' ist ein Algebramorphismus, da für $a_1, a_2\in A$ gilt:

$$f'(a_1 \vartriangle a_2)=f'(P(a_1\circ a_2))=\tilde{P}(f(a_1\circ a_2))=\tilde{P}(f(a_1)\circ f(a_2))=f'(a_1)\vartriangle f'(a_2).$$

f' ist graduiert; denn A und $\tilde{A}$ haben die Graduierungen

$$A=\bigoplus_{p\in\mathbb{N}} A_p,\quad \tilde{A}=\bigoplus_{p\in\mathbb{N}} \tilde{A}_p \quad \text{mit} \quad A_p:=P(B_p) \quad \text{und} \quad \tilde{A}_p:=\tilde{P}(\tilde{B}_p),$$

und es gilt:

$$f'(A_p)=f'(P(B_p))=\tilde{P}(f(B_p))\subseteq\tilde{P}(\tilde{B}_p)=\tilde{A}_p. \quad \blacksquare$$

Kehren wir zurück zu der in Satz 2.4 beschriebenen Algebra $\mathfrak{A}(X)$ der alternierenden Multilinearformen auf dem reellen Vektorraum X. Für die Zwecke der Theorie der Differentialformen ist es nützlich, die Multiplikation in $\mathfrak{A}(X)$ ein wenig abzuändern. Diese Änderung kann man in jeder graduierten Algebra vornehmen; es gilt nämlich:

2.7 Satz: *Sei* $A=\bigoplus_{p\in\mathbb{N}} A_p$ *eine graduierte* $\mathbb{R}$*-Algebra mit einer Multiplikation „*$\vartriangle$*". Ändert man die Multiplikation wie folgt ab:*

$$a_p\wedge b_q:=\frac{(p+q)!}{p!\,q!}\,a_p\vartriangle b_q$$

für $a_p\in A_p$, $b_q\in A_q$, *so stellt* $A=\bigoplus_{p\in\mathbb{N}} A_p$ *bzgl. der Multiplikation „*$\wedge$*" wieder eine graduierte Algebra dar.*

Beweis: Man hat nur das Assoziativgesetz für die neue Multiplikation „$\wedge$" zu verifizieren; die anderen Axiome sind unmittelbar einsichtig. Seien $a_p\in A_p$, $b_q\in A_q$, $c_r\in A_r$, dann gilt:

$$(a_p\wedge b_q)\wedge c_r:=\frac{(p+q+r)!}{(p+q)!\,r!}(a_p\wedge b_q)\vartriangle c_r=\frac{(p+q+r)!}{(p+q)!\,r!}\,\frac{(p+q)!}{p!\,q!}(a_p\vartriangle b_q)\vartriangle c_r$$

$$=\frac{(p+q+r)!}{p!\,q!\,r!}(a_p\vartriangle b_q)\vartriangle c_r\,.$$

Analog rechnet man aus: $a_p\wedge(b_q\wedge c_r)=\dfrac{(p+q+r)}{p!q!r!}\,a_p\vartriangle(b_q\vartriangle c_r)$. Aus der Gültigkeit des Assoziativgesetzes für die Multiplikation „$\vartriangle$" folgt das Assoziativgesetz für „$\vartriangle$". $\blacksquare$

Zusatz: *Graduierte Algebramorphismen $f: A \to B$ bleiben nach der obigen Abänderung der multiplikativen Struktur von A und B graduierte Algebramorphismen.*

Wenden wir nun unsere Kenntnisse auf die Algebra $\mathfrak{A}(X)$ der alternierenden Multilinearformen mit der Multiplikation

$$\varphi \vartriangle \psi := S_X(\varphi \circ \psi) \quad \text{für } \varphi, \psi \in \mathfrak{A}(X)$$

an. Wie sieht die abgeänderte Multiplikation „$\wedge$" für zwei Elemente $\varphi_p \in \mathfrak{A}_p(X)$, $\psi_q \in \mathfrak{A}_q(X)$ aus?

$$\varphi_p \wedge \psi_q = \frac{(p+q)!}{p!q!} S_X^{p+q}(\varphi_p \circ \psi_q) = \frac{1}{p!q!} \sum_{\pi \in \mathscr{S}_{p+p}} \operatorname{sign}(\pi) \cdot \pi_X(\varphi_p \circ \psi_q).$$

2.8 Definition: *Die innere Verknüpfung „$\wedge$" auf $\mathfrak{A}(X)$ heißt Graßmann-Produkt. Ersetzt man in der Algebra $\mathfrak{A}(X)$ der alternierenden Multilinearformen auf X die Multiplikation „$\vartriangle$" durch das Graßmann-Produkt „$\wedge$", so bezeichnet man die neue Algebra als Graßmann-Algebra von X und schreibt dafür* $\Lambda X = \bigoplus_{p \in \mathbb{N}} \Lambda_p X$, wobei $\Lambda_p(X)$ *und* $\mathfrak{A}_p(X)$ *als lineare Räume identisch sind.*

$f: X \to Y$ sei eine lineare Abbildung zwischen reellen Vektorräumen X und Y. Der graduierte Algebramorphismus $\mathfrak{A}(f) = \bigoplus_{p \in \mathbb{N}} \mathfrak{A}_p(f)$: $\mathfrak{A}(Y) \to \mathfrak{A}(X)$ stellt nach der obigen Bemerkung auch einen graduierten Algebramorphismus von $\Lambda(Y) = \bigoplus_{p \in \mathbb{N}} \Lambda_p(Y)$ nach $\Lambda(X) = \bigoplus_{p \in \mathbb{N}} \Lambda_p(X)$ dar, den wir als

$$\Lambda(f) = \bigoplus_{p \in \mathbb{N}} \Lambda_p(f) : \Lambda(Y) = \bigoplus_{p \in \mathbb{N}} \Lambda_p(Y) \to \Lambda(X) = \bigoplus_{p \in \mathbb{N}} \Lambda_p(X)$$

schreiben wollen.

Aus Satz 2.4 (3) folgt sofort:

2.9 Satz: $\Lambda_p: \mathscr{V} \to \mathscr{V}$ *und* $\Lambda: \mathscr{V} \to \mathscr{A}^g$ *sind kontravariante Funktoren.*

Wir wollen einige Rechenregeln für die Graßmann-Algebra $\Lambda(X)$ eines reellen Vektorraumes X zusammenstellen:

2.10 Satz:

(1) (a) $\varphi_1 \wedge \cdots \wedge \varphi_m = \dfrac{1}{p_1! \ldots p_m!} \displaystyle\sum_{\pi \in \mathscr{S}_{p_1 + \cdots + p_m}} \operatorname{sign}(\pi) \cdot \pi_X(\varphi_1 \circ \cdots \circ \varphi_m)$

für $\varphi_i \in \Lambda_{p_i}(X)$, $i = 1, \ldots, m$.

(b) $\varphi_1 \wedge \cdots \wedge \varphi_m = \displaystyle\sum_{\pi \in \mathscr{S}_m} \operatorname{sign}(\pi) \cdot \varphi_{\pi(1)} \circ \cdots \circ \varphi_{\pi(m)}$

für $\varphi_1, \ldots, \varphi_m \in \Lambda_1(X)$.

(2) (a) $\varphi_p \wedge \psi_q = (-1)^{p \cdot q} \psi_q \wedge \varphi_p$ *für* $\varphi_p \in \Lambda_p(X)$, $\psi_q \in \Lambda_q(X)$.

(b) $\varphi_{\pi(1)} \wedge \cdots \wedge \varphi_{\pi(m)} = \operatorname{sign}(\pi) \cdot \varphi_1 \wedge \cdots \wedge \varphi_m$
für $\varphi_1, \ldots, \varphi_m \in \Lambda_1(X)$ *und* $\pi \in \mathscr{S}_m$.

(c) *Für* $\varphi_1, \ldots, \varphi_m \in \Lambda_1(X)$ *gilt:*
$\varphi_1 \wedge \cdots \wedge \varphi_m = 0 \Leftrightarrow \{\varphi_1, \ldots, \varphi_m\}$ *ist linear abhängig.*

Beweis: (1) (a) Durch Induktion über m zeigt man leicht, daß

$$\varphi_1 \wedge \cdots \wedge \varphi_m = \frac{(p_1 + \cdots + p_m)!}{p_1! \ldots p_m!} \cdot \varphi_1 \vartriangle \cdots \vartriangle \varphi_m$$

ist. Da

$$\begin{aligned} \varphi_1 \vartriangle \cdots \vartriangle \varphi_m &= S_X(\varphi_1 \circ \cdots \circ \varphi_m) \\ &= \frac{1}{(p_1 + \cdots + p_m)!} \sum_{\pi \in \mathscr{S}_{p_1 + \cdots + p_m}} \operatorname{sign}(\pi) \cdot \pi_X(\varphi_1 \circ \cdots \circ \varphi_m), \end{aligned}$$

so gilt:

$$\varphi_1 \wedge \cdots \wedge \varphi_m = \frac{1}{p_1! \ldots p_m!} \sum_{\pi \in \mathscr{S}_{p_1 + \cdots + p_m}} \operatorname{sign}(\pi) \cdot \pi_X(\varphi_1 \circ \cdots \circ \varphi_m).$$

(b) Man beachte, daß für $\pi \in \mathscr{S}_m$, $x_1, \ldots, x_m \in X$ gilt:

$$\begin{aligned} \pi_X(\varphi_1 \circ \cdots \circ \varphi_m)(x_1, \ldots, x_m) &= (\varphi_1 \circ \cdots \circ \varphi_m)(x_{\pi(1)}, \ldots, x_{\pi(m)}) \\ &= \prod_{i=1}^{m} \varphi_i(x_{\pi(i)}) = \prod_{i=1}^{m} \varphi_{\pi^{-1}(i)}(x_i) \\ &= (\varphi_{\pi^{-1}(1)} \circ \cdots \circ \varphi_{\pi^{-1}(m)})(x_1, \ldots, x_m). \end{aligned}$$

Daraus folgt auf Grund von (a):

$$\begin{aligned} \varphi_1 \wedge \cdots \wedge \varphi_m &= \sum_{\pi \in \mathscr{S}_m} \operatorname{sign}(\pi) \cdot \pi_X(\varphi_1 \circ \cdots \circ \varphi_m) \\ &= \sum_{\pi \in \mathscr{S}_m} \operatorname{sign}(\pi^{-1}) \cdot \varphi_{\pi^{-1}(1)} \circ \cdots \circ \varphi_{\pi^{-1}(m)} \\ &= \sum_{\pi \in \mathscr{S}_m} \operatorname{sign}(\pi) \cdot \varphi_{\pi(1)} \circ \cdots \circ \varphi_{\pi(m)}. \end{aligned}$$

(2) (a) Wir betrachten die Permutation $\pi \in \mathscr{S}_{p+q}$ mit

$$\pi(i) = \begin{cases} q+i, & \text{falls } i = 1, \ldots, p, \\ i-p, & \text{falls } i = p+1, \ldots, p+q. \end{cases}$$

Man rechnet leicht aus: $\operatorname{sign}(\pi) = (-1)^{p \cdot q}$. Für $x_1, \ldots, x_{p+q} \in X$ gilt:

$$\begin{aligned} \pi_X(\varphi_p \circ \psi_q)(x_1, \ldots, x_{p+q}) &= (\varphi_p \circ \psi_q)(x_{q+1}, \ldots, x_{q+p}, x_1, \ldots, x_q) \\ &= \varphi_p(x_{q+1}, \ldots, x_{q+p}) \cdot \psi_q(x_1, \ldots, x_q) \\ &= (\psi_q \circ \varphi_p)(x_1, \ldots, x_q, x_{q+1}, \ldots, x_{q+p}). \end{aligned}$$

Daraus folgt: $\pi_X(\varphi_p \circ \psi_q) = \psi_q \circ \varphi_p$ und

$$\begin{aligned}\varphi_p \wedge \psi_q &= \frac{1}{p!\,q!} \sum_{\sigma \in \mathcal{S}_{p+q}} \operatorname{sign}(\sigma) \cdot \sigma_X(\varphi_p \circ \psi_q)\\ &= \frac{1}{p!\,q!} \sum_{\sigma \in \mathcal{S}_{p+q}} \operatorname{sign}(\sigma \circ \pi) \cdot (\sigma \circ \pi)_X(\varphi_p \circ \psi_q)\\ &= \operatorname{sign}(\pi) \frac{1}{p!\,q!} \sum_{\sigma \in \mathcal{S}_{p+q}} \operatorname{sign}(\sigma) \cdot \sigma_X(\pi_X(\varphi_p \circ \psi_q))\\ &= \operatorname{sign}(\pi) \frac{1}{p!\,q!} \sum_{\sigma \in \mathcal{S}_{p+q}} \operatorname{sign}(\sigma) \cdot \sigma_X(\psi_q \circ \varphi_p)\\ &= \operatorname{sign}(\pi)\, \psi_q \wedge \varphi_p = (-1)^{p \cdot q} \psi_q \wedge \varphi_p .\end{aligned}$$

(b) Da jede Permutation als Produkt von Transpositionen darstellbar ist, genügt es, für eine Transposition $(i,j) \in \mathcal{S}_m$, $i<j$, zu zeigen:

$$\varphi_1 \wedge \cdots \wedge \varphi_j \wedge \cdots \wedge \varphi_i \wedge \cdots \wedge \varphi_m = -\varphi_1 \wedge \cdots \wedge \varphi_i \wedge \cdots \wedge \varphi_j \wedge \cdots \wedge \varphi_m .$$

Das folgt aber sofort aus (2) (a), da man $\cdots \wedge \varphi_i \wedge \cdots \wedge \varphi_j \wedge \cdots$ durch eine ungerade Anzahl von Vertauschungen benachbarter Elemente in $\cdots \wedge \varphi_j \wedge \cdots \wedge \varphi_i \wedge \cdots$ überführen kann.

(c) Sei $\{\varphi_1, \ldots, \varphi_m\}$ linear abhängig, dann gibt es ein φ_{i_0}, das von den restlichen φ_i linear abhängt. Nehmen wir an, daß $i_0 = 1$ ist, dann ist $\varphi_1 = \sum_{i=2}^{m} \lambda_i \varphi_i$, $\lambda_i \in \mathbb{R}$ für $i = 2, \ldots, m$. Daraus folgt:

$$\varphi_1 \wedge \cdots \wedge \varphi_m = \sum_{i=2}^{m} \lambda_i \varphi_i \wedge \varphi_2 \wedge \cdots \wedge \varphi_m = 0;$$

wegen (2) (b) ist nämlich schon jeder Summand $\varphi_i \wedge \varphi_2 \wedge \cdots \wedge \varphi_m$, $i = 2, \ldots, m$, gleich Null.

Sei $\{\varphi_1, \ldots, \varphi_m\}$ linear unabhängig, dann ist die lineare Abbildung $\phi\colon X \to \mathbb{R}^m$, $\phi(x) := (\varphi_1(x), \ldots, \varphi_m(x))$ für $x \in X$, surjektiv. Es gibt somit Vektoren $x_1, \ldots, x_m \in X$ mit $\varphi_i(x_j) = \delta_{ij}$ (Kronecker-Symbol) für $i,j = 1, \ldots, m$. Daraus folgt:

$$\begin{aligned}(\varphi_1 \wedge \cdots \wedge \varphi_m)(x_1, \ldots, x_m) &= \sum_{\pi \in \mathcal{S}_m} \operatorname{sign}(\pi) \cdot (\varphi_1 \circ \cdots \circ \varphi_m)(x_{\pi(1)}, \ldots, x_{\pi(m)})\\ &= \sum_{\pi \in \mathcal{S}_m} \operatorname{sign}(\pi) \cdot \prod_{i=1}^{m} \varphi_i(x_{\pi(i)})\\ &= \sum_{\pi \in \mathcal{S}_m} \operatorname{sign}(\pi) \cdot \prod_{i=1}^{m} \delta_{i\,\pi(i)} = 1,\end{aligned}$$

d.h. $\varphi_1 \wedge \cdots \wedge \varphi_m \neq 0$. ∎

Wir wollen nun für einen endlichdimensionalen reellen Vektorraum X die Dimension von $\Lambda_p(X)$ und $\Lambda(X)$ berechnen. Wir tun das, indem wir zu einer (geordneten) Basis $A=(a_1,\dots,a_n)$ von $X, n=\dim X$, kanonische Basen von $\Lambda_p(X)$ konstruieren. $A^*=(a_1^*,\dots,a_n^*)$ bezeichne die zu A duale Basis; d.h.

$$a_i^* \in \Lambda_1(X)=\mathfrak{M}_1(X) \quad \text{mit } a_i^*(a_j)=\delta_{ij} \quad \text{für } i,j=1,\dots,n.$$

Man verifiziert leicht, daß

$$A_p^* := \{a_{v_1}^* \circ \cdots \circ a_{v_p}^*;\ v_i=1,\dots,n,\ i=1,\dots,p\}$$

eine Basis von $\mathfrak{M}_p(X)$ darstellt.

$$E_p' := \{a_{v_1}^* \wedge \cdots \wedge a_{v_p}^*;\ v_i=1,\dots,n,\ i=1,\dots,p\}$$

ist ein Erzeugendensystem von $\Lambda_p(X)$ (wegen der Surjektivität von $S_X^p | \mathfrak{M}_p(X) \to \mathfrak{A}_p(X)$). Dabei können wir solche Produkte fortlassen, bei denen zwei Faktoren übereinstimmen, da diese Produkte gleich Null sind. Da Permutationen der Faktoren von $a_{v_1}^* \wedge \cdots \wedge a_{v_p}^*$ nur Vorzeichenänderungen mit sich bringen, so stellt schon

$$E_p := \{a_{v_1}^* \wedge \cdots \wedge a_{v_p}^*;\ 1 \le v_1 < v_2 < \cdots < v_p \le n\}$$

ein Erzeugendensystem von $\Lambda_p(X)$ dar.

Als erstes stellen wir fest, daß $E_p=\emptyset$ für $p>n$, d.h. $\Lambda_p(X)=0$ für $p>n$.

Für $1 \le p \le n$ zeigen wir nun, daß E_p eine Basis von $\Lambda_p(X)$ ist. Dazu haben wir nur noch die lineare Unabhängigkeit von E_p zu zeigen. Sei $\sum_{1 \le v_1 < \cdots < v_p \le n} k_{v_1 \dots v_p}\, a_{v_1}^* \wedge \cdots \wedge a_{v_p}^* = 0$. Setzen wir Vektoren $a_{\mu_1},\dots,a_{\mu_p}$ der Basis A von X ein, wobei $\mu_1 < \mu_2 < \cdots < \mu_p$, so erhalten wir:

$$0 = \sum_{1 \le v_1 < \cdots < v_p \le n} k_{v_1 \dots v_p} (a_{v_1}^* \wedge \cdots \wedge a_{v_p}^*)(a_{\mu_1},\dots,a_{\mu_p}) = k_{\mu_1 \dots \mu_p},$$

d.h., E_p ist linear unabhängig.

Bemerken wir noch, daß $\Lambda_0(X)=\mathbb{R}$ ist, so können wir zusammenfassen:

2.11 Satz: *Sei* $X \in \mathrm{Ob}\,\mathscr{V}$, $\dim X = n$, $A=(a_1,\dots,a_n)$ *eine geordnete Basis von* X, $A^*=(a_1^*,\dots,a_n^*)$ *die zu* A *duale Basis von* $\Lambda_1(X)$; *dann gilt:*

(a) $E_p := \{a_{v_1}^* \wedge \cdots \wedge a_{v_p}^*;\ 1 \le v_1 < v_2 < \cdots < v_p \le n\}$ *ist eine Basis von* $\Lambda_p(X)$ *für* $1 \le p \le n$.

(b) $$\dim \Lambda_p(X) = \begin{cases} \binom{n}{p} & \textit{für} \quad p = 0, 1, \ldots, n, \\ 0 & \textit{für} \quad p > n. \end{cases}$$

(c) $$\dim \Lambda(X) = \sum_{p=0}^{n} \binom{n}{p} = 2^n.$$

Wir wollen uns den Matrixdarstellungen der linearen Abbildungen $\Lambda_p(f): \Lambda_p(Y) \to \Lambda_p(X)$, $f \in \mathscr{V}(X, Y)$, zuwenden.

2.12 Satz: *X, Y seien reelle Vektorräume, $f: X \to Y$ eine lineare Abbildung; $A_X = (a_1, \ldots, a_n)$, $A_Y = (b_1, \ldots, b_m)$ seien geordnete Basen von X bzw. Y, $A_X^* = (a_1^*, \ldots, a_n^*)$, $A_Y^* = (b_1^*, \ldots, b_m^*)$ die zu A_X bzw. A_Y dualen Basen. $(\lambda_{ji})_{\substack{j=1,\ldots,m \\ i=1,\ldots,n}}$ bezeichne die Matrixdarstellung von $f: X \to Y$ bez. der Basen A_X und A_Y, d.h. $f(a_i) = \sum_{j=1}^{m} \lambda_{ji} b_j$, $i = 1, \ldots, n$. Daraus folgt:*

$$\Lambda_p(f)(b_{j_1}^* \wedge \cdots \wedge b_{j_p}^*) = \sum_{1 \le i_1 < \cdots < i_p \le n} \det(\lambda_{j_\mu i_\nu})_{\mu,\nu=1,\ldots,p} a_{i_1}^* \wedge \cdots \wedge a_{i_p}^*$$

für $1 \le j_1 < \cdots < j_p \le m$.

Beweis: Als erstes beweisen wir:

$$\Lambda_1(f) b_j^* = b_j^* \circ f = \sum_{i=1}^{n} \lambda_{ji} a_i^*.$$

Dazu zeigen wir für a_ν, $\nu = 1, \ldots, n$:

$$(b_j^* \circ f) a_\nu = b_j^*(f(a_\nu)) = b_j^* \left(\sum_{\mu=1}^{m} \lambda_{\mu\nu} b_\mu \right) = \sum_{\mu=1}^{m} \lambda_{\mu\nu} b_j^*(b_\mu) = \lambda_{j\nu},$$

$$\left(\sum_{i=1}^{n} \lambda_{ji} a_i^* \right) a_\nu = \sum_{i=1}^{n} \lambda_{ji} a_i^*(a_\nu) = \lambda_{j\nu}.$$

Nun können wir $\Lambda_p(f)(b_{j_1}^* \wedge \cdots \wedge b_{j_p}^*)$, $1 \le j_1 < j_2 < \cdots < j_p \le n$, wie folgt berechnen:

$$\begin{aligned} \Lambda_p(f)(b_{j_1}^* \wedge \cdots \wedge b_{j_p}^*) &= (b_{j_1}^* \circ f) \wedge \cdots \wedge (b_{j_p}^* \circ f) \\ &= \sum_{i_1=1}^{n} \cdots \sum_{i_p=1}^{n} \lambda_{j_1 i_1} \cdots \lambda_{j_p i_p} a_{i_1}^* \wedge \cdots \wedge a_{i_p}^* \\ &= \sum_{1 \le i_1 < \cdots < i_p \le n} \left(\sum_{\pi \in \mathscr{S}_p} \operatorname{sign}(\pi) \lambda_{j_1 i_{\pi(1)}} \cdots \lambda_{j_p i_{\pi(p)}} \right) a_{i_1}^* \wedge \cdots \wedge a_{i_p}^* \\ &= \sum_{1 \le i_1 < \cdots < i_p \le n} \det(\lambda_{j_\mu i_\nu})_{\mu,\nu=1,\ldots,p} \cdot a_{i_1}^* \wedge \cdots \wedge a_{i_p}^*. \quad \blacksquare \end{aligned}$$

Speziell für $n = m = p$ folgt aus Satz 2.12:

2.13 Corollar: $\Lambda_n(f)(b_1^* \wedge \cdots \wedge b_n^*) = \det(\lambda_{ji})_{i,j=1,\ldots,n} a_1^* \wedge \cdots \wedge a_n^*$.

Ganz analog zu Satz 2.12 gewinnt man folgende Aussage über Basistransformationen:

2.14 Satz: *X sei ein reeller Vektorraum, $A=(a_1,\ldots,a_n)$ und $B=(b_1,\ldots,b_n)$ seien zwei geordnete Basen von X; die zu A und B dualen Basen seien mit $A^*=(a_1^*,\ldots,a_n^*)$ bzw. $B^*=(b_1^*,\ldots,b_n^*)$ bezeichnet.*

$(\lambda_{ji})_{j,i=1,\ldots,n}$ bezeichne die Basistransformation von A nach B; d.h. $a_i = \sum\limits_{j=1} \lambda_{ji} b_j$ für $i=1,\ldots,n$.

Dann gilt:

$$b_{j_1}^* \wedge \cdots \wedge b_{j_p}^* = \sum_{1 \leq i_1 < \cdots < j_p \leq n} \det(\lambda_{j_\mu i_\nu})_{\mu,\nu=1,\ldots,n} a_{i_1}^* \wedge \cdots \wedge a_{i_p}^*$$

für $1 \leq j_1 < j_2 < \cdots < j_p \leq n$.

Beweis: Man setze in Satz 2.12: $Y := X$ und $f := I_X$. ∎

Speziell gilt:

2.15 Corollar: $b_1^* \wedge \cdots \wedge b_n^* = \det(\lambda_{ji})_{j,i=1,\ldots,n} a_1^* \wedge \cdots \wedge a_n^*$.

§ 3: Der $*$-Operator

Im folgenden sei X ein endlichdimensionaler reeller Vektorraum mit festem Skalarprodukt

$$(.,.): X \times X \to \mathbb{R}.$$

Als erstes bemerken wir, daß das Skalarprodukt auf X einen Isomorphismus

$$j: X \to X^* := \Lambda_1(X)$$

von X auf den Dualraum X^* von X induziert:

$$(jx)(y) := (x, y) \quad \text{für} \quad x, y \in X.$$

Die Bilinearität des Skalarprodukts garantiert, daß $j: X \to X^*$ eine wohldefinierte lineare Abbildung ist. Um zu beweisen, daß j einen Isomorphismus darstellt, zeigen wir, was auch sonst von Interesse ist, daß jede geordnete Orthonormalbasis $A = (a_1, \ldots, a_n)$ von X durch j in die zugehörige Dualbasis $A^* = (a_1^*, \ldots, a_n^*)$ von X^* überführt wird: $(j a_\mu)(a_\nu) = (a_\mu, a_\nu) = \delta_{\mu\nu}$ für $\mu, \nu = 1, \ldots, n$.

Auf dem Dualraum X^* gibt es genau ein Skalarprodukt, das $j: X \to X^*$ zu einer Isometrie macht. Die Dualbasis $A^* = (a_1^*, \ldots, a_n^*)$ zu einer Orthonormalbasis $A = (a_1, \ldots, a_n)$ von X wird dabei stets zu einer Orthonormalbasis von X^*.

Ist allgemeiner $B = (b_1, \ldots, b_n)$ irgendeine geordnete Basis von X, $B^* = (b_1^*, \ldots, b_n^*)$ die zu B duale Basis von X^*, dann gilt:

3.1 Satz: (a) $j(b_\nu) = \sum_{\mu=1}^{n} g_{\nu\mu} b_\mu^*$, $j^{-1}(b_\mu^*) = \sum_{\nu=1}^{n} g^{\mu\nu} b_\nu$,
mit $g_{\nu\mu} := (b_\nu, b_\mu)$, $g^{\mu\nu} := (b_\mu^*, b_\nu^*)$ *für* $\mu, \nu = 1, \ldots, n$.

(b) *Die Matrizen* $(g_{\nu\mu})$ *und* $(g^{\mu\nu})$ *sind zueinander invers.*

(c) *Ist* $\lambda = (\lambda_{\nu\mu})_{\nu,\mu=1,\ldots,n}$ *die Basistransformation von B nach irgendeiner geordneten Orthonormalbasis* $A = (a_1, \ldots, a_n)$ *von X, d.h.* $b_\mu = \sum_{\nu=1}^{n} \lambda_{\nu\mu} a_\nu$ *für* $\mu = 1, \ldots, n$, *so gilt:*

$$(g_{\nu\mu}) = \lambda^{\mathrm{tr}} \circ \lambda.$$

Beweis: (c) $A^* = (a_1^*, \ldots, a_n^*)$ bezeichne die zu A duale Orthonormalbasis von X^*. Es gilt dann:

$$b_\mu = \sum_{\nu=1}^{n} \lambda_{\nu\mu} a_\nu, \qquad a_\nu = \sum_{\mu=1}^{m} (\lambda^{-1})_{\mu\nu} b_\mu,$$

$$a_\nu^* = \sum_{\mu=1}^{n} \lambda_{\nu\mu} b_\mu^*, \qquad b_\mu^* = \sum_{\nu=1}^{n} (\lambda^{-1})_{\mu\nu} a_\nu^*.$$

Man rechnet leicht aus:

$$g_{\nu\mu} := (b_\nu, b_\mu) = \sum_{\rho=1}^{n} \sum_{\sigma=1}^{n} \lambda_{\rho\nu}\lambda_{\sigma\mu}(a_\rho, a_\sigma) = \sum_{\rho=1}^{n} \lambda_{\rho\nu}\lambda_{\rho\mu} = \sum_{\rho=1}^{n} (\lambda^{tr})_{\nu\rho}\lambda_{\rho\mu}$$
$$= (\lambda^{tr} \circ \lambda)_{\nu\mu},$$

d.h. $(g_{\nu\mu}) = \lambda^{tr} \circ \lambda$.

(b) $$g^{\mu\nu} := (b^*_\mu, b^*_\nu) = \sum_{\alpha=1}^{n} \sum_{\beta=1}^{n} (\lambda^{-1})_{\mu\alpha}(\lambda^{-1})_{\nu\beta}(a^*_\alpha, a^*_\beta)$$
$$= \sum_{\alpha=1}^{n} (\lambda^{-1})_{\mu\alpha}(\lambda^{-1})_{\nu\alpha} = \sum_{\alpha=1}^{n} (\lambda^{-1})_{\mu\alpha}((\lambda^{-1})^{tr})_{\alpha\nu} = (\lambda^{-1} \circ (\lambda^{tr})^{-1})_{\mu\nu}$$
$$= ((\lambda^{tr} \circ \lambda)^{-1})_{\mu\nu},$$

d.h. $(g^{\mu\nu}) = (\lambda^{tr} \circ \lambda)^{-1} = (g_{\nu\mu})^{-1}$.

(a) $$(jb_\nu)b_\alpha = (b_\nu, b_\alpha) = g_{\nu\alpha} = \sum_{\mu=1}^{n} g_{\nu\mu} b^*_\mu(b_\alpha) = \left(\sum_{\mu=1}^{n} g_{\nu\mu} b^*_\mu\right) b_\alpha$$

für $\alpha = 1, \ldots, n$. Daraus folgt: $j(b_\nu) = \sum_{\mu=1} g_{\nu\mu} b^*_\mu$. Wegen (b) gilt: $b^*_\mu = \sum_{\nu=1}^{n} g^{\mu\nu} j(b_\nu) = j\left(\sum_{\nu=1}^{n} g^{\mu\nu} b_\nu\right)$ oder $j^{-1}(b^*_\mu) = \sum_{\nu=1}^{n} g^{\mu\nu} b_\nu$. ∎

Wir wollen nun auf allen linearen Räumen $\Lambda_p(X), p = 0, 1, \ldots, n$, wobei $n = \dim X$ ist, kanonische Skalarprodukte

$$(.,.)_p : \Lambda_p(X) \times \Lambda_p(X) \to \mathbb{R}$$

einführen. Für $p = 0$ nehmen wir auf $\Lambda_0(X) := \mathbb{R}$ das gewöhnliche Produkt reeller Zahlen. Auf $\Lambda_1(X) = X^*$ gibt es genau ein Skalarprodukt, so daß der Isomorphismus $j: X \to \Lambda_1(X)$ eine Isometrie wird. Wenden wir uns dem allgemeinen Fall zu:

Wir beginnen mit einem Isomorphismus

$$\kappa : (\Lambda_p X)^* \to \Lambda_p(X^*),$$

der wie folgt definiert ist:

$$(\kappa\phi)(\varphi_1, \ldots, \varphi_p) := \phi(\varphi_1 \wedge \cdots \wedge \varphi_p)$$

für $\phi \in (\Lambda_p X)^*, \varphi_1, \ldots, \varphi_p \in \Lambda_1(X) = X^*$.

Die Linearität von κ ist unmittelbar zu erkennen. Da der Dualraum $(\Lambda_p X)^*$ von $\Lambda_p(X)$ die gleiche Dimension wie der Teilraum $\Lambda_p(X^*)$ der Graßmann-Algebra von X^* hat, so haben wir nur die Injektivität von κ zu kontrollieren. Sei $\kappa(\phi) = 0$ für $\phi \in (\Lambda_p X)^*$; dann ist $\phi(\varphi_1 \wedge \cdots \wedge \varphi_p) = 0$ für alle $\varphi_1, \ldots, \varphi_p \in X^*$. Da $\Lambda_p(X)$ von $\{\varphi_1 \wedge \cdots \wedge \varphi_p; \varphi_1, \ldots, \varphi_p \in X^*\}$ erzeugt wird, so ist $\phi = 0$, d.h. κ ist injektiv.

Der Isomorphismus $j: X \to X^*$ erzeugt durch Anwendung des kontravarianten Funktors Λ_p einen Isomorphismus:

$$\Lambda_p(j): \Lambda_p(X^*) \to \Lambda_p(X).$$

Wir wollen den Isomorphismus

$$i_p := \Lambda_p(j) \circ \kappa : (\Lambda_p X)^* \to \Lambda_p(X)$$

näher untersuchen; vor allem aber wird uns die Umkehrabbildung

$$j_p := i_p^{-1} : \Lambda_p(X) \to (\Lambda_p X)^*$$

interessieren.

Für $x_1, \ldots, x_p \in X$ sei $\alpha(x_1, \ldots, x_p) \in (\Lambda_p X)^*$ die folgende Auswertungsabbildung:

$$\alpha(x_1, \ldots, x_p)(\varphi_p) := \varphi_p(x_1, \ldots, x_p)$$

für $\varphi_p \in \Lambda_p(X)$. Wir wollen einmal $i_p(\alpha(x_1, \ldots, x_p)) \in \Lambda_p(X)$ berechnen. Für alle $y_1, \ldots, y_p \in X$ ist:

$$\begin{aligned}
i_p(\alpha(x_1, \ldots, x_p))(y_1, \ldots, y_p) &= (\Lambda_p j)(\kappa(\alpha(x_1, \ldots, x_p)))(y_1, \ldots, y_p) \\
&= \kappa(\alpha(x_1, \ldots, x_p))(j y_1, \ldots, j y_p) \\
&= \alpha(x_1, \ldots, x_p)((j y_1) \wedge \cdots \wedge (j y_p)) \\
&= ((j y_1) \wedge \cdots \wedge (j y_p))(x_1, \ldots, x_p) \\
&= \sum_{\pi \in \mathscr{S}_p} \operatorname{sign}(\pi) \cdot ((j y_1) \circ \cdots \circ (j y_p))(x_{\pi(1)}, \ldots, x_{\pi(p)}) \\
&= \sum_{\pi \in \mathscr{S}_p} \operatorname{sign}(\pi) \prod_{i=1}^{p} (y_i, x_{\pi(i)}) \\
&= \sum_{\pi \in \mathscr{S}_p} \operatorname{sign}(\pi^{-1}) \prod_{i=1}^{p} (x_i, y_{\pi^{-1}(i)}) \\
&= \sum_{\sigma \in \mathscr{S}_p} \operatorname{sign}(\sigma) \prod_{i=1}^{p} (x_i, y_{\sigma(i)}) \\
&= ((j x_1) \wedge \cdots \wedge (j x_p))(y_1, \ldots, y_p),
\end{aligned}$$

d.h. $i_p(\alpha(x_1, \ldots, x_p)) = (j x_1) \wedge \cdots \wedge (j x_p)$ oder

$$j_p((j x_1) \wedge \cdots \wedge (j x_p)) = \alpha(x_1, \ldots, x_p).$$

Wir notieren uns für später das folgende Zwischenresultat der obigen Rechnung:

$$((j y_1) \wedge \cdots \wedge (j y_p))(x_1, \ldots, x_p) = ((j x_1) \wedge \cdots \wedge (j x_p))(y_1, \ldots, y_p).$$

Mit Hilfe des gerade konstruierten Isomorphismus

$$j_p : \Lambda_p(X) \to (\Lambda_p X)^*$$

können wir eine Bilinearform

$$(.,.)_p : \Lambda_p(X) \times \Lambda_p(X) \to \mathbb{R}$$

wie folgt definieren:

$$(\varphi_p, \psi_p)_p := (j_p(\varphi_p))\psi_p$$

für $\varphi_p, \psi_p \in \Lambda_p(X)$.

3.2 Satz:
(1) $(.,.)_p : \Lambda_p(X) \times \Lambda_p(X) \to \mathbb{R}$ *ist ein Skalarprodukt auf* $\Lambda_p(X)$ *für* $p = 1, \ldots, n = \dim X$.
(2) *Ist* $A = (a_1, \ldots, a_n)$ *eine geordnete Orthonormalbasis von* X *und bezeichnet* $A^* = (a_1^*, \ldots, a_n^*)$ *die zu* A *duale Basis von* X^*, *so ist*

$$E_p := \{a_{v_1}^* \wedge \cdots \wedge a_{v_p}^*;\ 1 \le v_1 < v_2 < \cdots < v_p \le n\}$$

eine Orthonormalbasis von $\Lambda_p(X)$.

Beweis: Es genügt zu zeigen, daß

$$(a_{v_1}^* \wedge \cdots \wedge a_{v_p}^*, a_{\mu_1}^* \wedge \cdots \wedge a_{\mu_p}^*)_p = \delta_{v_1 \mu_1} \ldots \delta_{v_p \mu_p}$$

ist für $1 \le v_1 < v_2 < \cdots < v_p \le n$, $1 \le \mu_1 < \mu_2 < \cdots < \mu_p \le n$:

$$\begin{aligned}
(a_{v_1}^* \wedge \cdots \wedge a_{v_p}^*, a_{\mu_1}^* \wedge \cdots \wedge a_{\mu_p}^*)_p &= j_p(a_{v_1}^* \wedge \cdots \wedge a_{v_p}^*)(a_{\mu_1}^* \wedge \cdots \wedge a_{\mu_p}^*) \\
&= j_p((j a_{v_1}) \wedge \cdots \wedge (j a_{v_p}))(a_{\mu_1}^* \wedge \cdots \wedge a_{\mu_p}^*) \\
&= \alpha(a_{v_1}, \ldots, a_{v_p})(a_{\mu_1}^* \wedge \cdots \wedge a_{\mu_p}^*) \\
&= (a_{\mu_1}^* \wedge \cdots \wedge a_{\mu_p}^*)(a_{v_1}, \ldots, a_{v_p}) \\
&= \sum_{\pi \in \mathcal{S}_p} \operatorname{sign}(\pi)(a_{\mu_1}^* \circ \cdots \circ a_{\mu_p}^*)(a_{v_{\pi(1)}}, \ldots, a_{v_{\pi(p)}}) \\
&= \sum_{\pi \in \mathcal{S}_p} \operatorname{sign}(\pi) \prod_{i=1}^{p} a_{\mu_i}^*(a_{v_{\pi(i)}}) \\
&= \sum_{\pi \in \mathcal{S}_p} \operatorname{sign}(\pi)\, \delta_{v_{\pi(1)} \mu_1} \ldots \delta_{v_{\pi(p)} \mu_p} \\
&= \delta_{v_1 \mu_1} \ldots \delta_{v_p \mu_p}.
\end{aligned}$$

(Wegen $1 \le v_1 < \cdots < v_p \le n$ und $1 \le \mu_1 < \cdots < \mu_p \le n$ ist in der letzten Summe höchstens der Summand für $\pi =$ Identität von Null verschieden.) ∎

Im folgenden sei X ein n-dimensionaler reeller Vektorraum mit einem festen Skalarprodukt $(.,.): X \times X \to \mathbb{R}$ und einer festen Orientierung $\mathcal{O}$:

3.3 Definition: *Unter einer Orientierung* $\mathcal{O}$ *auf einem reellen* n*-dimensionalen Vektorraum* X *versteht man eine Äquivalenzklasse nicht verschwindender gleichgerichteter alternierender* n*-Formen aus* $\Lambda_n(X)$. *Dabei heißen zwei alternierende* n*-Formen* $\varphi_n \neq 0$, $\psi_n \neq 0$ *aus* $\Lambda_n(X)$ *gleichgerichtet, wenn* $\varphi_n = \lambda \psi_n$ *ist mit* $\lambda \in \mathbb{R}$, $\lambda > 0$.

Eine geordnete Basis $A=(a_1,\ldots,a_n)$ *von* X *heißt orientiert bez. einer Orientierung* $\mathcal{O}$ *von* X, *wenn* $\varphi_n(a_1,\ldots,a_n)>0$ *ist für alle* $\varphi_n\in\mathcal{O}$.

Bemerkung: Man kann auch die Klasse orientierter Basen eines orientierten Vektorraumes zur Definition der Orientierung benutzen (siehe B.I.-Hochschultaschenbuch über „Lineare und multilineare Algebra I" von H. Holmann, § 11).

Wir wollen einige spezielle Begriffe zur Volumenmessung auf X zusammenstellen.

3.4 Definition: (a) *Die Absolutbeträge* $|\varphi_n|$ *von alternierenden n-Formen* $\varphi_n\neq 0$ *aus* $\Lambda_n(X)$ *heißen Volumenmaße auf* X.
(b) *Eine alternierende n-Form* $\varphi_n\neq 0$ *aus* $\Lambda_n(X)$ *heißt ein orientiertes Volumenmaß auf* X *bez. der Orientierung* $\mathcal{O}$, *wenn* $\varphi_n\in\mathcal{O}$ *ist.*
(c) *Unter dem euklidischen Volumenmaß auf* X *bez. des Skalarprodukts* $(.,.)$ *versteht man das eindeutig bestimmte Volumenmaß* $|\mathrm{dV}|$, $\mathrm{dV}\neq 0$ *aus* $\Lambda_n(X)$, *mit der Eigenschaft*

$$|\mathrm{dV}|(a_1,\ldots,a_n)=1$$

für jede Orthonormalbasis $\{a_1,\ldots,a_n\}$ *von* X.
(d) *Unter dem orientierten euklidischen Volumenmaß auf* X *bez. der Orientierung* $\mathcal{O}$ *und des Skalarproduktes* $(.,.)$ *versteht man die eindeutig bestimmte alternierende n-Form* $\mathrm{dV}\in\Lambda_n(X)$ mit

$$\mathrm{dV}(a_1,\ldots,a_n)=1$$

für jede orientierte Orthonormalbasis $(a_1,\ldots,a_n)$ *von* X. (Bemerkung: dV ist ein orientiertes Volumenmaß bez. $\mathcal{O}$, und $|\mathrm{dV}|$ ist das euklidische Volumenmaß bez. des Skalarprodukts $(.,.)$.)

3.5 Satz: *X sei ein n-dimensionaler reeller Vektorraum mit Skalarprodukt* $(.,.)$: $X\times X\to\mathbb{R}$ *und Orientierung* $\mathcal{O}$. *Das zugehörige orientierte euklidische Volumenmaß* dV *läßt sich wie folgt bestimmen:*

$$\mathrm{dV}=a_1^*\wedge\cdots\wedge a_n^*,$$

wobei $A^*=(a_1^*,\ldots,a_n^*)$ *die Dualbasis zu irgendeiner orientierten Orthonormalbasis* $A=(a_1,\ldots,a_n)$ *von* X *ist.*

Beweis: Wir rechnen zuerst aus:

$$\begin{aligned}(a_1^*\wedge\cdots\wedge a_n^*)(a_1,\ldots,a_n)&=\sum_{\pi\in\mathcal{S}_n}\mathrm{sign}(\pi)(a_1^*\circ\cdots\circ a_n^*)(a_{\pi(1)},\ldots,a_{\pi(n)})\\&=\sum_{\pi\in\mathcal{S}_n}\mathrm{sign}(\pi)\prod_{i=1}^{n}a_i^*(a_{\pi(i)})\\&=\sum_{\pi\in\mathcal{S}_n}\mathrm{sign}(\pi)\prod_{i=1}^{n}\delta_{i\pi(i)}=1.\end{aligned}$$

Sei $B=(b_1,\dots,b_n)$ eine weitere orientierte Orthonormalbasis von X, $B^*=(b_1^*,\dots,b_n^*)$ bezeichne die zu B duale Basis. Da A und B beide orientierte Orthonormalbasen von X sind, so gibt es reelle Zahlen $\lambda_{\mu\nu}$ mit $a_\nu=\sum_{\mu=1}^{n}\lambda_{\mu\nu}b_\mu$, $\nu=1,\dots,n$, so daß $\det(\lambda_{\mu\nu})=1$ ist. Auf Grund von Corollar 2.15 gilt: $b_1^*\wedge\dots\wedge b_n^*=\det(\lambda_{\mu\nu})a_1^*\wedge\dots\wedge a_n^*=a_1^*\wedge\dots\wedge a_n^*$. Daraus folgt: $(a_1^*\wedge\dots\wedge a_n^*)(b_1,\dots,b_n)=(b_1^*\wedge\dots\wedge b_n^*)(b_1,\dots,b_n)=1$; d.h. $\mathrm{dV}=a_1^*\wedge\dots\wedge a_n^*$. ∎

Der obige Satz läßt sich wie folgt verallgemeinern:

3.6 Satz *(Voraussetzungen wie in Satz 3.5.)* : *$B=(b_1,\dots,b_n)$ sei eine orientierte Basis von X, $B^*=(b_1^*,\dots,b_n^*)$ bezeichne die zu B duale Basis.*
(a) *Für das orientierte euklidische Volumenmaß gilt:*

$$\mathrm{dV}=+\sqrt{|g|}\,b_1^*\wedge\dots\wedge b_n^*,$$

wobei $|g|:=\det(g_{ij})$ und $g_{ij}:=(b_i,b_j)$ ist für $i,j=1,\dots,n$.
(b) *Für das euklidische Volumenmaß $|\mathrm{dV}|$ gilt:*

$$|\mathrm{dV}|(x_1,\dots,x_n)=+\sqrt{\det((x_i,x_j))}$$

für $x_1,\dots,x_n\in X$.

Beweis: (a) Wir wählen irgendeine orientierte Orthonormalbasis $A=(a_1,\dots,a_n)$ von X. Es gibt eine reelle Matrix $\lambda=(\lambda_{\mu\nu})$ mit

$$b_\nu=\sum_{\mu=1}^{n}\lambda_{\mu\nu}a_\mu \quad \text{für } \nu=1,\dots,n \quad \text{und } \det(\lambda)>0.$$

Auf Grund von Corollar 2.15 ist $\mathrm{dV}=a_1^*\wedge\dots\wedge a_n^*=\det(\lambda)b_1^*\wedge\dots\wedge b_n^*$; dabei bezeichnet $A^*=(a_1^*,\dots,a_n^*)$ die zu A duale Basis. Auf Grund von Satz 3.1 ist $(g_{ij})=\lambda^{\mathrm{tr}}\circ\lambda$, so daß

$$|g|=\det(g_{ij})=\det(\lambda^{\mathrm{tr}})\cdot\det(\lambda)=(\det(\lambda))^2$$

gilt. Daraus folgt:

$$\mathrm{dV}=\det(\lambda)b_1^*\wedge\dots\wedge b_n^*=+\sqrt{|g|}\,b_1^*\wedge\dots\wedge b_n^*.$$

(b) Aus (a) folgt sofort

$$\begin{aligned}\mathrm{dV}(b_1,\dots,b_n)&=+\sqrt{|g|}\,(b_1^*\wedge\dots\wedge b_n^*)(b_1,\dots,b_n)\\&=+\sqrt{|g|}=+\sqrt{\det((b_i,b_j))}\end{aligned}$$

für eine orientierte Basis $(b_1,\dots,b_n)$ von X. Für eine beliebige Basis $\{b_1,\dots,b_n\}$ von X ist somit

$$|\mathrm{dV}(b_1,\dots,b_n)|=+\sqrt{\det((b_i,b_j))}\,.$$

Ist $\{b_1, \ldots, b_n\} \subseteq X$ linear abhängig, so sind beide Seiten der obigen Gleichung Null. ∎

Wir können nun wie folgt den sogenannten $*$-Operator einführen.

3.7 Satz: *X sei ein n-dimensionaler reeller Vektorraum mit festem Skalarprodukt $(.,.)$ und fester Orientierung $\mathcal{O}$. $\mathrm{dV} \in \Lambda_n(X)$ bezeichne das orientierte euklidische Volumenmaß auf X.*

Dann gibt es zu jedem $p = 0, \ldots, n$ genau einen Isomorphismus

$$*: \Lambda_p(X) \to \Lambda_{n-p}(X),$$

so daß für alle $\varphi_p \in \Lambda_p(X)$ und für alle $\psi_{n-p} \in \Lambda_{n-p}(X)$ gilt:

$$(*\varphi_p, \psi_{n-p})_{n-p} = (\varphi_p \wedge \psi_{n-p}, \mathrm{dV})_n.$$

3.8 Zusatz 1: *Ist $A = (a_1, \ldots, a_n)$ eine orientierte Orthonormalbasis von X, $A^* = (a_1^*, \ldots, a_n^*)$ die zugehörige Dualbasis, dann ist*

$$*(a_{\nu_1}^* \wedge \cdots \wedge a_{\nu_p}^*) = \operatorname{sign}(\nu_1, \ldots, \nu_n) a_{\nu_{p+1}}^* \wedge \cdots \wedge a_{\nu_n}^*$$

für jede Permutation $(\nu_1, \ldots, \nu_n) \in \mathcal{S}_n$ (mit $i \to \nu_i$ für $i = 1, \ldots, n$).

3.9 Zusatz 2: *$*: \Lambda_p(X) \to \Lambda_{n-p}(X)$ ist eine Isometrie, d.h.*

$$(*\varphi_p, *\psi_p)_{n-p} = (\varphi_p, \psi_p)_p$$

für alle $\varphi_p, \psi_p \in \Lambda_p(X)$.

Beweis: *Eindeutigkeit:* Nach Satz 3.2 ist

$$E_{n-p} = \{a_{\nu_{p+1}}^* \wedge \cdots \wedge a_{\nu_n}^*; \quad 1 \leq \nu_{p+1} < \cdots < \nu_n \leq n\}$$

eine Orthonormalbasis von $\Lambda_{n-p}(X)$. Daraus folgt für jedes $\varphi_p \in \Lambda_p(X)$:

$$\begin{aligned} *\varphi_p &= \sum_{1 \leq \nu_{p+1} < \cdots < \nu_n \leq n} (*\varphi_p, a_{\nu_{p+1}}^* \wedge \cdots \wedge a_{\nu_n}^*)_{n-p} a_{\nu_{p+1}}^* \wedge \cdots \wedge a_{\nu_n}^* \\ &= \sum_{1 \leq \nu_{p+1} < \cdots < \nu_n \leq n} (\varphi_p \wedge a_{\nu_{p+1}}^* \wedge \cdots \wedge a_{\nu_n}^*, \mathrm{dV})_n a_{\nu_{p+1}}^* \wedge \cdots \wedge a_{\nu_n}^*, \end{aligned}$$

d.h. $*\varphi_p$ ist eindeutig bestimmt.

Existenz: Man sieht sofort, daß durch

$$*\varphi_p := \sum_{1 \leq \nu_{p+1} < \cdots < \nu_n \leq n} (\varphi_p \wedge a_{\nu_{p+1}}^* \wedge \cdots \wedge a_{\nu_n}^*, \mathrm{dV})_n a_{\nu_{p+1}}^* \wedge \cdots \wedge a_{\nu_n}^*$$

eine lineare Abbildung $*: \Lambda_p(X) \to \Lambda_{n-p}(X)$ definiert wird. Daß $*$ ein Isomorphismus ist, ergibt sich aus Zusatz 2.

Beweis: (Zusatz 1): Für eine Permutation $(\nu_1, \ldots, \nu_n) \in \mathscr{S}_n$ rechnet man aus:

$$*(a^*_{\nu_1} \wedge \cdots \wedge a^*_{\nu_p})$$
$$= \sum_{1 \leq \mu_{p+1} < \cdots < \mu_n \leq n} (a^*_{\nu_1} \wedge \cdots \wedge a^*_{\nu_p} \wedge a^*_{\mu_{p+1}} \wedge \cdots \wedge a^*_{\mu_n}, dV)_n \; a^*_{\mu_{p+1}} \wedge \cdots \wedge a^*_{\mu_n}$$
$$= (a^*_{\nu_1} \wedge \cdots \wedge a^*_{\nu_p} \wedge a^*_{\sigma_{p+1}} \wedge \cdots \wedge a^*_{\sigma_n}, dV)_n a^*_{\sigma_{p+1}} \wedge \cdots \wedge a^*_{\sigma_n},$$

wobei $1 \leq \sigma_{p+1} < \cdots < \sigma_n \leq n$ und $(\nu_1, \ldots, \nu_p, \sigma_{p+1}, \ldots, \sigma_n) \in \mathscr{S}_n$ ist. Daraus folgt (man beachte $\{\sigma_{p+1}, \ldots, \sigma_n\} = \{\nu_{p+1}, \ldots, \nu_n\}$!):

$$\begin{aligned} *(a^*_{\nu_1} \wedge \cdots \wedge a^*_{\nu_p}) &= (a^*_{\nu_1} \wedge \cdots \wedge a^*_{\nu_p} \wedge a^*_{\nu_{p+1}} \wedge \cdots \wedge a^*_{\nu_n}, dV)_n a^*_{\nu_{p+1}} \wedge \cdots \wedge a^*_{\nu_n} \\ &= (\operatorname{sign}(\nu_1, \ldots, \nu_n) dV, dV)_n a^*_{\nu_{p+1}} \wedge \cdots \wedge a^*_{\nu_n} \\ &= \operatorname{sign}(\nu_1, \ldots, \nu_n)(dV, dV)_n a^*_{\nu_{p+1}} \wedge \cdots \wedge a^*_{\nu_n} \\ &= \operatorname{sign}(\nu_1, \ldots, \nu_n) a^*_{\nu_{p+1}} \wedge \cdots \wedge a^*_{\nu_n}. \end{aligned}$$

Beweis: (Zusatz 2): Auf Grund von Zusatz 1 ist das $*$-Bild der Orthonormalbasis $E_p := \{a^*_{\nu_1} \wedge \cdots \wedge a^*_{\nu_p}; 1 \leq \nu_1 < \ldots < \nu_p \leq n\}$ von $\Lambda_p(X)$ wieder eine Orthonormalbasis von $\Lambda_{n-p}(X)$, d.h. $*: \Lambda_p(X) \to \Lambda_{n-p}(X)$ ist eine Isometrie. ∎

Wir wollen einige Rechenregeln für den $*$-Operator zusammenstellen:

3.10 Satz: *(Voraussetzung wie im Satz 3.7)*:

(a) $*1 = dV, \quad *dV = 1,$

(b) $(*\varphi_p, \psi_{n-p})_{n-p} = (-1)^{(n-p)p} (\varphi_p, *\psi_{n-p})_p$ *für* $\varphi_p \in \Lambda_p(X)$, $\psi_{n-p} \in \Lambda_{n-p}(X)$,

(c) $(*\varphi_p, *\psi_p)_{n-p} = (\varphi_p, \psi_p)_p$ *für* $\varphi_p, \psi_p \in \Lambda_p(X)$,

(d) $\varphi_p \wedge *\psi_p = (\varphi_p, \psi_p)_p dV$ *für* $\varphi_p, \psi_p \in \Lambda_p(X)$,

(d′) $\varphi \wedge *\varphi = dV$ *für jede alternierende* 1-*Form* $\varphi \in \Lambda_1(X)$ *mit* $(\varphi, \varphi)_1 = 1$,

(e) $\varphi_p \wedge * \psi_p = \psi_p \wedge * \varphi_p$ *und*

(e′) $*\varphi_p \wedge \psi_p = *\psi_p \wedge \varphi_p$ *für* $\varphi_p, \psi_p \in \Lambda_p(X)$,

(f) $*(*\varphi_p) = (-1)^{(n-p)p} \varphi_p$ *für* $\varphi_p \in \Lambda_p(X)$,

(g) $*((jx) \wedge *(jy)) = (x, y)$ *für* $x, y \in X$.

Beweis:

(a) $*1 = (*1, dV)_n dV = (1 \cdot dV, dV)_n dV = dV,$

$*dV = (*dV, 1)_0 = (dV \cdot 1, dV)_n = (dV, dV)_n = 1.$

(b) $(*\varphi_p, \psi_{n-p})_{n-p} = (\varphi_p \wedge \psi_{n-p}, dV)_n = (-1)^{(n-p)p} (\psi_{n-p} \wedge \varphi_p, dV)_n$
$= (-1)^{(n-p)p} (*\psi_{n-p}, \varphi_p)_p = (-1)^{(n-p)p} (\varphi_p, *\psi_{n-p})_p.$

(c) Siehe 3.9.

(d) $\varphi_p \wedge *\psi_p = (\varphi_p \wedge *\psi_p, \mathrm{d}V)_n \mathrm{d}V = (*\varphi_p, *\psi_p)_{n-p} \mathrm{d}V = (\varphi_p, \psi_p)_p \mathrm{d}V.$

(e) $\varphi_p \wedge *\psi_p = (\varphi_p, \psi_p)_p \mathrm{d}V = (\psi_p, \varphi_p)_p \mathrm{d}V = \psi_p \wedge *\varphi_p.$

(e′) $*\varphi_p \wedge \psi_p = (-1)^{(n-p)p} \psi_p \wedge *\varphi_p = (-1)^{(n-p)p} \varphi_p \wedge *\psi_p = *\psi_p \wedge \varphi_p.$

(f) Für alle $\psi_p \in \Lambda_p(X)$ gilt:

$$\begin{aligned}(*(*\varphi_p), \psi_p)_p = (*\varphi_p \wedge \psi_p, \mathrm{d}V)_n &= (-1)^{(n-p)p} (\psi_p \wedge *\varphi_p, \mathrm{d}V)_n \\ &= (-1)^{(n-p)p} ((\psi_p, \varphi_p)_p \mathrm{d}V, \mathrm{d}V)_n \\ &= (-1)^{(n-p)p} (\psi_p, \varphi_p)_p \\ &= ((-1)^{(n-p)p} \varphi_p, \psi_p)_p.\end{aligned}$$

Daraus folgt: $*(*\varphi_p) = (-1)^{(n-p)p} \varphi_p$.

(g) $j: X \to \Lambda_1(X)$ ist eine Isometrie, d.h. $(jx, jy)_1 = (x, y)$ für alle $x, y \in X$. Rechenregel (d) ergibt dann:

$$*((jx) \wedge *jy) = *((jx, jy)_1 \mathrm{d}V) = (jx, jy)_1 * \mathrm{d}V = (x, y). \quad \blacksquare$$

Wir wollen einige Beispiele durchrechnen:

Beispiel 1: X sei ein n-dimensionaler reeller Vektorraum mit Skalarprodukt $(.,.)$ und Orientierung $\mathcal{O}$. $B = (b_1, \ldots, b_n)$ sei irgendeine orientierte Basis von X, $B^* = (b_1^*, \ldots, b_n^*)$ bezeichne die Dualbasis. Wir wollen einmal $*b_\nu^*$ berechnen. Dazu wenden wir die obige Rechenregel (d) auf $b_\mu^* \wedge *b_\nu^*$ an:

$$b_\mu^* \wedge *b_\nu^* = (b_\mu^*, b_\nu^*) \mathrm{d}V = g^{\mu\nu} \sqrt{|g|}\, b_1^* \wedge \cdots \wedge b_n^*$$

(vgl. Satz 3.1 und Satz 3.6).

Da $\{b_1^* \wedge \cdots \wedge \widehat{b_\rho^*} \wedge \cdots \wedge b_n^*; \rho = 1, \ldots, n\}$ eine Basis von $\Lambda_{n-1}(X)$ ist, so muß $*b_\nu^*$ die Gestalt

$$*b_\nu^* = \sum_{\rho=1}^{n} \alpha_{\nu\rho} b_1^* \wedge \quad \wedge \widehat{b_\rho^*} \wedge \cdots \wedge b_n^*$$

haben (die mit einem $\widehat{\ }$ versehenen Elemente sind auszulassen), so daß gilt:

$$\begin{aligned} b_\mu^* \wedge *b_\nu^* &= \sum_{\rho=1}^{n} \alpha_{\nu\rho} b_\mu^* \wedge b_1^* \wedge \cdots \wedge \widehat{b_\rho^*} \wedge \cdots \wedge b_n^* \\ &= \alpha_{\nu\mu} b_\mu^* \wedge b_1^* \wedge \cdots \wedge \widehat{b_\mu^*} \wedge \cdots \wedge b_n^* \\ &= (-1)^{\mu-1} \alpha_{\nu\mu} b_1^* \wedge \cdots \wedge b_n^*. \end{aligned}$$

Daraus folgt: $\alpha_{\nu\mu} = (-1)^{\mu-1} g^{\mu\nu} \sqrt{|g|}$, so daß also gilt:

3.11 $$*b_\nu^* = \sum_{\rho=1}^{n} (-1)^{\rho-1} g^{\nu\rho} \sqrt{|g|}\, b_1^* \wedge \cdots \wedge \widehat{b_\rho^*} \wedge \cdots \wedge b_n^*.$$

Beispiel 2 (Bezeichnungen wie in Beispiel 1): Im Fall $\dim X = 3$ wird aus der obigen Formel 3.11 für $*b_\nu^*$:

$$*b_1^* = \sqrt{|g|}(g^{11}b_2^* \wedge b_3^* + g^{12}b_3^* \wedge b_1^* + g^{13}b_1^* \wedge b_2^*),$$
$$*b_2^* = \sqrt{|g|}(g^{21}b_2^* \wedge b_3^* + g^{22}b_3^* \wedge b_1^* + g^{23}b_1^* \wedge b_2^*),$$
$$*b_3^* = \sqrt{|g|}(g^{31}b_2^* \wedge b_3^* + g^{32}b_3^* \wedge b_1^* + g^{33}b_1^* \wedge b_2^*).$$

Da $(g^{\nu\mu}) = (g_{\nu\mu})^{-1}$ ist, erhalten wir unter Berücksichtigung von $** =$ Identität (das gilt, da $\dim X$ ungerade ist):

$$*(b_2^* \wedge b_3^*) = \frac{1}{\sqrt{|g|}} \sum_{i=1}^{3} g_{1i} b_i^* = \frac{1}{\sqrt{|g|}} j(b_1),$$
$$*(b_3^* \wedge b_1^*) = \frac{1}{\sqrt{|g|}} \sum_{i=1}^{3} g_{2i} b_i^* = \frac{1}{\sqrt{|g|}} j(b_2),$$
$$*(b_1^* \wedge b_2^*) = \frac{1}{\sqrt{|g|}} \sum_{i=1}^{3} g_{3i} b_i^* = \frac{1}{\sqrt{|g|}} j(b_3),$$

d.h., für $(\nu, \mu, \rho) \in \mathscr{S}_3$ mit $\operatorname{sign}(\nu, \mu, \rho) = +1$ gilt:

$$*(b_\nu^* \wedge b_\mu^*) = \frac{1}{\sqrt{|g|}} \sum_{i=1}^{3} g_{\rho i} b_i^* = \frac{1}{\sqrt{|g|}} j(b_\rho).$$

Für beliebiges $(\nu, \mu, \rho) \in \mathscr{S}_3$ gilt also:

$$*(b_\nu^* \wedge b_\mu^*) = \frac{1}{\sqrt{|g|}} \operatorname{sign}(\nu, \mu, \rho) \sum_{i=1}^{3} g_{\rho i} b_i^* = \frac{1}{\sqrt{|g|}} \operatorname{sign}(\nu, \mu, \rho) j(b_\rho)$$

Beispiel 3: Formel 3.11 von Beispiel 1 läßt sich wie folgt verallgemeinern:

$$*(b_{\mu_1}^* \wedge \cdots \wedge b_{\mu_p}^*) = \sum_{\substack{(\nu_1, \ldots, \nu_n) \in \mathscr{S}_n \\ \nu_{p+1} < \cdots < \nu_n}} \operatorname{sign}(\nu_1, \ldots, \nu_n) \sqrt{|g|}\, g^{\nu_1 \mu_1} \ldots g^{\nu_p \mu_p} b_{\nu_{p+1}}^* \wedge \cdots \wedge b_{\nu_n}^*$$

wobei $1 \leq \mu_1 < \cdots < \mu_p \leq n$ ist.

Um diese Formel zu beweisen, genügt es auf Grund von Satz 3.7 zu zeigen, daß

$$\sum_{\substack{(\nu_1, \ldots, \nu_n) \in \mathscr{S}_n \\ \nu_{p+1} < \cdots < \nu_n}} \operatorname{sign}(\nu_1, \ldots, \nu_n) \sqrt{|g|}\, g^{\nu_1 \mu_1} \ldots g^{\nu_p \mu_p} (b_{\nu_{p+1}}^* \wedge \cdots \wedge b_{\nu_n}^*, b_{\mu_{p+1}}^* \wedge \cdots \wedge b_{\mu_n}^*)_{n-p}$$
$$= (b_{\mu_1}^* \wedge \cdots \wedge b_{\mu_p}^* \wedge b_{\mu_{p+1}}^* \wedge \cdots \wedge b_{\mu_n}^*, \mathrm{dV})_n$$

ist für alle $(n-p)$-Tupel $(\mu_{p+1}, \ldots, \mu_n)$ mit $1 < \mu_{p+1} < \cdots < \mu_n \leq n$. Man verifiziert leicht, daß beide Seiten der Gleichung $\operatorname{sign}(\mu_1, \ldots, \mu_n) \frac{1}{\sqrt{|g|}}$ ergeben.

Für 3dimensionale reelle Vektorräume mit festem Skalarprodukt und fester Orientierung kann man mittels des $*$-Operators ein Vektorprodukt $X \times X \to X$ definieren:

3.12 Definition: *Unter einem Vektorprodukt auf einem 3dimensionalen reellen Vektorraum X mit festem Skalarprodukt und fester Orientierung versteht man eine bilineare Abbildung*

$$v: X \times X \to X$$

mit folgenden Eigenschaften (wir schreiben $a \times b := v(a,b)$ für $a, b \in X$):

(1) $\quad a \times b = -b \times a \quad$ für alle $\quad a, b \in X$.

(2) $a_1 \times a_2 = a_3$ *für jede orientierte Orthonormalbasis* (a_1, a_2, a_3) *von* X.

3.13 Satz: *Es gibt genau ein Vektorprodukt auf jedem 3dimensionalen reellen Vektorraum X mit festem Skalarprodukt und fester Orientierung, und dieses ist definiert durch*

$$a \times b = j^{-1}(*(ja \wedge jb))$$

für $a, b \in X$.

Beweis: *Eindeutigkeit:* Sei (e_1, e_2, e_3) eine orientierte Orthonormalbasis von X, dann rechnet man für Vektoren $a = \sum_{i=1}^{3} \alpha_i e_i$, $b = \sum_{i=1}^{3} \beta_i e_i$ aus X ihr Vektorprodukt $a \times b$ auf Grund von (1) und (2) wie folgt aus:

$$\begin{aligned} a \times b &= \sum_{i=1}^{3} \sum_{j=1}^{3} \alpha_i \beta_j e_i \times e_j = \sum_{\substack{i,j=1 \\ i \neq j}}^{3} \alpha_i \beta_j e_i \times e_j \\ &= (\alpha_1 \beta_2 - \alpha_2 \beta_1) e_1 \times e_2 + (\alpha_3 \beta_1 - \alpha_1 \beta_3) e_3 \times e_1 + (\alpha_2 \beta_3 - \alpha_3 \beta_2) e_2 \times e_3 \\ &= (\alpha_1 \beta_2 - \alpha_2 \beta_1) e_3 + (\alpha_3 \beta_1 - \alpha_1 \beta_3) e_2 + (\alpha_2 \beta_3 - \alpha_3 \beta_2) e_1, \end{aligned}$$

d.h. $a \times b$ ist eindeutig bestimmt.

Existenz: $a \times b := j^{-1}(*(ja \wedge jb))$ ist nach Definition linear in a und b. Bleibt uns, die Eigenschaften (1) und (2) nachzuweisen:

(1) $\quad a \times b = j^{-1}(*(ja \wedge jb)) = -j^{-1}(*(jb \wedge ja)) = -b \times a$.

(2) $*(ja_1 \wedge ja_2) = ja_3$ für jede orientierte Orthonormalbasis (a_1, a_2, a_3) von X (siehe 3.8). Daraus folgt:

$$a_1 \times a_2 := j^{-1}(*(ja_1 \wedge ja_2)) = a_3 . \quad ∎$$

Wir wollen ein Beispiel durchrechnen:

Beispiel 4 (Bezeichnungen wie in Satz 3.13): (b_1, b_2, b_3) sei eine orientierte Basis von X, (b_1^*, b_2^*, b_3^*) bezeichne die Dualbasis, dann gilt für $(\nu, \mu, \rho) \in \mathscr{S}_3$:

$$b_\nu \times b_\mu = \sqrt{|g|}\,\mathrm{sign}(\nu,\mu,\rho) \sum_{\sigma=1}^{3} g^{\rho\sigma} b_\sigma = \sqrt{|g|}\,\mathrm{sign}(\nu,\mu,\rho) j^{-1}(b_\rho^*).$$

Wir können für den Beweis der obigen Formel ohne Beschränkung der Allgemeinheit annehmen, daß $\mathrm{sign}(\nu,\mu,\rho) = 1$ ist. Es gilt dann (unter Verwendung von Beispiel 2):

$$\begin{aligned} j(b_\nu \times b_\mu) &= *(j b_\nu \wedge j b_\mu) = *\left(\sum_{\alpha=1}^{3} \sum_{\beta=1}^{3} g_{\nu\alpha} g_{\mu\beta} b_\alpha^* \wedge b_\beta^*\right) \\ &= \sum_{\alpha=1}^{3} \sum_{\beta=1}^{3} g_{\nu\alpha} g_{\mu\beta} *(b_\alpha^* \wedge b_\beta^*) \\ &= \frac{1}{\sqrt{|g|}} \sum_{(\alpha,\beta,\gamma)\in\mathscr{S}_3} \mathrm{sign}(\alpha,\beta,\gamma) g_{\nu\alpha} g_{\mu\beta} \sum_{\kappa=1}^{3} g_{\kappa\gamma} b_\kappa^* \\ &= \frac{1}{\sqrt{|g|}} \sum_{(\alpha,\beta,\gamma)\in\mathscr{S}_3} \mathrm{sign}(\alpha,\beta,\gamma) g_{\nu\alpha} g_{\mu\beta} g_{\rho\gamma} b_\rho^* \\ &= \frac{1}{\sqrt{|g|}} |g| b_\rho^* = \sqrt{|g|}\, b_\rho^*. \end{aligned}$$

Also ist $b_\nu \times b_\mu = \sqrt{|g|} j^{-1}(b_\rho^*) = \sqrt{|g|} \sum_{\sigma=1}^{3} g^{\rho\sigma} b_\sigma$ (vergleiche Satz 3.1 (a)).

Wir wollen nun die Transformationsgesetze des $*$-Operators untersuchen:

3.14 Satz: *X, Y seien n-dimensionale reelle Vektorräume mit festen Skalarprodukten $(.,.)_X: X \times X \to \mathbb{R}$, $(.,.)_Y: Y \times Y \to \mathbb{R}$ und festen Orientierungen $\mathcal{O}_X$ bzw. $\mathcal{O}_Y$. $f: X \to Y$ sei eine orientierte Isometrie (d.h. $(\Lambda_n f)\mathcal{O}_Y \subseteq \mathcal{O}_X$).*

Dann ist für alle $p = 0, 1, \ldots, n$

$$\Lambda_p(f): \Lambda_p(Y) \to \Lambda_p(X)$$

eine Isometrie, und die folgenden Diagramme kommutieren:

$$\begin{array}{ccc} \Lambda_p(X) & \xrightarrow{\ *\ } & \Lambda_{n-p}(X) \\ {\scriptstyle\Lambda_p(f)}\uparrow & & \uparrow{\scriptstyle\Lambda_{n-p}(f)} \\ \Lambda_p(Y) & \xrightarrow{\ *\ } & \Lambda_{n-p}(Y) \end{array}$$

Beweis: (a) Sei $A_Y=(a_1,\dots,a_n)$ eine orientierte Orthonormalbasis von Y, $A_Y^*=(a_1^*,\dots,a_n^*)$ die zugehörige Dualbasis. $A_X:=f^{-1}A_Y$ $:=(f^{-1}a_1,\dots,f^{-1}a_n)$ ist dann eine orientierte Orthonormalbasis von X und $A^*:=(a_1^*\circ f,\dots,a_n^*\circ f)$ die zugehörige Dualbasis. Man sieht sofort, daß $\Lambda_p(f)$ die Orthonormalbasis $E_p(Y):=\{a_{v_1}^*\wedge\cdots\wedge a_{v_p}^*;\ 1\le v_1<v_2<\cdots<v_p\le n\}$ von $\Lambda_p(Y)$ in die Orthonormalbasis $E_p(X):=\{(a_{v_1}^*\circ f)\wedge\cdots\wedge(a_{v_p}^*\circ f);\ 1\le v_1<\cdots<v_p\le n\}$ von $\Lambda_p(X)$ elementweise überführt; d.h. $\Lambda_p(f):\Lambda_p(Y)\to\Lambda_p(X)$ ist eine Isometrie.

(b) Um die Kommutativität des obigen Diagrammes nachzuweisen, genügt es, für die Elemente $a_{v_1}^*\wedge\cdots\wedge a_{v_p}^*$ von $E_p(Y)$ zu zeigen:

$$*((\Lambda_p f)a_{v_1}^*\wedge\cdots\wedge a_{v_p}^*)=(\Lambda_{n-p}f)(*(a_{v_1}^*\wedge\cdots\wedge a_{v_p}^*))\,.$$

Man sieht nun unmittelbar, daß beide Seiten der Gleichung gleich $\operatorname{sign}(v_1,\dots,v_n)\,(a_{v_{p+1}}^*\circ f)\wedge\cdots\wedge(a_{v_n}^*\circ f)$ sind, wobei $(v_1,\dots,v_n)$ irgendeine Permutation aus $\mathscr{S}_n$ ist. ∎

Der obige Satz läßt sich auch wie folgt formulieren:

3.15 Satz: $*:\Lambda_p\to\Lambda_{n-p}$ *ist ein Isomorphismus von Funktoren für* $p=0,1,\dots,n$, *wenn man* Λ_p *und* Λ_{n-p} *als Funktoren auf der folgenden Kategorie* $\mathscr{V}_n$ *(mit Werten in* $\mathscr{V}$*) betrachtet:*

(a) $\operatorname{Ob}\mathscr{V}_n:=\{(X,\beta,\mathcal{O});\ X\in\operatorname{Ob}\mathscr{V},\ \dim X=n,$ β *Skalarprodukt auf* X, $\mathcal{O}$ *Orientierung auf* $X\}$.

(b) $\mathscr{V}_n((X,\beta,\mathcal{O}),(X',\beta',\mathcal{O}')):=\{f:X\to X';\ f$ linear, isometrisch, orientiert$\}$.

(c) *Die Verknüpfung in* $\mathscr{V}_n$ *ist die übliche Hintereinanderschaltung linearer Abbildungen.*

§ 4: Alternierende multilineare Abbildungen

Analog zum Vektorraum $\Lambda_p X$ der alternierenden p-Formen auf einem reellen Vektorraum X kann man den Vektorraum $\vec{\Lambda}_p X$ der *alternierenden p-linearen Abbildungen* oder vektorwertigen alternierenden p-Formen einführen:

$$\vec{\Lambda}_p X := \left\{ \phi_p : \bigtimes_p X \to X;\ \phi_p \text{ alternierend, } p\text{-linear} \right\}, \qquad p = 1, 2, 3, \ldots,$$

$$\vec{\Lambda}_0 X := X.$$

Für einen Isomorphismus $f: X \to Y$ aus $\mathscr{V}(X, Y)$ kann man Isomorphismen

$$\vec{\Lambda}_p f : \vec{\Lambda}_p Y \to \vec{\Lambda}_p X, \qquad p = 0, 1, 2, \ldots,$$

wie folgt definieren:

$$((\vec{\Lambda}_p f)\phi_p)(x_1, \ldots, x_p) := f^{-1}(\phi_p(f x_1, \ldots, f x_p))$$

für $\phi_p \in \vec{\Lambda}_p Y, x_1, \ldots, x_p \in X, p = 1, 2, 3, \ldots,$ während

$$\vec{\Lambda}_0 f := f^{-1} : Y \to X$$

ist.

Bezeichnet man mit $\mathrm{Iso}(\mathscr{V})$ die objektgleiche Unterkategorie von $\mathscr{V}$, deren Morphismenklasse genau aus den Isomorphismen der Kategorie $\mathscr{V}$ besteht, so gilt:

4.1 Satz: $\vec{\Lambda}_p : \mathrm{Iso}(\mathscr{V}) \to \mathrm{Iso}(\mathscr{V})$ *ist ein kontravarianter Funktor.*

Wir werden nun zeigen, wie sich die vektorwertigen alternierenden p-Formen mittels der gewöhnlichen alternierenden p-Formen erzeugen lassen. Dazu betrachten wir die folgende Abbildung

$$\mu_p : \Lambda_p X \times X \to \vec{\Lambda}_p X,$$

wobei

$$(\mu_p(\varphi_p, x))(x_1, \ldots, x_p) = \varphi_p(x_1, \ldots, x_p)x$$

ist für $\varphi_p \in \Lambda_p X, x, x_1, \ldots, x_p \in X, p = 1, 2, 3, \ldots$

$$\mu_0 : \Lambda_0 X \times X \to \vec{\Lambda}_0 X$$

mit $\Lambda_0 X := \mathbb{R}$, $\vec{\Lambda}_0 X := X$ ist die gewöhnliche Multiplikation mit Skalaren $\mathbb{R} \times X \to X$.

Bezeichnung: Wir wollen statt $\mu_p(\varphi_p, x)$ auch einfach $\varphi_p \cdot x$ oder $x \cdot \varphi_p$ schreiben.

4.2 Satz: *X sei ein reeller Vektorraum mit geordneter Basis $A=(a_1, \ldots, a_n)$. Jede vektorwertige alternierende p-Form $\phi_p \in \vec{\Lambda}_p X$ läßt sich dann eindeutig in der Form*

$$\phi_p = \sum_{i=1}^{n} \varphi_p^{(i)} \cdot a_i$$

mit Koeffizienten $\varphi_p^{(i)} \in \Lambda_p X$ darstellen.

Beweis: Die *Eindeutigkeit* der Darstellung ergibt sich aus den Basiseigenschaften von $A=(a_1, \ldots, a_n)$. Um die *Existenz* der Darstellung zu beweisen, gibt man die Koeffizienten $\varphi_p^{(i)}$ explizit an. Sei $\pi_i : X \to \mathbb{R}$ die kanonische Projektion (bez. A) auf die i-te Koordinate:

$$X \ni x = \sum_{i=1}^{n} x_i a_i \mapsto x_i \in \mathbb{R};$$

dann definieren wir:

$$\varphi_p^{(i)} := \pi_i \circ \phi_p, \qquad i=1, \ldots, n.$$

Man rechnet für $x_1, \ldots, x_p \in X$ nun leicht aus:

$$\begin{aligned}\phi_p(x_1, \ldots, x_p) &= \sum_{i=1}^{n} \pi_i(\phi_p(x_1, \ldots, x_p))\, a_i \\ &= \sum_{i=1}^{n} \varphi_p^{(i)}(x_1, \ldots, x_p) \cdot a_i = \left(\sum_{i=1}^{n} \varphi_p^{(i)} \cdot a_i\right)(x_1, \ldots, x_p).\end{aligned}$$

Daraus folgt: $\phi_p = \sum_{i=1}^{n} \varphi_p^{(i)} \cdot a_i$. ∎

4.3 Satz: *Sei $f\colon X \to Y$ ein Isomorphismus und*

$$\phi_p = \sum_{i=1}^{n} \varphi_p^{(i)} \cdot y_i \in \vec{\Lambda}_p Y \quad \textit{mit} \quad \varphi_p^{(i)} \in \Lambda_p Y,\ y_i \in Y;$$

dann gilt:

$$(\vec{\Lambda}_p f)\phi_p = \sum_{i=1}^{n} ((\Lambda_p f)\varphi_p^{(i)}) \cdot f^{-1}(y_i).$$

Beweis:

$$(\vec{\Lambda}_p f)\left(\sum_{i=1}^{n} \varphi_p^{(i)} \cdot y_i\right)(x_1, \ldots, x_p) = f^{-1}\left(\left(\sum_{i=1}^{n} \varphi_p^{(i)} \cdot y_i\right)(f x_1, \ldots, f x_p)\right)$$

$$= f^{-1}\left(\sum_{i=1}^{n} \varphi_p^{(i)}(f x_1, \ldots, f x_p) y_i\right)$$

$$= \sum_{i=1}^{n} \varphi_p^{(i)}(f x_1, \ldots, f x_p) f^{-1}(y_i)$$

$$= \sum_{i=1}^{n} ((\Lambda_p f)\varphi_p^{(i)})(x_1, \ldots, x_p) f^{-1}(y_i)$$

$$= \left(\sum_{i=1}^{n} ((\Lambda_p f)\varphi_p^{(i)}) \cdot f^{-1}(y_i)\right)(x_1, \ldots, x_p)$$

für beliebige $x_1, \ldots, x_p \in X$. Daraus folgt die Behauptung des Satzes. ∎

Das Graßmann-Produkt $\wedge : \Lambda_p X \times \Lambda_p X \to \Lambda_{p+q} X$ läßt sich wie folgt zu einem Graßmann-Produkt

$$\wedge : \Lambda_p X \times \vec{\Lambda}_q X \to \vec{\Lambda}_{p+q} X$$

erweitern:

$$(\varphi_p \wedge \phi_q)(x_1, \ldots, x_{p+q})$$

$$:= \frac{1}{p!\,q!} \sum_{\pi \in \mathscr{S}_{p+q}} \operatorname{sign}(\pi)\, \varphi_p(x_{\pi(1)}, \ldots, x_{\pi(p)})\, \phi_q(x_{\pi(p+1)}, \ldots, x_{\pi(p+q)})$$

für $\varphi_p \in \Lambda_p X$, $\phi_q \in \vec{\Lambda}_q X$, $x_1, \ldots, x_{p+q} \in X$.

Man überzeugt sich leicht, daß für

$$\phi_q = \sum_{i=1}^{n} \varphi_q^{(i)} \cdot a_i$$

mit $\varphi_q^{(i)} \in \Lambda_q X$, $a_i \in X$ für $i = 1, \ldots, n$ das Graßmann-Produkt wie folgt berechnet werden kann:

$$\varphi_p \wedge \phi_q = \sum_{i=1}^{n} (\varphi_p \wedge \varphi_q^{(i)}) \cdot a_i .$$

Ganz analog definiert man ein Graßmann-Produkt

$$\wedge : \vec{\Lambda}_q X \times \Lambda_p X \to \vec{\Lambda}_{p+q} X,$$

indem man für $\varphi_p \in \Lambda_p X$, $\phi_q \in \vec{\Lambda}_q X$, $x_1, \ldots, x_{p+q}$ setzt:

$$(\phi_q \wedge \varphi_p)(x_1, \ldots, x_{p+q})$$

$$:= \frac{1}{p!\,q!} \sum_{\pi \in \mathscr{S}_{p+q}} \operatorname{sign}(\pi)\, \phi_q(x_{\pi(1)}, \ldots, x_{\pi(q)})\, \varphi_p(x_{\pi(q+1)}, \ldots, x_{\pi(p+q)}).$$

Mit den obigen Bezeichnungen ist

$$\phi_q \wedge \varphi_p = \sum_{i=1}^{n} (\varphi_q^{(i)} \wedge \varphi_p) \cdot a_i .$$

Die Rechenregeln des gewöhnlichen Graßmann-Produkts (siehe 2.9 und 2.10) lassen sich sinngemäß auf das Graßmann-Produkt von vektorwertigen und gewöhnlichen alternierenden Multilinearformen übertragen:

4.4 Satz: (a) *Für* $\varphi_p \in \Lambda_p X$, $\phi_q \in \vec{\Lambda}_q X$ *ist*

$$\varphi_p \wedge \phi_q = (-1)^{pq} \phi_q \wedge \varphi_p .$$

(b) *Für* $\varphi_p \in \Lambda_p X$, $\psi_r \in \Lambda_r X$, $\phi_q \in \vec{\Lambda}_q X$ *ist*

$$(\varphi_p \wedge \psi_r) \wedge \phi_q = \varphi_p \wedge (\psi_r \wedge \phi_q),$$
$$(\varphi_p \wedge \phi_q) \wedge \psi_r = \varphi_p \wedge (\phi_q \wedge \psi_r),$$
$$(\phi_q \wedge \varphi_p) \wedge \psi_r = \phi_q \wedge (\varphi_p \wedge \psi_r).$$

(c) *Für* $\varphi_p \in \Lambda_p Y$, $\phi_q \in \vec{\Lambda}_q Y$ *und einen Isomorphismus* $f: X \to Y$ *gilt:*

$$(\vec{\Lambda}_{p+q} f)(\varphi_p \wedge \phi_q) = (\Lambda_p f)\varphi_p \wedge (\vec{\Lambda}_q f)\phi_q .$$

Für einen reellen Vektorraum X mit festem Skalarprodukt $(.,.): X \times X \to \mathbb{R}$ kann man auch noch ein Graßmann-Produkt

$$\wedge : \vec{\Lambda}_p X \times \vec{\Lambda}_q X \to \Lambda_{p+q} X$$

einführen:

$$(\phi_p \wedge \Psi_q)(x_1, \ldots, x_{p+q})$$
$$:= \frac{1}{p!\,q!} \sum_{\pi \in \mathscr{S}_{p+q}} \operatorname{sign}(\pi) (\phi_p(x_{\pi(1)}, \ldots, x_{\pi(p)}), \Psi_q(x_{\pi(p+1)}, \ldots, x_{\pi(p+q)})).$$

Haben ϕ_p und Ψ_q die Darstellungen

$$\phi_p = \sum_{i=1}^{n} \varphi_p^{(i)} \cdot x_i, \qquad \Psi_q = \sum_{j=1}^{m} \psi_q^{(j)} \cdot y_j$$

mit $\varphi_p^{(i)} \in \Lambda_p X$, $\psi_q^{(j)} \in \Lambda_q X$, $x_i, y_j \in X$, dann gilt:

$$\phi_p \wedge \Psi_q = \sum_{i=1}^{n} \sum_{j=1}^{m} \varphi_p^{(i)} \wedge \psi_q^{(j)} \cdot (x_i, y_j) .$$

Von Interesse ist der Spezialfall $q=0$ ($\vec{\Lambda}_0 X := X$), wo das Graßmann-Produkt hauptsächlich den Charakter eines Skalarproduktes hat. Wir verwenden daher meistens die Schreibweise

$$(.\,,.): \vec{\Lambda}_p X \times X \to \Lambda_p X .$$

Für $\phi_p \in \vec{\Lambda}_p X$ und $x, x_1, \ldots, x_p \in X$ ist:

$$(\phi_p, x)(x_1, \ldots, x_p) = (\phi_p(x_1, \ldots, x_p), x).$$

Hat ϕ_p die Gestalt $\phi_p = \sum_{i=1}^{n} \varphi_p^{(i)} \cdot a_i, \varphi_p^{(i)} \in \Lambda_p X$, $a_i \in X$, so ist

$$(\phi_p, x) = \sum_{i=1}^{n} \varphi_p^{(i)}(a_i, x).$$

Für das Graßmann-Produkt vektorwertiger alternierender Multilinearformen gelten wieder die folgenden Rechenregeln:

4.5 Satz: (a) *Für* $\phi_p \in \vec{\Lambda}_p X$, $\Psi_q \in \vec{\Lambda}_q X$ *ist*

$$\phi_p \wedge \Psi_q = (-1)^{pq} \Psi_q \wedge \phi_p.$$

(b) *Für* $\varphi_p \in \Lambda_p X$, $\phi_q \in \vec{\Lambda}_q X$, $\Psi_r \in \vec{\Lambda}_r X$ *ist*

$$\varphi_p \wedge (\phi_q \wedge \Psi_r) = (\varphi_p \wedge \phi_q) \wedge \Psi_r,$$
$$\phi_q \wedge (\varphi_p \wedge \Psi_r) = (\phi_q \wedge \varphi_p) \wedge \Psi_r,$$
$$\phi_q \wedge (\Psi_r \wedge \varphi_p) = (\phi_q \wedge \Psi_r) \wedge \varphi_p.$$

(c) *Für* $\phi_p \in \vec{\Lambda}_p Y$, $\Psi_q \in \vec{\Lambda}_q Y$ *und einen isometrischen Isomorphismus* $f: X \to Y$ *gilt:*

$$(\Lambda_{p+q} f)(\phi_p \wedge \Psi_q) = (\vec{\Lambda}_p f)\phi_p \wedge (\vec{\Lambda}_q f)\Psi_q.$$

Warnung: Für das Graßmann-Produkt dreier vektorwertiger alternierender Multilinearformen gilt nicht das Assoziativgesetz, d.h., i. allg. ist für $\phi_p \in \vec{\Lambda}_p X$, $\Psi_q \in \vec{\Lambda}_q X$, $\Theta_r \in \vec{\Lambda}_r X$

$$\phi_p \wedge (\Psi_q \wedge \Theta_r) \neq (\phi_p \wedge \Psi_q) \wedge \Theta_r.$$

Ist X ein n-dimensionaler reeller Vektorraum mit festem Skalarprodukt $(.,.)$: $X \times X \to \mathbb{R}$ und fester Orientierung $\mathcal{O}$, so existiert wieder ein $*$-Operator:

$$*: \vec{\Lambda}_p X \to \vec{\Lambda}_{n-p} X.$$

Man wähle zunächst eine feste geordnete Basis $A = (a_1, \ldots, a_n)$ von X. Für $\phi_p = \sum_{i=1}^{n} \varphi_p^{(i)} \cdot a_i$, $\varphi_p^{(i)} \in \Lambda_p X$, definieren wir dann:

$$*\phi_p := \sum_{i-1}^{n} (*\varphi_p^{(i)}) \cdot a_i.$$

Wir wollen uns überzeugen, daß diese Definition des $*$-Operators von der Basis A unabhängig ist. Zu diesem Zweck zeigen wir, daß für $\psi_p^{(j)} \in \Lambda_p X$, $x_j \in X$, $j=1, \ldots, m$, stets gilt:

$$*\left(\sum_{j=1}^{m} \psi_p^{(j)} \cdot x_j\right) = \sum_{j=1}^{m} (*\psi_p^{(j)}) \cdot x_j .$$

Da A eine Basis von X ist, so gilt: $x_j = \sum_{i=1}^{n} \lambda_{ij} a_i$ mit $\lambda_{ij} \in \mathbb{R}$. Daraus folgt

$$\begin{aligned} *\left(\sum_{j=1}^{m} \psi_p^{(j)} \cdot x_j\right) &= *\left(\sum_{i=1}^{n}\left(\sum_{j=1}^{m} \psi_p^{(j)} \cdot \lambda_{ij}\right) \cdot a_i\right) \\ &= \sum_{i=1}^{n}\left(*\left(\sum_{j=1}^{m} \psi_p^{(j)} \lambda_{ij}\right)\right) \cdot a_i = \sum_{i=1}^{n} \sum_{j=1}^{m} (*\psi_p^{(j)}) \cdot \lambda_{ij} a_i \\ &= \sum_{j=1}^{m} (*\psi_p^{(j)}) \cdot \sum_{i=1}^{n} \lambda_{ij} a_i = \sum_{j=1}^{m} (*\psi_p^{(j)}) \cdot x_j . \end{aligned}$$

Aus der Linearität des gewöhnlichen $*$-Operators $*: \Lambda_p X \to \Lambda_{n-p} X$ folgt:

4.6 Satz: $*(x, \phi_p) = (x, *\phi_p)$ *für* $x \in X$, $\phi_p \in \vec{\Lambda}_p X$.

Beweis: ϕ_p hat eine Darstellung $\phi_p = \sum_{i=1}^{n} \varphi_p^{(i)} \cdot a_i$ mit $\varphi_p^{(i)} \in \Lambda_p X$ und $a_i \in X$. Man rechnet nun aus:

$$\begin{aligned} *(x, \phi_p) &= * \sum_{i=1}^{n} \varphi_p^{(i)}(x, a_i) = \sum_{i=1}^{n} (*\varphi_p^{(i)})(x, a_i) \\ &= \left(x, \sum_{i=1}^{n} (*\varphi_p) \cdot a_i\right) = (x, *\phi_p) . \end{aligned}$$ ∎

Aus Satz 3.10 ergeben sich folgende Rechenregeln für den verallgemeinerten $*$-Operator:

4.7 Satz: *X sei ein n-dimensionaler reeller Vektorraum mit festem Skalarprodukt und fester Orientierung. Sind φ_p und ψ_p aus $\Lambda_p X$ oder $\vec{\Lambda}_p X$, dann gilt:*

(1) $$*\varphi_p \wedge \psi_p = *\psi_p \wedge \varphi_p ,$$
$$\varphi_p \wedge *\psi_p = \psi_p \wedge *\varphi_p .$$

(2) $$*(*\varphi_p) = (-1)^{(n-p)p} \varphi_p .$$

Sei nun X ein dreidimensionaler reeller Vektorraum mit festem Skalarprodukt und fester Orientierung;

$$v: X \times X \to X$$

bezeichne das zugehörige Vektorprodukt. Es induziert eine bilineare Abbildung

$$v:\vec{\Lambda}_p X \times \vec{\Lambda}_q X \to \vec{\Lambda}_{p+q} X$$

(wir schreiben $\phi_p \times \Psi_q := v(\phi_p, \Psi_q)$ für $\phi_p \in \vec{\Lambda}_p X, \Psi_q \in \vec{\Lambda}_q X$), wobei

$$(\phi_p \times \Psi_q)(x_1, \ldots, x_{p+q})$$

$$:= \frac{1}{p!\,q!} \sum_{\pi \in \mathscr{S}_{p+q}} \operatorname{sign}(\pi)\, \phi_p(x_{\pi(1)}, \ldots, x_{\pi(p)}) \times \Psi_q(x_{\pi(p+1)}, \ldots, x_{\pi(p+q)})$$

ist für $x_1, \ldots, x_{p+q} \in X$.

Haben ϕ_p und Ψ_q die Darstellungen

$$\phi_p = \sum_{i=1}^{n} \varphi_p^{(i)} \cdot a_i, \qquad \Psi_q = \sum_{j=1}^{m} \psi_q^{(j)} \cdot b_j$$

mit $\varphi_p^{(i)} \in \Lambda_p X$, $\psi_q^{(j)} \in \Lambda_q X$, $a_i, b_j \in X$, dann ist

$$\phi_p \times \Psi_q = \sum_{i=1}^{n} \sum_{j=1}^{m} (\varphi_p^{(i)} \wedge \psi_q^{(j)}) \cdot (a_i \times b_j).$$

Für $p=q=0$ ist $v: \vec{\Lambda}_0 X \times \vec{\Lambda}_0 X \to \vec{\Lambda}_0 X$ das Vektorprodukt auf X.

Von Interesse ist besonders der Spezialfall, wo p beliebig, aber $q=0$ ist (und umgekehrt):

$$v:\vec{\Lambda}_p X \times X \to \vec{\Lambda}_p X\,,$$
$$v: X \times \vec{\Lambda}_p X \to \vec{\Lambda}_p X\,.$$

Für $\phi_p \in \vec{\Lambda}_p X$, $a \in X$, $x_1, \ldots, x_p \in X$ ist

$$(\phi_p \times a)(x_1, \ldots, x_p) = \phi_p(x_1, \ldots, x_p) \times a\,,$$
$$(a \times \phi_p)(x_1, \ldots, x_p) = a \times \phi_p(x_1, \ldots, x_p)\,.$$

Hat ϕ_p die obige Darstellung $\phi_p = \sum_{i=1}^{n} \varphi_p^{(i)} \cdot a_i$, so ist

$$\phi_p \times a = \sum_{i=1}^{n} \varphi_p^{(i)} \cdot (a_i \times a)\,,$$
$$a \times \phi_p = \sum_{i=1} \varphi_p^{(i)} \cdot (a \times a_i)\,.$$

Die Rechenregeln für das gewöhnliche Vektorprodukt übertragen sich wie folgt auf seine Verallgemeinerung: Aus der Antisymmetrie $a \times b = -b \times a$ des gewöhnlichen Vektorproduktes folgt für $\phi_p \in \vec{\Lambda}_p X$, $\Psi_q \in \vec{\Lambda}_q X$ und $a \in X$:

$$\phi_p \times \Psi_q = -(-1)^{pq}\, \Psi_q \times \phi_p, \qquad \phi_p \times a = -a \times \phi_p\,.$$

Aus der Rechenregel $(a \times b) \times c = (c,a)b - (c,b)a$ für $a,b,c \in X$ wird für $\phi_p \in \vec{\Lambda}_p X$, $\Psi_q \in \vec{\Lambda}_q X$, $\Theta_r \in \vec{\Lambda}_r X$:

$$(\phi_p \times \Psi_q) \times \Theta_r = (-1)^{pq} \Psi_q \wedge (\phi_p \wedge \Theta_r) - \phi_p \wedge (\Psi_q \wedge \Theta_r).$$

Speziell gilt für $\phi_p \in \vec{\Lambda}_p X$, $a,b, \in X$:

$$(a \times b) \times \phi_p = (\phi_p, a) \cdot b - (\phi_p, b) \cdot a,$$
$$(\phi_p \times a) \times b = (\phi_p, b) \cdot a - (a,b)\phi_p.$$

Beispiel 1: X sei ein n-dimensionaler reeller Vektorraum mit festem Skalarprodukt und fester Orientierung.

$$\mathrm{ds} := \sum_{\nu=1}^{n} a_\nu^* \cdot a_\nu \in \vec{\Lambda}_1 X = \mathscr{V}(X,X),$$

wobei $\{a_1, \ldots, a_n\}$ irgendeine Basis von X darstellt und $\{a_1^*, \ldots, a_n^*\}$ die zugehörige Dualbasis bezeichnet, ist nichts anderes als die identische Selbstabbildung I_X von X.

Für $x = \sum_{i=1}^{n} \lambda_i a_i \in X$ rechnet man nämlich aus:

$$\mathrm{ds}(x) = \sum_{\nu=1}^{n} \sum_{i=1}^{n} (a_\nu^* \cdot a_\nu)(\lambda_i a_i) = \sum_{\nu=1}^{n} \sum_{i=1}^{n} \lambda_i a_\nu^*(a_i) a_\nu$$
$$= \sum_{\nu=1}^{n} \sum_{i=1}^{n} \lambda_i \delta_{\nu i} a_\nu = \sum_{i=1}^{n} \lambda_i a_i = x.$$

Die vektorwertige alternierende 1-Form ds ist damit unabhängig von der Wahl der Basis $\{a_1, \ldots, a_n\}$ von X.

Beispiel 2: Da $\mathrm{ds} = \sum_{\nu=1}^{n} a_\nu^* \cdot a_\nu = I_X$ ist (siehe Beispiel 1), so können wir definieren:

$$\mathrm{dF} := * \mathrm{ds} = \sum_{\nu=1}^{n} (* a_\nu^*) \cdot a_\nu \in \vec{\Lambda}_{n-1} X.$$

Es sei bemerkt, daß die vektorwertige alternierende $(n-1)$-Form dF genau wie ds unabhängig von der Wahl der Basis $(a_1, \ldots, a_n)$ von X ist.

Wir wollen einige Relationen zwischen ds, dF und dV beweisen:

4.8 Satz: *X sei ein n-dimensionaler reeller Vektorraum mit festem Skalarprodukt und fester Orientierung. Dann gilt:*

(1) $\mathrm{ds} \wedge \mathrm{dF} = n\,\mathrm{dV}$,

(2) $jx = (x, \mathrm{ds})$ *für alle* $x \in X$,

(3) $*(jx) = (x, \mathrm{dF})$ *für alle* $x \in X$,

(4) $*(jx) = \mathrm{dV}(x, \square, \ldots, \square)$ *für alle* $x \in X$.

Beweis: (1)

$$\mathrm{ds} \wedge \mathrm{dF} = \left(\sum_{\nu=1}^{n} a_\nu^* \cdot a_\nu \right) \wedge \left(\sum_{\mu=1}^{n} (*a_\mu^*) \cdot a_\mu \right) = \sum_{\nu=1}^{n} \sum_{\mu=1}^{n} a_\nu^* \wedge (*a_\mu^*) \cdot (a_\nu, a_\mu)$$

$$= \sum_{\nu=1}^{n} a_\nu^* \wedge (*a_\nu^*),$$

falls $\{a_1, \ldots, a_n\}$ eine Orthonormalbasis von X ist und $\{a_1^*, \ldots, a_n^*\}$ die zugehörige Dualbasis bezeichnet. Da $(a_\nu^*, a_\nu^*)_1 = 1$ ist für $\nu = 1, \ldots, n$, so gilt auf Grund von Satz 3.10 (d')

$$a_\nu^* \wedge *a_\nu^* = \mathrm{dV} \quad \text{für} \quad \nu = 1, \ldots, n.$$

Dauraus folgt: $\mathrm{ds} \wedge \mathrm{dF} = n\,\mathrm{dV}$.

(2) $\{a_1, \ldots, a_n\}$ sei eine Orthonormalbasis von X, $\{a_1^*, \ldots, a_n^*\}$ die zugehörige Dualbasis (dann ist $j a_\nu = a_\nu^*$ für $\nu = 1, \ldots, n$). Für $x = \sum_{i=1}^{n} \lambda_i a_i \in X$ rechnet man nun leicht aus:

$$(x, \mathrm{ds}) = \left(\sum_{i=1}^{n} \lambda_i a_i, \sum_{\nu=1}^{n} a_\nu^* \cdot a_\nu \right) = \sum_{i=1}^{n} \sum_{\nu=1}^{n} \lambda_i a_\nu^* \cdot (a_i, a_\nu) = \sum_{i=1}^{n} \lambda_i a_i^* = j x.$$

(3) Auf Grund von Satz 4.6 und der obigen Formel (2) gilt:

$$(x, \mathrm{dF}) = (x, *\mathrm{ds}) = *(x, \mathrm{ds}) = *(j x).$$

(4) Wir können ohne Beschränkung der Allgemeinheit annehmen, daß $(x, x) = 1$ ist. Wir ergänzen x zu einer orientierten Orthonormalbasis $(x, x_2, \ldots, x_n)$ von X. $(x_1^*, \ldots, x_n^*)$ bezeichne die zugehörige Dualbasis. Es ist $\mathrm{dV} = x_1^* \wedge \cdots \wedge x_n^* = \sum_{\pi \in \mathscr{S}_n} \operatorname{sign}(\pi) x_{\pi(1)}^* \circ \cdots \circ x_{\pi(n)}^*$. Für beliebige Vektoren $a_2, \ldots, a_n \in X$ rechnet man nun aus:

$$\mathrm{dV}(x, a_2, \ldots, a_n) = \sum_{\pi \in \mathscr{S}_n} \operatorname{sign}(\pi) x_{\pi(1)}^*(x) \cdot x_{\pi(2)}^*(a_2) \cdot \cdots \cdot x_{\pi(n)}^*(a_n)$$

$$= \sum_{\substack{\pi \in \mathscr{S}_n \\ \pi(1) = 1}} \operatorname{sign}(\pi) x_{\pi(2)}^*(a_2) \ldots x_{\pi(n)}^*(a_n) = (x_2^* \wedge \cdots \wedge x_n^*)(a_2, \ldots, a_n)$$

$$= (*x_1^*)(a_2, \ldots, a_n) = (*(j x))(a_2, \ldots, a_n).$$

Daraus folgt: $\mathrm{dV}(x, \square, \ldots, \square) = *(j x)$. ▮

Die geometrische Bedeutung der vektorwertigen alternierenden $(n-1)$-Form dF auf einem n-dimensionalen reellen Vektorraum mit festem Skalarprodukt und fester Orientierung ergibt sich aus folgenden Aussagen.

4.9 Satz: $(X, \beta, \mathcal{O})$ *sei ein n-dimensionaler reeller Vektorraum mit festem Skalarprodukt* $\beta = (.,.): X \times X \to \mathbb{R}$ *und fester Orientierung* $\mathcal{O}$, $(Y, \beta', \mathcal{O}')$

sei ein $(n-1)$-dimensionaler linearer Unterraum von X mit induziertem Skalarprodukt $\beta' := \beta | Y \times Y \to \mathbb{R}$ und fester Orientierung $\mathcal{O}'$. dV und dV' seien die orientierten euklidischen Volumenmaße auf X bzw. Y.

Für einen Vektor $\mathfrak{n} \in X$ sind folgende Aussagen äquivalent:

(1) $(\mathfrak{n}, \mathrm{dF}) | Y^{n-1} = \mathrm{dV}'$, $(\mathfrak{n}, \mathfrak{n}) = 1$, $\mathfrak{n} \perp Y$.
(2) $\mathrm{dV}(\mathfrak{n}, \square, \dots, \square) | Y^{n-1} = \mathrm{dV}'$, $(\mathfrak{n}, \mathfrak{n}) = 1$, $\mathfrak{n} \perp Y$.
(3) $(\mathfrak{n}, y_2, \dots, y_n)$ *ist eine orientierte Orthonormalbasis von X für jede orientierte Orthonormalbasis $(y_2, \dots, y_n)$ von Y.*
(4) $\mathfrak{n} = (-1)^{n-1} j^{-1} *(j y_2 \wedge \dots \wedge j y_n)$ *für jede orientierte Orthonormalbasis $(y_2, \dots, y_n)$ von Y.*

Beweis: (1)$\Leftrightarrow$(2): Folgt unmittelbar aus Satz 4.8 (3) und (4).
(2)$\Rightarrow$(3): $(y_2, \dots, y_n)$ sei eine orientierte Orthonormalbasis von Y; dann ist $(\mathfrak{n}, y_2, \dots, y_n)$ eine geordnete Orthonormalbasis von X, und es gilt $\mathrm{dV}(\mathfrak{n}, y_2, \dots, y_n) = \mathrm{dV}'(y_2, \dots, y_n) = 1$, d.h. $(\mathfrak{n}, y_1, \dots, y_n)$ stellt eine orientierte Basis von X dar.
(3)$\Rightarrow$(4): Sei $(y_2, \dots, y_n)$ eine orientierte Orthonormalbasis von Y. Nach Voraussetzung ist $(\mathfrak{n}, y_2, \dots, y_n)$ eine orientierte Orthonormalbasis von X. Auf Grund von 3.8 ist $*(j\mathfrak{n}) = j y_2 \wedge \dots \wedge j y_n$ oder $(-1)^{n-1} j\mathfrak{n} = *(*(j\mathfrak{n})) = *(j y_2 \wedge \dots \wedge j y_n)$ oder $\mathfrak{n} = (-1)^{n-1} j^{-1} *(j y_2 \wedge \dots \wedge j y_n)$.
(4)$\Rightarrow$(1): $(y_2, \dots, y_n)$ sei eine orientierte Orthonormalbasis von Y. Auf Grund von Satz 4.8 (3) und 3.8 ist $(\mathfrak{n}, \mathrm{dF}) = *(j\mathfrak{n}) = j y_2 \wedge \dots \wedge j y_n$. Daraus folgt:

$$(\mathfrak{n}, \mathrm{dF}) | Y^{n-1} = j y_2 \wedge \dots \wedge j y_n | Y^{n-1} = \mathrm{dV}'. \quad \blacksquare$$

4.10 Corollar 1: *Es existiert genau ein Vektor $\mathfrak{n}$ in X mit den Eigenschaften* (1) *bis* (4) *von Satz 4.9.*

Beweis: Man überzeugt sich, daß es genau einen Vektor $\mathfrak{n}$ in X mit der Eigenschaft (2) gibt. ∎

4.11 Corollar 2: *$\mathfrak{n} \in X$ genüge den Aussagen* (1) *bis* (4) *von Satz 4.9; dann gilt für jeden Vektor $x \in X$:*

$$(x, \mathrm{dF}) | Y^{n-1} = (x, \mathfrak{n}) \mathrm{dV}',$$

d.h.

$$\mathrm{dF} | Y^{n-1} = \mathfrak{n} \cdot \mathrm{dV}'.$$

Beweis: Sei $(y_2, \dots, y_n)$ eine orientierte Orthonormalbasis von Y; dann ist $(\mathfrak{n}, y_2, \dots, y_n)$ eine orientierte Orthonormalbasis von X (wegen (3)). Es genügt, die obige Gleichung für $x = \mathfrak{n}, y_2, \dots, y_n$ zu beweisen. Der Fall $x = \mathfrak{n}$ ist identisch mit Aussage (1) von Satz 4.9. Im Fall $x = y_i$ rechnet man leicht aus, daß beide Seiten der Gleichung Null werden:

(a) $(y_i, \mathrm{dF}) = *(jy_i) = \pm (j\mathfrak{n}) \wedge (jy_2) \wedge \cdots \wedge \widehat{(jy_i)} \wedge \cdots \wedge (jy_n)$. Da $j\mathfrak{n} | Y = 0$, so ist auch $(y_i, \mathrm{dF}) | Y^{n-1} = 0$.
(b) $(y_i, \mathfrak{n})\mathrm{dV}' = 0$, da $y_i \perp \mathfrak{n}$ gilt. ∎

Bemerkung: Der Vektor $\mathfrak{n} \in X$ mit den Eigenschaften (1) bis (4) von Satz 4.9 ist durch die Orientierung $\mathcal{O}'$ des Unterraumes Y eindeutig festgelegt. Umgekehrt bestimmt auch jeder Vektor $\mathfrak{n} \in X$ mit den Eigenschaften $(\mathfrak{n}, \mathfrak{n}) = 1$, $\mathfrak{n} \perp Y$ eine Orientierung $\mathcal{O}'$ von Y, nämlich die durch $(\mathfrak{n}, \mathrm{dF}) | Y^{n-1} \in \Lambda_{n-1} Y$ repräsentierte, und $\mathfrak{n}$ genügt wieder den Aussagen (1) bis (4) von Satz 4.9 bez. dieser Orientierung.

KAPITEL II

DIFFERENZIERBARE MANNIGFALTIGKEITEN

§ 5: Differenzierbare Abbildungen zwischen offenen Mengen in Zahlenräumen

In diesem Paragraphen sollen einige Tatsachen aus der Differentialrechnung mehrerer Veränderlichen zusammengestellt werden, die wir später benötigen.

U sei eine offene Menge im $\mathbb{R}^n$. Eine $\mathscr{C}^r$-Funktion auf U ist dann eine Funktion $f: U \to \mathbb{R}$, deren partielle Ableitungen bis zur r-ten Ordnung existieren und stetig sind. Dabei lassen wir $r = 0, 1, 2, \ldots, \infty$ zu. Im Falle $r = \infty$ sollen partielle Ableitung beliebiger Ordnung von f existieren (sie sind dann notwendig stetig!). Die $\mathscr{C}^0$-Funktionen sind genau die stetigen Funktionen.

Die $\mathscr{C}^r$-Funktionen auf U bilden einen kommutativen Ring $\mathscr{C}^r(U)$, wenn man Addition und Multiplikation wie üblich punktweise erklärt. $\mathscr{C}^r(U)$ ist sogar eine $\mathbb{R}$-Algebra, wobei die Multiplikation einer Funktion $f \in \mathscr{C}^r(U)$ mit einer reellen Zahl λ ebenfalls punktweise erklärt wird.

Neben den $\mathscr{C}^r$-Funktionen betrachtet man auch noch $\mathscr{C}^r$-Abbildungen. Um diesen Begriff später verallgemeinern zu können, verwenden wir die folgende Definition:

5.1 Definition: *$F: U \to V$ sei eine Abbildung zwischen zwei offenen Mengen im $\mathbb{R}^m$ bzw. $\mathbb{R}^n$. Dann heißt F eine $\mathscr{C}^r$-Abbildung, wenn für jede $\mathscr{C}^r$-Funktion $f \in \mathscr{C}^r(V)$ die mit F geliftete Funktion*

$$F^*(f) := f \circ F$$

eine $\mathscr{C}^r$-Funktion auf U ist.

Aus dieser Definition folgt sofort, daß die Identität auf einer offenen Menge im $\mathbb{R}^n$ eine $\mathscr{C}^r$-Abbildung ist und daß die Hintereinanderschaltung zweier $\mathscr{C}^r$-Abbildungen ebenfalls eine $\mathscr{C}^r$-Abbildung ist. Die offenen Mengen in Zahlenräumen bilden also mit den $\mathscr{C}^r$-Abbildungen als Morphismen eine Kategorie. Das Ziel dieses Kapitels ist es, diese Kategorie zu erweitern und dabei möglichst viele Begriffe auf diese größere Kategorie zu übertragen, die aus der Differentialrechnung für $\mathscr{C}^r$-Abbildungen zwischen offenen Mengen in Zahlenräumen bekannt sind.

Mit $p_i\colon \mathbb{R}^n \to \mathbb{R}$ bezeichnen wir die Projektion des $\mathbb{R}^n$ auf die i-te Komponente, d.h., wir setzen $p_i(x_1,\ldots,x_n) := x_i$. Die p_i sind dann $\mathscr{C}^\infty$-Funktionen. Ist jetzt $F\colon U \to V$ eine $\mathscr{C}^r$-Abbildung zwischen zwei offenen Mengen im $\mathbb{R}^m$ bzw. $\mathbb{R}^n$, so sind also nach Definition die Komponentenfunktionen $F_i := p_i \circ F$ von F $\mathscr{C}^r$-Funktionen. Es gilt aber auch die Umkehrung: Sind die F_i $\mathscr{C}^r$-Funktionen, so ist F eine $\mathscr{C}^r$-Abbildung. Wir können nämlich F in der Form $F(x) = (F_1(x), F_2(x), \ldots, F_n(x))$ schreiben. Im Falle $r=0$ ist F nach Definition stetig, wenn es die F_i sind. Im Fall $r \geq 1$ sei $f\colon V \to \mathbb{R}$ eine $\mathscr{C}^r$-Funktion; dann können wir $f \circ F$ in der Form $f \circ F(x) = f(F_1(x), \ldots, F_n(x))$ schreiben, und mit Hilfe der Kettenregel – und im Falle $r > 1$ auch noch der Produktregel – der Differentialrechnung zeigt man, daß $f \circ F$ wieder eine $\mathscr{C}^r$-Funktion ist.

Im folgenden sei stets $r > 0$. Ist dann $F\colon U \to V$ eine $\mathscr{C}^r$-Abbildung (U und V wie oben), so können wir für $x \in U$ das totale Differential oder die Ableitung

$$\mathfrak{D}_x F\colon \mathbb{R}^m \to \mathbb{R}^n$$

betrachten, also die in einem wohldefinierten Sinne beste lineare Approximation der Abbildung $(F - F(x))\colon U \to \mathbb{R}^n$. Bezüglich der Standardbasen von $\mathbb{R}^m$ und $\mathbb{R}^n$ wird $\mathfrak{D}_x F$ durch die Matrix der partiellen Ableitungen $\partial_j|_x F_i := \dfrac{\partial F_i}{\partial x_j}(x)$ beschrieben, d.h. für

$$t = \begin{pmatrix} t_1 \\ \vdots \\ t_m \end{pmatrix} \in \mathbb{R}^m \quad \text{ist } \mathfrak{D}_x F(t) = \begin{pmatrix} \partial_1|_x F_1 \ldots \partial_m|_x F_1 \\ \vdots \qquad\qquad \vdots \\ \partial_1|_x F_n \ldots \partial_m|_x F_n \end{pmatrix} \begin{pmatrix} t_1 \\ \vdots \\ t_m \end{pmatrix},$$

wobei die F_i wie oben definiert sind und $x_1, \ldots, x_m$ die Koordinaten des $\mathbb{R}^m$ sind. In diesem Zusammenhang bezeichnen wir $\mathbb{R}^m$ bzw. $\mathbb{R}^n$ auch als Tangentialraum an U in x bzw. an V in $F(x)$.

Eine $\mathscr{C}^r$-Abbildung $F\colon U \to V$ nennen wir im Punkte $x \in U$ regulär vom Grad k, wenn für alle y aus einer offenen Umgebung von x $\mathfrak{D}_y F$ den Rang k hat. Ist k maximal, d.h. $k = \max\{m, n\}$ ($U \subseteq \mathbb{R}^m$, $V \subseteq \mathbb{R}^n$), so ist F genau dann regulär vom Grade k in x, wenn $\mathfrak{D}_x F$ maximalen Rang hat. (Man nennt in diesem Falle auch F regulär in x und verzichtet dabei auf die Angabe des Grades.) Unter den regulären Abbildungen sind besonders die folgenden Beispiele interessant:

(1) $F\colon U \to V$ ist ein $\mathscr{C}^r$-*Diffeormorphismus*, d.h., F ist bijektiv, und F und F^{-1} sind $\mathscr{C}^r$-Abbildungen. In diesem Fall ist F auf ganz U regulär vom Grad $m = n$.

(2) Es sei $m \leq n$ und $i\colon \mathbb{R}^m \to \mathbb{R}^n$ die durch

$$i(x_1, \ldots, x_m) := (x_1, \ldots, x_m, 0, \ldots, 0)$$

definierte Abbildung. i ist eine lineare Injektion vom Range m, d.h. in allen Punkten regulär vom Grade m.
(3) Es sei $m \geq n$ und $p: \mathbb{R}^m \to \mathbb{R}^n$ die durch

$$p(x_1, \ldots, x_m) := (x_1, \ldots, x_n)$$

definierte Abbildung. p ist eine lineare Projektion vom Rang n, d.h., in allen Punkten aus $\mathbb{R}^m$ ist p regulär vom Grade n.
(4) Es sei $m \leq n$, und auf der offenen Teilmenge U des $\mathbb{R}^m$ seien $n-m$ $\mathscr{C}^r$-Funktionen $f_{m+1}, \ldots, f_n$ gegeben. Dann ist die durch $J(x_1, \ldots, x_m) := (x_1, \ldots, x_m, f_{m+1}(x), \ldots, f_n(x))$ für $x = (x_1, \ldots, x_m)$ definierte Abbildung $J: U \to \mathbb{R}^n$ in ganz U regulär vom Grade m. J bezeichnen wir als eine differenzierbare Injektion oder Einbettung. Das Bild von J ist gerade der Graph der Abbildung $f := (f_{m+1}, \ldots, f_n): U \to \mathbb{R}^{n-m}$.

Es soll nun gezeigt werden, daß diese Beispiele regulärer Abbildungen im wesentlichen alle Typen beschreiben. Damit meinen wir genauer, daß sich jede reguläre Abbildung lokal als Komposition von Abbildungen der eben aufgeführten Typen schreiben läßt. Um das zu beweisen, verwenden wir den Banachschen Fixpunktsatz. Dazu sei an einige Definitionen erinnert:

Eine Metrik auf einer nicht-leeren Menge X ist eine Abbildung $d: X \times X \to \mathbb{R}$ mit folgenden Eigenschaften

(1) $\quad d(x,y) \geq 0, \quad$ und $\quad d(x,y) = 0 \Leftrightarrow x = y$,

(2) $\quad d(x,z) \leq d(x,y) + d(y,z) \quad$ (Dreiecksungleichung),

(3) $\quad d(x,y) = d(y,x) \quad$ (Symmetrie).

Das Paar (X,d) nennen wir einen metrischen Raum. Er heißt vollständig, wenn in ihm jede Cauchy-Folge konvergiert. Dabei heißt eine Folge $(x_i)_{i \in \mathbb{N}}$ in X eine Cauchy-Folge, wenn es zu jedem $\varepsilon > 0$ ein $n_0 \in \mathbb{N}$ gibt, so daß für alle $i, j \geq n_0$ $d(x_i, x_j) < \varepsilon$ ist.

Eine Abbildung $T: X_1 \to X_2$ zwischen zwei metrischen Räumen (X_1, d_1) und (X_2, d_2) heißt beschränkt, wenn es eine positive Zahl K gibt, so daß für alle $x, y \in X_1$

$$d_2(T(x), T(y)) \leq K \, d_1(x,y)$$

ist; K heißt dann eine Schranke für T. T heißt kontrahierend, wenn $K < 1$ gewählt werden kann.

Nun können wir den Banachschen Fixpunktsatz beweisen:

5.2 Satz: *(X,d) sei ein vollständiger metrischer Raum und $T: X \to X$ eine kontrahierende Abbildung. Dann hat T genau einen Fixpunkt in X, d.h., es gibt genau ein $x \in X$ mit $T(x) = x$.*

Beweis: Wir wählen irgendeinen Punkt $x_0 \in X$ und definieren eine Folge $(x_i)_{i\in\mathbb{N}}$ in X rekursiv durch

$$x_{i+1} := T(x_i).$$

Ist $0<K<1$ eine Schranke für T, so ist für alle $i\in\mathbb{N}$

$$d(x_{i+1},x_i)\leq K\,d(x_i,x_{i-1})\leq \ldots \leq K^i\,d(x_1,x_0).$$

Daher ist für $i,j\in\mathbb{N}$ mit $i<j$

$$\begin{aligned} d(x_j,x_i) &\leq d(x_j,x_{j-1})+d(x_{j-1},x_{j-2})+\cdots+d(x_{i+1},x_i)\\ &\leq K^{j-1}\,d(x_1,x_0)+K^{j-2}\,d(x_1,x_0)+\cdots+K^i\,d(x_1,x_0)\\ &= K^i\,d(x_1,x_0)\sum_{k=0}^{j-i-1}K^k \leq \frac{K^i}{1-K}\,d(x_1,x_0). \end{aligned}$$

Weil $K<1$ ist, gibt es zu jedem $\varepsilon>0$ ein $n_0\in\mathbb{N}$, so daß für $i\geq n_0$ der letzte Ausdruck kleiner als ε wird. $(x_i)_{i\in\mathbb{N}}$ ist also eine Cauchy-Folge, die wegen der Vollständigkeit von (X,d) gegen einen Punkt $x\in X$ konvergiert. x ist der gesuchte Fixpunkt. Es gilt nämlich

$$\begin{aligned} d(x,T(x)) &\leq d(x,x_{i+1})+d(x_{i+1},T(x))\\ &= d(x,x_{i+1})+d(T(x_i),T(x))\\ &\leq d(x,x_{i+1})+K\,d(x_i,x) \end{aligned}$$

für alle $i\in\mathbb{N}$. Weil $d(x_i,x)$ mit wachsendem i gegen 0 strebt, muß also $d(x,T(x))=0$ sein, d.h., es ist $T(x)=x$.

Damit haben wir die Existenz des Fixpunktes gezeigt. Die Eindeutigkeit ist leicht einzusehen: Sind x und x' zwei Fixpunkte von T, so gilt $d(x,x')=d(T(x),T(x'))\leq K\,d(x,x')$ oder $(1-K)\,d(x,x')=0$ und damit $d(x,x')=0$, also $x=x'$. ∎

Für die Formulierung und den Beweis des folgenden Lemmas nehmen wir einige Bezeichnungen vorweg. Für $x=(x_1,\ldots,x_n)\in\mathbb{R}^n$ bezeichnen wir mit $\|x\|$ die sogenannte Maximumsnorm von x:

$$\|x\| := \max\{|x_i|;\ i=1,\ldots,n\}.$$

Q_ε sei für $\varepsilon>0$ der kompakte Würfel um 0 mit der Kantenlänge 2ε, also

$$Q_\varepsilon := \{x\in\mathbb{R}^n; \|x\|\leq\varepsilon\}.$$

Wegen der Kompaktheit von Q_ε ist für eine stetige Funktion $g\colon Q_\varepsilon\to\mathbb{R}$

$$\|g\|_\varepsilon := \max\{|g(x)|;\ x\in Q_\varepsilon\}$$

wohldefiniert, entsprechend für eine stetige Abbildung $g\colon Q_\varepsilon\to\mathbb{R}^n$

$$\|g\|_\varepsilon := \max\{\|g(x)\|;\ x\in Q_\varepsilon\}.$$

Ist A eine Teilmenge des $\mathbb{R}^n$, so sei $\mathscr{C}^0(Q_\varepsilon, A)$ die Menge der stetigen Abbildungen von Q_ε nach A. Durch

$$d_\varepsilon(g,h) := \|g-h\|_\varepsilon$$

wird eine Metrik auf $\mathscr{C}^0(Q_\varepsilon, A)$ definiert, und $\mathscr{C}^0(Q_\varepsilon, A)$ ist vollständig, falls A abgeschlossen ist: Diese Behauptung ist lediglich eine andere Formulierung des bekannten Satzes, daß eine gleichmäßig konvergente Folge stetiger Funktionen auf Q_ε gegen eine stetige Grenzfunktion konvergiert.

5.3 Lemma: *$f: Q_\varepsilon \to \mathbb{R}^n$ sei eine stetige Abbildung mit $f(0)=0$, so daß für alle $x, y \in Q_\varepsilon$*

$$\|(I_{\mathbb{R}^n} - f)(x) - (I_{\mathbb{R}^n} - f)(y)\| \leq \tfrac{1}{2}\|x-y\|$$

ist. Dann besitzt f auf $Q_{\varepsilon/2}$ ein stetiges Rechtsinverses, d.h., es gibt eine stetige Abbildung $h: Q_{\varepsilon/2} \to Q_\varepsilon$, so daß

$$f \circ h = I_{Q_{\varepsilon/2}}$$

ist.

Beweis: Wir setzen $X := \mathscr{C}^0(Q_{\varepsilon/2}, Q_\varepsilon)$ und versehen diese Menge mit der oben beschriebenen Metrik $d := d_{\varepsilon/2}$, so daß also (X, d) ein vollständiger metrischer Raum ist. Durch

$$T(g) := g + I_{Q_{\varepsilon/2}} - f \circ g$$

wird eine Abbildung $T: X \to X$ definiert: Für $g \in X$ ist nämlich $T(g): Q_{\varepsilon/2} \to \mathbb{R}^n$ eine wohldefinierte stetige Abbildung, und nach Voraussetzung ist für $x \in Q_{\varepsilon/2}$ und $g \in X$

$$\begin{aligned} \|T(g)(x)\| &= \|g(x) + x - f \circ g(x)\| \\ &= \|(I_{\mathbb{R}^n} - f)(g(x)) + x\| \\ &\leq \|(I_{\mathbb{R}^n} - f)(g(x)) - (I_{\mathbb{R}^n} - f)(0)\| + \|x\| \\ &\leq \tfrac{1}{2}\|g(x) - 0\| + \|x\| \\ &\leq \tfrac{1}{2}\varepsilon + \tfrac{1}{2}\varepsilon = \varepsilon, \end{aligned}$$

d.h., es ist $T(g)(x) \in Q_\varepsilon$, so daß $T(g)$ eine stetige Abbildung von $Q_{\varepsilon/2}$ nach Q_ε ist, also zu X gehört.

Als nächstes zeigen wir, daß T kontrahierend mit einer Schranke $K = \frac{1}{2}$ ist: Für $x \in Q_{\varepsilon/2}$ und $g, h \in X$ ist $g(x), h(x) \in Q_\varepsilon$, und daher gilt nach Voraussetzung

$$\begin{aligned} \|T(g)(x) - T(h)(x)\| &= \|g(x) - h(x) - (f \circ g(x) - f \circ h(x))\| \\ &= \|(I_{\mathbb{R}^n} - f)(g(x)) - (I_{\mathbb{R}^n} - f)(h(x))\| \\ &\leq \tfrac{1}{2}\|g(x) - h(x)\|. \end{aligned}$$

Das bedeutet aber gerade

$$d(T(g), T(h)) \leq \tfrac{1}{2} d(g,h).$$

Nach dem Banachschen Fixpunktsatz hat T also genau einen Fixpunkt $h \in X$. Für dieses h gilt dann

$$h = T(h) = h + I_{Q_{\varepsilon/2}} - f \circ h$$

und damit $f \circ h = I_{Q_{\varepsilon/2}}$. ∎

Im vorliegenden Beweis sind wir in der Schreibweise ungenau gewesen, indem wir z. B. die Identität $I_{Q_{\varepsilon/2}}$ auf $Q_{\varepsilon/2}$ gelegentlich mit der Inklusionsabbildung von $Q_{\varepsilon/2}$ in Q_ε identifiziert haben.

Die wichtigste Anwendung von Lemma 5.3 ist der Beweis des nächsten Satzes:

5.4 Satz: *G sei eine offene Menge im $\mathbb{R}^n$ und $f: G \to \mathbb{R}^n$ eine $\mathscr{C}^r$-Abbildung $(r \geq 1)$, so daß $\mathfrak{D}_x f$ für $x \in G$ bijektiv ist. Dann ist f in einer Umgebung von x ein $\mathscr{C}^r$-Diffeomorphismus, d.h., es gibt eine offene Umgebung U von x in G, so daß $V := f(U)$ ebenfalls offen ist und $f|U \to V$ ein $\mathscr{C}^r$-Diffeomorphismus ist.*

Für $y \in V$ gilt überdies

$$\mathfrak{D}_y f^{-1} = (\mathfrak{D}_{f^{-1}(y)} f)^{-1}.$$

Beweis: Wir dürfen o.B.d.A. $x=0$ und $f(0)=0$ annehmen. Da $\mathfrak{D}_0 f$ bijektiv ist, ist $A := (\mathfrak{D}_0 f)^{-1}$ wohldefiniert, und die Abbildung $g := f \circ A$ ist auf einer geeigneten Umgebung von 0 definiert. g ist ebenfalls eine $\mathscr{C}^r$-Abbildung mit $g(0)=0$, und es ist $\mathfrak{D}_0 g = (\mathfrak{D}_0 f) \circ A = I_{\mathbb{R}^n}$. Insbesondere verschwinden also alle partiellen Ableitungen der ersten Ordnung von $I_{\mathbb{R}^n} - g$ an der Stelle 0. Da diese Ableitungen stetig sind, gibt es ein $\varepsilon > 0$, so daß g auf ganz Q_ε definiert ist und dort gilt:

$$\left\| \frac{\partial (I_{\mathbb{R}^n} - g)_j}{\partial x_i} \right\|_\varepsilon \leq \frac{1}{2n}, \qquad i,j = 1, \ldots, n.$$

Zu $x, y \in Q_\varepsilon$ gibt es dann nach dem Mittelwertsatz einen Punkt z_i auf der Verbindungsstrecke von x nach y (also in Q_ε), so daß

$$p_i((I_{\mathbb{R}^n} - g)(x) - (I_{\mathbb{R}^n} - g)(y)) = \sum_{j=1}^{n} (x_j - y_j) \left. \frac{\partial (I_{\mathbb{R}^n} - g)_j}{\partial x_i} \right|_{z_i}$$

gilt. Insbesondere ist dann also

$$|p_i((I_{\mathbb{R}^n} - g)(x) - (I_{\mathbb{R}^n} - g)(y))| \leq \frac{n}{2n} \max\{|x_j - y_j|, j = 1, \ldots, n\} = \tfrac{1}{2} \|x - y\|$$

und damit

$$\|(I_{\mathbb{R}^n}-g)(x)-(I_{\mathbb{R}^n}-g)(y)\| \leq \tfrac{1}{2}\|x-y\|.$$

Die Voraussetzungen von Lemma 5.3 sind also für g erfüllt, und g besitzt in einer Umgebung von 0 ein stetiges Rechtsinverses h'. $h := A \circ h'$ ist dann rechtsinvers zu f.

Bevor wir zeigen, daß h – bei Beschränkung auf eine geeignete Umgebung von 0 – auch linksinvers zu f ist, zeigen wir zunächst, daß h eine $\mathscr{C}^r$-Abbildung ist. Seien dazu h und $f \circ h$ auf der offenen Umgebung V' von 0 definiert, und es sei dort $f \circ h = I_{V'}$. Ferner sei $U' := f^{-1}(V')$.

Sind $y, y' \in V'$, so sei $x := h(y)$ und $x' := h(y')$, so daß also auch $y = f(x)$ und $y' = f(x')$ gilt. Mit Hilfe der Standardbasis des $\mathbb{R}^n$ fassen wir $\mathfrak{D}_x f$ als Matrix auf, und die Menge $M(n, \mathbb{R})$ der $(n \times n)$-Matrizen über $\mathbb{R}$ identifizieren wir mit dem $\mathbb{R}^{n^2}$. Die Differenzierbarkeit von f in x besagt dann gerade, daß es eine Abbildung $B: U' \to M(n, \mathbb{R})$ gibt, die an der Stelle x stetig ist und dort den Wert $B(x) = \mathfrak{D}_x f$ annimmt, so daß

$$y' - y = B(x')(x' - x)$$

gilt. Die Abbildung $\det: M(n, \mathbb{R}) \to \mathbb{R}$, die jeder Matrix ihre Determinante zuordnet, ist stetig. Daher ist auch $\det \circ B: U' \to \mathbb{R}$ stetig an der Stelle x, und wegen $\det \circ B(x) = \det \circ \mathfrak{D}_x f \neq 0$ ist $\det \circ B(x') \neq 0$ für alle x' aus einer geeigneten Umgebung von x, d.h., es existiert dort die inverse Matrix $\mathrm{inv}(B(x'))$ von $B(x')$, und die Abbildung $\mathrm{inv} \circ B \circ h$ ist in einer Umgebung von y definiert und im Punkte y stetig. Dort gilt dann

$$x' - x = (\mathrm{inv} \circ B \circ h(y'))(y' - y),$$

wobei $\mathrm{inv} \circ B \circ h(y) = (\mathfrak{D}_x f)^{-1}$ gilt. Damit ist die Differenzierbarkeit von h an der Stelle y gezeigt, und falls h auch noch linksinvers zu f ist, ist auch die Formel für die Ableitung von f^{-1} bewiesen.

Die Menge der invertierbaren $(n \times n)$-Matrizen bildet eine offene Teilmenge $GL(n, \mathbb{R})$ von $M(n, \mathbb{R})$ (das folgt aus der Stetigkeit der Abbildung det), und die durch die Inversenbildung definierte Abbildung $\mathrm{inv}: GL(n, \mathbb{R}) \to GL(n, \mathbb{R})$ ist eine $\mathscr{C}^\infty$-Abbildung. Um zu zeigen, daß h eine $\mathscr{C}^r$-Abbildung ist, müssen wir offenbar zeigen, daß die durch $\mathfrak{D}h(y) := \mathfrak{D}_y h$ definierte Abbildung $\mathfrak{D}h = V' \to M(n, \mathbb{R})$ eine $\mathscr{C}^{r-1}$-Abbildung ist. Wir machen das durch Induktion über r: Nach dem, was wir bisher ausgerechnet haben, ist $\mathfrak{D}h = \mathrm{inv} \circ \mathfrak{D} f \circ h$. Im Falle $r = 1$ ist h stetig, ebenso $\mathfrak{D} f$ und inv. Folglich ist auch $\mathfrak{D}h$ stetig, also h eine $\mathscr{C}^1$-Abbildung. Für den Induktionsschritt von $r-1$ nach r nehmen wir an, daß h eine $\mathscr{C}^{r-1}$-Abbildung ist, falls f eine ist. Ist jetzt f eine $\mathscr{C}^r$-Abbildung, so ist $\mathfrak{D} f$ eine $\mathscr{C}^{r-1}$-Abbildung, und auch f ist erst recht eine

$\mathscr{C}^{r-1}$-Abbildung. Nach Induktionsvoraussetzung muß also h ebenfalls eine $\mathscr{C}^{r-1}$-Abbildung sein, und damit schließlich auch $\mathfrak{D}h$ als Komposition zweier $\mathscr{C}^{r-1}$-Abbildungen und einer $\mathscr{C}^{\infty}$-Abbildung.

Zum Schluß zeigen wir noch, daß h auch linksinvers zu f ist. Da $\mathfrak{D}h = (\mathfrak{D}f)^{-1}$ bijektiv ist, erfüllt h die Voraussetzungen unseres Satzes, und nach dem bisher bewiesenen existiert auf einer geeigneten Umgebung von 0 ein Rechtsinverses f' von h. Dann gilt über einer offenen Umgebung U von 0 in G

$$f = f\circ(h\circ f') = (f\circ h)\circ f' = f'.$$

$V := f(U)$ ist dann ebenfalls offen im $\mathbb{R}^n$, weil $f(U) = h^{-1}(U)$ ist. Damit haben wir Satz 5.4 vollständig bewiesen. ∎

Satz 5.4 gestattet es nun, das oben angekündigte Resultat zu beweisen, daß sich jede reguläre Abbildung lokal aus speziellen regulären Abbildungen zusammensetzen läßt:

5.5 Satz: *G sei eine offene Teilmenge im $\mathbb{R}^m$ mit $0\in G$, und $g: G\to\mathbb{R}^n$ sei eine $\mathscr{C}^r$-Abbildung mit $g(0)=0$, die in 0 regulär vom Grade k ist. Dann gibt es einen $\mathscr{C}^r$-Diffeomorphismus $f: U\to Q$, wo U eine offene Umgebung von 0 und Q ein offener Würfel um 0 in G ist, so daß sich $g|U\to\mathbb{R}^n$ in der Form*

$$g|_U = J\circ p\circ f$$

schreiben läßt, wo $p: \mathbb{R}^m\to\mathbb{R}^k$ eine lineare Projektion und $J: p(Q)\to\mathbb{R}^n$ eine $\mathscr{C}^r$-Einbettung vom Rang k ist.

Beweis: Durch Umnumerierung der Variablen können wir erreichen, daß die Matrix $(\partial_j|_0 g_i)_{i,j=1,\ldots,k}$ den Rang k hat, und wegen der Regularität von g hat dann $(\partial_j|_x g_i)_{i,j=1,\ldots,k}$ für alle x aus einer Umgebung von 0 den Rang k, also o.B.d.A. für alle $x\in G$. Eine $\mathscr{C}^r$-Abbildung $f: G\to\mathbb{R}^m$ definieren wir nun durch

$$f(x_1,\ldots,x_m) := (g_1(x),\ldots,g_k(x),x_{k+1},\ldots,x_m), \qquad x=(x_1,\ldots,x_m).$$

Man sieht sofort, daß f die Voraussetzungen von Satz 5.4 erfüllt. Es gibt daher eine offene Umgebung U von 0 in G, die durch f bijektiv auf einen Würfel Q um 0 in G abgebildet wird, so daß $f: U\to Q$ ein $\mathscr{C}^r$-Diffeomorphismus ist. Die Abbildung f^{-1} hat dabei die Form

$$f^{-1}(y_1,\ldots,y_m) = (h_1(y),\ldots,h_k(y),y_{k+1},\ldots,y_m), \qquad y=(y_1,\ldots,y_m),$$

wobei die h_i $\mathscr{C}^r$-Funktionen auf Q sind. Die Abbildung $F := g\circ f^{-1}: Q\to\mathbb{R}^n$ sieht dann so aus:

$$F(y_1,\ldots,y_m) = (y_1,\ldots,y_k, g_{k+1}\circ f^{-1}(y),\ldots,g_n\circ f^{-1}(y)).$$

Deshalb ist für $y \in Q$

$$\mathfrak{D}_y F = \left(\begin{array}{ccc|c} 1 & & 0 & \\ & \ddots & & 0 \\ 0 & & 1 & \\ \hline & * & & C(y) \end{array}\right);$$

dabei muß

$$C(y) = \begin{pmatrix} \dfrac{\partial(g_{k+1} \circ f^{-1})}{\partial y_{k+1}}(y) \cdots \dfrac{\partial(g_{k+1} \circ f^{-1})}{\partial y_m}(y) \\ \vdots \qquad\qquad\qquad \vdots \\ \dfrac{\partial(g_n \circ f^{-1})}{\partial y_{k+1}}(y) \cdots \dfrac{\partial(g_n \circ f^{-1})}{\partial y_m}(y) \end{pmatrix}$$

für alle $y \in Q$ die Nullmatrix sein, weil ja F auf Q den konstanten Rang k hat. Die Funktionen $g_{k+i} \circ f^{-1}$ hängen daher gar nicht von $y_{k+1}, \dots, y_m$ ab, so daß $F = F \circ \tilde{p}$ ist, wo $\tilde{p}: \mathbb{R}^m \to \mathbb{R}^m$ die Projektionen des $\mathbb{R}^m$ auf die ersten k Komponenten darstellt: $\tilde{p}(x_1, \dots, x_m) = (x_1, \dots, x_k, 0, \dots, 0)$. Definieren wir jetzt noch $p: \mathbb{R}^m \to \mathbb{R}^k$ durch $p(x_1, \dots, x_m) := (x_1, \dots, x_k)$ und $j: \mathbb{R}^k \to \mathbb{R}^m$ durch $j(x_1, \dots, x_k) := (x_1, \dots, x_k, 0, \dots, 0)$, so ist $\tilde{p} = j \circ p$, und für $J := F \circ j$ folgt

$$g|_U = g \circ f^{-1} \circ f = F \circ f = F \circ \tilde{p} \circ f = F \circ j \circ p \circ f = J \circ p \circ f.$$

Weil schließlich für $y = (y_1, \dots, y_k) \in p(Q)$

$$J(y_1, \dots, y_k) = (y_1, \dots, y_k, g_{k+1} \circ f^{-1} \circ j(y), \dots, g_n \circ f^{-1} \circ j(y))$$

ist, ist J eine $\mathscr{C}^r$-Einbettung vom Rang k, womit Satz 5.5 bewiesen ist. ∎

An Satz 5.5 wollen wir einige Bemerkungen anknüpfen. (Vgl. auch Figur 1.) Die Abbildung f bildet offenbar die einzelnen Fasern von g bijektiv auf die Fasern von $J \circ p$ ab, und da J eine injektive Abbildung ist, sind das genau die Fasern von p, also $(m-k)$-dimensionale Ebenenstücke in Q. Insbesondere sind daher die Fasern von g diffeomorph zu solchen Ebenenstücken, also $(m-k)$-dimensionale Untermannigfaltigkeiten von U im Sinne der Definitionen des nächsten Paragraphen.

Ein Spezialfall ist der Fall $k = n$. Dann ist $g: U \to V$ eine surjektive Abbildung auf eine offene Teilmenge V des $\mathbb{R}^n$, da ja $g = J \circ p \circ f$ ist, wo f ein Diffeomorphismus, p eine lineare Projektion und J in diesem Falle die Identität auf einem offenen Würfel im $\mathbb{R}^k = \mathbb{R}^n$ ist. Man kann also nach den Lösungen $(x_1, \dots, x_m) \in U$ der Gleichung $g(x_1, \dots, x_m) = (y_1, \dots, y_n)$

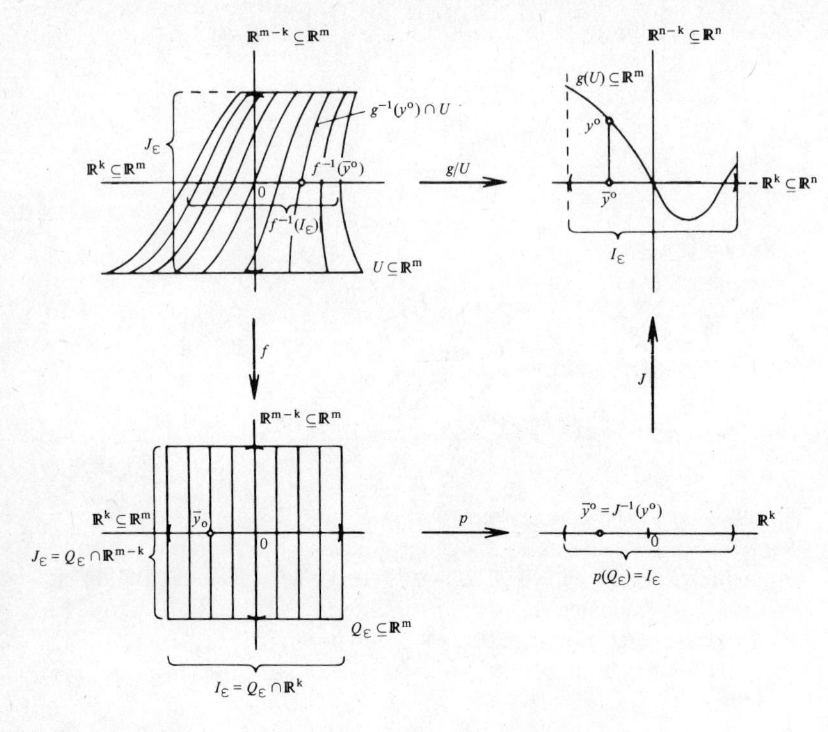

Figur 1

fragen. Für festes $y^\circ=(y_1^\circ,\dots,y_n^\circ)$ ist die Lösungsmannigfaltigkeit gerade die Menge

$$U\cap f^{-1}(p^{-1}(y^\circ))=U\cap f^{-1}(\{(y_1,\dots,y_m)\in Q;\ y_1=y_1^\circ,\dots,y_n=y_n^\circ\}).$$

Aus unserem Beweis geht hervor, daß das genau der Durchschnitt von U mit

$$\{(h_1(y^\circ,y_{n+1},\dots,y_m),\dots,h_n(y^\circ,y_{n+1},\dots,y_m),y_{n+1},\dots,y_m);\ (y^\circ,y_{n+1},\dots,y_m)\in Q\}$$

ist, wo die h_i $\mathscr{C}^r$-Funktionen sind. Setzen wir jetzt noch

$$h_i^\circ(y_{n+1},\dots,y_m):=h_i(y_1^\circ,\dots,y_n^\circ,y_{n+1},\dots,y_m),$$

so sind die h_i° differenzierbare Funktionen auf einer offenen Teilmenge U' des $\mathbb{R}^{n-m}$, und die Faser $g^{-1}(y^\circ)\cap U$ ist genau die Menge

$$\{(x_1,\dots,x_m);\ (x_{n+1},\dots,x_m)\in U',\ x_i=h_i^\circ(x_{n+1},\dots,x_m),\ i=1,\dots,n\}.$$

Die Gleichung $g(x_1, \ldots, x_m) = y^\circ$ ist also durch die h_i° nach $x_1, \ldots, x_n$ auflösbar. Die h_i° bezeichnet man als implizite Funktionen, die durch diese Gleichung definiert werden, und die eben bewiesene Aussage über die Lösung der Gleichung $g(x) = y^\circ$ als den Satz von den impliziten Funktionen.

Zum Abschluß dieses Paragraphen wollen wir noch eine Ergänzung zu Satz 5.5 beweisen. Aus diesem Satz folgt ja insbesondere, daß sich eine reguläre Abbildung durch Davorschalten eines geeigneten Diffeomorphismus (nämlich f) lokal als Komposition einer Projektion und einer Einbettung schreiben läßt. Der folgende Satz besagt nun, daß sich durch Dahinterschalten eines geeigneten Diffeomorphismus sogar erreichen läßt, daß diese Einbettung linear ist:

5.6 Satz: *$J: G \to \mathbb{R}^n$ sei eine $\mathscr{C}^r$–Einbettung einer offenen Menge im $\mathbb{R}^m$ in den $\mathbb{R}^n$. Dann gibt es zu jedem $x^\circ \in G$ eine Umgebung U von $J(x^\circ)$ in $\mathbb{R}^n$ und einen $\mathscr{C}^r$-Diffeomorphismus $f: U \to V$, wo V eine offene Teilmenge des $\mathbb{R}^n$ ist, so daß $f \circ J$ auf $J^{-1}(U)$ die Form*

$$f \circ J(x_1, \ldots, x_m) = (x_1, \ldots, x_m, 0, \ldots, 0)$$

hat.

Beweis: Es sei J gegeben durch

$$J(x_1, \ldots, x_m) = (x_1, \ldots, x_m, J_{m+1}(x), \ldots, J_n(x))$$

für $x = (x_1, \ldots, x_m) \in G$. Dann ist die Abbildung $J': G \times \mathbb{R}^{n-m} \to \mathbb{R}^n$, die wir durch $J'(x_1, \ldots, x_n) := (x_1, \ldots, x_m, x_{m+1} + J_{m+1}(x), \ldots, x_n + J_n(x))$ definieren, auf ganz $G \times \mathbb{R}^{n-m}$ regulär vom Grade n. Über einer Umgebung U von $J(x^\circ)$ existiert also die Umkehrabbildung $f: U \to V$, die dann ein $\mathscr{C}^r$-Diffeomorphismus ist, und für $x \in J^{-1}(U)$ ist dann

$$f \circ J(x_1, \ldots, x_m) = f \circ J'(x_1, \ldots, x_m, 0, \ldots, 0) = (x_1, \ldots, x_m, 0, \ldots, 0). \quad \blacksquare$$

§ 6: Differenzierbare Mannigfaltigkeiten

Nachdem wir im vorigen Paragraphen $\mathscr{C}^r$-Abbildungen zwischen Teilmengen von Zahlenräumen untersucht haben, wollen wir nun die umfassendere Kategorie der $\mathscr{C}^r$-Mannigfaltigkeiten kennenlernen. Wenn nichts anderes erwähnt wird, lassen wir wieder $r=0,1,\ldots,\infty$ zu. Später werden wir uns dann auf den Fall $r=\infty$ beschränken.

M sei ein Hausdorff-Raum mit abzählbarer Basis. Unter einer (reellen) n-dimensionalen Karte auf M verstehen wir ein Paar (U,g), wo U eine offene Teilmenge von M und $g\colon U\to g(U)$ ein Homöomorphismus von U auf eine offene Menge $g(U)\subseteq\mathbb{R}^n$ ist (d.h., g ist bijektiv, und g und g^{-1} sind stetig). U heißt der Träger der Karte. Ist $p_i\colon\mathbb{R}^n\to\mathbb{R}$ die Projektion des $\mathbb{R}^n$ auf die i-te Komponente (vgl. § 5), so können wir die Funktionen $x_i:=p_i\circ g\colon U\to\mathbb{R}$ bilden, $i=1,\ldots,n$. Wir bezeichnen sie als (lokale) Koordinaten für U; ist $x\in U$, so sprechen wir auch von lokalen Koordinaten in x. Zwei solche Karten (U_1,g_1) und (U_2,g_2) heißen miteinander $\mathscr{C}^r$-verträglich, wenn die Abbildungen

$$g_{21}:=g_2\circ g_1^{-1}\colon g_1(U_1\cap U_2)\to g_2(U_1\cap U_2)$$

und

$$g_{12}:=g_1\circ g_2^{-1}\colon g_2(U_1\cap U_2)\to g_1(U_1\cap U_2)$$

$\mathscr{C}^r$-Abbildungen sind. (Im Falle $U_1\cap U_2=\emptyset$ sind g_{12} und g_{21} die leeren Abbildungen, die auch $\mathscr{C}^r$-Abbildungen sind!) Falls $U_1\cap U_2\neq\emptyset$ ist, sind g_{21} und g_{12} $\mathscr{C}^r$-Diffeomorphismen, so daß insbesondere U_1 und U_2 gleiche Dimension haben.

Bei der Definition der $\mathscr{C}^r$-Verträglichkeit sind wir in der Schreibweise etwas nachlässig gewesen. Genau genommen müssen wir g_{21} als die Hintereinanderschaltung der Abbildungen $g_1^{-1}|g_1(U_1\cap U_2)\to U_1\cap U_2$ und $g_2|U_1\cap U_2\to g_2(U_1\cap U_2)$ definieren; entsprechendes gilt für g_{12}. Da wir es mit ähnlichen Situationen noch oft zu tun haben werden, wollen wir ein für allemal folgende Vereinbarung treffen: Sind $f\colon U\to V_1$ und $g\colon V_2\to W$ beliebige Abbildungen zwischen Mengen, so soll die Hintereinanderausführung der Abbildungen $f|f^{-1}(V_1\cap V_2)\to V_1\cap V_2$ und $g|V_1\cap V_2\to g(V_1\cap V_2)$ einfach mit $g\circ f$ bezeichnet werden.

Die folgende Skizze soll den Begriff der $\mathscr{C}^r$-Verträglichkeit zweier Karten verdeutlichen:

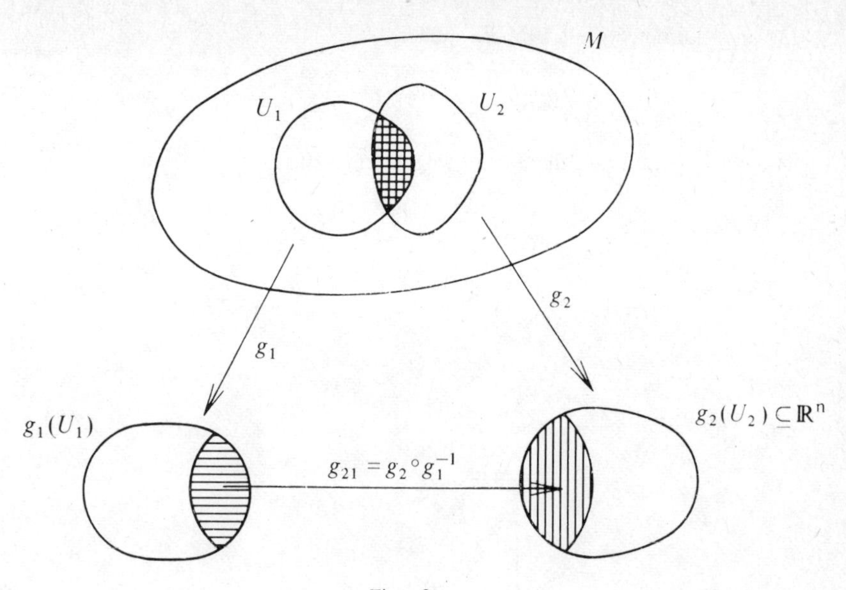

Figur 2

Unter einem n-dimensionalen $\mathscr{C}^r$-Atlas auf M verstehen wir jetzt eine Familie

$$(U_i, g_i)_{i \in I}$$

von n-dimensionalen Karten auf M, so daß $\bigcup U_i = M$ ist und alle Karten miteinander paarweise $\mathscr{C}^r$-verträglich sind.

6.1 Definition: *Eine n-dimensionale $\mathscr{C}^r$-Mannigfaltigkeit ist ein Paar*

$$(M, (U_i, g_i)_{i \in I}),$$

wo M ein Hausdorff-Raum mit abzählbarer Basis und $(U_i, g_i)_{i \in I}$ ein n-dimensionaler $\mathscr{C}^r$-Atlas auf M ist.

Die Bedingung, daß M eine abzählbare Basis hat, wird in der Definition häufig fortgelassen. Sie ist jedoch für die Entwicklung der Theorie recht praktisch (vgl. § 7) und stellt auch keine große Einschränkung dar, da die in den Anwendungen auftretenden Mannigfaltigkeiten diese Bedingung stets erfüllen.

Bevor wir uns weiter mit der Theorie der $\mathscr{C}^r$-Mannigfaltigkeiten befassen, sollen einige Beispiele die Definition erläutern:

(1) Die offenen Mengen im $\mathbb{R}^n$ sind in natürlicher Weise $\mathscr{C}^\infty$-Mannigfaltigkeiten.

(2) Die n-dimensionale Einheitssphäre

$$S^n := \left\{(x_1, \ldots, x_{n+1}) \in \mathbb{R}^{n+1};\ \sum_{i=1}^{n+1} x_i^2 = 1\right\}$$

ist eine $\mathscr{C}^\infty$-Mannigfaltigkeit mit folgendem Atlas:

$$U_1 := \{(x_1, \ldots, x_{n+1}) \in S^n;\ x_{n+1} < 1\},$$
$$U_2 := \{(x_1, \ldots, x_{n+1}) \in S^n;\ x_{n+1} > -1\},$$

$$g_1(x_1, \ldots, x_{n+1}) := \frac{1}{1 - x_{n+1}}(x_1, \ldots, x_n) \in \mathbb{R}^n,$$

$$g_2(x_1, \ldots, x_{n+1}) := \frac{1}{1 + x_{n+1}}(x_1, \ldots, x_n) \in \mathbb{R}^n.$$

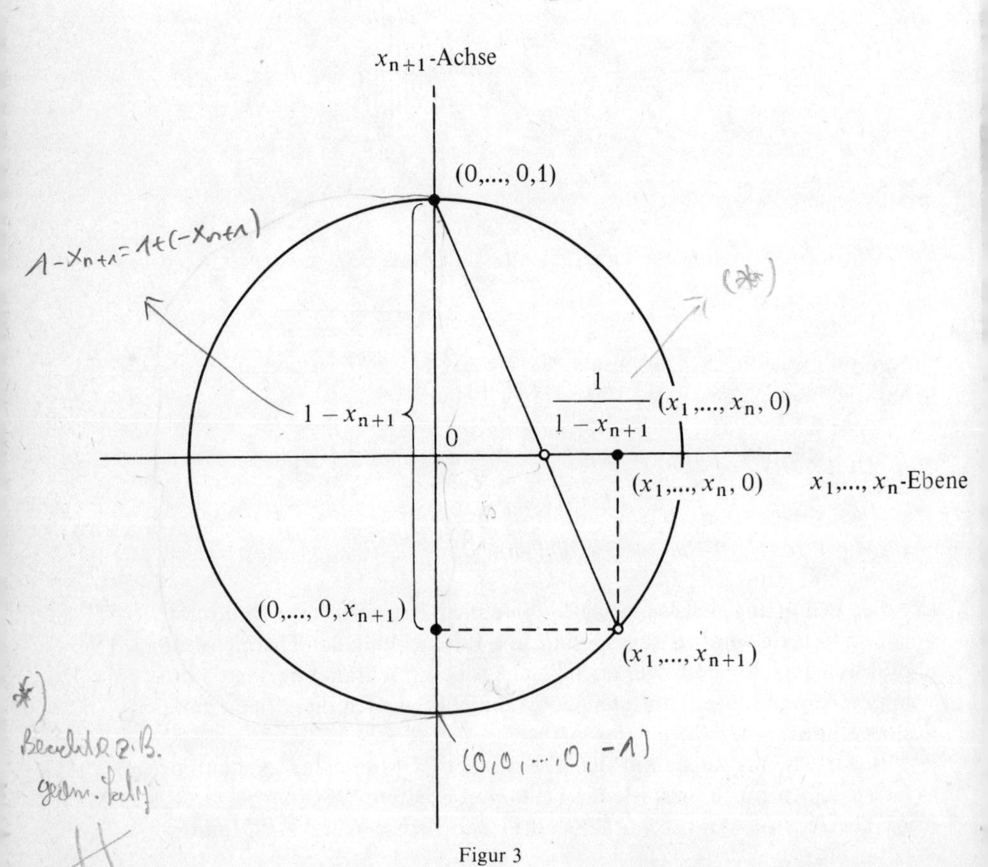

Figur 3

$g_1: U_1 \to g_1(U_1) = \mathbb{R}^n$ ist die stereographische Projektion vom Nordpol $(0, \ldots, 0, 1)$ der Sphäre aus auf die Äquatorebene $\{(x_1, \ldots, x_n, 0) \in \mathbb{R}^{n+1}\}$; entsprechend ist g_2 die stereographische Projektion vom Südpol aus auf dieselbe Ebene.

(3) Das Möbius-Band konstruieren wir folgendermaßen: Im $\mathbb{R}^2$ nehmen wir die beiden Rechtecke $D_1 := (0,2) \times (-1,1)$ und $D_2 := (-2,0) \times (-1,1)$ und „verkleben" sie miteinander auf folgende Weise: Ist $x > 1$, so identifizieren wir einen Punkt $(x,y) \in D_1$ mit dem Punkt $(x-3, y) \in D_2$; ist dagegen $x < 1$, so identifizieren wir $(x,y) \in D_1$ mit $(x-1, -y) \in D_2$. Mathematisch exakt gesprochen bilden wir den Quotientenraum $M := (D_1 \cup D_2)/R$, wo R die durch die eben beschriebenen Identifizierungen gegebene Äquivalenzrelation auf $D_1 \cup D_2$ ist. M versehen wir mit der Quotiententopologie, so daß also die natürliche Projektion $\varphi: D_1 \cup D_2 \to M$ stetig und offen ist. Setzen wir noch $U_i := \varphi(D_i)$ und $g_i := \varphi^{-1} | U_i \to D_i$, $i = 1, 2$, so ist $(U_i, g_i)_{i=1,2}$ ein $\mathscr{C}^\infty$-Atlas für M.

(4) Das cartesische Produkt zweier $\mathscr{C}^r$-Mannigfaltigkeiten ist wieder eine $\mathscr{C}^r$-Mannigfaltigkeit: Sind $(M, (U_i, g_i)_{i \in I})$ und $(N, (V_j, h_j)_{j \in J})$ die beiden Mannigfaltigkeiten, so ist $(U_i \times V_j, g_i \times h_j)_{(i,j) \in I \times J}$ ein $\mathscr{C}^r$-Atlas für $M \times N$.

Insbesondere ist also der n-dimensionale Torus $T^n := (S^1)^n$ als n-faches cartesisches Produkt der Kreislinie S^1 eine $\mathscr{C}^\infty$-Mannigfaltigkeit.

6.2 Definition: *$(M, (U_i, g_i)_{i \in I})$ sei eine $\mathscr{C}^r$-Mannigfaltigkeit. Unter einer $\mathscr{C}^r$-Funktion auf einer offenen Teilmenge U von M verstehen wir dann eine Funktion $f: U \to \mathbb{R}$, so daß die Funktionen*

$$f \circ g_i^{-1}: g_i(U_i \cap U) \to \mathbb{R}$$

für alle $i \in I$ $\mathscr{C}^r$-Funktionen im Sinne des Paragraphen 5 sind.

Eine auf einer Umgebung eines Punktes $x \in M$ definierte reellwertige Funktion f heißt eine $\mathscr{C}^r$-Funktion in x, wenn es eine Umgebung U von x in M gibt, so daß $f | U$ eine $\mathscr{C}^r$-Funktion ist.

Der letzte Teil unserer Definition ist wichtig für den Begriff des $\mathscr{C}^r$-Funktionskeimes in einem Punkte x einer $\mathscr{C}^r$-Mannigfaltigkeit M: Ist f eine $\mathscr{C}^r$ Funktion in x, so hängt diese Eigenschaft offenbar nur vom Verhalten von f auf einer Umgebung von x ab. Wir bezeichnen daher zwei auf einer Umgebung U bzw. V von x definierte Funktionen als äquivalent in x, wenn sie auf einer Umgebung von x in $U \cap V$ übereinstimmen. Dadurch wird eine Äquivalenzrelation in der Menge aller in Umgebungen von x definierten Funktionen erklärt, und die Äquivalenzklassen dieser Relation bezeichnen wir als Funktionskeime in x.

eine Funktion auf einer Umgebung von x, so schreiben wir f_x für den von f in x erzeugten Funktionskeim. Es ist also

$$f_x = \{g: U_g \to \mathbb{R};\ U_g \text{ Umgebung von } x,$$
$$g|W_g = f|W_g \text{ für eine Umgebung } W_g \text{ von } x\}.$$

Ist jetzt f eine $\mathscr{C}^r$-Funktion in x, so sind es offenbar auch alle $g \in f_x$. Es ist also sinnvoll, von $\mathscr{C}^r$-Funktionskeimen in x zu sprechen.

Die Menge $\mathscr{C}^r_x(M)$ der $\mathscr{C}^r$-Funktionskeime in x bildet eine $\mathbb{R}$-Algebra: Sind f_x und g_x aus $\mathscr{C}^r_x(M)$ mit Repräsentanten $f: U \to \mathbb{R}$, bzw. $g: V \to \mathbb{R}$, so sind $f+g$ und fg auf $U \cap V$ definiert und $\mathscr{C}^r$-Funktionen in x; wir setzen:

$$f_x + g_x := (f+g)_x, \quad f_x g_x := (fg)_x.$$

Entsprechend wird λf_x für eine reelle Zahl λ erklärt. Sind jetzt $\tilde{f}: \tilde{U} \to \mathbb{R}$ und $\tilde{g}: \tilde{V} \to \mathbb{R}$ andere Repräsentanten für f_x bzw. g_x, dann existiert eine Umgebung W von x, so daß $(\tilde{f}+\tilde{g})|W = (f+g)|W$, d.h. $(f+g)_x = (\tilde{f}+\tilde{g})_x$. Entsprechend gilt $(fg)_x = (\tilde{f}\tilde{g})_x$ und $\lambda(f_x) = \lambda(\tilde{f}_x)$. Die Ausdrücke $f_x + g_x$, $f_x g_x$ und λf_x hängen also nicht von der Wahl der Repräsentanten für f_x bzw. g_x ab und sind somit wohldefiniert. Die $\mathbb{R}$-Algebra-Gesetze prüft man leicht nach.

Ebenso ist für $f_x \in \mathscr{C}^r_x(M)$ mit einem Repräsentanten $f: U \to \mathbb{R}$ der Funktionswert $f_x(x)$ durch $f_x(x) := f(x)$ wohldefiniert.

Nehmen wir einmal an, wir hätten auf M zwei $\mathscr{C}^r$-Atlanten $(U_i, g_i)_{i \in I}$ und $(V_j, h_j)_{j \in J}$ gegeben. Dann bezeichnet man diese Atlanten als äquivalent, wenn in allen Punkten von M die Algebren der $\mathscr{C}^r$-Funktionskeime bezüglich beider Atlanten übereinstimmen. Das ist offenbar genau dann der Fall, wenn alle Karten des einen Atlas mit denen des anderen $\mathscr{C}^r$-verträglich sind. Daß diese Bedingung für die Äquivalenz der beiden Atlanten hinreichend ist, ist klar. Sie ist aber auch notwendig: Sind die Atlanten nicht miteinander $\mathscr{C}^r$-verträglich, so ist mindestens für ein Paar $(i,j) \in I \times J$ die Abbildung $h_j \circ g_i^{-1}: g_i(U_i \cap V_j) \to h_j(U_i \cap V_j)$ keine $\mathscr{C}^r$-Abbildung. Insbesondere ist dann $U_i \cap V_j$ nicht leer, und es gibt eine $\mathscr{C}^r$-Funktion f auf $h_j(U_i \cap V_j)$, so daß $f \circ h_j \circ g_i^{-1}$ keine $\mathscr{C}^r$-Funktion ist. Die Funktion $f \circ h_j: U_i \cap V_j \to \mathbb{R}$ ist dann aber bezüglich des Atlas $(V_j, h_j)_{j \in J}$ eine $\mathscr{C}^r$-Funktion, erzeugt also in jedem Punkt aus $U_i \cap V_j$ einen $\mathscr{C}^r$-Funktionskeim, während das bezüglich des Atlas $(U_i, g_i)_{i \in I}$ nicht der Fall ist.

Man kann diesen Äquivalenzbegriff auch noch anders beschreiben: Ist ein fester $\mathscr{C}^r$-Atlas auf M gegeben, so können wir ihn maximalisieren, indem wir alle Karten hinzunehmen, die mit den bereits vorhandenen $\mathscr{C}^r$-verträglich sind. Dieser maximale Atlas, den man auch eine $\mathscr{C}^r$-Struktur nennt, ist offenbar durch den ursprünglich gegebenen Atlas eindeutig bestimmt. Zwei Atlanten sind jetzt genau dann äquivalent, wenn sie Unteratlanten derselben $\mathscr{C}^r$-Struktur sind.

Im folgenden wollen wir zwei $\mathscr{C}^r$-Mannigfaltigkeiten $(M,(U_i,g_i)_{i\in I})$ und $(M,(V_j,h_j)_{j\in J})$ miteinander identifizieren, wenn $(U_i,g_i)_{i\in I}$ und $(V_j,h_j)_{j\in J}$ äquivalent sind. Im allgemeinen werden wir auch einfach M an Stelle von $(M,(U_i,g_i)_{i\in I})$ schreiben und den Atlas $(U_i,g_i)_{i\in I}$ nur erwähnen, wenn er für unsere Überlegungen explizit benötigt wird. In allen anderen Fällen denken wir uns eine $\mathscr{C}^r$-Mannigfaltigkeit M stillschweigend mit einem $\mathscr{C}^r$-Atlas versehen.

Sei $F:M\to N$ eine stetige Abbildung zwischen zwei $\mathscr{C}^r$-Mannigfaltigkeiten und x ein Punkt in M. Für einen Funktionskeim $f_{F(x)}$ in $F(x)$ mit einem Repräsentanten $f\colon V\to\mathbb{R}$ auf einer Umgebung V von $F(x)$ in N ist dann $F^{-1}(V)$ eine Umgebung von x in M, auf der die Funktion $F^*(f):=f\circ F$ definiert ist. Der Funktionskeim $(f\circ F)_x$ hängt dann nur von F und $f_{F(x)}$ ab, nicht aber von der Wahl des Repräsentanten f für $f_{F(x)}$, und wir setzen daher

$$F^*(f_{F(x)}):=(F^*(f))_x=(f\circ F)_x$$

und nennen $F^*(f_{F(x)})$ den mit F zurückgenommenen oder gelifteten Funktionskeim.

Die Abbildung F bezeichnen wir nun als $\mathscr{C}^r$-Abbildung, wenn durch F^* $\mathscr{C}^r$-Funktionskeime auf $\mathscr{C}^r$-Funktionskeime abgebildet werden:

6.3 Definition: *M und N seien zwei $\mathscr{C}^r$-Mannigfaltigkeiten und $F:M\to N$ eine stetige Abbildung. Dann heißt F eine $\mathscr{C}^r$-Abbildung, wenn für alle $x\in M$*

$$F^*(\mathscr{C}^r_{F(x)}(N))\subseteq\mathscr{C}^r_x(M)$$

gilt, d.h., wenn $\mathscr{C}^r$-Funktionskeime in $F(x)$ auf $\mathscr{C}^r$-Funktionskeime in x abgebildet werden.

Aus dieser Definition sieht man sofort, daß die Hintereinanderausführung zweier $\mathscr{C}^r$-Abbildungen wieder eine ist. Trivialerweise ist auch die Identität auf einer $\mathscr{C}^r$-Mannigfaltigkeit eine $\mathscr{C}^r$-Abbildung. Insgesamt haben wir also das Ergebnis, daß die $\mathscr{C}^r$-Mannigfaltigkeiten eine Kategorie $\mathscr{C}^r$ bilden, deren Morphismen die soeben definierten $\mathscr{C}^r$-Abbildungen sind. Es gilt $\mathscr{C}^\infty\subseteq\cdots\subseteq\mathscr{C}^2\subseteq\mathscr{C}^1\subseteq\mathscr{C}^0$, wobei die Inklusionen sogar echt sind. Man kann aber andererseits jede $\mathscr{C}^r$-Mannigfaltigkeit für $r\geq 1$ als $\mathscr{C}^\infty$-Mannigfaltigkeit auffassen, wobei natürlich i. allg. weniger Funktionen auf der Mannigfaltigkeit $\mathscr{C}^\infty$-Funktionen sein werden als die ursprünglichen $\mathscr{C}^r$-Funktionen. Genauer gilt der folgende Satz von Whitney, den wir hier nur zitieren wollen (zum Beweis siehe [33]):

6.4 Satz: *M sei eine $\mathscr{C}^r$-Mannigfaltigkeit ($r \geq 1$) mit der Struktur $(U_i, g_i)_{i \in I}$. Dann gibt es einen Teilatlas $(U_i, g_i)_{i \in I'}$ von $(U_i, g_i)_{i \in I}$, so daß $(M, (U_i, g_i)_{i \in I'})$ eine $\mathscr{C}^\infty$-Mannigfaltigkeit ist.*

Aufgrund dieses Satzes wollen wir uns im folgenden auf den Fall $r = \infty$ beschränken, d.h., wir werden nur $\mathscr{C}^\infty$-Mannigfaltigkeiten, -Abbildungen und -Funktionen betrachten und sie wie üblich einfach als differenzierbar bezeichnen. Bei den Mannigfaltigkeiten werden wir meistens auch noch auf das „differenzierbar“ verzichten: Eine Mannigfaltigkeit ist für uns also stets eine $\mathscr{C}^\infty$-Mannigfaltigkeit!

Die meisten Begriffe werden sich auch auf $\mathscr{C}^r$-Mannigfaltigkeiten etc. für $r < \infty$ übertragen lassen, ohne daß wir das jeweils eigens erwähnen. Manchmal ist dabei allerdings besondere Vorsicht geboten, und wir werden gelegentlich darauf eingehen.

Ist M eine Mannigfaltigkeit, so ist $\mathscr{C}^\infty(M, \mathbb{R})$ die Menge der $\mathscr{C}^\infty$-Morphismen von M nach $\mathbb{R}$, also die Menge aller $\mathscr{C}^\infty$-Funktionen auf M. Statt $\mathscr{C}^\infty(M, \mathbb{R})$ schreiben wir einfacher $\mathscr{C}^\infty(M)$. Erklären wir Addition und Multiplikation in $\mathscr{C}^\infty(M)$ wie üblich punktweise (d.h. durch $(f+g)(x) := f(x) + g(x)$ für $f, g \in \mathscr{C}^\infty(M)$, $x \in M$ etc.), so wird $\mathscr{C}^\infty(M)$ zu einer $\mathbb{R}$-Algebra.

Ist L eine weitere differenzierbare Mannigfaltigkeit und $F: L \to M$ eine differenzierbare Abbildung, so haben wir oben bereits eine Abbildung $F^*: \mathscr{C}^\infty(M) \to \mathscr{C}^\infty(L)$ definiert, indem wir für $f \in \mathscr{C}^\infty(M)$ $F^*(f) := f \circ F$ gesetzt haben. F^* ist ein Algebrahomomorphismus, wie man sofort sieht. Außerdem folgt aus der Definition $(G \circ F)^* = F^* \circ G^*$, wenn $G: M \to N$ eine differenzierbare Abbildung von M in eine dritte differenzierbare Mannigfaltigkeit N ist. Schließlich ist für die Identität I_M auf M I_M^* die Identität auf $\mathscr{C}^\infty(M)$. Die Zuordnung $M \mapsto \mathscr{C}^\infty(M)$, $F \mapsto F^*$ stellt also einen kontravarianten Funktor auf der Kategorie $\mathscr{C}^\infty$ dar, und zwar mit Werten in der Kategorie $\mathscr{A}$ der $\mathbb{R}$-Algebren.

Für eine differenzierbare Abbildung zwischen offenen Mengen im $\mathbb{R}^n$ haben wir bereits definiert, wann sie ein Diffeomorphismus ist bzw. in einem Punkte regulär heißt. Diese Begriffe übertragen sich ohne weiteres auf differenzierbare Abbildungen zwischen Mannigfaltigkeiten.

6.5 Definition: *Eine differenzierbare Abbildung $F: M \to N$ zwischen zwei Mannigfaltigkeiten heißt ein Diffeomorphismus, wenn sie bijektiv ist und F^{-1} ebenfalls differenzierbar ist.*

Nach dieser Definition sind also die Diffeomorphismen genau die Isomorphismen der Kategorie $\mathscr{C}^\infty$.

6.6 Definition: $(M, (U_i, g_i)_{i \in I})$ und $(N, (V_j, h_j)_{j \in J})$ *seien differenzierbare Mannigfaltigkeiten und $F: M \to N$ eine differenzierbare Abbildung. Dann* *heißt F regulär im Punkt* $x \in M$, *wenn für* $i \in I$ *mit* $x \in U_i$ *und* $j \in J$ *mit* $F(x) \in V_j$ *stets die Abbildung*

$$h_j \circ F \circ g_i^{-1} : g_i(F^{-1}(V_j) \cap U_i) \to h_j(V_j)$$

regulär in $g_i(x)$ *ist.*

Um die Regularität von F in x zu testen, genügt es, die Bedingung der Definition für ein Paar $(i_0, j_0) \in I \times J$ mit $x \in U_{i_0}$ und $F(x) \in V_{j_0}$ zu überprüfen. Für alle anderen Kartenpaare mit $x \in U_i$ und $F(x) \in V_j$ folgt sie dann aus der $\mathscr{C}^\infty$-Verträglichkeit der Karten.

In der elementaren Differentialgeometrie betrachtet man Kurven und Flächenstücke im $\mathbb{R}^3$. Entsprechend untersucht man in der Theorie der differenzierbaren Mannigfaltigkeiten auch Untermannigfaltigkeiten:

6.7 Definition: *M sei eine differenzierbare Mannigfaltigkeit, X eine Teilmenge von M. Dann heißt X eine (differenzierbare) Untermannigfaltigkeit von M, wenn gilt:*

(1) *X ist selbst eine differenzierbare Mannigfaltigkeit.*

(2) *Die Injektion* $i: X \to M$ *ist differenzierbar und überall regulär.*

Beispiele: (1) Die n-Sphäre S^n ist eine differenzierbare Untermannigfaltigkeit des $\mathbb{R}^{n+1}$.

(2) M sei eine differenzierbare Mannigfaltigkeit mit dem Atlas $(U_j, g_j)_{j \in J}$, X eine offene Teilmenge von M. Dann erhalten wir auf einfache Weise einen Atlas für X, der X zu einer differenzierbaren Untermannigfaltigkeit von M macht, wobei X die Relativtopologie trägt. Dazu setzen wir für $j \in J$ $V_j := U_j \cap X$ und $h_j := g_j | V_j \to g_j(V_j)$. Dann ist $(V_j, h_j)_{j \in J}$ der gesuchte $\mathscr{C}^\infty$-Atlas für X.

(3) M und N seien Mannigfaltigkeiten, $f: M \to N$ eine injektive differenzierbare Abbildung, die überall regulär ist. Dann können wir die Topologie und differenzierbare Struktur von M mittels f auf $f(M)$ übertragen und erhalten so eine differenzierbare Untermannigfaltigkeit von N. Im Gegensatz zu Beispiel (2) braucht diese Untermannigfaltigkeit jedoch i. allg. nicht die Relativtopologie zu tragen!

Da die nach Beispiel (3) konstruierten Untermannigfaltigkeiten eine besondere Rolle spielen, machen wir die folgende Definition:

6.8 Definition: $f: M \to N$ *sei eine differenzierbare Abbildung zwischen zwei Mannigfaltigkeiten. Dann heißt f eine Einbettung, wenn gilt:*

(1) *f ist injektiv,*

(2) *f ist überall regulär.*

Der nächste Satz gibt drei Charakterisierungen einer wichtigen Klasse von Einbettungen:

6.9 Satz: *M und N seien Mannigfaltigkeiten der Dimension m bzw. n, $f: M \to N$ eine Einbettung. Dann sind folgende Aussagen äquivalent:*

(1) *Zu jedem $x \in N$ gibt es eine Umgebung U in N und einen Diffeomorphismus $g: U \to D$ von U auf eine offene Teilmenge D des $\mathbb{R}^n$, so daß $g \circ f \mid f^{-1}(U) \to D \cap \{(x_1, \ldots, x_n) \in \mathbb{R}^n;\ x_{m+1} = \cdots = x_n = 0\}$ ebenfalls ein Diffeomorphismus ist.*

(2) *f ist eigentlich, d.h., die Urbilder kompakter Mengen sind kompakt.*

(3) *f ist abgeschlossen, d.h., die Bilder abgeschlossener Mengen sind abgeschlossen.*

Beweis: Wir identifizieren M gemäß Beispiel (3) mit $f(M)$ (d.h., wir versehen $f(M)$ mit derselben Mannigfaltigkeitsstruktur wie M) und haben dann unsere Aussagen für die Inklusionsabbildung $f(M) \to N$ zu beweisen. Daher nehmen wir o.B.d.A. an, daß M eine Teilmenge von N und $f: M \to N$ die Inklusionsabbildung ist.

(1)$\Rightarrow$(2): Zunächst zeigen wir, daß M abgeschlossen in N ist: Ist $x \in \overline{M}$, so gibt es nach Voraussetzung eine Umgebung U von x in N und einen Diffeomorphismus $g: U \to D$ von U auf eine offene Menge D im $\mathbb{R}^n$, so daß $g \mid U \cap M \to D \cap \{x_{m+1} = \cdots = x_n = 0\}$ ebenfalls ein Diffeomorphismus ist. Da $D \cap \{x_{m+1} = \cdots = x_n = 0\}$ abgeschlossen in D ist, ist auch $U \cap M$ abgeschlossen in U, also $x \in M$. Ferner ergibt sich aus der speziellen lokalen Darstellung von M, daß M die Relativtopologie trägt. Ist nun $K \subseteq N$ kompakt, so ist auch $f^{-1}(K) = K \cap M$ als abgeschlossene Teilmenge einer kompakten Menge kompakt in N, also auch in M.

(2)$\Rightarrow$(3): Daß f als eigentliche Abbildung abgeschlossen ist, ist aus der Topologie bekannt (zum Beweis siehe etwa [4]).

(3)$\Rightarrow$(1): Ist f abgeschlossen, so ist insbesondere $M = f(M)$ abgeschlossen in N. Liegt jetzt $x \in N$ nicht in M, so ist (1) einfach zu erfüllen: Es gibt sicher eine Karte (U, g) der $\mathscr{C}^\infty$-Struktur von N, so daß $U \cap M = \emptyset$ ist und $x \in U$ gilt. Durch Verkleinerung von U und eventuelle Translation von $g(U)$ im $\mathbb{R}^n$ können wir erreichen, daß $D := g(U)$ mit $\{(x_1, \ldots, x_n) \in \mathbb{R}^n;\ x_{m+1} = \cdots = x_n = 0\}$ leeren Durchschnitt hat. Befassen wir uns also mit dem Fall $x \in M$. (V, h) und (U, g) seien Karten von M bzw. N mit $x \in V$ und $x \in U$. Wir dürfen dabei wegen der Stetigkeit von f o.B.d.A. annehmen, daß $V = f(V) \subseteq U$ gilt. Die Abbildung $g \circ f \circ h^{-1}: h(V) \to g(U)$ ist dann differenzierbar und überall regulär. Durch Davor- und Dahinterschalten geeigneter Diffeomorphismen können wir nach Satz 5.5 und 5.6 sogar erreichen, daß $\tilde{f} := g \circ f \circ h^{-1}$ die Form $\tilde{f}(x_1, \ldots, x_m) = (x_1, \ldots, x_m, 0, \ldots, 0)$ hat. Um (1) nachzuweisen, bleibt nur noch zu zeigen, daß V und U so gewählt werden können, daß $V = U \cap M$

ist. Das ist offenbar richtig, falls M die Relativtopologie (in N) trägt. Daß das der Fall ist, ergibt sich aber aus der Abgeschlossenheit von f. ∎

Die in Satz 6.9 aufgeführten Eigenschaften von Einbettungen sehen recht einschränkend aus, und es gibt durchaus Einbettungen, die diese Eigenschaften nicht haben, wie das folgende einfache Beispiel zeigt: Ist G ein Gebiet im $\mathbb{R}^n$, $G \neq \mathbb{R}^n$, so erfüllt die Einbettung $i: G \to \mathbb{R}^n$ die in 6.9 aufgeführten Bedingungen nicht. Ein „pathologischeres" Beispiel einer nicht-eigentlichen Einbettung erhält man, indem man eine Gerade auf dem zweidimensionalen Torus so „aufwickelt", daß sie dort überall dicht liegt.

Trotzdem spielen eigentliche Einbettungen eine wichtige Rolle, denn es gilt der folgende Satz von Whitney:

6.10 Satz: *Sei M eine n-dimensionale zusammenhängende differenzierbare Mannigfaltigkeit. Dann gibt es eine eigentliche Einbettung $f: M \to \mathbb{R}^{2n+1}$.*

Man kann sich also theoretisch bei der Betrachtung der zusammenhängenden differenzierbaren Mannigfaltigkeiten auf abgeschlossene Untermannigfaltigkeiten des $\mathbb{R}^n$ beschränken. Da aber in der Praxis differenzierbare Manngifaltigkeiten oft durch einen Atlas gegeben sind, so daß sich nicht ohne weiteres eine konkrete eigentliche Einbettung in einen Zahlenraum konstruieren läßt, wollen wir im folgenden die Theorie der Differentialformen auf differenzierbaren Mannigfaltigkeiten behandeln, ohne von der Möglichkeit einer eigentlichen Einbettung in Zahlenräume Gebrauch zu machen. Deswegen verzichten wir hier auf den Beweis des Satzes von Whitney, den man etwa in [33] findet.

Ist M eine Mannigfaltigkeit der Dimension n mit einem $\mathscr{C}^\infty$-Atlas $(U_i, g_i)_{i \in I}$, so gibt es einen dazu äquivalenten $\mathscr{C}^\infty$-Atlas $(V_j, h_j)_{j \in J}$, bei dem alle $h_j(V_j)$ achsenparallele Quader des $\mathbb{R}^n$ sind, d.h. die Form $Q_j := h_j(V_j) = I_j^1 \times \cdots \times I_j^n$ haben, wo die $I_j^\nu = (a_j^\nu, b_j^\nu)$ nicht-leere offene Intervalle auf der reellen Geraden sind. Dabei wollen wir auch $a_j = -\infty$ und $b_j = +\infty$ zulassen. (I_j^ν darf also auch eine Halbgerade oder ganz $\mathbb{R}$ sein.) Um einen solchen Atlas zu erhalten, kann man etwa folgendermaßen vorgehen: Für festes $i \in I$ ist $g_i(U_i)$ eine abzählbare Vereinigung achsenparalleler Quader, d.h., wir können $U_i = \bigcup_{\nu \in \mathbb{N}} V_{i,\nu}$ schreiben, so daß $g_i | V_{i,\nu} \to g_i(V_{i,\nu})$ $V_{i,\nu}$ auf einen Quader abbildet. Führt man diesen Prozeß für alle i durch, so erhält man einen Atlas der gewünschten Art.

Um so einen Atlas mit quaderförmigen Karten vor gewöhnlichen Atlanten auszuzeichnen, werden wir $(U_i, g_i, Q_i)_{i \in I}$ schreiben, um dadurch auszudrücken, daß $Q_i := g_i(U_i)$ ein (achsenparalleler) Quader in einem $\mathbb{R}^n$ ist.

Ist jetzt $Q=I^1\times\cdots\times I^n$ ein Quader des $\mathbb{R}^n$, so können wir die beiden Teilmengen

$$\tilde{Q}:=(I^1\cap(-\infty,0])\times I^2\times\cdots\times I^n$$

und

$$\partial Q:=(I^1\cap\{0\})\times I^2\times\cdots\times I^n$$

von Q betrachten:

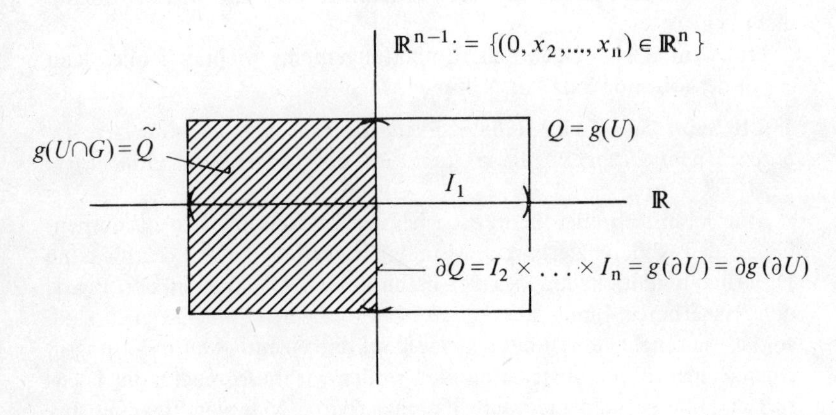

Figur 4

∂Q können wir dabei im Falle, daß $0\in I^1$ gilt, mit $I^2\times\cdots\times I^n$ identifizieren und als offene Teilmenge des $\mathbb{R}^{n-1}$ interpretieren, indem wir $\mathbb{R}^{n-1}$ mit dem Teilraum $\{(0,x_2,\ldots,x_n)\in\mathbb{R}^n\}$ von $\mathbb{R}^n$ identifizieren. Dann ist ∂Q eine differenzierbare Untermannigfaltigkeit von Q, die den Rand von $\tilde{Q}$ in Q bildet. Mit diesen Bezeichnungen können wir nun definieren, was eine berandete Untermannigfaltigkeit einer Mannigfaltigkeit sein soll:

6.11 Definition: *M sei eine Mannigfaltigkeit der Dimension n. Dann heißt eine Teilmenge $G\subseteq M$ eine berandete Untermannigfaltigkeit von M, wenn M einen $\mathscr{C}^\infty$-Atlas $(U_i,g_i,Q_i)_{i\in J}$ mit folgenden Eigenschaften hat:*
(1) Für jedes $i\in I$ ist $Q_i=g_i(U_i)$ ein achsenparalleler Quader im $\mathbb{R}^n$;
(2) für jedes $i\in I$ ist $G\cap U_i=g_i^{-1}(\tilde{Q}_i)$. $\partial G:=\bigcup_{i\in I}g_i^{-1}(\partial Q_i)$ heißt der Rand von G, und $(U_i,g_i,Q_i)_{i\in I}$ heißt ein $\mathscr{C}^\infty$-Atlas der berandeten Untermannigfaltigkeit G von M.

6.12 Satz: *M sei eine n-dimensionale Mannigfaltigkeit und G eine berandete Untermannigfaltigkeit mit dem* $\mathscr{C}^\infty$*-Atlas* $(U_i, g_i, Q_i)_{i \in I}$. *Dann gilt:*
(1) ∂G *ist der topologische Rand** *von G in M, und es ist* $\partial G \subseteq G$, *d.h., G ist abgeschlossen.*
(2) ∂G *ist leer oder eine eigentlich eingebettete* $(n-1)$*-dimensionale Untermannigfaltigkeit von M mit dem* $\mathscr{C}^\infty$*-Atlas* $(\partial U_i, \partial g_i, \partial Q_i)_{i \in I}$, *definiert durch*

$$\partial U_i := \partial G \cap U_i,$$
$$\partial g_i := g_i | \partial U_i \to \partial Q_i.$$

(Vergleiche auch Figur 4.)

Beweis: (1) Ist $x \in \partial G$, so ist für ein $i \in I$ $g_i(x) \in g_i(\partial Q_i)$, und in jeder Umgebung von $g_i(x)$ liegen sowohl Punkte aus $\tilde{Q}_i$ als auch aus $Q_i - \tilde{Q}_i$. Wegen $g_i(\tilde{Q}_i) \subseteq G$ und $g_i(Q_i - \tilde{Q}_i) \cap G = \emptyset$ liegen daher in jeder Umgebung von x sowohl Punkte aus G als auch aus $M - G$, d.h., x gehört zum topologischen Rand von G. Ist umgekehrt das letztere der Fall, so liegt x in einem U_i, und in jeder Umgebung von x können nur dann Punkte aus G und aus $M - G$ liegen, wenn $x \in \partial U_i = g_i(\partial Q_i)$ ist. Also gehört x zu ∂G.

Daß $\partial G \subseteq G$ gilt, folgt unmittelbar aus der Definition von ∂G.
(2) $(\partial U_i, \partial g_i, \partial Q_i)_{i \in I}$ ist in dem Sinne eine $(n-1)$-dimensionale Karte auf ∂G, daß wir ∂Q_i als Teilmenge des $\mathbb{R}^{n-1}$ auffassen (s.o.). Die $\mathscr{C}^\infty$-Verträglichkeit dieser Karten folgt aus der der Karten (U_i, g_i, Q_i). Daß schließlich die Inklusionsabbildung $j: \partial G \to M$ eine eigentliche Einbettung ist, ergibt sich aus Satz 6.9 (Punkt (1)), wobei die Differenzierbarkeit von j aus der der Inklusionsabbildungen $\partial Q_i \to Q_i$ folgt. ∎

Ist G eine Teilmenge einer Mannigfaltigkeit M, so braucht man i. allg. keinen Atlas aus quaderförmigen Karten für ganz M zu suchen, um festzustellen, ob G eine berandete Untermannigfaltigkeit von M ist. Es gilt nämlich das folgende Kriterium:

6.13 Satz: *M sei eine n-dimensionale Mannigfaltigkeit. Dann ist eine Teilmenge G von M genau dann eine berandete Untermannigfaltigkeit, wenn G abgeschlossen ist und wenn es zu jedem* $x \in G$ *eine (mit der gegebenen Struktur verträgliche) Karte* (U, g, Q) *auf M gibt mit* $x \in U$, *so daß* $Q = g(U)$ *ein achsenparalleler Quader im* $\mathbb{R}^n$ *ist und* $G \cap U = g^{-1}(\tilde{Q})$ *gilt.*

Beweis: Die Notwendigkeit des Kriteriums ist klar. Sei umgekehrt G eine abgeschlossene Teilmenge von M, so daß es zu jedem $x \in G$ eine

* $x \in M$ gehört genau dann zum topologischen Rand von G, wenn in jeder Umgebung von x sowohl Punkte aus G als auch aus $M - G$ liegen.

Karte der angegebenen Art gibt. Diese Karten bzw. ihre Träger überdecken dann eine offene Umgebung von G in M. Zu $x \in M-G$ können wir außerdem sicher eine quaderförmige Karte (U,g,Q) finden, deren Träger U noch ganz in $M-G$ liegt und x enthält, so daß $\tilde{Q}=\emptyset$ ist. Die Menge aller dieser Karten bildet dann zusammen mit den bereits gegebenen einen $\mathscr{C}^\infty$-Atlas (zur gegebenen Differenzierbarkeitsstruktur) von M, der die Bedingungen von Definition 6.11 erfüllt.

Als Beispiel einer berandeten Untermannigfaltigkeit des $\mathbb{R}^n$ sei die n-dimensionale Einheitskugel erwähnt; ihr Rand ist gerade die Einheitssphäre S^{n-1}.

§ 7: Partition der Eins

Für die im folgenden zu entwickelnde Theorie der Vektorfelder und Differentialformen auf einer Mannigfaltigkeit sowie für die Integrationstheorie des Kapitels IV ist die Partition der Eins ein wesentliches Hilfsmittel. (Die Theorie der analytischen Mannigfaltigkeiten wird z.B. in mancher Hinsicht dadurch schwieriger als die der differenzierbaren, weil man dort keine analytische Partition der Eins zur Verfügung hat.) In diesem Paragraphen wollen wir die nötigen Begriffe einführen und schließlich die Existenz einer Partition der Eins zu vorgegebener lokalendlicher Überdeckung einer Mannigfaltigkeit zeigen.

Eine offene Überdeckung $\mathfrak{U} = (U_i)_{i\in I}$ eines topologischen Raumes X heißt lokal-endlich, wenn es zu jedem $x \in X$ eine Umgebung U in X gibt, so daß $U \cap U_i$ nur für endlich viele $i \in I$ nicht leer ist. Wir sagen dann auch, daß $U \cap U_i = \emptyset$ für fast alle $i \in I$ gilt. Ist $\mathfrak{V} = (V_j)_{j\in J}$ eine weitere offene Überdeckung von X, so nennt man $\mathfrak{V}$ eine Verfeinerung von $\mathfrak{U}$, wenn jedes V_j in einem U_i enthalten ist. $\mathfrak{V}$ heißt eine Schrumpfung, wenn $J = I$ ist und für alle $i \in I$ $\bar{V}_i \subseteq U_i$ gilt.

Ein Hausdorff-Raum X heißt parakompakt, wenn jede offene Überdeckung von X eine lokal-endliche Verfeinerung besitzt.

Unter dem Träger einer Funktion $f: X \to \mathbb{R}$ auf einem topologischen Raum X verstehen wir die Menge

$$\operatorname{supp}(f) := \overline{\{x \in X; f(x) \neq 0\}}\,.$$

7.1 Satz: *Ein lokal-kompakter Hausdorff-Raum X mit abzählbarer Basis ist kompakt, oder er ist parakompakt und läßt sich durch abzählbar viele kompakte Mengen ausschöpfen, d.h., es gibt eine Folge* $(K_i)_{i\in\mathbb{N}}$ *kompakter Teilmengen von X mit* $K_i \subseteq \mathring{K}_{i+1}$ *und* $\bigcup_{i\in\mathbb{N}} K_i = X$.

Beweis: $\mathfrak{U} = (U_i)_{i\in\mathbb{N}}$ sei eine Basis der Topologie von X. Wegen der Lokal-Kompaktheit von X dürfen wir o.B.d.A. annehmen, daß $\bar{U}_i$ für alle $i \in \mathbb{N}$ kompakt ist.

Wir setzen nun $K_1 := \bar{U}_1$. Es gibt ein minimales $k_1 \in \mathbb{N}$ mit $K_1 \subseteq U_1 \cup U_2 \cup \dots \cup U_{k_1}$, da K_1 kompakt ist. Nun setzen wir $K_2 := \bar{U}_1 \cup \bar{U}_2 \cup \dots \cup \bar{U}_{k_1}$, Dann ist $K_1 \subseteq \mathring{K}_2$, Auf diese Art konstruieren wir die Folge der K_i rekursiv: Sind $K_1, \dots, K_n$ bereits konstruiert, so gibt es wieder ein minimales $k_n \in \mathbb{N}$ mit $K_n \subseteq U_1 \cup U_2 \cup \dots \cup U_{k_n}$, und wir setzen $K_{n+1} := \bar{U}_1 \cup \bar{U}_2 \cup \dots \cup \bar{U}_{k_n}$. Falls X nicht kompakt ist, erhalten wir so die gewünschte Ausschöpfung von X.

Um die Parakompaktheit von X zu zeigen, setzen wir $A_n := K_{n+1} - \mathring{K}_n$ und betrachten eine offene Überdeckung $\mathfrak{V} = (V_j)_{j \in J}$ von X. A_n ist kompakt und wird daher von endlich vielen V_j überdeckt, etwa von $V_{n,\varkappa}$, $\kappa = 1, \ldots, k_n$. Es sei $W_{n,\varkappa} := V_{n,\varkappa} \cap (\mathring{K}_{n+2} - K_{n-1})$; dann ist $\mathfrak{W} := (W_{n,\varkappa})_{\varkappa = 1, \ldots, k_n, n \in \mathbb{N}}$ eine offene Überdeckung von $X = \bigcup_{n \in \mathbb{N}} A_n$, und zwar eine Verfeinerung von $\mathfrak{V}$. $\mathfrak{W}$ ist lokal-endlich, denn jedes $x \in X$ liegt im Inneren eines K_n, das nur von den endlich vielen $W_{m,\varkappa}$ mit $m \leq n$ geschnitten wird. ∎

7.2 Satz: *X sei ein lokal-kompakter Hausdorff-Raum mit abzählbarer Basis, $\mathfrak{U} = (U_i)_{i \in I}$ eine offene Überdeckung von X. Dann gibt es eine Schrumpfung von $\mathfrak{U}$.*

Beweis: Aus dem Beweis des vorangegangenen Satzes folgt, daß $\mathfrak{U}$ eine abzählbare lokal-endliche Verfeinerung $\tilde{\mathfrak{U}} = (\tilde{U}_\nu)_{\nu \in \mathbb{N}}$ besitzt. Wir konstruieren zunächst eine Schrumpfung von $\tilde{\mathfrak{U}}$:

Sei $R_1 := \bigcup_{\nu \neq 1} \tilde{U}_\nu$ und $W_1 := \tilde{U}_1 - R_1$. Da X lokal-kompakt ist, gibt es zu jedem $x \in W_1$ eine Umgebung $W(x)$, so daß $\overline{W(x)} \subseteq \tilde{U}_1$ ist. Nehmen wir zu $\mathfrak{W} := (W(x))_{x \in W_1}$ noch R_1 hinzu, so haben wir eine offene Überdeckung von X, die nach Satz 7.1 eine lokal-endliche Verfeinerung $\tilde{\mathfrak{W}} = (\tilde{W}_j)_{j \in J}$ besitzt. Für $\tilde{V}_1 := \bigcup_{\tilde{W}_j \not\subseteq R_1} \tilde{W}_j$ ist wegen der Lokal-Endlichkeit von $\tilde{\mathfrak{W}}$ (vgl. Lemma 7.3) $\overline{\tilde{V}_1} = \overline{\bigcup_{\tilde{W}_j \not\subseteq R_1} \tilde{W}_j} = \bigcup_{\tilde{W}_j \not\subseteq R_1} \overline{\tilde{W}_j} \subseteq \tilde{U}_1$, denn jedes $\overline{\tilde{W}_j}$ liegt ja in einem $\overline{W(x)}$ für ein geeignetes $x \in W_1$, und es ist $\overline{W(x)} \subseteq \tilde{U}_1$. Setzen wir $\tilde{U}_1^1 := \tilde{V}_1$ und $\tilde{U}_\nu^1 := \tilde{U}_\nu$ für $\nu \geq 2$, so ist $\tilde{\mathfrak{U}}^1 := (\tilde{U}_\nu^1)_{\nu \in \mathbb{N}}$ eine offene Überdeckung von X, da $\tilde{U}_1 - \bigcup_{\nu \neq 1} \tilde{U}_\nu = W_1 \subseteq \tilde{V}_1$ ist. Dieses Verfahren wenden wir der Reihe nach auf alle $\tilde{U}_\nu, \nu \in \mathbb{N}$, an und erhalten so eine Schrumpfung $\tilde{\mathfrak{V}} = (\tilde{V}_\nu)_{\nu \in \mathbb{N}}$ von $\tilde{\mathfrak{U}}$. Dabei ist zu beachten, daß man bei der Konstruktion von $\tilde{V}_\nu$ an Stelle der $\tilde{U}_\mu$, $\mu < \nu$, die schon konstruierten Schrumpfungen $\tilde{V}_\mu$ zu verwenden hat.

Um daraus eine Schrumpfung $\mathfrak{V}$ von $\mathfrak{U}$ zu konstruieren, setzen wir $V_i := \bigcup_{\tilde{U}_\nu \subseteq U_i} \tilde{V}_\nu$. Mit $\tilde{\mathfrak{U}}$ ist nämlich auch $\tilde{\mathfrak{V}}$ lokal-endlich, und daher gilt nach dem unten stehenden Lemma 7.3

$$\overline{V_i} = \overline{\bigcup_{\tilde{U}_\nu \subseteq U_i} \tilde{V}_\nu} = \bigcup_{\tilde{U}_\nu \subseteq U_i} \overline{\tilde{V}_\nu} \subseteq \bigcup_{\tilde{U}_\nu \subseteq U_i} \tilde{U}_\nu \subseteq U_i. \quad ∎$$

Das Lemma, das wir im Beweis von Satz 7.2 bereits zweimal verwendet haben, wollen wir jetzt nachtragen:

7.3 Lemma: *$\mathfrak{B}=(V_j)_{j\in J}$ sei eine lokal-endliche Überdeckung des topologischen Raumes X. Dann ist* $\overline{\bigcup_{j\in I} V_j}=\bigcup_{j\in I}\overline{V_j}$ *für jede Teilmenge* $I\subseteq J$.

Beweis: Zu zeigen ist lediglich $\overline{\bigcup_{j\in I} V_j}\subseteq\bigcup_{j\in I}\overline{V_j}$. Sei also $x\in\overline{\bigcup_{j\in I} V_j}$. Es gibt eine Umgebung U von x, die nur endlich viele V_j schneidet, etwa für $j\in\tilde{J}$, wo $\tilde{J}$ eine endliche Teilmenge von J ist. Folglich liegt x bereits in $\overline{\bigcup_{j\in I\cap\tilde{J}} V_j}$, und da $I\cap\tilde{J}$ endlich ist, haben wir $x\in\overline{\bigcup_{j\in I\cap\tilde{J}} V_j}=\bigcup_{j\in I\cap\tilde{J}}\overline{V_j}\subseteq\bigcup_{j\in I}\overline{V_j}$. ∎

Zu den bisher behandelten topologischen Räumen gehören auch die differenzierbaren Mannigfaltigkeiten: Lokal-kompakt sind sie, weil sie lokal homöomorph zu Gebieten eines $\mathbb{R}^n$ sind; und die abzählbare Basis für ihre Topologie haben wir in Definition 6.1 verlangt.

Jetzt wollen wir eine Eigenschaft differenzierbarer Mannigfaltigkeiten beweisen, die nicht rein topologisch ist, sondern eine Aussage über die Existenz „genügend vieler" differenzierbarer Funktionen auf einer differenzierbaren Mannigfaltigkeit macht. Dazu sei bemerkt, daß die folgenden Überlegungen auch für $\mathscr{C}^r$-Mannigfaltigkeiten mit $r<\infty$ gelten, nicht jedoch für analytische Mannigfaltigkeiten!

7.4 Satz: *M sei eine differenzierbare Mannigfaltigkeit. V und W offene Teilmengen von M, so daß* $\overline{V}\subseteq W$ *gilt. Dann gibt es eine differenzierbare Funktion* $h\colon M\to\mathbb{R}$ *mit folgenden Eigenschaften:*

(1) $0\leq h(x)\leq 1$ *für alle* $x\in M$;

(2) $h(x)=1$ *für alle* $x\in\overline{V}$;

(3) $\operatorname{supp}(h)\subseteq W$.

Beweis: Wir behandeln zunächst den Spezialfall $M=\mathbb{R}^n$ und $V=\{x\in\mathbb{R}^n;\ \|x\|<r\}$, $W=\{x\in\mathbb{R}^n;\ \|x\|<r'\}$ mit $r<r'$, wo $\|\ \|$ die euklidische Norm im $\mathbb{R}^n$ bezeichnet.

Eine Abbildung $\varphi_{rr'}\colon\mathbb{R}\to\mathbb{R}$ definieren wir durch

$$\varphi_{rr'}(t):=\begin{cases}\exp\left(\dfrac{1}{(r-t)(r'-t)}\right) & \text{für } r<t<r';\\ 0 & \text{sonst}\end{cases}$$

$\varphi_{rr'}$ ist unendlich oft differenzierbar, ebenso die Funktionen

$$\psi_{rr'}(t):=\frac{\int_r^t\varphi_{rr'}(\tau)\,d\tau}{\int_r^{r'}\varphi_{rr'}(\tau)\,d\tau}$$

und $\chi_{rr'}(t) := 1 - \psi_{rr'}(t)$. Die Funktion $h: \mathbb{R}^n \to \mathbb{R}$ definieren wir nun durch

$$h(x) := \chi_{rr'}(\|x\|) \quad \text{für } x \in \mathbb{R}^n .$$

Als nächstes untersuchen wir den Fall, wo M eine beliebige differenzierbare Mannigfaltigkeit ist und $\bar{V}$ kompakt in W liegt. (Wir wollen das mit $V \subset\subset W$ abkürzen.) Für einen Punkt $x \in V$ betrachten wir eine Karte (U, g) auf M mit $x \in U$ und $g(x) = 0 \in \mathbb{R}^n$. Dann enthält U eine offene Umgebung U_x von x, die durch g auf eine offene Kugel $K_{r''} := \{x \in \mathbb{R}^n; \|x\| < r''\}$ im $\mathbb{R}^n$ abgebildet wird, so daß außerdem noch $U_x \subset\subset W$ gilt. Sei nun $0 < r < r' < r''$. Wir setzen $V_x := g^{-1}(K_r)$, $W_x := g^{-1}(K_{r'})$ und definieren mit dem oben konstruierten h: $h_x := h \circ g: U_x \to \mathbb{R}$. Diese V_x, W_x und h_x können wir für alle $x \in V$ konstruieren. Da $\bar{V}$ kompakt ist, gibt es bereits endlich viele Punkte $x_1, \ldots, x_k \in V$, so daß

$$\bar{V} \subseteq \bigcup_{\nu=1}^{k} V_{x_\nu} \subseteq \bigcup_{\nu=1}^{k} U_{x_\nu} \subset\subset W$$

gilt. Die h_x setzen wir außerhalb U_x trivial fort, d.h., wir definieren $h_x(y) := 0$ für $y \in M - U_x$. Dann sind die h_x differenzierbare Funktionen auf M, und

$$h := 1 - \prod_{\nu=1}^{k} (1 - h_{x_\nu})$$

ist die gesuchte Funktion auf M.

Jetzt können wir den allgemeinen Fall behandeln: M ist lokal-kompakt und hat eine abzählbare Basis. Wie wir oben gesehen haben, gibt es daher eine lokal-endliche offene Überdeckung $(U_i)_{i \in I}$ von M, so daß $\bar{U}_i$ kompakt ist für alle $i \in I$. $(\tilde{U}_i)_{i \in I}$ sei eine Schrumpfung dieser Überdeckung. Für $i \in I$ setzen wir $V_i := V \cap \tilde{U}_i$ und $W_i := W \cap U_i$. Dann gilt $V_i \subset\subset W_i$, und nach dem oben bewiesenen Spezialfall gibt es zu jedem $i \in I$ eine differenzierbare Funktion h_i auf M mit folgenden Eigenschaften: (1) $0 \leq h_i(x) \leq 1$ für alle $x \in M$, (2) $h_i(x) = 1$ für alle $x \in \bar{V}_i$, (3) $\operatorname{supp}(h_i) \subseteq W_i$.

$g := \sum_{i \in I} h_i$ ist dann eine wohldefinierte differenzierbare Funktion auf M, da $\operatorname{supp}(h_i) \subseteq W_i \subseteq U_i$ ist und $(U_i)_{i \in I}$ eine lokal-endliche Überdeckung ist. Jeder Punkt $x \in M$ besitzt nämlich deshalb eine offene Umgebung, über der fast alle h_i verschwinden, so daß die Summation einen Sinn hat und g lokal die Summe endlich vieler differenzierbarer Funktionen ist. g hat folgende Eigenschaften:

(1) $g(x) \geq 0$ für alle $x \in M$,

(2) $g(x) \geq 1$ für alle $x \in \bar{V}$,

(3) $\operatorname{supp}(g) \subseteq W$.

$V' := \{x \in M;\, g(x) < \frac{1}{2}\}$ ist eine offene Teilmenge von M, ebenso $W' := M - \overline{V}$, und es gilt $\overline{V}' \subseteq W'$. Daher gibt es eine differenzierbare Funktion g' auf M mit analogen Eigenschaften wie g, d.h.:

(1′) $g'(x) \geq 0$ für alle $x \in M$,

(2′) $g'(x) \geq 1$ für alle $x \in \overline{V}'$,

(3′) $\operatorname{supp}(g') \subseteq W'$.

Ist $g(x) = 0$, so ist also $x \in V'$ und daher $g'(x) \geq 1$, d.h., für alle $x \in M$ ist $g(x) + g'(x) > 0$, so daß

$$h := \frac{g}{g + g'}$$

eine wohldefinierte differenzierbare Funktion auf M ist. h ist die gesuchte Funktion: Da g und g' überall positiv sind, ist für alle $x \in M$ $0 \leq h(x) \leq 1$. Wegen $\operatorname{supp}(g') \subseteq W' = M - \overline{V}$ verschwindet g' auf $\overline{V}$, so daß dort h den Wert 1 annimmt, und wegen $\operatorname{supp}(g) \subseteq W$ gilt auch $\operatorname{supp}(h) \subseteq W$. ∎

Satz 7.4 ist ein wichtiges Hilfsmittel bei der Untersuchung differenzierbarer Mannigfaltigkeiten. Insbesondere stützt sich auf ihn und auf Satz 7.2 der Beweis des Satzes von der Partition der Eins, die wir nun einführen wollen:

7.5 Definition: $\mathfrak{U} = (U_i)_{i \in I}$ *sei eine lokal-endliche offene Überdeckung der Mannigfaltigkeit M. Dann verstehen wir unter einer* $\mathfrak{U}$ *zugeordneten (differenzierbaren) Partition oder Zerlegung der Eins eine Familie* $(h_i)_{i \in I}$ *differenzierbarer Funktionen auf M mit folgenden Eigenschaften:*

(1) $h_i(x) \geq 0$ *für alle* $x \in M$;

(2) $\operatorname{supp}(h_i) \subseteq U_i$;

(3) $\sum_{i \in I} h_i(x) = 1$ *für alle* $x \in M$.

Bemerkung: (3) ist sinnvoll, da wegen (2) und der Lokal-Endlichkeit von $\mathfrak{U}$ $h_i(x) = 0$ ist für alle $i \in I$.

7.6 Satz: $\mathfrak{U} = (U_i)_{i \in I}$ *sei eine lokal-endliche offene Überdeckung der Mannigfaltigkeit M. Dann gibt es eine* $\mathfrak{U}$ *zugeordnete differenzierbare Partition der Eins auf M.*

Beweis: $\mathfrak{U}$ besitzt nach Satz 7.2 eine Schrumpfung $\mathfrak{V} = (V_i)_{i \in I}$, und ebenso gibt es zu $\mathfrak{V}$ eine Schrumpfung $\mathfrak{W} = (W_i)_{i \in I}$. Für alle $i \in I$ ist also $\overline{W}_i \subseteq V_i$ und $\overline{V}_i \subseteq U_i$. Daher gibt es nach Satz 7.4 differenzierbare Funktionen $g_i : M \to \mathbb{R}$ mit folgenden Eigenschaften: (1) $0 \leq g_i(x) \leq 1$ für alle $x \in M$, (2) $g_i | \overline{W}_i = 1$, (3) $g_i | M - V_i = 0$ (d.h. $\operatorname{supp}(g_i) \subseteq \overline{V}_i \subseteq U_i$).

$g(x) := \sum_{i \in I} g_i(x)$ ist für alle $x \in M$ wohldefiniert und liefert eine differenzierbare Funktion g auf M mit $g(x) > 0$ für alle $x \in M$. Setzen wir jetzt

$$h_i(x) := \frac{g_i(x)}{g(x)}, \qquad x \in M,$$

so ist $(h_i)_{i \in I}$ die gesuchte Partition der Eins. ∎

Eine weitere wichtige Anwendung von Satz 7.4 ist der Beweis der folgenden Aussage:

7.7 Satz: *Auf einer differenzierbaren Mannigfaltigkeit M besitzt jeder $\mathscr{C}^\infty$-Funktionskeim einen globalen Repräsentanten, d.h., zu $f_x \in \mathscr{C}_x^\infty(M)$, $x \in M$, existiert stets eine Funktion $\tilde{f} \in \mathscr{C}^\infty(M)$ mit*

$$\tilde{f}_x = f_x .$$

Beweis: f_x hat einen Repräsentanten $f \in \mathscr{C}^\infty(U)$, wo U eine offene Umgebung von x in M ist. Es gibt offene Umgebungen V und W von x in M mit $\bar{V} \subseteq W$ und $\bar{W} \subseteq U$. Nach Satz 7.4 gibt es ferner eine Funktion $h \in \mathscr{C}^\infty(M)$, die außerhalb W verschwindet und auf $\bar{V}$ den Wert 1 annimmt. $h \cdot f$ ist dann auf U differenzierbar und verschwindet auf $U - W$. Wir können daher $h \cdot f$ zu einer Funktion $\tilde{f} \in \mathscr{C}^\infty(M)$ fortsetzen, indem wir $\tilde{f} | U := h \cdot f | U$ setzen und außerhalb von U $\tilde{f}$ den Wert Null zuordnen. $\tilde{f}$ stimmt auf V mit f überein, erzeugt also in x denselben Funktionskeim wie f. ∎

Satz 7.7 ist eine wichtige Aussage in der Theorie der differenzierbaren Mannigfaltigkeiten. Es sei daher bemerkt, daß dieser Satz für analytische Funktionskeime auf analytischen Mannigfaltigkeiten i.allg. falsch ist. Ein einfaches Beispiel dafür ist die Riemannsche Zahlenkugel als eindimensionale komplexe Mannigfaltigkeit: Globale holomorphe, d.h., analytische Funktionen sind hier nur die Konstanten.

§ 8: Vektorraumbündel

Bevor wir Tangentialräume und das Tangentialbündel einer differenzierbaren Mannigfaltigkeit einführen, wollen wir die wichtigsten Sätze über Vektorraumbündel kennenlernen. Wir beschränken uns dabei auf den (unendlich oft) differenzierbaren Fall, erinnern aber daran, daß analoge Definitionen und Sätze auch für r-mal stetig differenzierbare Vektorraumbündel gelten.

M sei im folgenden eine differenzierbare Mannigfaltigkeit. Ein (differenzierbarer) *Faserraum* über M ist dann ein Tripel (B,p,M), wo B eine weitere differenzierbare Mannigfaltigkeit und $p: B \to M$ eine surjektive differenzierbare Abbildung ist. p heißt die Projektion von B auf M; und wenn klar ist, welche Abbildung p gemeint ist, spricht man auch einfach von B als einem Faserraum über M. Für $x \in M$ heißt $B_x := p^{-1}(x)$ die Faser über x. Ist U eine Teilmenge von M, so setzen wir $B|_U := p^{-1}(U)$. Ist (B',p',N) ein weiterer Faserraum über einer Mannigfaltigkeit N, so verstehen wir unter einem Faserraumhomomorphismus von (B,p,M) nach (B',p',N) ein Paar (F,f) differenzierbarer Abbildungen $F: B \to B'$ und $f: M \to N$, so daß das Diagramm

$$\begin{array}{ccc} B & \xrightarrow{F} & B' \\ {\scriptstyle p}\big\downarrow & & \big\downarrow{\scriptstyle p'} \\ M & \xrightarrow{f} & N \end{array}$$

kommutativ ist. Wir sagen dann auch, F sei ein Faserraumhomomorphismus von B nach B' über f, oder einfach, F sei ein f-Homomorphismus von B nach B'. Häufig werden wir den Fall $N = M$ und $f = I_M$ betrachten; dann nennen wir F einfach einen Homomorphismus von B nach B'. Ein Faserraumisomorphismus ist ein bijektiver Faserraumhomomorphismus, dessen Inverses ebenfalls ein Faserraumhomomorphismus ist.

Ein spezieller Faserraum über M ist das Produkt-Vektorraumbündel $(M \times \mathbb{R}^n, p, M)$, wobei $p: M \times \mathbb{R}^n \to M$ die natürliche Projektion auf die erste Komponente ist. In diesem Fall ist für jedes $x \in M$ die Faser B_x ein reeller Vektorraum der Dimension n, und n nennen wir den Rang des Bündels. Ein Vektorraumbündel über M ist nun ein Faserraum, der lokal wie das eben beschriebene Produkt-Vektorraumbündel aussieht. Genauer meinen wir damit das folgende:

8.1 Definition: *Ein Faserraum (B,p,M) heißt ein Vektorraumbündel vom Rang n über M, wenn folgendes gilt:*

(1) *Für jedes $x \in M$ ist die Faser B_x über x ein n-dimensionaler reeller Vektorraum;*

(2) *Zu jedem $x \in M$ gibt es eine Umgebung U von x in M und einen Faserraumisomorphismus $F: B|_U \to U \times \mathbb{R}^n$, der in den Fasern linear ist, d.h., für $y \in U$ ist $F_y := F|B_y \to \{y\} \times \mathbb{R}^n$ eine lineare Abbildung, wobei wir $\{y\} \times \mathbb{R}^n$ mit dem Vektorraum $\mathbb{R}^n$ identifizieren.*

U heißt eine trivialisierende Umgebung von x, und das Paar (U,F) nennen wir eine lineare Karte für B.

Ist (B,p,M) ein Vektorraumbündel vom Rang n und sind (U,F) und (V,H) zwei lineare Karten für B, so können wir einmal die Abbildungen $H \circ F^{-1}: (U \cap V) \times \mathbb{R}^n \to (U \cap V) \times \mathbb{R}^n$ und $F \circ H^{-1}: (U \cap V) \times \mathbb{R}^n \to (U \cap V) \times \mathbb{R}^n$ bilden: Es sind Faserraumisomorphismen, die ebenfalls in den Fasern linear sind.

Sei umgekehrt B eine Menge und $p: B \to M$ eine surjektive Abbildung, so daß für jedes $x \in M$ die Faser B_x über x ein n-dimensionaler reeller Vektorraum ist. Ferner sei $(U_i, F_i)_{i \in I}$ ein „linearer Atlas" für B, d.h., die U_i bilden eine offene Überdeckung von M, und $F_i: B|_{U_i} \to U_i \times \mathbb{R}^n$ sei für jedes $i \in I$ eine bijektive fasertreue Abbildung (d.h. $F_i(B_x) = \{x\} \times \mathbb{R}^n$), die in den Fasern linear sei, so daß $F_j \circ F_i^{-1}: (U_i \cap U_j) \times \mathbb{R}^n \to (U_i \cap U_j) \times \mathbb{R}^n$ für alle $i, j \in J$ differenzierbar ist. Dann können wir mittels der linearen Karten (U_i, F_i) auf B eine Topologie und eine differenzierbare Struktur so einführen, daß (B,p,M) ein Vektorraumbündel wird. Man nehme dazu einfach die gröbste Topologie auf B, so daß p und alle F_i stetig sind. Dann sind die F_i sogar Homöomorphismen, und die $(B|_{U_i}, F_i)$ sind miteinander $\mathscr{C}^\infty$-verträgliche Karten auf B, die B zu einer differenzierbaren Mannigfaltigkeit machen. Der Rest ist dann trivial.

Für die Theorie der Differentialformen ist der Begriff des Faserprodukts von Vektorraumbündeln über derselben Mannigfaltigkeit von Bedeutung, den wir deshalb jetzt einführen wollen:

(B,p,M) und (B',p',M) seien zwei Vektorraumbündel. Dann setzen wir

$$B \underset{M}{\times} B' := \{(b,b') \in B \times B';\, p(b) = p'(b')\}$$

und versehen diese Teilmenge von $B \times B'$ mit der Relativtopologie. ($B \times B'$ trage die Produkttopologie.) Eine Projektion $\tilde{p}: B \underset{M}{\times} B' \to M$ definieren wir durch $\tilde{p}(b,b') := p(b) = p'(b')$. Dann ist $\tilde{p}$ stetig und surjektiv. Wir wollen jetzt aus $B \underset{M}{\times} B'$ eine differenzierbare Mannigfaltigkeit machen, so daß wir einen Faserraum über M erhalten. Dazu dürfen wir annehmen, daß M einen $\mathscr{C}^\infty$-Atlas $(U_i, g_i)_{i\in I}$ besitzt, so daß die U_i bezüglich B und B' trivialisierend sind, d.h., daß zu jedem $i\in I$ lineare Karten (U_i, F_i) und (U_i, F_i') von B bzw. B' existieren. Sind die Ränge von B und B' m bzw. n, so definieren wir Homöomorphismen $\tilde{F}_i\colon (B \underset{M}{\times} B')|_{U_i} \to g_i(U_i) \times \mathbb{R}^m \times \mathbb{R}^n$ durch

$$\tilde{F}_i(b,b') := (g_i \circ \tilde{p}(b,b'), p_2 \circ F_i(b), p_2' \circ F_i'(b')),$$

wo $p_2\colon U_i \times \mathbb{R}^m \to \mathbb{R}^m$ die Projektion auf die zweite Komponente ist, und entsprechend $p_2'\colon U_i \times \mathbb{R}^n \to \mathbb{R}^n$.

Man bestätigt leicht, daß $\left((B \underset{M}{\times} B')|_{U_i}, \tilde{F}_i\right)_{i\in I}$ ein $\mathscr{C}^\infty$-Atlas für $B \underset{M}{\times} B'$ ist, der $B \underset{M}{\times} B'$ zu einem Faserraum über M macht. Dabei sieht man auch sofort, daß die so definierte differenzierbare Struktur auf $B \underset{M}{\times} B'$ nicht von der speziellen Wahl des trivialisierenden Atlas $(U_i, g_i)_{i\in I}$ abhängt.

Man kann übrigens $B \underset{M}{\times} B'$ auch als Vektorraumbündel auffassen. Die Faser über $x\in M$ ist ja $B_x \times B_x'$, und diese versehe man mit der üblichen Vektorraumstruktur des Produktes der Vektorräume B_x und B_x'. In diesem Falle schreibt man $B \oplus B'$ anstelle von $B \underset{M}{\times} B'$ und spricht von der direkten Summe oder der Whitney-Summe der beiden Bündel.

Ganz analog können wir ein Faserprodukt von mehr als zwei Vektorraumbündeln definieren, indem wir für Vektorraumbündel $(B_1, p_1, M), \ldots, (B_r, p_r, M)$

$$B_1 \underset{M}{\times} \cdots \underset{M}{\times} B_r := \{(b_1, \ldots, b_r) \in B_1 \times \cdots \times B_r,\ p_1(b_1) = \cdots = p_r(b_r)\}$$

setzen. $B_1 \underset{M}{\times} \cdots \underset{M}{\times} B_r$ kann in ähnlicher Weise wie bei zwei Faktoren zu einem Faserraum gemacht werden.

Da wir es später hauptsächlich mit Faserprodukten von mehreren Exemplaren des gleichen Vektorraumbündels zu tun haben werden, wollen wir dafür eine abkürzende Schreibweise einführen: $B^{(r)}$ sei das r-fache Faserprodukt des Bündels B über M mit sich selbst.

Ist B ein Vektorraumbündel über M, so ist für jedes $x\in M$ die Faser von $B \underset{M}{\times} B$ über x nach Definition $\left(B \underset{M}{\times} B\right)_x = B_x \times B_x$, und die Addition $+_x$ in der Faser B_x ist eine Abbildung $+_x\colon B_x \times B_x \to B_x$. Diese Abbildungen $+_x$, $x\in M$, setzen sich zu einer Abbildung

$$+\colon B \underset{M}{\times} B \to B$$

zusammen, und ganz analog definiert die Skalarenmultiplikation in den einzelnen Fasern eine Abbildung

$$\mu : \mathbb{R} \times B \to B .$$

Beide Abbildungen sind Faserraumhomomorphismen.

Der Begriff des Schnittes spielt in der Theorie der Vektorraumbündel eine wichtige Rolle:

8.2 Definition: *Unter einem Schnitt (über M) im Vektorraumbündel (B,p,M) verstehen wir eine Abbildung $s: M \to B$ mit $p \circ s = I_M$.*

Im allgemeinen werden wir uns nur für differenzierbare Schnitte interessieren, und wir bezeichnen die Menge der differenzierbaren Schnitte über M in B mit $\Gamma(M,B)$. Die Angabe „über M" machen wir dabei aus dem Grunde, weil gelegentlich auch Schnitte in B über einer offenen Teilmenge U von M betrachtet werden. Im Sinne unserer Definition sind das genau die Schnitte in $B|_U$. Die Menge der differenzierbaren Schnitte über U in B bezeichnen wir mit $\Gamma(U,B)$. Der Einfachheit halber wollen wir jedoch im folgenden nur Schnitte in B über M betrachten und es dem Leser überlassen, analoge Überlegungen für Schnitte über einer offenen Teilmenge von M durchzuführen.

Für $s, s' \in \Gamma(M,B)$ definieren wir $s+s': M \to B$ durch $(s+s')(x) := s(x) +_x s'(x)$ für $x \in M$. Dann ist $s+s'$ wieder ein differenzierbarer Schnitt (weil die Abbildung $+: B^{(2)} \to B$ differenzierbar ist und weil wir $s+s'$ in der Form $+ \circ (s,s')$ schreiben können). Ist ferner $f \in \mathscr{C}^\infty(M)$ eine differenzierbare Funktion auf M, so ist auch fs ein differenzierbarer Schnitt in B, definiert durch $fs(x) := f(x)s(x)$ für $x \in M$. (Wir können nämlich wieder $fs = \mu \circ (f,s)$ schreiben.)

8.3 Satz: *Ist B ein Vektorraumbündel über der Mannigfaltigkeit M, so ist $\Gamma(M,B)$ bez. der eben beschriebenen Operationen ein $\mathscr{C}^\infty(M)$-Modul.*

8.4 Definition: *(B,p,M) und (B',p',N) seien zwei Vektorraumbündel über den differenzierbaren Mannigfaltigkeiten M bzw. N, $f: M \to N$ eine differenzierbare Abbildung. Dann heißt ein Faserraumhomomorphismus $F: B \to B'$ über f linear oder ein Vektorraumbündelhomomorphismus, wenn für jedes $x \in M$ die Abbildung $F_x := F|B_x \to B'_{f(x)}$ eine lineare Abbildung zwischen den reellen Vektorräumen B_x und $B'_{f(x)}$ ist.*

Man sieht leicht, daß die Vektorraumbündel mit den so definierten Morphismen eine Kategorie $\mathscr{L}$ bilden. Ist M eine feste Mannigfaltigkeit und betrachtet man nur Vektorraumbündel über M und Homomorphismen über I_M, so erhält man eine Unterkategorie $\mathscr{L}_M$ von $\mathscr{L}$.

8.5 Definition: *Unter einer Linearform auf dem Vektorraumbündel* (B,p,M) *verstehen wir eine differenzierbare Funktion* $f: B \to \mathbb{R}$, *die in den einzelnen Fasern linear ist. D.h., für* $x \in M$ *ist* $f_x := f|B_x \to \mathbb{R}$ *eine Linearform auf* B_x.

Die Menge der Linearformen auf B bezeichnen wir mit $\mathfrak{L}(M,B)$. Entsprechend können wir wieder $\mathfrak{L}(U,B)$ für eine offene Teilmenge U von M definieren. Wie die differenzierbaren Schnitte in B, so bilden auch die Linearformen auf B einen $\mathscr{C}^\infty(M)$-Modul bezüglich der folgenden Verknüpfungen: Für $f,g \in \mathfrak{L}(M,B)$, $h \in \mathscr{C}^\infty(M)$ und $b \in B$ definieren wir

$$(f+g)(b) := f(b) + g(b), \qquad (hf)(b) := h(p(b))\, f(b).$$

Daß dann $f+g$ und hf wieder Linearformen auf B sind, ist trivial; und ebenso weist man nach, daß die $\mathscr{C}^\infty(M)$-Modul-Axiome für $\mathfrak{L}(M,B)$ erfüllt sind.

Ist jetzt (B',p',N) ein weiteres Vektorraumbündel, $f: M \to N$ eine differenzierbare Abbildung und $F: B \to B'$ eine lineare Abbildung über f, so ist für $g \in \mathfrak{L}(N,B')$ $g \circ F: B \to \mathbb{R}$ ebenfalls eine Linearform, also ein Element aus $\mathfrak{L}(M,B)$. Anstelle von $g \circ F$ schreiben wir wieder $F^*(g)$. Für $g,g' \in \mathfrak{L}(N,B')$ und $h \in \mathscr{C}^\infty(N)$ gilt

$$F^*(g+g') = F^*(g) + F^*(g'), \qquad F^*(hg) = f^*(h)\, F^*(g).$$

Wir haben also den folgenden Satz:

8.6 Satz: *Sind* (B,p,M) *und* (B',p',N) *zwei Vektorbündel, ist* $f: M \to N$ *eine differenzierbare Abbildung und* $F: B \to B'$ *eine lineare Abbildung über* f, *so ist*

$$F^*: \mathfrak{L}(N,B') \to \mathfrak{L}(M,B)$$

ein Modulhomomorphismus über dem Ringhomomorphismus

$$f^*: \mathscr{C}^\infty(N) \to \mathscr{C}^\infty(M).$$

(B,p,M) sei ein Vektorraumbündel, $s \in \Gamma(M,B)$ und $f \in \mathfrak{L}(M,B)$. Dann können wir die Funktion $f \circ s: M \to \mathbb{R}$ betrachten. Da s und f differenzierbar sind, ist $f \circ s$ ebenfalls differenzierbar, d.h., wir haben durch f eine Abbildung $f: \Gamma(M,B) \to \mathscr{C}^\infty(M)$ definiert. (Gelegentlich werden wir auch einfach $f(s)$ anstelle von $f \circ s$ schreiben.) Diese Abbildung ist ein $\mathscr{C}^\infty(M)$-Homomorphismus, d.h., für $s_1, s_2 \in \Gamma(M,B)$ und $h \in \mathscr{C}^\infty(M)$ gilt $f(s_1+s_2) = f(s_1) + f(s_2)$ und $f(hs_1) = h \cdot f(s_1)$.

Sei umgekehrt ein $\mathscr{C}^\infty(M)$-Homomorphismus $\varphi: \Gamma(M,B) \to \mathscr{C}^\infty(M)$ gegeben. Dann können wir aus φ ein $f \in \mathfrak{L}(M,B)$ konstruieren, so daß $f \circ s = \varphi(s)$ ist für alle $s \in \Gamma(M,B)$, und dieses f ist durch φ eindeutig bestimmt. Dazu setzen wir für $b \in B_x$, $x \in M$, $f(b) := \varphi(s)(x)$, wo s irgendein Schnitt aus $\Gamma(M, B)$ mit $s(x) = b$ ist. (So ein s existiert sicher: Über einer geeigneten Umgebung U von x ist das trivial, und für ganz M kann man dann einen solchen Schnitt konstruieren, indem man etwa einen Schnitt $s' \in \Gamma(U, B)$ mit einer differenzierbaren Funktion h auf M multipliziert, die an der Stelle x den Wert 1 hat und außerhalb einer Umgebung V von x mit $V \subset\subset U$ verschwindet. So eine Funktion gibt es nach Satz 7.4. Dann können wir $s := hs'$ setzen und diesen Schnitt auf ganz M trivial fortsetzen.)

Die Hauptschwierigkeit besteht nun darin, zu zeigen, daß f wohldefiniert ist, d.h., daß f nicht von der Wahl des Schnittes s abhängt. Das ergibt sich aber aus dem folgenden Lemma und der $\mathscr{C}^\infty(M)$-Linearität von φ.

8.7 Lemma: $\varphi: \Gamma(M, B) \to \mathscr{C}^\infty(M)$ *sei eine* $\mathscr{C}^\infty(M)$*-lineare Abbildung und* $s \in \Gamma(M, B)$ *mit* $s(x) = 0$ *für ein* $x \in M$. *Dann ist für dieses* x *auch* $\varphi(s)(x) = 0$.

Beweis: U sei eine trivialisierende Umgebung von x in M, (U, F) die zugehörige lineare Karte für B. B habe den Rang n, d.h., es ist $F: B|_U \to U \times \mathbb{R}^n$. In U wählen wir offene Umgebungen U_1 und U_2 von x, so daß $U_1 \subset\subset U_2 \subset\subset U$ gilt.

$\{U_2, M - \overline{U}_1\}$ ist dann eine endliche offene Überdeckung von M, zu der es eine Partition der Eins gibt, d.h. Funktionen $h_1, h_2 \in \mathscr{C}^\infty(M)$ mit $\operatorname{supp}(h_1) \subseteq U_2$, $\operatorname{supp}(h_2) \subseteq M - \overline{U}_1$ und $h_1 + h_2 = 1$.

Ist jetzt $\{e_1, \ldots, e_n\}$ eine Basis des $\mathbb{R}^n$, etwa die Standardbasis, so können wir $s|U$ in der Form

$$s|U = F^{-1}\left(\sum_{i=1}^{n} g_i e_i\right) = \sum_{i=1}^{n} g_i (F^{-1} e_i)$$

schreiben, wo die g_i differenzierbare Funktionen auf U sind. Dabei haben wir e_i mit dem „konstanten" Schnitt aus $\Gamma(U, U \times \mathbb{R}^n)$ identifiziert, der durch $e_i(x) := (x, e_i)$ definiert ist. Die Funktionen $f_i := h_1 g_i$ sind auf U wohldefiniert und verschwinden außerhalb U_2; daher können wir sie auf ganz M trivial fortsetzen. Außerdem setzen wir noch $f_{n+1} := h_2$. Ebenso können wir zu den $F^{-1} \circ e_i$ Schnitte $s_i \in \Gamma(M, B)$ finden, die auf U_2 mit $F^{-1} \circ e_i$ übereinstimmen. Setzen wir außerdem noch $s_{n+1} := s$, so haben wir $s = \sum_{i=1}^{n+1} f_i s_i$, wobei $f_i(x) = 0$ ist für $i = 1, \ldots, n+1$. Folglich ist auch

$$\varphi(s)(x) = \varphi\left(\sum_{i=1}^{n+1} f_i s_i\right)(x) = \sum_{i=1}^{n+1} f_i(x) \varphi(s_i)(x) = 0 . \quad ∎$$

Den Nachweis, daß unser aus dem φ konstruiertes f differenzierbar ist, wollen wir hier nicht führen. Man kann das wieder mit Hilfe von linearen Karten für B ausrechnen. Daß schließlich f so aussehen muß, wie wir es angegeben haben, ist auch klar.

Damit haben wir eine neue Interpretation von $\mathfrak{L}(M,B)$ gewonnen: Die Linearformen auf B sind genau die $\mathscr{C}^\infty(M)$-linearen Abbildungen von $\Gamma(M,B)$ nach $\mathscr{C}^\infty(M)$. Wir formulieren diese Aussage als Satz:

8.8 Satz: *Jede Linearform auf einem Vektorraumbündel B über der Mannigfaltigkeit M definiert eine $\mathscr{C}^\infty(M)$-lineare Abbildung von $\Gamma(M,B)$ nach $\mathscr{C}^\infty(M)$, und diese Zuordnung zwischen $\mathfrak{L}(M,B)$ und den $\mathscr{C}^\infty(M)$-linearen Abbildungen von $\Gamma(M,B)$ nach $\mathscr{C}^\infty(M)$ ist ein $\mathscr{C}^\infty(M)$-Modul-Isomorphismus.*

Diese Interpretation von $\mathfrak{L}(M,B)$ liefert ein Kriterium für die Trivialität eines Vektorraumbündels. Dabei bezeichnen wir ein Vektorraumbündel B über M als trivial, wenn es zu einem Produkt-Vektorraumbündel $M\times\mathbb{R}^n$ isomorph ist. Es gilt der folgende Satz:

8.9 Satz: *Das Vektorraumbündel (B,p,M) ist genau dann trivial, wenn $\Gamma(M,B)$ ein freier $\mathscr{C}^\infty(M)$-Modul ist. In diesem Fall ist der Rang von B gleich dem Rang von $\Gamma(M,B)$.*

Beweis: B sei trivial, also etwa isomorph zum Produktvektorraumbündel $M\times\mathbb{R}^n$. Dann ist auch $\Gamma(M,B)$ isomorph zu $\Gamma(M,M\times\mathbb{R}^n)$, und es genügt zu zeigen, daß $\Gamma(M,M\times\mathbb{R}^n)$ ein freier $\mathscr{C}^\infty(M)$-Modul vom Rang n ist. Ist $\{e_1,\dots,e_n\}$ eine Basis von $\mathbb{R}^n$, etwa die Standardbasis, so können wir die e_i wie oben im Beweis von Lemma 8.7 als Schnitte in $M\times\mathbb{R}^n$ auffassen, indem wir für $x\in M$ $e_i(x):=(x,e_i)$ setzen. $\{e_1,\dots,e_n\}$ ist dann eine Basis von $\Gamma(M,M\times\mathbb{R}^n)$ über $\mathscr{C}^\infty(M)$, denn jedes $s\in\Gamma(M,M\times\mathbb{R}^n)$ läßt sich eindeutig in der Form $s=\sum_{i=1}^{n} f_i e_i$ mit $f_i\in\mathscr{C}^\infty(M)$ schreiben. $\Gamma(M,M\times\mathbb{R}^n)$ ist also ein freier $\mathscr{C}^\infty(M)$-Modul vom Rang n.

Sei umgekehrt $\Gamma(M,B)$ ein freier $\mathscr{C}^\infty(M)$-Modul mit einer Basis $\{s_1,\dots,s_n\}$. Die Dualbasis sei $\{f_1,\dots,f_n\}$, d.h., die f_i sind $\mathscr{C}^\infty(M)$-lineare Abbildungen von $\Gamma(M,B)$ nach $\mathscr{C}^\infty(M)$ mit $f_i(s_j)=\delta_{ij}$ (Kronecker-Symbol). Dann können wir die f_i auch als Elemente aus $\mathfrak{L}(M,B)$ auffassen, d.h. als Linearformen $f_i\colon B\to\mathbb{R}$. Eine lineare Abbildung $F\colon B\to M\times\mathbb{R}^n$ wird jetzt durch $F(b):=(p(b),f_1(b),\dots,f_n(b))$ definiert. F ist ein Isomorphismus; wir können nämlich die Umkehrabbildung sofort angeben:

$$F^{-1}(x,t_1,\dots,t_n)=\sum_{i=1}^{n} t_i s_i(x) \quad \text{für } x\in M, \quad (t_1,\dots,t_n)\in\mathbb{R}^n. \quad \blacksquare$$

Neben Linearformen auf einem Vektorraumbündel werden wir auch Multilinearformen untersuchen. Eine p-Linearform auf einem Vektorraum ist eine Funktion auf dem p-fachen Produkt dieses Vektorraumes mit sich selbst. Um eine analoge Definition für Vektorraumbündel zu erhalten, muß man das Faserprodukt anstelle des Produktes nehmen. Genauer sieht das so aus:

8.10 Definition: *(B,p,M) sei ein Vektorraumbündel. Dann verstehen wir unter einer p-Linearform auf B (über M) eine differenzierbare Abbildung*

$$f: B^{(p)} \to \mathbb{R},$$

die in jeder Faser p-linear ist. D.h., für $x \in M$ ist $f_x := f|B_x^{(p)} \to \mathbb{R}$ eine p-Linearform auf B_x. (Es ist ja $B_x^{(p)} = (B_x)^p$!)

f heißt alternierend, wenn f_x für jedes $x \in M$ alternierend ist.

Die Menge der (alternierenden) p-Linearformen auf B bezeichnen wir mit $\mathfrak{M}_p(M,B)$ (bzw. $\Lambda_p(M,B)$).

Entsprechend können wir natürlich auch wieder $\mathfrak{M}_p(U,B)$ und $\Lambda_p(U,B)$ für eine offene Teilmenge U von M betrachten, also Multilinearformen auf B über U. $\mathfrak{M}_p(M,B)$ und $\Lambda_p(M,B)$ sind genau wie $\mathfrak{L}(M,B) = \mathfrak{M}_1(M,B) = \Lambda_1(M,B)$ $\mathscr{C}^\infty(M)$-Moduln, wobei für $f, g \in \mathfrak{M}_p(M,B)$ und $h \in \mathscr{C}^\infty(M)$ $f+g$ und hf durch

$$(f+g)(b) := f(b) + g(b); \qquad hf(b) := h(\tilde{p}(b))\, f(b)$$

definiert werden ($b \in B^{(p)}$); die Projektion von $B^{(p)}$ auf M haben wir mit $\tilde{p}$ bezeichnet).

Bevor wir uns weiter mit den Multilinearformen auf einem Vektorraumbündel befassen, wollen wir noch eine vereinfachende Schreibweise einführen: Ist U eine Teilmenge von M und $f \in \mathfrak{M}_p(M,B)$, so schreiben wir $f|_U$ anstelle von $f|(B^{(p)}|_U)$.

(B,p,M) und (B',p',N) seien zwei Vektorraumbündel, $f: M \to N$ eine differenzierbare Abbildung und $F: B \to B'$ eine lineare Abbildung über f. F induziert dann in natürlicher Weise einen Faserraumhomomorphismus $F^{(p)}: B^{(p)} \to B'^{(p)}$ über f (nämlich $F^{(p)} := F \times \cdots \times F | B^{(p)} \to B'^{(p)}$). Für $g \in \mathfrak{M}_p(N,B')$ ist dann $g \circ F^{(p)} \in \mathfrak{M}_p(M,B)$, und entsprechendes gilt für $g \in \Lambda_p(N,B')$. Anstelle von $g \circ F^{(p)}$ schreiben wir meist $\mathfrak{M}_p(F)(g)$ bzw. $\Lambda_p(F)(g)$. $\mathfrak{M}_p(F): \mathfrak{M}_p(N,B') \to \mathfrak{M}_p(M,B)$ und $\Lambda_p(\mathrm{F}): \Lambda_p(N,B') \to \Lambda_p(M,B)$ sind dann wieder Modulhomomorphismen über dem Ringhomomorphismus $f^*: \mathscr{C}^\infty(N) \to \mathscr{C}^\infty(M)$, was man genauso zeigt wie Satz 8.6.

Genau wie bei den Linearformen können wir auch die (alternierenden) Multilinearformen auf B als die (alternierenden) multilinearen Abbildungen von $\Gamma(M,B)$ nach $\mathscr{C}^\infty(M)$ auffassen (wobei wir Multilinearität über $\mathscr{C}^\infty(M)$ meinen): $\mathfrak{M}_p(M,B)$ ist nichts anderes als der $\mathscr{C}^\infty(M)$-Modul der über $\mathscr{C}^\infty(M)$ p-linearen Abbildungen von $(\Gamma(M,B))^p$ nach $\mathscr{C}^\infty(M)$ etc. Der Beweis dafür stützt sich auch wieder wesentlich auf Lemma 8.7.

In § 2 (Kapitel I) haben wir das Graßmann-Produkt alternierender Multilinearformen auf einem reellen Vektorraum eingeführt und dadurch die alternierenden Multilinearformen zu einer graduierten $\mathbb{R}$-Algebra gemacht. Das gleiche wollen wir jetzt für die alternierenden Multilinearformen auf einem Vektorraumbündel tun, wobei wir im wesentlichen die Ergebnisse von § 2 übertragen können:

(B,p,M) sei ein Vektorraumbündel. Für $x \in M$, $\varphi \in \Lambda_p(M,B)$ und $\psi \in \Lambda_q(M,B)$ ist dann nach Definition $\varphi_x \in \Lambda_p(B_x)$ und $\psi_x \in \Lambda_q(B_x)$. Wir können also $\varphi_x \wedge \psi_x \in \Lambda_{p+q}(B_x)$ bilden. Das Graßmann-Produkt $\varphi \wedge \psi$ definieren wir auf diese Art faserweise, d. h. durch

$$(\varphi \wedge \psi)_x := \varphi_x \wedge \psi_x, \qquad x \in M.$$

Für $(b_1, \ldots, b_{p+q}) \in B_x^{(p+q)} = (B_x)^{p+q}$ ist also

$$\begin{aligned}
&(\varphi \wedge \psi)(b_1, \ldots, b_{p+q}) \\
&= (\varphi \wedge \psi)_x(b_1, \ldots, b_{p+q}) = (\varphi_x \wedge \psi_x)(b_1, \ldots, b_{p+q}) \\
&= \frac{1}{p!\,q!} \sum_{\pi \in \mathscr{S}_{p+q}} \operatorname{sign}(\pi)\, \varphi_x(b_{\pi(1)}, \ldots, b_{\pi(p)})\, \psi_x(b_{\pi(p+1)}, \ldots, b_{\pi(p+q)}) \\
&= \frac{1}{p!\,q!} \sum_{\pi \in \mathscr{S}_{p+q}} \operatorname{sign}(\pi)\, \varphi(b_{\pi(1)}, \ldots, b_{\pi(p)})\, \psi(b_{\pi(p+1)}, \ldots, b_{\pi(p+q)}).
\end{aligned}$$

Damit ist insbesondere gezeigt, daß $\varphi \wedge \psi$ wieder differenzierbar ist. Nach Konstruktion ist außerdem für $x \in M$ $(\varphi \wedge \psi)_x \in \Lambda_{p+q}(B_x)$, also ist $\varphi \wedge \psi \in \Lambda_{p+q}(M,B)$.

Setzen wir $\Lambda_0(M,B) := \mathscr{C}^\infty(M)$ und $f \wedge \varphi := f\varphi$ für $f \in \Lambda_0(M,B)$, $\varphi \in \Lambda_p(M,B)$, so wird

$$\Lambda(M,B) := \bigoplus_{p \in \mathbb{N}} \Lambda_p(M,B)$$

bezüglich der Verknüpfungen $+$ und $\wedge$ eine graduierte $\mathscr{C}^\infty(M)$-Algebra, d. h., es gelten die im nächsten Satz aufgeführten Rechenregeln. (Dabei haben wir $\wedge$ auf $\Lambda(M,B)$ fortgesetzt, d. h., für $\sum_{p \in \mathbb{N}} \varphi_p$ und $\sum_{q \in \mathbb{N}} \psi_q$ mit $\varphi_p \in \Lambda_p(M,B)$, $\psi_q \in \Lambda_q(M,B)$, definieren wir

$$\Big(\sum_{p \in \mathbb{N}} \varphi_p\Big) \wedge \Big(\sum_{q \in \mathbb{N}} \psi_q\Big) := \sum_{p,q \in \mathbb{N}} \varphi_p \wedge \psi_q = \sum_{r \in \mathbb{N}} \Big(\sum_{p+q=r} \varphi_p \wedge \psi_q\Big).$$

Insbesondere ist $\Lambda(M,B)$ dann eine graduierte $\mathbb{R}$-Algebra. Wir nennen sie die Graßmann-Algebra der alternierenden Multilinearformen auf dem Bündel B.

Ist (B',p',N) ein weiteres Vektorraumbündel und (F,f) ein Vektorraumbündelhomomorphismus von (B,p,M) nach (B',p',N), so ist $\Lambda(F):=\bigoplus_{p\in\mathbb{N}}\Lambda_p(F)$ ein Homomorphismus zwischen graduierten $\mathbb{R}$-Algebren, homogen vom Grade 0.

8.11 Satz: $\Lambda=\bigoplus_{p\in\mathbb{N}}\Lambda_p:\mathscr{L}\to\mathscr{A}_{\mathbb{R}}^{\mathrm{gr}}$ *ist ein kontravarianter Funktor auf der Kategorie* $\mathscr{L}$ *der Vektorraumbündel mit Werten in der Kategorie* $\mathscr{A}_{\mathbb{R}}^{\mathrm{gr}}$ *der graduierten* $\mathbb{R}$*-Algebren.*

Ist (B,p,M) *ein Vektorraumbündel vom Range* n, *so gelten für* $\Lambda(M,B)=\bigoplus_{p\in\mathbb{N}}\Lambda_p(M,B)$ *die folgenden Rechenregeln*

(1) $$\varphi\wedge(\psi_1+\psi_2)=\varphi\wedge\psi_1+\varphi\wedge\psi_2,$$
$$(\psi_1+\psi_2)\wedge\varphi=\psi_1\wedge\varphi+\psi_2\wedge\varphi$$

für $\varphi,\psi_1,\psi_2\in\Lambda(M,B)$;

(2) $$f\wedge\varphi=\varphi\wedge f=f\varphi$$

für $f\in\Lambda_0(M,B)=\mathscr{C}^\infty(M)$, $\quad\varphi\in\Lambda(M,B)$;

(3) $$\varphi\wedge\psi=(-1)^{pq}\psi\wedge\varphi$$

für $\varphi\in\Lambda_p(M,B)$, $\quad\psi\in\Lambda_q(M,B)$;

(4) $$\varphi_1\wedge\cdots\wedge\varphi_p=\operatorname{sign}(\pi)\varphi_{\pi(1)}\wedge\cdots\wedge\varphi_{\pi(p)}$$

für $\varphi_1,\ldots,\varphi_p\in\Lambda_1(M,B)$, $\quad\pi\in\mathscr{S}_p$;

(5) $$\Lambda_p(M,B)=0 \quad \textit{für } p>n.$$

Beweis: $(B,p,M)\xrightarrow{(F,f)}(B',p',M')\xrightarrow{(G,g)}(B'',p'',M'')$ sei eine Sequenz von Vektorraumbündeln und linearen Abbildungen. Dann ist für $\varphi\in\Lambda_p(M'',B'')$
$$\begin{aligned}\Lambda(G\circ F)(\varphi)&=\varphi\circ(G\circ F)^{(p)}=\varphi\circ G^{(p)}\circ F^{(p)}\\&=\Lambda(F)(\varphi\circ G^{(p)})=\Lambda(F)\circ\Lambda(G)(\varphi).\end{aligned}$$

Ferner ist $\Lambda(I_M)$ die Identität auf $\Lambda(M,B)$. Damit ist die Funktoreigenschaft von Λ gezeigt.

Daß die Werte von Λ in $\mathscr{A}_{\mathbb{R}}^{\mathrm{gr}}$ liegen, besagt gerade, daß die Rechenregeln (1) bis (4) gelten und daß $\Lambda(F)$ ein Homomorphismus zwischen graduierten $\mathbb{R}$-Algebren ist (F wie oben). Beides folgt aber aus der Definition der Verknüpfungen $+$ und $\wedge$ und den entsprechenden Rechenregeln in den Graßmann-Algebren $\Lambda(B_x)$ für $x\in M$ sowie aus der Tatsache, daß $(\Lambda(F)(\varphi))_x=\Lambda(F_x)(\varphi_{f(x)})$ ist für $\varphi\in\Lambda(M',B')$, $x\in M$, denn $\Lambda(F_x):(B'_{f(x)})\to(B_x)$ ist ein Homomorphismus zwischen den beiden Graßmann-Algebren.

Für $p > n$ ist schließlich $\Lambda_p(B_x) = 0$ für alle $x \in M$, d.h., für $\varphi \in \Lambda_p(M, B)$ ist $\varphi_x = 0$ für alle $x \in M$, also $\varphi = 0$. ∎

Wir wollen noch die Graßmann-Algebra der alternierenden Multilinearformen auf einem trivialen Vektorraumbündel (B, p, M) untersuchen. Nach Satz 8.9 ist dann $\Gamma(M, B)$ ein freier $\mathscr{C}^\infty(M)$-Modul, etwa mit einer Basis $\{s_1, \ldots, s_n\}$. $\mathfrak{L}(M, B)$ ist genau der duale Modul zu $\Gamma(M, B)$, mit der Dualbasis $\{\varphi_1, \ldots, \varphi_n\}$ (d.h., es ist $\varphi_i(s_j) = \delta_{ij}$). Für $x \in M$ ist dann $\{s_1(x), \ldots, s_n(x)\}$ eine Basis von B_x, und $\{\varphi_{1,x}, \ldots, \varphi_{n,x}\}$ ist die dazu gehörende Dualbasis von B_x^*. Nach 2.11 ist also für $p \geq 1$

$$\{\varphi_{\nu_1, x} \wedge \cdots \wedge \varphi_{\nu_p, x};\ 1 \leq \nu_1 < \cdots < \nu_p \leq n\}$$

eine Basis von $\Lambda_p(B_x)$ über $\mathbb{R}$, und jedes $\varphi \in \Lambda_p(M, B)$ läßt sich eindeutig in der Form

$$\varphi = \sum_{1 \leq \nu_1 < \cdots < \nu_p \leq n} f_{\nu_1 \ldots \nu_p} \varphi_{\nu_1} \wedge \cdots \wedge \varphi_{\nu_p}$$

schreiben. Man zeigt leicht, daß die $f_{\nu_1 \ldots \nu_p}$ dabei differenzierbare Funktionen auf M sind. $\Lambda_p(M, B)$ ist also ein freier $\mathscr{C}^\infty(M)$-Modul vom Rang $\binom{n}{p}$ mit der Basis $\{\varphi_{\nu_1} \wedge \cdots \wedge \varphi_{\nu_p};\ 1 \leq \nu_1 < \cdots < \nu_p \leq n\}$.

Zu bemerken ist noch, daß dieses Ergebnis für jedes Vektorraumbündel lokal gilt: Ist (B, p, M) ein beliebiges Vektorraumbündel und U eine trivialisierende Umgebung von x in M, so ist $B|_U$ trivial, insbesondere ist also $\Lambda_p(U, B)$ ein freier $\mathscr{C}^\infty(U)$-Modul.

In Kapitel I, § 4 haben wir neben den „gewöhnlichen" noch vektorwertige Multilinearformen auf einem Vektorraum eingeführt. Dasselbe können wir für ein Vektorraumbündel (B, p, M) tun: Eine vektorwertige alternierende p-Form ist ein Faserraumhomomorphismus $\Phi: B^{(p)} \to B$ mit der Eigenschaft, daß für jedes $x \in M$ $\Phi_x = \Phi|(B_x)^p \to B_x$ ein Element aus $\vec{\Lambda}_p(B_x)$ ist. Die Menge der vektorwertigen alternierenden p-Formen auf B über M bezeichnen wir mit $\vec{\Lambda}_p(M, B)$. Entsprechend ist $\vec{\Lambda}_p(U, B)$ für eine offene Teilmenge U von M definiert. $\vec{\Lambda}_p(M, B)$ ist wieder ein $\mathscr{C}^\infty(M)$-Modul, wobei $\vec{\Lambda}_0(M, B) = \Gamma(M, B)$ ist.

Hingegen können wir nicht ohne weiteres einen Funktor $\vec{\Lambda}_p$ definieren. Dazu müssen wir die Kategorie $\mathscr{L}$ der Vektorraumbündel auf eine objektgleiche Unterkategorie einschränken (vgl. Satz 4.1). Die Morphismen dieser Kategorie sind die sogenannten *strikten* Vektorraumbündelhomomorphismen; das sind diejenigen Homomorphismen, die in den einzelnen Fasern Isomorphismen sind.

Seien (B, p, M) und (B', p', M') Vektorraumbündel und $F: B \to B'$ ein strikter Homomorphismus über der differenzierbaren Abbildung

$f: M \to M'$. Ist $(\tilde{B}, \tilde{p}, M)$ ein weiterer Faserraum über M (nicht notwendig ein Vektorraumbündel!) und $G: \tilde{B} \to B'$ ein Faserraumhomomorphismus über f, so können wir eine Abbildung von $\tilde{B}$ nach B durch

$$\tilde{b} \mapsto (F_{\tilde{p}(\tilde{b})})^{-1} \circ G(\tilde{b}), \tilde{b} \in \tilde{B},$$

definieren, denn es ist $G(\tilde{b}) \in B'_{f(\tilde{p}(\tilde{b}))}$, und $F_{\tilde{p}(\tilde{b})}: B_{\tilde{p}(\tilde{b})} \to B'_{f(\tilde{p}(\tilde{b}))}$ ist ja ein Vektorraumisomorphismus. Wir bezeichnen diese Abbildung mit $F^{-1} \circ G: \tilde{B} \to B$ und sind uns dabei der Tatsache bewußt, daß F kein Inverses F^{-1} zu haben braucht. Diese Abbildung ist nun wieder ein Faserraumhomomorphismus:

8.12 Lemma: *Unter den eben aufgeführten Voraussetzungen ist die Abbildung $F^{-1} \circ G: \tilde{B} \to B$ ein Faserraumhomomorphismus über der Identität auf M.*

Beweis: Trivial ist die Fasertreue von $F^{-1} \circ G$, d.h. die Kommutativität des Diagramms

$$\begin{array}{ccc} \tilde{B} & \xrightarrow{F^{-1} \circ G} & B \\ \tilde{p} \downarrow & & \downarrow p \\ M & \xrightarrow{I_M} & M \end{array}$$

Zu zeigen ist also noch die Differenzierbarkeit von $F^{-1} \circ G$:

Um diese in einem Punkte $\tilde{b} \in \tilde{B}$ nachzuweisen, genügt es offenbar, $F^{-1} \circ G|_U$ zu untersuchen, wo U eine trivialisierende Umgebung (bezüglich B) von $\tilde{p}(\tilde{b})$ ist. Wegen der Stetigkeit von f können wir dabei annehmen, daß $f(U) \subseteq V$ gilt, wo V eine (bezüglich B') trivialisierende Umgebung von $f(\tilde{p}(\tilde{b}))$ ist. Wir dürfen also $B|_U = U \times \mathbb{R}^n$ und $B'|_V = V \times \mathbb{R}^n$ annehmen. (B und B' müssen gleichen Rang haben, wenn F ein strikter Homomorphismus ist!) Dann hat aber $F|_U: U \times \mathbb{R}^n \to V \times \mathbb{R}^n$ die Form $F(x,t) = (f(x), \tilde{F}(x)(t))$ für $x \in U$, $t \in \mathbb{R}^n$, wobei $\tilde{F}: U \to \mathrm{GL}(n, \mathbb{R})$ eine $\mathscr{C}^\infty$-Abbildung von U in die Mannigfaltigkeit $\mathrm{GL}(n, \mathbb{R})$ der invertierbaren $(n \times n)$-Matrizen ist (vgl. § 5, Beweis von Satz 5.4). $\mathrm{inv}: \mathrm{GL}(n, \mathbb{R}) \to \mathrm{GL}(n, \mathbb{R})$ bezeichne die durch die Matrizeninversion definierte $\mathscr{C}^\infty$-Abbildung. Mit diesen Bezeichnungen ist

$$F^{-1} \circ G(\tilde{b}) = (\tilde{p}(\tilde{b}), (\mathrm{inv} \circ \tilde{F} \circ \tilde{p}(\tilde{b}))(p_2 \circ G(\tilde{b}))) \quad \text{für} \quad \tilde{b} \in \tilde{B}|_U,$$

wo $p_2: V \times \mathbb{R}^n \to \mathbb{R}^n$ die Projektion auf die zweite Komponente ist. Daraus folgt aber die Differenzierbarkeit von $F^{-1} \circ G|_U$. ∎

Wir behalten die soeben verwendeten Bezeichnungen bei und setzen speziell $\tilde{B} := B^{(p)}$ und $G := \Phi \circ F^{(p)}$, wo $\Phi \in \vec{\Lambda}_p(M', B')$ ist. Dann ist

$F^{-1} \circ (\Phi \circ F^{(p)}): B^{(p)} \to B$ ein Faserraumhomomorphismus nach Lemma 8.12, und man sieht sofort, daß $F^{-1} \circ (\Phi \circ F^{(p)})$ in den einzelnen Fasern multilinear und alternierend ist. Anstelle von $F^{-1} \circ (\Phi \circ F^{(p)})$ schreiben wir $\vec{\Lambda}_p(F)(\Phi)$. Dann ist $\vec{\Lambda}_p$ ein kontravarianter Funktor auf der Kategorie der Vektorraumbündel mit strikten Vektorraumbündelhomomorphismen als Morphismen, dessen Werte in der Kategorie $\mathscr{V}_{\mathbb{R}}$ der reellen Vektorräume liegen.

Die in § 4 eingeführten Produktbildungen zwischen vektorwertigen alternierenden Linearformen und gewöhnlichen alternierenden Multilinearformen sowie von vektorwertigen alternierenden Linearformen mit sich selbst können wir jetzt auch auf die entsprechenden Formen auf Vektorraumbündeln übertragen, indem wir die Produkte faserweise ausführen. Im einzelnen sieht das so aus (wobei (B, p, M) ein festes Vektorraumbündel sei):

Für $\varphi \in \Lambda_p(M, B)$ und $\Phi \in \vec{\Lambda}_q(M, B)$ ist $\varphi \wedge \Phi$ durch

$$(\varphi \wedge \Phi)_x := \varphi_x \wedge \Phi_x, \qquad x \in M,$$

definiert. Entsprechend ist $\Phi \wedge \varphi$ erklärt. $\varphi \wedge \Phi$ und $\Phi \wedge \varphi$ sind Elemente aus $\vec{\Lambda}_{p+q}(M, B)$. Ist $\varphi \in \Lambda_0(M, B)$ oder $\Phi \in \vec{\Lambda}_0(M, B)$, so schreiben wir wie üblich $\varphi\Phi$ anstelle von $\varphi \wedge \Phi$ etc.

Auf B sei jetzt ein Skalarprodukt gegeben, d.h. eine Bilinearform aus $\mathfrak{M}_2(M, B)$, die wir mit $(\cdot, \cdot)$ bezeichnen wollen, so daß $(\cdot, \cdot)_x$ auf der Faser B_x von B für alle $x \in M$ ein Skalarprodukt ist. Nach § 4 können wir dann $(\cdot, \cdot)_x$ zu einem Produkt $\wedge_x : \vec{\Lambda}_p(B_x) \times \vec{\Lambda}_q(B_x) \to \Lambda_{p+q}(B_x)$ fortsetzen. Entsprechend können wir $(\cdot, \cdot)$ zu einem Produkt auf $\vec{\Lambda}_p(M, B) \times \vec{\Lambda}_q(M, B)$ fortsetzen, indem wir für $\Phi \in \vec{\Lambda}_p(M, B)$ und $\Psi \in \vec{\Lambda}_q(M, B)$ an der Stelle $x \in M$

$$(\Phi \wedge \Psi)_x := \Phi_x \wedge_x \Psi_x$$

setzen. Für $b_1, \ldots, b_{p+q} \in B_x$ gilt also nach § 4

$$\Phi \wedge \Psi(b_1, \ldots, b_{p+q}) = \frac{1}{p!\,q!} \sum_{\pi \in \mathscr{S}_{p+q}} \operatorname{sign}(\pi)(\Phi(b_{\pi(1)}, \ldots, b_{\pi(p)}), \Psi(b_{\pi(p+1)}, \ldots, b_{\pi(p+q)})).$$

$\wedge : \vec{\Lambda}_p(M, B) \times \vec{\Lambda}_q(M, B) \to \Lambda_{p+q}(M, B)$ ist dann eine über $\mathscr{C}^\infty(M)$ bilineare Abbildung.

Die Rechenregeln für diese Produktbildungen lassen sich sofort aus den entsprechenden Regeln 4.4 und 4.5 herleiten:

8.13 Satz: *Für die soeben definierten Produktbildungen gelten folgende Rechenregeln:*

(1) *Die Abbildungen*

$$\wedge : \Lambda_p(M,B) \times \vec{\Lambda}_q(M,B) \to \vec{\Lambda}_{p+q}(M,B),$$

$$\wedge : \vec{\Lambda}_q(M,B) \times \Lambda_p(M,B) \to \vec{\Lambda}_{p+q}(M,B),$$

$$\wedge : \vec{\Lambda}_p(M,B) \times \vec{\Lambda}_q(M,B) \to \Lambda_{p+q}(M,B)$$

sind $\mathscr{C}^\infty(M)$*-bilinear.*

(2) *Für* $\varphi \in \Lambda_p(M,B)$ *und* $\Phi \in \vec{\Lambda}_q(M,B)$ *ist* $\varphi \wedge \Phi = (-1)^{pq} \Phi \wedge \varphi$.

(3) *Für* $\Phi \in \vec{\Lambda}_p(M,B)$ *und* $\Psi \in \vec{\Lambda}_q(M,B)$ *ist* $\Phi \wedge \Psi = (-1)^{pq} \Psi \wedge \Phi$.

(4) *Ist* $(F,f):(B,p,M) \to (B',p',M')$ *ein strikter Vektorraumbündelhomomorphismus, so ist für* $\varphi \in \Lambda_p(M',B')$ *und* $\Phi \in \vec{\Lambda}_q(M',B')$

$$\vec{\Lambda}_{p+q}(F)(\varphi \wedge \Phi) = \Lambda_p(F)(\varphi) \wedge \vec{\Lambda}_q(F)(\Phi).$$

(5) *Tragen B und B' Skalarprodukte* $(\cdot,\cdot)$ *bzw.* $(\cdot,\cdot)'$, *und ist* (F,f) *wie in* (4) *und zusätzlich isometrisch (d.h. für* $b_1, b_2 \in B_x$, $x \in M$, *ist stets* $(F(b_1), F(b_2))' = (b_1, b_2)$*), so gilt für* $\Phi \in \vec{\Lambda}_p(M',B')$ *und* $\Psi \in \vec{\Lambda}_q(M',B')$ $\Lambda_{p+q}(F)(\Phi \wedge \Psi) = \vec{\Lambda}_p(F)(\Phi) \wedge \vec{\Lambda}_q(F)(\Psi)$.

Zum Schluß noch etwas zur Darstellung der Elemente aus $\vec{\Lambda}_p(M,B)$: Für $\Phi \in \vec{\Lambda}_p(M,B)$ und $x \in M$ ist ja $\Phi_x \in \vec{\Lambda}_p(B_x)$. Nach 4.2 können wir daher Φ_x in der Form

$$\Phi_x = \sum_{i=1}^{n} \varphi_{i,x} e_{i,x} = \sum_{i=1}^{n} e_{i,x} \varphi_{i,x}$$

schreiben, wo die $\varphi_{i,x} \in \Lambda_p(B_x)$ und die $e_{i,x} \in B_x$ sind. Diese Darstellung ist sogar eindeutig, d.h., die $\varphi_{i,x}$ sind eindeutig bestimmt, falls $\{e_{1,x}, \dots, e_{n,x}\}$ eine Basis von B_x ist. Daraus folgt sofort, daß wir Φ lokal immer in der Form $\Phi|_U = \sum_{i=1}^{n} \varphi_i e_i = \sum_{i=1}^{n} e_i \varphi_i$ schreiben können mit $e_i \in \Gamma(U,B)$, $\varphi_i \in \Lambda_p(U,B)$. Diese Darstellung ist sogar global möglich und eindeutig, wenn B trivial und $\{e_1, \dots, e_n\}$ eine Basis des freien $\mathscr{C}^\infty(M)$-Moduls $\Gamma(M,B)$ ist.

Sind jetzt $\varphi, \varphi_i, i=1,\dots,m$ und $\psi_j, j=1,\dots,n$ Elemente aus $\Lambda_p(M,B)$ bzw. $\Lambda_q(M,B)$ und $a_1,\dots,a_m, b_1,\dots,b_n \in \Gamma(M,B)$, so gilt

$$\varphi \wedge \left(\sum_{j=1}^{n} \psi_j b_j\right) = \sum_{j=1}^{n} (\varphi \wedge \psi_j) b_j,$$

$$\sum_{i=1}^{m} \varphi_i a_i \wedge \sum_{j=1}^{n} \psi_j b_j = \sum_{i,j} (\varphi_i \wedge \psi_j)(a_i, b_j)$$

($\wedge$, $(\cdot,\cdot)$ wie oben).

§9: Das Tangentialbündel

In diesem Paragraphen soll über jeder Mannigfaltigkeit ein bestimmtes Vektorraumbündel konstruiert werden, das sogenannte Tangentialbündel. Auf dieses Bündel werden wir dann die Ergebnisse des vorigen Paragraphen anwenden.

In § 5 haben wir als Tangentialraum an eine offene Menge U im $\mathbb{R}^n$ im Punkte $x \in U$ den $\mathbb{R}^n$ bezeichnet. Mit dieser Definition läßt sich jedoch der Begriff des Tangentialraumes schlecht auf Mannigfaltigkeiten übertragen, und wir müssen daher nach einer geeigneten Charakterisierung suchen, die sich auf Mannigfaltigkeiten verallgemeinern läßt. Dazu betrachten wir den Tangentialraum einmal mehr vom algebraischen Standpunkt aus als vom geometrischen, indem wir jedem Vektor des $\mathbb{R}^n$ die Richtungsableitung in Richtung dieses Vektors zuordnen: Ist $t = (t_1, \ldots, t_n) \in \mathbb{R}^n$, so bilden wir dazu die Richtungsableitung $\left.\frac{\partial}{\partial t}\right|_x$, definiert durch

$$\left.\frac{\partial f}{\partial t}\right|_x := \sum_{i=1}^{n} t_i \, \partial_i|_x f,$$

wobei $\partial_i|_x$ die partielle Ableitung nach der i-ten Koordinate an der Stelle x bezeichnet und $f \in \mathscr{C}^\infty(V)$ für eine offene Umgebung V von x in U ist. Ist $\tilde{f}$ eine weitere $\mathscr{C}^\infty$-Funktion über einer Umgebung von x, die auf einer Umgebung W von x mit f übereinstimmt, so ist $\left.\frac{\partial \tilde{f}}{\partial t}\right|_x = \left.\frac{\partial f}{\partial t}\right|_x$. $\left.\frac{\partial f}{\partial t}\right|_x$ hängt also nur von dem durch f in x erzeugten Funktionskeim ab, und wir können daher $\left.\frac{\partial}{\partial t}\right|_x$ als eine Abbildung von $\mathscr{C}_x^\infty(U)$ nach $\mathbb{R}$ auffassen. Wir werden nebeneinander die Schreibweisen $\left.\frac{\partial f}{\partial t}\right|_x$ und $\left.\frac{\partial f_x}{\partial t}\right|_x$ verwenden, wenn f_x ein Funktionskeim aus $\mathscr{C}_x^\infty(U)$ mit einem Repräsentanten f ist.

Die Abbildung $\left.\frac{\partial}{\partial t}\right|_x : \mathscr{C}_x^\infty(U) \to \mathbb{R}$ hat zwei charakteristische Eigenschaften: sie ist $\mathbb{R}$-linear, und sie genügt der Produktregel, d.h. für $f_x, g_x \in \mathscr{C}_x^\infty(U)$ gilt

$$\left.\frac{\partial (f_x g_x)}{\partial t}\right|_x = \left.\frac{\partial f_x}{\partial t}\right|_x g_x(x) + f_x(x) \left.\frac{\partial g_x}{\partial t}\right|_x.$$

Eine Abbildung mit diesen beiden Eigenschaften nennt man eine $\mathbb{R}$-Derivation. Die $\mathbb{R}$-Derivationen auf $\mathscr{C}_x^\infty(U)$ bilden einen reellen Vektorraum $\mathfrak{D}_x U$, wenn wir für $X, Y \in \mathfrak{D}_x U$, $\lambda \in \mathbb{R}$ und $f_x \in \mathscr{C}_x^\infty(U)$

$$(X+Y)(f_x) := X(f_x) + Y(f_x), \qquad (\lambda X)(f_x) := \lambda X(f_x)$$

setzen. Wir wollen nun zeigen, daß $\{\partial_1|_x, \ldots, \partial_n|_x\}$ eine Basis dieses Vektorraumes ist.

Daß die $\partial_i|_x$ zu $\mathfrak{D}_x U$ gehören, haben wir schon gesehen. Ihre lineare Unabhängigkeit ist ebenfalls leicht nachzuweisen: Ist $\sum_{i=1}^n t_i \partial_i|_x = 0$, so ist

$$t_j = \sum_{i=1}^n t_i \delta_{ij} = \sum_{i=1}^n t_i(\partial_i|_x x_j) = \left(\sum_{i=1}^n t_i \partial_i|_x\right)(x_j) = 0$$

für $j = 1, \ldots, n$. Zu zeigen bleibt also, daß sich jede Derivation aus $\mathfrak{D}_x U$ als Richtungsableitung an der Stelle x auffassen läßt. Dazu benötigen wir das folgende Lemma:

9.1 Lemma: *V sei eine offene konvexe Menge im $\mathbb{R}^n$, x^0 ein Punkt aus V und $f \in \mathscr{C}^\infty(V)$. Dann gibt es Funktionen $g_1, \ldots, g_n \in \mathscr{C}^\infty(V)$, so daß für alle $x \in V$ gilt:*

$$f(x) = f(x^0) + \sum_{i=1}^n (x_i - x_i^0) g_i(x),$$

$$g_i(x^0) = \partial_i|_{x^0} f, \quad i = 1, \ldots, n.$$

Beweis: Es ist

$$\begin{aligned} f(x) = f(x) &- f(x_1, \ldots, x_{n-1}, x_n^0) \\ &+ f(x_1, \ldots, x_{n-1}, x_n^0) - f(x_1, \ldots, x_{n-1}^0, x_n^0) \\ &+ f(x_1, \ldots, x_{n-1}^0, x_n^0) - f(x_1, \ldots, x_{n-2}^0, x_{n-1}^0, x_n^0) \\ &+ \cdots \\ &+ f(x_1, x_2^0, \ldots, x_n^0) - f(x_1^0, \ldots, x_n^0) + f(x^0). \end{aligned}$$

Außerdem ist für $i = 1, \ldots, n$

$$\begin{aligned} &f(x_1, \ldots, x_i, x_{i+1}^0, \ldots, x_n^0) - f(x_1, \ldots, x_{i-1}, x_i^0, \ldots, x_n^0) \\ &= \int_{x_i^0}^{x_i} \partial_i f(x_1, \ldots, x_{i-1}, s, x_{i+1}^0, \ldots, x_n^0) \, ds \\ &= \int_0^1 \partial_i f(x_1, \ldots, x_{i-1}, x_i^0 + u(x_i - x_i^0), x_{i+1}^0, \ldots, x_n^0)(x_i - x_i^0) \, du. \end{aligned}$$

Da f eine $\mathscr{C}^\infty$-Funktion ist, sind es auch die $\partial_i f$ und daher auch die Funktionen g_i, die wir durch

$$g_i(x) := \int_0^1 \partial_i f(x_1, \ldots, x_{i-1}, x_i^0 + u(x_i - x_i^0), x_{i+1}^0, \ldots, x_n^0)\,du$$

definieren. Diese g_i leisten dann das Verlangte. ∎

Nun zurück zu unserer Behauptung, daß jede Derivation eine Richtungsableitung ist. Sei dazu wieder U eine offene Menge im $\mathbb{R}^n$ und $x^0 \in U$. Ein Funktionskeim $f_{x^0} \in \mathscr{C}_{x^0}^{\infty}(U)$ hat dann nach Satz 7.7 einen globalen Repräsentanten, also erst recht einen Repräsentanten $f \in \mathscr{C}^{\infty}(V)$, wo V eine konvexe Umgebung von x^0 in U ist. Nach Lemma 9.1 hat f die Form $f(x) = f(x^0) + \sum_{i=1}^{n} (x_i - x_i^0) g_i(x)$ mit $g_i \in \mathscr{C}^{\infty}(V)$ und $g_i(x^0) = \partial_i|_{x^0} f$. Ist jetzt $X \in \mathfrak{D}_{x^0} U$, so ist

$$X(f) = X(f(x^0)) + \sum_{i=1}^{n} (X(x_i - x_i^0) g_i(x^0) + (x_i - x_i^0)(x^0) X(g_i))$$

$$= \sum_{i=1}^{n} X(x_i - x_i^0) g_i(x^0) = \sum_{i=1}^{n} X(x_i) \partial_i|_{x^0} f.$$

Auf den Konstanten $f(x^0)$ und x_i^0 verschwindet nämlich X, weil aus der Produktregel $X(1) = 0$ folgt:

$$X(1) = X(1 \cdot 1) = X(1) + X(1).$$

Damit haben wir gezeigt, was wir zeigen wollten: $\{\partial_1|_{x^0}, \ldots, \partial_n|_{x^0}\}$ ist eine Basis von $\mathfrak{D}_{x^0} U$.

Insbesondere wird durch die Zuordnung

$$(t_1, \ldots, t_n) \rightarrow \sum_{i=1}^{n} t_i \partial_i|_x$$

ein Isomorphismus zwischen $\mathbb{R}^n$ und $\mathfrak{D}_x U$ definiert, der es gestattet, die Vektoren des $\mathbb{R}^n$ als $\mathbb{R}$-Derivationen auf $\mathscr{C}_x^{\infty}(U)$ zu interpretieren und umgekehrt. Wir nennen daher $\mathfrak{D}_x U$ den Tangentialraum an U im Punkte x und bezeichnen seine Elemente als Tangenten- oder Tangentialvektoren.

Dieser Begriff des Tangentialvektors läßt sich aber ohne weiteres auf Mannigfaltigkeiten übertragen:

9.2 Definition: *M sei eine Mannigfaltigkeit. Dann verstehen wir unter einem Tangentenvektor an M im Punkte $x \in M$ eine $\mathbb{R}$-Derivation $X: \mathscr{C}_x^{\infty}(M) \rightarrow \mathbb{R}$, d.h. eine Abbildung, die folgenden Bedingungen genügt:*

(1) *X ist $\mathbb{R}$-linear;*

(2) *X erfüllt die Produktregel: für $f_x, g_x \in \mathscr{C}_x^{\infty}(M)$ ist*

$$X(f_x g_x) = X(f_x) g_x(x) + f_x(x) X(g_x).$$

Die Menge der Tangentialvektoren an M im Punkte x bildet wieder in natürlicher Weise einen reellen Vektorraum $\mathfrak{D}_x M$, den wir als Tangentialraum an M in x bezeichnen.

Ist jetzt eine differenzierbare Abbildung $F: M \to N$ von M in eine weitere Mannigfaltigkeit N gegeben, so können wir dem Tangentenvektor $X \in \mathfrak{D}_x M$ einen Tangentenvektor $(\mathfrak{D}_x F) X \in \mathfrak{D}_{F(x)} N$ zuordnen, indem wir für $f_{F(x)} \in \mathscr{C}^\infty_{F(x)}(N)$

$$((\mathfrak{D}_x F) X) f_{F(x)} := X(F^*(f_{F(x)}))$$

setzen. $\mathfrak{D}_x F: \mathfrak{D}_x M \to \mathfrak{D}_{F(x)} N$ ist dann eine $\mathbb{R}$-lineare Abbildung. Für zwei differenzierbare Abbildungen $F: M \to N$ und $G: N \to L$ zwischen Mannigfaltigkeiten folgt dann aus der Definition sofort die Kettenregel

$$\mathfrak{D}_x(G \circ F) = \mathfrak{D}_{F(x)} G \circ \mathfrak{D}_x F, \qquad x \in M.$$

Ist U eine offene Teilmenge von M und $j: U \to M$ die Inklusionsabbildung, so können wir für $x \in U$ die Abbildung $\mathfrak{D}_x j: \mathfrak{D}_x U \to \mathfrak{D}_x M$ bilden. Wir behaupten nun, daß $\mathfrak{D}_x j$ ein Isomorphismus ist. Dazu genügt es offenbar nachzuweisen, daß $j^*: \mathscr{C}^\infty_x(M) \to \mathscr{C}^\infty_x(U)$ ein Isomorphismus ist. Injektivität und Surjektivität der Abbildung j^* folgen daraus, daß U offen ist und deshalb jede Umgebung von x in U auch eine in M ist. Das bedeutet gerade, daß jeder Funktionskeim f_x aus $\mathscr{C}^\infty_x(U)$ einen Repräsentanten f besitzt, der genau einen Funktionskeim in $\mathscr{C}^\infty_x(M)$ definiert, der durch j^* auf f_x abgebildet wird.

Für das folgende erinnern wir noch einmal an den Begriff der lokalen Koordinaten in einem Punkte x einer Mannigfaltigkeit M: Ist (U, g) eine n-dimensionale Karte mit $x \in U$, und ist für $i = 1, \ldots, n$ $p_i: \mathbb{R}^n \to \mathbb{R}$ die Projektion auf die i-te Komponente, so nennen wir die Funktionen $x_1, \ldots, x_n$ mit $x_i := p_i \circ g$ lokale Koordinaten in x. Oft wird nur von den lokalen Koordinaten die Rede sein, ohne daß wir die zugehörige Karte explizit erwähnen. Derivationen $\left.\frac{\partial}{\partial x_1}\right|_x, \ldots, \left.\frac{\partial}{\partial x_n}\right|_x \in \mathfrak{D}_x M$ definieren wir jetzt durch

$$\left.\frac{\partial}{\partial x_i}\right|_x := (\mathfrak{D}_{g(x)}(g^{-1})) \partial_i|_{g(x)}.$$

Für $f_x \in \mathscr{C}^\infty_x(M)$ ist also

$$\left.\frac{\partial f_x}{\partial x_i}\right|_x = \partial_i|_{g(x)}((g^{-1})^* f_x)$$

oder, falls f ein Repräsentant von f_x über einer Umgebung von x ist:

$$\left.\frac{\partial f}{\partial x_i}\right|_x = \partial_i|_{g(x)}(f \circ g^{-1}).$$

Sind $x_1,\ldots,x_n$ Koordinaten für $U\subseteq M$ und ist $f\in\mathscr{C}^\infty(U)$, so definieren wir $\frac{\partial f}{\partial x_i}$ durch $\frac{\partial f}{\partial x_i}(x):=\frac{\partial f}{\partial x_i}\Big|_x$ für $x\in U$, $i=1,\ldots,n$. $\frac{\partial f}{\partial x_i}$ ist wieder eine $\mathscr{C}^\infty$-Funktion.

Dabei bemerken wir, daß die $\frac{\partial}{\partial x_i}\Big|_x$ natürlich von g abhängen! Trotzdem sind die $\frac{\partial}{\partial x_i}\Big|_x$ für uns von Interesse; sie bilden nämlich eine Basis von $\mathfrak{T}_x M$: Bei ihrer Definition haben wir g^{-1} als Abbildung von $g(U)$ nach M aufgefaßt: $g^{-1}: g(U)\to M$. Wir können diese Abbildung aber auch über die Inklusionsabbildung $j: U\to M$ faktorisieren und haben dann in etwas nachlässiger Schreibweise $g^{-1}=j\circ g^{-1}$, wo das linke g^{-1} als Abbildung nach M aufgefaßt ist, das rechte als Diffeomorphismus von $g(U)$ nach U. Dann ist aber auch $\mathfrak{T}_{g(x)}(g^{-1})=\mathfrak{T}_x j\circ\mathfrak{T}_{g(x)}(g^{-1})$. Hier ist $\mathfrak{T}_x j$ ein Isomorphismus, wie wir bereits oben gesehen haben, und das rechte $\mathfrak{T}_{g(x)}(g^{-1})$ ist ebenfalls ein Isomorphismus, weil $g^{-1}: g(U)\to U$ ein Diffeomorphismus ist. ($\mathfrak{T}_x g$ ist invers zu $\mathfrak{T}_{g(x)}(g^{-1})$!) Unsere Abbildung $\mathfrak{T}_{g(x)}(g^{-1}):\mathfrak{T}_{g(x)}g(U)\to\mathfrak{T}_x M$ ist also ein Isomorphismus, und da die $\partial_i|_{g(x)}$ eine Basis von $\mathfrak{T}_{g(x)}g(U)$ bilden, bilden die $\frac{\partial}{\partial x_i}\Big|_x=(\mathfrak{T}_{g(x)}(g^{-1}))\,\partial_i|_{g(x)}$ eine von $\mathfrak{T}_x M$.

Über einer Mannigfaltigkeit M konstruieren wir nun deren Tangentialbündel $\mathfrak{T}M$. Dazu definieren wir zunächst als Menge

$$\mathfrak{T}M:=\bigcup_{x\in M}\{x\}\times\mathfrak{T}_x M,$$

und die Projektion $p:\mathfrak{T}M\to M$ definieren wir in natürlicher Weise durch $p(x,X):=x$. Nach dem im Anschluß an Definition 8.1 angegebenen Verfahren machen wir nun $(\mathfrak{T}M,p,M)$ zu einem Vektorraumbündel, indem wir einen „linearen Atlas“ konstruieren. (Die Fasern von M sind ja bereits reelle Vektorräume der gleichen Dimension wie M!)

Ist etwa (U,g) eine Karte der $\mathscr{C}^\infty$-Struktur von M mit Koordinaten $x_1,\ldots,x_n$, so ist die Abbildung $\tilde G: U\times\mathbb{R}^n\to\mathfrak{T}M|_U$, die wir durch

$$\tilde G(x,t_1,\ldots,t_n):=\left(x,\sum_{i=1}^n t_i\frac{\partial}{\partial x_i}\Big|_x\right)$$

definieren, bijektiv, fasertreu und in den Fasern ein linearer Isomorphismus, da ja $\left\{\frac{\partial}{\partial x_1}\Big|_x,\ldots,\frac{\partial}{\partial x_n}\Big|_x\right\}$ eine Basis von $\mathfrak{T}_x M$ ist. Die Umkehrabbildung $G:=\tilde G^{-1}:\mathfrak{T}M|_U\to U\times\mathbb{R}^n$ ist durch

$$G(x,X)=(x,X(x_1),\ldots,X(x_n)),\qquad X\in\mathfrak{T}_x M$$

gegeben, wie man leicht sieht, da $G \circ \tilde{G} = I_{\mathfrak{D}M}|_U$ ist. (U, G) ist eine lineare Karte für M über U, durch die $\mathfrak{D}M|_U$ zu einem trivialen Vektorraumbündel über U wird. Ist jetzt (V, h) eine weitere Karte der $\mathscr{C}^\infty$-Struktur von M mit Koordinaten $y_1, \dots, y_n$ und $H: \mathfrak{D}M|_V \to V \times \mathbb{R}^n$ die analog zu G definierte lineare Abbildung, so ist für $x \in U \cap V$ und $(t_1, \dots, t_n) \in \mathbb{R}^n$

$$H \circ G^{-1}(x, t_1, \dots, t_n) = H\left(x, \sum_{i=1}^n t_i \frac{\partial}{\partial x_i}\bigg|_x\right)$$
$$= \left(x, \sum_{i=1}^n t_i \frac{\partial y_1}{\partial x_i}\bigg|_x, \dots, \sum_{i=1}^n t_i \frac{\partial y_n}{\partial x_i}\bigg|_x\right).$$

Da die $\dfrac{\partial y_j}{\partial x_i}$ $\mathscr{C}^\infty$-Funktionen auf $U \cap V$ sind, ist auch $H \circ G^{-1}$ eine $\mathscr{C}^\infty$-Abbildung. Insbesondere ist also $H \circ G^{-1}: (U \cap V) \times \mathbb{R}^n \to (U \cap V) \times \mathbb{R}^n$ ein Vektorraumbündelisomorphismus, d.h., die beiden Karten (U, G) und (V, H) sind miteinander verträglich. Konstruieren wir jetzt auf diese Weise zu jeder Karte der $\mathscr{C}^\infty$-Struktur von M eine lineare Karte für $\mathfrak{D}M$, so erhalten wir einen linearen Atlas, der $\mathfrak{D}M$ zu einem Vektorraumbündel über M macht, dessen Rang gleich der Dimension von M ist.

Sei jetzt N eine weitere differenzierbare Mannigfaltigkeit und $F: M \to N$ eine differenzierbare Abbildung. Dann können wir eine Abbildung $\mathfrak{D}F: \mathfrak{D}M \to \mathfrak{D}N$ definieren, indem wir sie faserweise durch die $\mathfrak{D}_x F$, $x \in M$, erklären, d.h., indem wir für $(x, X) \in \mathfrak{D}M$

$$\mathfrak{D}F(x, X) := (F(x), (\mathfrak{D}_x F) X)$$

setzen. $\mathfrak{D}F$ ist in den Fasern linear, und die Abbildung ist sogar ein Vektorraumbündelhomomorphismus. Dazu muß nur noch die Differenzierbarkeit von $\mathfrak{D}F$ gezeigt werden, und zwar genügt es, das in der Umgebung jeder Faser von $\mathfrak{D}M$ zu tun. Sei etwa $x^0 \in M$, dann gibt es Karten (U, g) und (V, h) der $\mathscr{C}^\infty$-Strukturen von M bzw. N mit $x^0 \in U$ und $F(U) \subseteq V$. Die dadurch gegebenen Koordinaten seien etwa $x_1, \dots, x_n$ bzw. $y_1, \dots, y_m$. $G: \mathfrak{D}M|_U \to U \times \mathbb{R}^n$ und $H: \mathfrak{D}N|_V \to V \times \mathbb{R}^n$ seien wie oben definiert. Dann ist für $(x, t_1, \dots, t_n) \in U \times \mathbb{R}^n$

$$H \circ \mathfrak{D}F \circ G^{-1}(x, t_1, \dots, t_n)$$
$$= H \circ \mathfrak{D}F\left(x, \sum_{i=1}^n t_i \frac{\partial}{\partial x_i}\bigg|_x\right) = H\left(F(x), \sum_{i=1}^n t_i (\mathfrak{D}_x F) \frac{\partial}{\partial x_i}\bigg|_x\right)$$
$$= \left(F(x), \sum_{i=1}^n t_i \left((\mathfrak{D}_x F) \frac{\partial}{\partial x_i}\bigg|_x\right) y_1, \dots, \sum_{i=1}^n t_i \left((\mathfrak{D}_x F) \frac{\partial}{\partial x_i}\bigg|_x\right) y_m\right)$$
$$= \left(F(x), \sum_{i=1}^n t_i \frac{\partial (y_1 \circ F)}{\partial x_i}\bigg|_x, \dots, \sum_{i=1}^n t_i \frac{\partial (y_m \circ F)}{\partial x_i}\bigg|_x\right).$$

Damit ist gezeigt, daß $H \circ \mathfrak{T} F \circ G^{-1}$ differenzierbar ist, und da H und G per definitionem Diffeomorphismen sind, ist auch $\mathfrak{T} F | \mathfrak{T} M|_U \to \mathfrak{T} N|_V$ differenzierbar.

Aus unseren Überlegungen ergibt sich, daß $\mathfrak{T}$ ein kovarianter Funktor auf der Kategorie $\mathscr{C}^\infty$ mit Werten in der Kategorie $\mathscr{L}$ der Vektorraumbündel ist. Genauer haben wir den folgenden Satz:

9.3 Satz: $\mathfrak{T}: \mathscr{C}^\infty \to \mathscr{L}$ *ist ein kovarianter Funktor mit folgenden Eigenschaften:*

(1) *Ist M eine Mannigfaltigkeit der Dimension n, so ist $\mathfrak{T} M$ ein Vektorraumbündel vom Rang n über M. Ist $F: M \to N$ eine differenzierbare Abbildung zwischen zwei Mannigfaltigkeiten, so ist $\mathfrak{T} F: \mathfrak{T} M \to \mathfrak{T} N$ eine lineare Abbildung über F.*

(2) *Ist U eine offene Teilmenge der Mannigfaltigkeit M, so ist für die Inklusionsabbildung $j: U \to M$ die Abbildung $\mathfrak{T} j: \mathfrak{T} U \to \mathfrak{T} M|_U$ ein Isomorphismus.*

(3) *Die Abbildung $h_n: \mathbb{R}^n \times \mathbb{R}^n \to \mathfrak{T} \mathbb{R}^n$, definiert durch*

$$h_n(x, t_1, \ldots, t_n) := \left(x, \sum_{i=1}^{n} t_i \partial_i|_x \right),$$

ist ein Isomorphismus, und für eine differenzierbare Abbildung $F: \mathbb{R}^n \to \mathbb{R}^m$ ist

$$h_m^{-1} \circ \mathfrak{T} F \circ h_n(x, t_1, \ldots, t_n) = \left(F(x), \sum_{i=1}^{n} t_i \partial_i|_x F_1, \ldots, \sum_{i=1}^{n} t_i \partial_i|_x F_m \right).$$

Der Funktor $\mathfrak{T}$ ist durch (1), (2) *und* (3) *bis auf Isomorphie eindeutig bestimmt.*

Beweis: Zu zeigen ist lediglich noch, daß $\mathfrak{T}$ durch (1), (2) und (3) bis auf Isomorphie charakterisiert ist. Da wir diese Tatsache jedoch nicht verwenden, wollen wir den Beweis dafür nur andeuten: Durch (3) ist $\mathfrak{T}$ auf der Kategorie der $\mathscr{C}^\infty$-Abbildungen zwischen Zahlenräumen $\mathbb{R}^n$, $n \in \mathbb{N}$, eindeutig bestimmt, durch (2) dann auch auf der Kategorie der $\mathscr{C}^\infty$-Abbildungen zwischen offenen Mengen in Zahlenräumen. Ist jetzt M eine Mannigfaltigkeit mit $\mathscr{C}^\infty$-Atlas $(U_i, g_i)_{i \in I}$, so ist durch die Funktoreigenschaft und nach dem oben gesagten $\mathfrak{T} U_i$ bereits für alle $i \in I$ bestimmt, also nach (2) auch $\mathfrak{T} M|_{U_i}$. Aus der Funktoreigenschaft und (3) folgt jetzt, wie die $\mathfrak{T} M|_{U_i}$ zu einem Vektorraumbündel $\mathfrak{T} M$ „zusammenzukleben" sind. Ähnlich schließt man, daß $\mathfrak{T} F$ für eine differenzierbare Abbildung F durch (1) bis (3) bestimmt ist. ∎

9.4 Definition: *Unter einem Vektorfeld auf einer differenzierbaren Mannigfaltigkeit M verstehen wir einen differenzierbaren Schnitt $x \in \Gamma(M, \mathfrak{T} M)$.*

Ist $X \in \Gamma(M, \mathfrak{D}M)$, so werden wir i.a. X_x anstelle von $X(x)$ schreiben. Für $f_x \in \mathscr{C}_x^\infty(M)$ ist dann $X_x(f_x)$ eine wohldefinierte reelle Zahl*, ebenso $X_x(f)$ für $f \in \mathscr{C}^\infty(M)$. Wir können daher eine reellwertige Funktion Xf auf M durch $(Xf)(x) := X_x f_x$ definieren. Xf ist sogar eine differenzierbare Funktion auf M: Sind etwa $x_1, \ldots, x_n$ lokale Koordinaten auf M in x^0, so ist $X_x = \left(x, \sum_{i=1}^n t_i(x) \left.\frac{\partial}{\partial x_i}\right|_x\right)$ über einer Umgebung U von x^0, und X ist genau dann differenzierbar auf U, wenn es die t_i sind. Daher gilt über U

$$(Xf)(x) = \sum_{i=1}^n t_i(x) \left.\frac{\partial f}{\partial x_i}\right|_x,$$

und in diesem Ausdruck sind die t_i und $\frac{\partial f}{\partial x_i}$ differenzierbar; also ist auch Xf auf U differenzierbar.

Das Vektorfeld $X \in \Gamma(M, \mathfrak{D}M)$ definiert somit eine Abbildung von $\mathscr{C}^\infty(M)$ in sich, die wir wieder mit X bezeichnen wollen: $X: \mathscr{C}^\infty(M) \to \mathscr{C}^\infty(M)$. Diese Abbildung ist eine $\mathbb{R}$-Derivation von $\mathscr{C}^\infty(M)$ in sich, d.h., sie ist $\mathbb{R}$-linear und genügt der Produktregel:

$$X(fg) = (Xf)g + f(Xg) \quad \text{für} \quad f, g \in \mathscr{C}^\infty(M).$$

Sei jetzt umgekehrt eine $\mathbb{R}$-Derivation $X: \mathscr{C}^\infty(M) \to \mathscr{C}^\infty(M)$ gegeben. Für $y \in M$ und $f_y \in \mathscr{C}_y^\infty(M)$ setzen wir $X_y(f_y) := (Xf)(y)$, wo f ein globaler Repräsentant von f_y ist, der nach Satz 7.7 existiert. Wir wollen uns zunächst überlegen, daß $X_y(f_y)$ wohldefiniert ist, d.h. nicht von der speziellen Wahl des Repräsentanten f abhängt. Dazu genügt es zu zeigen, daß $(Xf)(y) = 0$ ist, falls $f_y = 0$ ist, d.h. falls f in einer Umgebung U von y verschwindet. In diesem Fall gibt es eine offene Umgebung W von y mit $\overline{W} \subseteq U$ und eine Funktion $h \in \mathscr{C}^\infty(M)$ mit $h|W = 1$ und $h|M - U = 0$. Weil f auf U verschwindet, ist $f = (1-h)f$ und daher

$$(Xf)(y) = X(1-h)(y)\, f(y) + (1-h)(y)(Xf)(y) = 0$$

wegen $f(y) = (1-h)(y) = 0$.

$X_y: \mathscr{C}_y^\infty(M) \to \mathbb{R}$ ist also eine wohldefinierte Abbildung und offenbar sogar eine $\mathbb{R}$-Derivation, also ein Element aus $\mathfrak{D}_y M$. Wir können daher X als einen Schnitt in $\mathfrak{D}M$ auffassen. Die Differenzierbarkeit dieses Schnittes zeigt man wieder mit Hilfe lokaler Koordinaten $x_1, \ldots, x_n$ in einem Punkte $x^0 \in M$: Über einer Umgebung U von x^0 ist

* Genaugenommen ist X_x ein Element aus $\{x\} \times \mathfrak{D}_x M$, hat also die Form $X_x = (x, \tilde{X}_x)$ mit $\tilde{X}_x \in \mathfrak{D}_x M$. Wir wollen hier aber X_x mit $\tilde{X}_x$ identifizieren und schreiben daher $X_x(f_x) := \tilde{X}_x(f_x)$. Entsprechendes gilt weiter unten.

$X_y = \sum_{i=1}^{n} t_i(y) \left.\frac{\partial}{\partial x_i}\right|_y$. Dabei sei U so klein, daß es $\tilde{x}_1, \ldots, \tilde{x}_n \in \mathscr{C}^\infty(M)$ gibt mit $\tilde{x}_{j|U} = x_j$. Für $y \in U$ gilt dann

$$\begin{aligned} t_j(y) &= \sum_{i=1}^{n} t_i(y)\delta_{ij} = \sum_{i=1}^{n} t_i(y) \left.\frac{\partial x_{jy}}{\partial x_i}\right|_y \\ &= \left(\sum_{i=1}^{n} t_i(y) \left.\frac{\partial}{\partial x_i}\right|_y\right)(x_{jy}) = X_y(x_{jy}) = (X\tilde{x}_j)(y), \end{aligned}$$

und da $X\tilde{x}_j$ nach Voraussetzung differenzierbar ist, ist es auch t_j über U, womit die Differenzierbarkeit von $X: M \to \mathfrak{D}M$ gezeigt ist.

Wir fassen das Ergebnis unserer Überlegungen in dem folgenden Satz zusammen:

9.5 Satz: *Ist M eine differenzierbare Mannigfaltigkeit, so sind die $\mathbb{R}$-Derivationen von $\mathscr{C}^\infty(M)$ in sich genau die Vektorfelder auf M.*

X und Y seien zwei Vektorfelder auf der differenzierbaren Mannigfaltigkeit M. Fassen wir X und Y als $\mathbb{R}$-Derivationen der Algebra $\mathscr{C}^\infty(M)$ auf, so können wir die Abbildung

$$[X, Y] := X \circ Y - Y \circ X : \mathscr{C}^\infty(M) \to \mathscr{C}^\infty(M)$$

bilden. $[X, Y]$ ist wieder eine $\mathbb{R}$-Derivation auf $\mathscr{C}^\infty(M)$: Die $\mathbb{R}$-Linearität ist trivial; und für $f, g \in \mathscr{C}^\infty(M)$ ist

$$\begin{aligned} [X, Y](fg) &= X \circ Y(fg) - Y \circ X(fg) \\ &= X((Yf)g + f(Yg)) - Y((Xf)g + f(Xg)) \\ &= (X \circ Y(f))g + (Yf)(Xg) + (Xf)(Yg) + f\,X \circ Y(g) \\ &\quad - (Y \circ X(f))g - (Xf)(Yg) - (Yf)(Xg) - f\,Y \circ X(g) \\ &= ([X, Y]f)g + f([X, Y]g); \end{aligned}$$

die Produktregel ist also auch erfüllt. Das Vektorfeld $[X, Y]$ heißt das *Lie-Produkt* der Vektorfelder X und Y. $\mathscr{C}^\infty(M)$ bildet bezüglich des Lie-Produktes und der $\mathbb{R}$-Vektorraum-Operationen eine reelle *Lie-Algebra*, d.h., es gelten die folgenden Rechenregeln:

(1) $$[\,,\,]: \Gamma(M, \mathfrak{D}M) \times \Gamma(M, \mathfrak{D}M) \to \Gamma(M, \mathfrak{D}M)$$

ist $\mathbb{R}$-bilinear;

(2) $$[X, Y] = -[Y, X]$$

für $X, Y \in \Gamma(M, \mathfrak{D}M)$;

(3) $$[[X,Y],Z]+[[Y,Z],X]+[[Z,X],Y]=0$$

für $X,Y,Z\in\Gamma(M,\mathfrak{T}M)$.
(3) nennt man die *Jacobi-Indentität.*

Wir wenden uns jetzt den alternierenden Multilinearformen auf dem Tangentialbündel $\mathfrak{T}M$ einer Mannigfaltigkeit M zu. Anstelle von $\Lambda_p(M,\mathfrak{T}M)$ bzw. $\Lambda(M,\mathfrak{T}M)$ schreiben wir $\mathfrak{F}_p(M)$ bzw. $\mathfrak{F}(M)$, und die Elemente dieser $\mathscr{C}^\infty(M)$-Moduln nennen wir Differentialformen:

9.6 Definition: *Unter einer Differentialform vom Grade p oder einer p-Form auf einer Mannigfaltigkeit M verstehen wir ein Element* $\varphi\in\mathfrak{F}_p(M)$ $:=\Lambda_p(M,\mathfrak{T}M)$.
Die 1*-Formen heißen auch Pfaffsche Formen.*

Insbesondere ist $\mathfrak{F}_0(M)=\mathscr{C}^\infty(M)$, und falls p größer als die Dimension von M ist, ist $\mathfrak{F}_p(M)=0$. Für das Rechnen in der Algebra $\mathfrak{F}(M)=\bigoplus_{p=0}^{\infty}\mathfrak{F}_p(M)$ gelten die in § 8 aufgestellten Rechenregeln für alternierende Multilinearformen auf Vektorraumbündeln. Wir werden darauf noch zurückkommen. Im Augenblick wollen wir untersuchen, wie sich Differentialformen in lokalen Koordinaten beschreiben lassen, und was geschieht, wenn man das Koordinatensystem wechselt.

Dazu wollen wir ein für allemal die folgende Bezeichnungsweise verabreden: Sind $x_1,\ldots,x_n$ lokale Koordinaten für M, etwa auf einer offenen Menge U von M, so haben wir bereits die Vektorfelder $\frac{\partial}{\partial x_1},\ldots,\frac{\partial}{\partial x_n}\in\Gamma(U,\mathfrak{T}M)$ eingeführt. Sie bilden eine Basis des freien $\mathscr{C}^\infty(U)$-Moduls $\Gamma(U,\mathfrak{T}M)$. Die dazu duale Basis von $\mathfrak{F}_1(U)=\Lambda_1(U,\mathfrak{T}M)$ bezeichnen wir mit $\mathrm{d}x_1,\ldots,\mathrm{d}x_n$, d.h. es gilt $\mathrm{d}x_i\left(\frac{\partial}{\partial x_j}\right)=\delta_{ij}$. Nach § 8 ist dann für $1\le p\le n$ $\{\mathrm{d}x_{i_1}\wedge\cdots\wedge\mathrm{d}x_{i_p};1\le i_1<\cdots<i_p\le n\}$ eine Basis von $\mathfrak{F}_p(U)$. Wichtig sind nun die folgenden Transformationsformeln für Differentialformen:

9.7 Satz: *M sei eine n-dimensionale Mannigfaltigkeit und* (U,g) *eine Karte auf M mit Koordinaten* $x_1,\ldots,x_n$. *Dann ist* $\mathfrak{F}_p(U)$ *für* $1\le p\le n$ *ein freier* $\mathscr{C}^\infty(U)$*-Modul vom Rang* $\binom{n}{p}$ *mit der Basis*

$$\{\mathrm{d}x_{i_1}\wedge\cdots\wedge\mathrm{d}x_{i_p};1\le i_1<\cdots<i_p\le n\},$$

wo die $\mathrm{d}x_i \in \mathfrak{F}_1(U)$ *durch*

$$\text{(1)} \qquad \mathrm{d}x_i\left(\frac{\partial}{\partial x_j}\right) = \delta_{ij}$$

definiert sind.

Ist (V,h) *eine weitere Karte mit Koordinaten* $y_1,\ldots,y_n$, *so gelten über* $U \cap V$ *die folgenden Transformationsformeln:*

$$\text{(2)} \qquad \frac{\partial}{\partial y_j} = \sum_{i=1}^{n} \frac{\partial x_i}{\partial y_j} \frac{\partial}{\partial x_i},$$

$$\text{(3)} \qquad \mathrm{d}y_j = \sum_{i=1}^{n} \frac{\partial y_j}{\partial x_i} \mathrm{d}x_i,$$

$$\text{(4)} \qquad \mathrm{d}y_j\left(\frac{\partial}{\partial x_i}\right) = \frac{\partial y_j}{\partial x_i},$$

$$\text{(5)} \qquad \mathrm{d}y_{j_1} \wedge \cdots \wedge \mathrm{d}y_{j_p} = \sum_{1 \le i_1 < \cdots < i_p \le n} \left(\sum_{\pi \in \mathscr{S}_p} \operatorname{sign}(\pi) \frac{\partial y_{j_1}}{\partial x_{i_{\pi(1)}}} \cdots \frac{\partial y_{j_p}}{\partial x_{i_{\pi(p)}}} \right) \mathrm{d}x_{i_1} \wedge \cdots \wedge \mathrm{d}x_{i_p}$$

$$\text{(6)} \qquad \mathrm{d}y_1 \wedge \cdots \wedge \mathrm{d}y_n = \det\left(\frac{\partial y_j}{\partial x_i}\right) \mathrm{d}x_1 \wedge \cdots \wedge \mathrm{d}x_n .$$

Beweis: Zu zeigen sind noch die Formeln (2)–(6)! Zum Nachweis von (2) sei $f \in \mathscr{C}^\infty(U \cap V)$. Dann ist nach Definition an der Stelle $x \in U \cap V$

$$\begin{aligned}
\left.\frac{\partial f}{\partial y_j}\right|_x &= \partial_j|_{h(x)}(f \circ h^{-1}) = \partial_j|_{h(x)}(f \circ g^{-1} \circ g \circ h^{-1}) \\
&= \sum_{i=1}^{n} \partial_i|_{g(x)}(f \circ g^{-1})\, \partial_j|_{h(x)}(x_i \circ h^{-1}) \\
&= \sum_{i=1}^{n} \left.\frac{\partial f}{\partial x_i}\right|_x \partial_j|_{h(x)}(x_i \circ h^{-1}) = \sum_{i=1}^{n} \left.\frac{\partial x_i}{\partial y_j}\right|_x \left.\frac{\partial f}{\partial x_i}\right|_x,
\end{aligned}$$

also gilt (2). Durch Dualisierung von (2), d.h., durch Anwendung von (1) ergibt sich (3). (4) ist eine Folgerung aus (1) und (3). (5) und (6) entsprechen den Sätzen 2.14 und 2.15 im ersten Kapitel. ∎

Zum Schluß dieses Paragraphen noch einige Bemerkungen über Tangentialräume an $\mathscr{C}^r$-Mannigfaltigkeiten mit $r < \infty$: Lemma 9.1 ist in diesem Falle i. allg. falsch (mit den dort verwendeten Bezeichnungen ist für $f \in \mathscr{C}^r(V)$ g_i i. allg. lediglich aus $\mathscr{C}^{r-1}(V)$). Das hat zur Folge, daß der Vektorraum der $\mathbb{R}$-Derivationen $X: \mathscr{C}^r_{x_0}(U) \to \mathbb{R}$ unendlichdimensional ist und also nicht anstelle des geometrischen Tangentialraumes verwendet werden kann. Um hier zu einer vernünftigen Definition des Tangentenvektors zu gelangen, die sich auf Mannigfaltigkeiten übertragen läßt, muß man entweder bei der Definition der Derivationen die Produktregel durch eine schärfere Forderung ersetzen (vgl. dazu etwa [14], Viertes Kapitel, § 1), oder man muß eine von vorneherein mehr geometrische Definition wählen (wie es etwa in [21], Chapter XVII, § 2, geschieht).

§ 10: Maße und Orientierungen

In § 3 haben wir die Begriffe der Längen-, Winkel- und Volumenmessung in Vektorräumen sowie den der Orientierung eingeführt. Diese Begriffe können wir speziell auf die Tangentialräume an eine differenzierbare Mannigfaltigkeit anwenden, also auf die Fasern des Tangentialbündels. Hängen dann diese Objekte in einer noch zu präzisierenden Weise differenzierbar von den Punkten der Mannigfaltigkeit ab, so spricht man von einer Maßbestimmung bzw. Orientierung auf der Mannigfaltigkeit.

Wir beginnen mit dem einfachsten Begriff, dem der Längen- und Winkelmessung, d. h. des Skalarproduktes.

10.1 Definition: *Unter einer Riemannschen Metrik auf einer differenzierbaren Mannigfaltigkeit M versteht man eine positiv definite symmetrische Bilinearform auf dem Tangentialbündel $\mathfrak{T}M$, d. h. eine Bilinearform $g \in \mathfrak{M}_2(M, \mathfrak{T}M)$, so daß für jedes $x \in M$ $g_x \in \mathfrak{M}_2(\mathfrak{T}_x M)$ ein Skalarprodukt auf $\mathfrak{T}_x M$ ist.*

Das Paar (M, g) heißt dann eine Riemannsche Mannigfaltigkeit. Ein Diffeomorphismus $F: M \to N$ in eine weitere Riemannsche Mannigfaltigkeit (N, g') heißt eine Isometrie, wenn für alle $X_1, X_2 \in \mathfrak{T}_x M$, $x \in M$, $g'((\mathfrak{T}_x F) X_1, (\mathfrak{T}_x F) X_2) = g(X_1, X_2)$ gilt.

(M, g) sei eine Riemannsche Mannigfaltigkeit. Dann können wir nach § 8 g als $\mathscr{C}^\infty(M)$-bilineare Abbildung von $\Gamma(M, \mathfrak{T}M) \times \Gamma(M, \mathfrak{T}M)$ nach $\mathscr{C}^\infty(M)$ auffassen. Entsprechendes gilt über einer offenen Menge U von M, für die wir Koordinaten $x_1, \ldots, x_n$ haben. Dann ist $\Gamma(U, \mathfrak{T}M)$ sogar ein freier $\mathscr{C}^\infty(U)$-Modul mit der Basis $\left\{\frac{\partial}{\partial x_1}, \ldots, \frac{\partial}{\partial x_n}\right\}$, und g ist über U durch die Funktionen $g_{ij} := g\left(\frac{\partial}{\partial x_i}, \frac{\partial}{\partial x_j}\right) \in \mathscr{C}^\infty(U)$ bestimmt: Für $X = \sum_{i=1}^{n} X_i \frac{\partial}{\partial x_i}$; $Y = \sum_{j=1}^{n} Y_j \frac{\partial}{\partial x_j} \in \Gamma(U, \mathfrak{T}M)$ ist nämlich

$$g(X, Y) = \sum_{i,j=1}^{n} X_i Y_j g\left(\frac{\partial}{\partial x_i}, \frac{\partial}{\partial x_j}\right) = \sum_{i,j=1}^{n} X_i Y_j g_{ij}.$$

Außerdem können wir

$$g\left(\frac{\partial}{\partial x_i}, \frac{\partial}{\partial x_j}\right) = g_{ij} = \sum_{\mu,\nu=1}^{n} g_{\mu\nu} \delta_{i\mu} \delta_{j\nu} = \sum_{\mu,\nu=1}^{n} g_{\mu\nu} \mathrm{d}x_\mu\left(\frac{\partial}{\partial x_i}\right) \mathrm{d}x_\nu\left(\frac{\partial}{\partial x_j}\right)$$

schreiben, so daß wir insgesamt über U

$$g = \sum_{\mu,\nu=1}^{n} g_{\mu\nu} \mathrm{d}x_\mu \circ \mathrm{d}x_\nu$$

haben*. Daß g eine Riemannsche Metrik ist, bedeutet für die $g_{\mu\nu}$, daß die Matrix $(g_{\mu\nu}(x))$ für alle $x \in U$ symmetrisch und positiv definit ist. Umgekehrt definieren solche $g_{\mu\nu}$ aus $\mathscr{C}^\infty(U)$ eine Riemannsche Metrik auf U.

Wir wollen jetzt das Transformationsverhalten der $g_{\mu\nu}$ untersuchen. Dazu nehmen wir an, wir hätten über $V \subseteq M$ Koordinaten $y_1, \ldots, y_n$, und es sei dort $g = \sum_{\mu,\nu=1}^{n} \bar{g}_{\mu\nu} \mathrm{d}y_\mu \circ \mathrm{d}y_\nu$. Nach Satz 9.7 ist dann $\mathrm{d}y_j = \sum_{i=1}^{n} \frac{\partial y_j}{\partial x_i} \mathrm{d}x_i$ (über $U \cap V$), und es folgt daraus die Transformationsformel

$$g_{\varkappa\lambda} = \sum_{\mu,\nu=1}^{n} \frac{\partial y_\mu}{\partial x_\varkappa} \frac{\partial y_\nu}{\partial x_\lambda} \bar{g}_{\mu\nu} .$$

Eine Riemannsche Metrik ist eine zusätzliche Struktur auf einer Mannigfaltigkeit, die oft ein wichtiges Hilfsmittel ist. Der folgende Satz ist daher von besonderem Interesse:

10.2 Satz: *Auf einer differenzierbaren Mannigfaltigkeit gibt es stets eine Riemannsche Metrik.*

Beweis: M sei eine Mannigfaltigkeit mit $\mathscr{C}^\infty$-Atlas $(U_i, f_i)_{i \in I}$. Wir können diesen Atlas nach § 7 so wählen, daß $(U_i)_{i \in I}$ eine lokal-endliche Überdeckung von M ist, zu der wir eine Partition der Eins $(h_i)_{i \in I}$ haben. Sind $x_1^i, \ldots, x_n^i$ Koordinaten für U_i, so wird durch $g_i := \sum_{\nu=1}^{n} \mathrm{d}x_\nu^i \circ \mathrm{d}x_\nu^i$ eine Riemannsche Metrik auf U_i definiert. $h_i g_i$ ist dann eine symmetrische Bilinearform aus $\mathfrak{M}_2(U_i, \mathfrak{T}M)$, die wir außerhalb U_i trivial fortsetzen und also als Element aus $\mathfrak{M}_2(M, \mathfrak{T}M)$ auffassen können. $g := \sum_{i \in I} h_i g_i$ ist dann eine Riemannsche Metrik auf ganz M. Da $(U_i)_{i \in I}$ lokal-endlich ist und $h_i g_i$ außerhalb U_i verschwindet, ist g wohldefiniert, weil in der Umgebung jedes Punktes fast alle Summanden verschwinden.

Daß $g \in \mathfrak{M}_2(M, \mathfrak{T}M)$ eine symmetrische Bilinearform auf $\mathfrak{T}M$ ist, ist nach Konstruktion trivial. g ist aber auch positiv definit: Ist etwa $X \in \mathfrak{T}_x M$, so ist für ein $i_0 \in I$ $h_{i_0}(x) > 0$, und für alle anderen ist $h_i(x) \geq 0$. Falls X nicht der Nullvektor ist, ist dann

$$g(X,X) = \sum_{i \in I} h_i(x) g_i(X,X) \geq h_{i_0}(x) g_{i_0}(X,X) > 0 . \quad \blacksquare$$

* Zur Bedeutung von $\circ$ vgl. § 1.

Als nächstes übertragen wir den Begriff der Volumenmessung auf eine Mannigfaltigkeit M. Für $x \in M$ ist $\mathfrak{T}_x M$ ein reeller Vektorraum, und nach 3.4 (Kapitel I) ist ein Volumenmaß auf $\mathfrak{T}_x M$ eine Funktion $\mathrm{d}\mu_x : (\mathfrak{T}_x M)^n \to \mathbb{R}$ der Form $\mathrm{d}\mu_x = |\Delta_x|$, wobei Δ_x ein Element aus $\Lambda_n(\mathfrak{T}_x M)$ ist, das nicht Null ist (n sei die Dimension von M). Unter einem Volumenmaß auf M verstehen wir nun eine Kollektion $(\mathrm{d}\mu_x)_{x \in M}$ von Volumenmaßen auf den $\mathfrak{T}_x M$, die „differenzierbar" von x abhängt. Präzisieren wir diesen Begriff, so gelangen wir zu folgender Definition:

10.3 Definition: *Unter einem (differenzierbaren) Volumenmaß auf einer n-dimensionalen Mannigfaltigkeit M verstehen wir eine differenzierbare Funktion* $\mathrm{d}\mu : \mathfrak{T}M^{(n)} \to \mathbb{R}$, *so daß für jedes* $x \in M$ $\mathrm{d}\mu_x := \mathrm{d}\mu|(\mathfrak{T}_x M)^n \to \mathbb{R}$ *ein Volumenmaß auf* $\mathfrak{T}_x M$ *ist.*

Genau wie bei einer Riemannschen Metrik wollen wir auch für ein Volumenmaß untersuchen, wie es sich in lokalen Koordinaten ausdrückt. Wir nehmen dazu wieder an, wir hätten auf der Mannigfaltigkeit M lokale Koordinaten $x_1, \dots, x_n$ für eine offene Menge U. Für $x \in U$ ist dann ein Volumenmaß $\mathrm{d}\mu_x$ durch seinen Wert auf $\left(\frac{\partial}{\partial x_1}\Big|_x, \dots, \frac{\partial}{\partial x_n}\Big|_x\right)$ bestimmt; denn ist $\mathrm{d}\mu_x = |\Delta_x|$ mit $\Delta_x \in \Lambda_n(\mathfrak{T}_x M)$, so ist für $X_1, \dots, X_n \in \mathfrak{T}_x M$ mit $X_i = \sum_{j=1}^{n} X_{ij} \frac{\partial}{\partial x_j}\Big|_x$

$$
\begin{aligned}
\mathrm{d}\mu_x(X_1, \dots, X_n) &= |\Delta_x(X_1, \dots, X_n)| \\
&= \left|\Delta_x\left(\sum_{j=1}^{n} X_{1j} \frac{\partial}{\partial x_j}\Big|_x, \dots, \sum_{j=1}^{n} X_{nj} \frac{\partial}{\partial x_j}\Big|_x\right)\right| \\
&= \left|\det(X_{ij}) \Delta_x\left(\frac{\partial}{\partial x_1}\Big|_x, \dots, \frac{\partial}{\partial x_n}\Big|_x\right)\right| \\
&= |\det(X_{ij})| \mathrm{d}\mu_x\left(\frac{\partial}{\partial x_1}\Big|_x, \dots, \frac{\partial}{\partial x_n}\Big|_x\right).
\end{aligned}
$$

Setzen wir jetzt $f(x) := \mathrm{d}\mu_x\left(\frac{\partial}{\partial x_1}\Big|_x, \dots, \frac{\partial}{\partial x_n}\Big|_x\right)$, so ist

$$
\mathrm{d}\mu_x\left(\frac{\partial}{\partial x_1}\Big|_x, \dots, \frac{\partial}{\partial x_n}\Big|_x\right) = f(x)\left|\mathrm{d}x_1 \wedge \dots \wedge \mathrm{d}x_n\left(\frac{\partial}{\partial x_1}\Big|_x, \dots, \frac{\partial}{\partial x_n}\Big|_x\right)\right|,
$$

so daß wir also $\mathrm{d}\mu_x = f(x)|\mathrm{d}x_1 \wedge \dots \wedge \mathrm{d}x_n|$ haben. (Statt $|\mathrm{d}x_1 \wedge \dots \wedge \mathrm{d}x_n|$ schreibt man auch häufig $\mathrm{d}x_1 \dots \mathrm{d}x_n$.) Ist jetzt $\mathrm{d}\mu$ ein Volumenmaß auf M, so gilt über U

$$
\mathrm{d}\mu = f|\mathrm{d}x_1 \wedge \dots \wedge \mathrm{d}x_n|,
$$

und wegen $f = \mathrm{d}\mu\left(\frac{\partial}{\partial x_1}, \ldots, \frac{\partial}{\partial x_n}\right)$ ist f sicher differenzierbar und überall positiv. Umgekehrt definiert ein solches $f \in \mathscr{C}^\infty(U)$ ein Volumenmaß auf U.

Haben wir auf $V \subseteq M$ andere Koordinaten $y_1, \ldots, y_n$ und ist dort $\mathrm{d}\mu = \bar{f}|\mathrm{d}y_1 \wedge \cdots \wedge \mathrm{d}y_n|$, so folgt aus Satz 9.7 die Transformationsformel

$$f = \left|\det\left(\frac{\partial y_j}{\partial x_i}\right)\right| \bar{f},$$

die über $U \cap V$ gültig ist.

10.4 Satz: *Auf einer differenzierbaren Mannigfaltigkeit gibt es stets ein Volumenmaß* $\mathrm{d}\mu$.

Ist g eine Riemannsche Metrik, so gibt es genau ein Volumenmaß $\mathrm{d}\mu$ *auf M, das auf den Orthonormalbasen der Tangentialräume den Wert* 1 *annimmt, d.h. für das gilt:*

Ist $\{X_1, \ldots, X_n\}$ eine Orthonormalbasis von $\mathfrak{T}_x M$ bezüglich g_x, so ist $\mathrm{d}\mu(X_1, \ldots, X_n) = 1$.

Dieses Volumenmaß nennen wir das zu g gehörende Riemannsche Volumenmaß auf M.

Beweis: Den ersten Teil des Satzes kann man genauso wie Satz 10.2 beweisen, indem man zunächst lokale Volumenmaße konstruiert und sie dann mittels einer Partition der Eins zu einem Volumenmaß auf ganz M aufsummiert. Wir wollen hier nur den zweiten Teil des Satzes beweisen, aus dem ja mit Satz 10.2 ohnehin auch der erste Teil folgt. Für $X_1, \ldots, X_n \in \mathfrak{T}_x M$ ist nach 3.6 durch

$$\mathrm{d}\mu_x(X_1, \ldots, X_n) := \sqrt{\det(g(X_i, X_j))}$$

das einzige Volumenmaß auf $\mathfrak{T}_x M$ definiert, das auf jeder Orthonormalbasis den Wert 1 annimmt. Die $\mathrm{d}\mu_x$, $x \in M$, bilden dann das gesuchte Volumenmaß auf M, dessen Differenzierbarkeit unmittelbar aus der Definition folgt. ∎

Der Vollständigkeit halber wollen wir noch angeben, wie sich das Riemannsche Volumenmaß auf einer Riemannschen Mannigfaltigkeit (M, g) in lokalen Koordinaten $x_1, \ldots, x_n$ auf einer offenen Menge $U \subseteq M$ ausdrückt. Dort sei etwa

$$g = \sum_{i,j=1}^{n} g_{ij}\, \mathrm{d}x_i \circ \mathrm{d}x_j\,.$$

Damit ist $\mathrm{d}\mu = \mathrm{d}\mu\left(\frac{\partial}{\partial x_1},\ldots,\frac{\partial}{\partial x_n}\right)|\mathrm{d}x_1 \wedge \cdots \wedge \mathrm{d}x_n|$, wie wir weiter oben gesehen haben, und da $\mathrm{d}\mu$ das Riemannsche Volumenmaß ist, ist

$$\mathrm{d}\mu\left(\frac{\partial}{\partial x_1},\ldots,\frac{\partial}{\partial x_n}\right) = \sqrt{\det\left(g\left(\frac{\partial}{\partial x_i}\,\frac{\partial}{\partial x_j}\right)\right)} = \sqrt{\det(g_{ij})}\,;$$

also haben wir über U

$$\mathrm{d}\mu = \sqrt{\det(g_{ij})}|\mathrm{d}x_1 \wedge \cdots \wedge \mathrm{d}x_n|\,.$$

Ist $\mathrm{d}\mu$ ein Volumenmaß auf M und $F\colon N \to M$ eine Einbettung einer anderen Mannigfaltigkeit N gleicher Dimension wie M, so ist $\mathfrak{T}F\colon \mathfrak{T}N \to \mathfrak{T}M$ ein strikter Vektorraumbündelhomomorphismus, und man schließt daraus sofort, daß

$$F^*(\mathrm{d}\mu) := \mathrm{d}\mu \circ (\mathfrak{T}F)^{(n)} \colon (\mathfrak{T}N)^{(n)} \to \mathbb{R}$$

ein Volumenmaß auf N ist.

Der dritte Begriff, den wir in diesem Paragraphen einführen wollen, ist der der Orientierung. Ist M eine n-dimensionale Mannigfaltigkeit, so ist eine Orientierung $\mathcal{O}_x$ auf dem Tangentialraum $\mathfrak{T}_x M$, $x \in M$, eine Klasse nicht verschwindender gleichgerichteter alternierender n-Formen aus $\Lambda_n(\mathfrak{T}_x M)$. Sie wird repräsentiert durch ein Element $\Delta_x \in \Lambda_n(\mathfrak{T}_x M)$. Von einer Orientierung auf M sprechen wir nun, wenn jeder Tangentialraum $\mathfrak{T}_x M$ eine Orientierung $\mathcal{O}_x$ trägt, die durch ein $\Delta_x \in \Lambda_n(\mathfrak{T}_x M)$ repräsentiert wird, so daß die Δ_x ein Element $\Delta \in \Lambda_n(M, \mathfrak{T}M) = \mathfrak{F}_n(M)$ definieren. Wir können das auch wieder so ausdrücken: Zwei Determinantenfunktionen, d.h. nirgends verschwindende Differentialformen Δ und $\Delta' \in \mathfrak{F}_n(M)$ nennen wir gleichgerichtet, und wir schreiben $\Delta \sim \Delta'$, wenn es eine überall positive Funktion $f \in \mathscr{C}^\infty(M)$ gibt, so daß $\Delta' = f\Delta$ ist. f ist dann eindeutig bestimmt, weil $\Lambda_n(\mathfrak{T}_x M)$ ein eindimensionaler Vektorraum ist. Wir schreiben auch $\frac{\Delta'}{\Delta}$ anstelle von f. „$\sim$“ ist eine Äquivalenzrelation in der Menge aller Determinantenfunktionen aus $\mathfrak{F}_n(M)$, und wir definieren:

10.5 Definition: *Eine Orientierung $\mathcal{O}$ auf einer n-dimensionalen Mannigfaltigkeit M ist eine Äquivalenzklasse gleichgerichteter Determinantenfunktionen aus $\mathfrak{F}_n(M)$. $(M, \mathcal{O})$ heißt eine orientierte Mannigfaltigkeit.*

Im Gegensatz zu Riemannscher Metrik und Volumenmaß läßt sich nicht immer eine Orientierung $\mathcal{O}$ auf einer Mannigfaltigkeit M finden. Wenn dies der Fall ist, nennen wir M orientierbar. Der folgende Satz enthält eine Reihe von Orientierbarkeitskriterien.

10.6 Satz: *Für eine n-dimensionale Mannigfaltigkeit M sind folgende Aussagen äquivalent:*

(1) *M ist orientierbar.*

(2) *Es gibt eine nirgends verschwindende Differentialform* $\Delta \in \mathfrak{F}_n(M)$.

(3) $\mathfrak{F}_n(M)$ *ist ein freier* $\mathscr{C}^\infty(M)$*-Modul vom Rang* 1.

(4) $\mathfrak{F}_n(M)$ *ist ein freier* $\mathscr{C}^\infty(M)$*-Modul.*

(5) *M besitzt einen* $\mathscr{C}^\infty$*-Atlas* $(U_i, g_i)_{i \in I}$, *so daß für alle* $i, j \in I$ *mit* $U_i \cap U_j \neq \emptyset$ $g_j \circ g_i^{-1}: g_i(U_i \cap U_j) \to g_j(U_i \cap U_j)$ *eine überall positive Funktionaldeterminante hat.*

(6) *Ist* $\mathrm{d}\mu$ *ein Volumenmaß auf M, so gibt es eine Differentialform* $\Delta \in \mathfrak{F}_n(M)$ *mit* $\mathrm{d}\mu = |\Delta|$.

Beweis: (1) ⇒ (2): Diese Behauptung ist trivial.

(2) ⇒ (3): Ist $\Delta \in \mathfrak{F}_n(M)$ eine nirgends verschwindende Differentialform, so ist für jedes $x \in M$ Δ_x ein erzeugendes Element des eindimensionalen Vektorraumes $\Lambda_n(\mathfrak{T}_x M)$. Eine Differentialform $\omega \in \mathfrak{F}_n(M)$ können wir daher stets eindeutig in der Form $\omega = f\Delta$ schreiben, wo f eine reellwertige Funktion auf M ist. Zu zeigen bleibt die Differenzierbarkeit von f. Sind $x_1, \ldots, x_n$ lokale Koordinaten für eine offene Menge U in M, so ist $\left\{\frac{\partial}{\partial x_1}, \ldots, \frac{\partial}{\partial x_n}\right\}$ eine Basis von $\Gamma(U, \mathfrak{T} M)$, und $\Delta\left(\frac{\partial}{\partial x_1}, \ldots, \frac{\partial}{\partial x_n}\right)$ ist eine nirgends verschwindende Funktion aus $\mathscr{C}^\infty(U)$. Für f gilt daher über U

$$f = \frac{\omega\left(\frac{\partial}{\partial x_1}, \ldots, \frac{\partial}{\partial x_n}\right)}{\Delta\left(\frac{\partial}{\partial x_1}, \ldots, \frac{\partial}{\partial x_n}\right)},$$

womit die Differenzierbarkeit von f auf U gezeigt ist.

(3) ⇒ (4): Ein freier $\mathscr{C}^\infty(M)$-Modul vom Rang 1 ist natürlich insbesondere ein freier $\mathscr{C}^\infty(M)$-Modul.

(4) ⇒ (3): Wir zeigen, daß in $\mathfrak{F}_n(M)$ je zwei verschiedene Elemente linear abhängig sind. Sind etwa ω und ω' aus $\mathfrak{F}_n(M)$, so dürfen wir o.B.d.A. $\omega_x \neq 0$ annehmen für ein $x \in M$, und es gilt dann sogar für alle x' aus einer Umgebung U von x $\omega_{x'} \neq 0$. Über U gilt dann $\omega' = f\omega$ mit $f \in \mathscr{C}^\infty(U)$ (vgl. (2) ⇒ (3)). Nach § 7 gibt es eine Funktion $h \in \mathscr{C}^\infty(M)$, deren Träger in U liegt und die nicht überall verschwindet. Mit so einem h ist dann $hf\omega - h\omega' = 0$ eine nichttriviale Relation zwischen ω und ω'.

(3) ⇒ (5): Δ sei ein erzeugendes Element des $\mathscr{C}^\infty(M)$-Moduls $\mathfrak{F}_n(M)$. Ferner sei $(U_i, \tilde{g}_i)_{i \in I}$ ein $\mathscr{C}^\infty$-Atlas für M, so daß alle U_i zusammenhängend sind. (So einen Atlas gibt es sicher!) Sind dann $\tilde{x}_1^i, \ldots, \tilde{x}_n^i$ Koordi-

naten für U_i, so ist $\tilde{f}_i := \Delta\left(\frac{\partial}{\partial \tilde{x}_1^i}, \ldots, \frac{\partial}{\partial \tilde{x}_n^i}\right)$ eine nirgends verschwindende differenzierbare Funktion auf U_i, die wegen des Zusammenhangs von U_i überall positiv oder überall negativ ist. Diffeomorphismen $\sigma_i : \mathbb{R}^n \to \mathbb{R}^n$, $i \in I$, definieren wir nun durch

$$\sigma_i(p_1, \ldots, p_n) := (\operatorname{sign}(\tilde{f}_i) p_1, p_2, \ldots, p_n).$$

(Falls $\tilde{f}_i$ positiv ist, ist also σ_i die Identität, im anderen Falle die Spiegelung an der $(p_2, \ldots, p_n)$-Hyperebene.) Es ist $\sigma_i^{-1} = \sigma_i$, und mit $g_i := \sigma_i \circ \tilde{g}_i$ ist $(U_i, g_i)_{i \in I}$ der gesuchte $\mathscr{C}^\infty$-Atlas von M. Für $i \in I$ ist nämlich $f_i := \Delta\left(\frac{\partial}{\partial x_1^i}, \ldots, \frac{\partial}{\partial x_n^i}\right)$ eine überall positive Funktion ($x_1, \ldots, x_n$ seien die durch g_i definierten Koordinaten auf U_i), weil nach Satz 9.7

$$\begin{aligned}
f_i &= \Delta\left(\frac{\partial}{\partial x_1^i}, \ldots, \frac{\partial}{\partial x_n^i}\right) = \Delta\left(\frac{\partial \tilde{x}_1^i}{\partial x_1^i} \frac{\partial}{\partial \tilde{x}_1^i}, \frac{\partial}{\partial \tilde{x}_2^i}, \ldots, \frac{\partial}{\partial \tilde{x}_n^i}\right) \\
&= \Delta\left(\operatorname{sign}(\tilde{f}_i) \frac{\partial}{\partial \tilde{x}_1^i}, \ldots, \frac{\partial}{\partial \tilde{x}_n^i}\right) = \operatorname{sign}(\tilde{f}_i) \Delta\left(\frac{\partial}{\partial \tilde{x}_1^i}, \ldots, \frac{\partial}{\partial \tilde{x}_n^i}\right) \\
&= \operatorname{sign}(\tilde{f}_i) \tilde{f}_i = |\tilde{f}_i| > 0
\end{aligned}$$

gilt. Andererseits gilt über $U_i \cap U_j$

$$\begin{aligned}
f_i &= \Delta\left(\sum_{\nu=1}^{n} \frac{\partial x_\nu^j}{\partial x_1^i} \frac{\partial}{\partial x_\nu^j}, \ldots, \sum_{\nu=1}^{n} \frac{\partial x_\nu^j}{\partial x_n^i} \frac{\partial}{\partial x_\nu^j}\right) \\
&= \det\left(\frac{\partial x_\nu^j}{\partial x_\mu^i}\right) \Delta\left(\frac{\partial}{\partial x_1^j}, \ldots, \frac{\partial}{\partial x_n^j}\right) = \det\left(\frac{\partial x_\nu^j}{\partial x_\mu^i}\right) f_j.
\end{aligned}$$

Deshalb muß $\det\left(\frac{\partial x_\nu^j}{\partial x_\mu^i}\right) > 0$ sein. Nach Definition ist aber gerade $\det\left(\left.\frac{\partial x_\nu^j}{\partial x_\mu^i}\right|_x\right)$ die Funktionaldeterminante von $g_j \circ g_i^{-1}$ an der Stelle $g_i(x) \in g_i(U_i \cap U_j)$.

(5) $\Rightarrow$ (6): Ist $d\mu$ ein Volumenmaß auf M, so können wir über U_i $d\mu$ in der Form

$$d\mu|_{U_i} = f_i |dx_1^i \wedge \cdots \wedge dx_n^i|$$

schreiben, wobei $x_1^i, \ldots, x_n^i$ wieder die durch g_i auf U_i definierten Koordinaten sind, und über $U_i \cap U_j$ gilt

$$f_i | U_i \cap U_j = \left|\det\left(\frac{\partial x_\nu^j}{\partial x_\mu^i}\right)\right| f_j | U_i \cap U_j.$$

Da $\det\left(\frac{\partial x_\nu^j}{\partial x_\mu^i}\right) > 0$ ist, haben wir also über $U_i \cap U_j$ sogar

$$f_i = \det\left(\frac{\partial x_\nu^j}{\partial x_\mu^i}\right) f_j .$$

Andrerseits wird durch $\Delta_i := f_i \, dx_1^i \wedge \cdots \wedge dx_n^i$ eine n-Form aus $\mathfrak{F}_n(U_i)$ definiert, und nach Satz 9.7 ist über $U_i \cap U_j$

$$\begin{aligned}\Delta_i &= f_i \, dx_1^i \wedge \cdots \wedge dx_n^i = f_i \det\left(\frac{\partial x_\mu^i}{\partial x_\nu^j}\right) dx_1^j \wedge \cdots \wedge dx_n^j \\ &= \det\left(\frac{\partial x_\mu^i}{\partial x_\nu^j}\right) \det\left(\frac{\partial x_\nu^j}{\partial x_\mu^i}\right) f_j \, dx_1^j \wedge \cdots \wedge dx_n^j \\ &= f_j \, dx_1^j \wedge \cdots \wedge dx_n^j = \Delta_j ,\end{aligned}$$

d.h., die Δ_i, $i \in I$ definieren ein Element $\Delta \in \mathfrak{F}_n(M)$ mit $\Delta|_{U_i} = \Delta_i$. Nach Konstruktion ist aber $d\mu = |\Delta|$.

(6) ⇒ (1): Nach Satz 10.4 gibt es ein Volumenmaß $d\mu$ auf M, und dieses hat nach Voraussetzung die Form $d\mu = |\Delta|$, wo Δ eine Determinantenfunktion auf M ist. Die Klasse aller mit Δ gleichgerichteten Determinantenfunktionen auf M ist dann eine Orientierung auf M. ▮

Im Hinblick auf den engen Zusammenhang zwischen Orientierung und Volumenmaß, der in Satz 10.6 zum Ausdruck kommt, bezeichnen wir eine Determinantenfunktion $\Delta \in \mathfrak{F}_n(M)$ auch als *orientiertes Volumenmaß* auf der orientierten differenzierbaren Mannigfaltigkeit $(M, \mathcal{O})$, wenn $\Delta \in \mathcal{O}$; $|\Delta|$ heißt dann das dazu gehörende *absolute Volumenmaß* (vergleiche Definition 3.4).

10.7 Satz: $(M, \mathcal{O})$ *sei eine orientierte Mannigfaltigkeit mit einem Volumenmaß* $d\mu$. *Dann gibt es genau ein orientiertes Volumenmaß* $\Delta \in \mathcal{O}$ *mit* $d\mu = |\Delta|$.

Beweis: Es sei $\tilde{\Delta} \in \mathcal{O}$. Dann ist $\tilde{\Delta}$ ein erzeugendes Element von $\mathfrak{F}_n(M)$ über $\mathscr{C}^\infty(M)$ (n sei die Dimension von M). Ferner gibt es ein $\Delta' \in \mathfrak{F}_n(M)$. mit $d\mu = |\Delta'|$, da M orientierbar ist. Dann ist $\Delta' = f\tilde{\Delta}$, wo f eine nirgends verschwindende differenzierbare Funktion auf M ist. Folglich ist $d\mu = |\Delta|$ für $\Delta = |f|\tilde{\Delta}$, und Δ ist wegen $|f| > 0$ gleichgerichtet mit $\tilde{\Delta}$, gehört also ebenfalls zu $\mathcal{O}$. Die Eindeutigkeit von Δ folgt sofort aus $|\Delta| = d\mu$ und $\Delta \in \mathcal{O}$. ▮

10.8 Definition: $(M, \mathcal{O})$ *sei eine n-dimensionale differenzierbare Mannigfaltigkeit. Dann heißt ein* $\mathscr{C}^\infty$*-Atlas* $(U_i, g_i)_{i \in I}$ *von M mit Koordinaten*

$x_1^i, \ldots, x_n^i$ *für* U_i *orientiert, wenn für jedes* $i \in I$ $\mathrm{d}x_1^i \wedge \cdots \wedge \mathrm{d}x_n^i \in \mathcal{O}|_{U_i}$ *ist. (Dabei sei* $\mathcal{O}|_{U_i} := \{\Delta|_{U_i}; \Delta \in \mathcal{O}\}$ *die kanonische Einschränkung der Orientierung* $\mathcal{O}$ *auf* U_i*).*

Der Beweis von Satz 10.6 hat gezeigt, daß wir auf einer orientierten Mannigfaltigkeit aus jedem $\mathscr{C}^\infty$-Atlas einen orientierten Atlas machen können, indem wir ggf. die Zusammenhangskomponenten einzelner Karten „umorientieren" (das ist gerade der Sinn der Abbildungen σ_i im Beweis von 10.6). Wir werden weiter unten von dieser Tatsache Gebrauch machen.

Man kann daraus unter anderem herleiten, daß das Möbius-Band nicht orientierbar ist. In Beispiel (3) auf Seite 65 haben wir nämlich einen Atlas aus zwei Karten (U_1, g_1) und (U_2, g_2) für das Möbius-Band angegeben, so daß $U_1 \cap U_2$ zwei Zusammenhangskomponenten hat, während U_1 und U_2 zusammenhängend sind. Die Funktionaldeterminante von $g_2 \circ g_1^{-1}$ hat nun auf den beiden Zusammenhangskomponenten von $g_1(U_1 \cap U_2)$ verschiedenes Vorzeichen, woran man auch durch Umorientieren einer der beiden Karten nichts ändern kann, da das lediglich zu einem Vorzeichenwechsel auf beiden Zusammenhangskomponenten von $g_1(U_1 \cap U_2)$ führt.

Wir wollen jetzt eine Möglichkeit untersuchen, Untermannigfaltigkeiten einer orientierten Mannigfaltigkeit zu orientieren. Immer ist das sicher nicht möglich, wie das Beispiel des Möbius-Bandes zeigt, das man etwa in den $\mathbb{R}^3$ einbetten kann. Sei $(M, \mathcal{O})$ eine n-dimensionale orientierte Mannigfaltigkeit und N eine $(n-1)$-dimensionale Untermannigfaltigkeit, wobei die kanonische Injektion $j: N \to M$ eigentlich sei. j ist in jedem Punkte $x \in N$ regulär, d.h., die Abbildung $\mathfrak{T}_x j: \mathfrak{T}_x N \to \mathfrak{T}_x M$ ist injektiv, und wir können $\mathfrak{T}_x N$ als linearen Teilraum von $\mathfrak{T}_x M$ auffassen. (Geometrisch ist $\mathfrak{T}_x N$ in diesem Sinne der Raum der Tangentenvektoren an M in x, die tangentiell zu N sind. Algebraisch kann $\mathfrak{T}_x N$ als Menge der Derivationen aus $\mathfrak{T}_x M$ aufgefaßt werden, die auf allen Funktionskeimen aus $\mathscr{C}_x^\infty(M)$ verschwinden, deren Einschränkung auf N Null ist.)

$\mathfrak{T}M|_N$ ist ein Vektorraumbündel über N, und es sei $X \in \Gamma(N, \mathfrak{T}M) := \Gamma(N, \mathfrak{T}M|_N)$ ein differenzierbarer Schnitt über N in diesem Bündel. Ferner sei $\Delta \in \mathcal{O}$ eine die Orientierung auf M repräsentierende n-Form. Für $x \in N$ und $X_1, \ldots, X_{n-1} \in \mathfrak{T}_x N$ setzen wir

$$\Delta^X(X_1, \ldots, X_{n-1}) := \Delta(X_x, X_1, \ldots, X_{n-1}).$$

Δ^X ist dann eine $(n-1)$-Form auf N. Sie entsteht dadurch, daß man zunächst $\Delta|_N$ bildet; das ist eine n-Form auf $\mathfrak{T}M|_N$. In dieser n-Form setzt man dann stets das erste Argument gleich X und erhält so eine $(n-1)$-Form auf $\mathfrak{D}M|_N$, die man auf $\mathfrak{D}N$ beschränkt. Falls jetzt für alle $x \in N$ X_x von $\mathfrak{D}_x N$ linear unabhängig ist, ist Δ^X wieder eine Determinantenfunktion auf N, definiert also eine Orientierung auf N, die natürlich von X abhängt. Ein $X \in \Gamma(N, \mathfrak{D}M|_N)$, das diese Bedingung erfüllt, nennt man ein *Normalenfeld* auf N.

Ist g eine Riemannsche Metrik, so können wir auch noch den Begriff des *Orthonormalenfeldes* einführen: Das ist ein Normalenfeld $X \in \Gamma(N, \mathfrak{D}M)$, so daß für alle $x \in N$ $g(X_x, X_x) = 1$ und X_x orthogonal zu $\mathfrak{D}_x N$ ist (bezüglich g).

10.9 Definition: *M sei eine differenzierbare Mannigfaltigkeit und G eine berandete Untermannigfaltigkeit von M mit nicht-leerem Rand. Dann heißt ein Normalenfeld $\mathfrak{n}$ auf ∂G ein äußeres Normalenfeld, wenn für alle $x \in \partial G$ und jede Funktion $f \in \mathscr{C}^\infty(M)$ mit $f|G \leq 0$ und $f|\partial G = 0$ $\mathfrak{n}_x f \geq 0$ ist.*

Die Definition besagt gerade, daß $\mathfrak{n}_x$ für alle $x \in \partial G$ eine Richtungsableitung in einer nach außen (d.h. nach $M - G$) weisenden Richtung ist. Genauer gilt das folgende Lemma:

10.10 Lemma: *G sei eine berandete Untermannigfaltigkeit der n-dimensionalen differenzierbaren Mannigfaltigkeit M, und es sei (U, g, Q) eine quaderförmige Karte auf M mit $x \in U \cap \partial G$ und Koordinaten $x_1, \ldots, x_n$ (im Sinne von Def. 6.11). Dann ist für ein äußeres Normalenfeld $\mathfrak{n} \in \Gamma(\partial G, \mathfrak{D}M)$ $\mathfrak{n}_x = \sum_{i=1}^n t_i \left.\frac{\partial}{\partial x_i}\right|_x$, mit $t_1 > 0$.*

Ist umgekehrt ein Schnitt $\mathfrak{n} \in \Gamma(\partial G, \mathfrak{D}M)$ gegeben, der für die quaderförmigen Karten, die ∂G überdecken, stets diese Bedingung erfüllt, so ist $\mathfrak{n}$ ein äußeres Normalenfeld auf ∂G.

Beweis: h sei eine Funktion aus $\mathscr{C}^\infty(M)$, deren Träger in U liegt und die nirgends negativ ist und in einer Umgebung von x identisch Eins ist. hx_1 ist dann eine auf U wohldefinierte Funktion, die sich auf ganz M durch 0 fortsetzen läßt zu einer Funktion $f \in \mathscr{C}^\infty(M)$. Für dieses f ist $f|G \leq 0$ und $f|\partial G = 0$. Folglich ist für $\mathfrak{n}_x = \sum_{i=1}^n t_i \left.\frac{\partial}{\partial x_i}\right|_x$

$$t_1 = \sum_{i=1}^n t_i \delta_{1i} = \sum_{i=1}^n t_i \left.\frac{\partial x_{1,x}}{\partial x_i}\right|_x = \sum_{i=1}^n t_i \left.\frac{\partial}{\partial x_i}\right|_x (x_{1,x}) = \mathfrak{n}_x(x_{1,x}) = \mathfrak{n}_x(f_x) \geq 0,$$

da $\mathfrak{n}$ ein äußeres Normalenfeld auf ∂G ist und $f_x = x_{1,x}$ ist (wegen $h|V = 1$ über einer Umgebung V von x). Es ist also $t_1 \geq 0$. Überdies muß aber auch $t_1 \neq 0$ sein, da sonst $\mathfrak{n}_x \in \mathfrak{T}_x \partial G$ wäre, was für ein Normalenfeld nicht sein darf. Damit ist $t_1 > 0$ gezeigt.

Die andere Richtung ist beinahe trivial: $\mathfrak{n}$ sei ein Schnitt in $\mathfrak{T}M$ über ∂G, und (U, g, Q) sei wieder eine quaderförmige Karte mit $x \in U \cap \partial G$ und Koordinaten $x_1, \ldots, x_n$. Ist dann $\mathfrak{n}_x = \sum_{i=1}^{n} t_i \frac{\partial}{\partial x_i}\Big|_x$ mit $t_1 > 0$ und ist $f \in \mathscr{C}^\infty(M)$ eine Funktion mit $f|G \leq 0$, $f|\partial G = 0$, so gilt

$$\mathfrak{n}_x(f) = \sum_{i=1}^{n} t_i \frac{\partial f}{\partial x_i}\Big|_x = \sum_{i=1}^{n} t_i \partial_i|_{g(x)}(f \circ g^{-1}).$$

Da f auf ∂G verschwindet und die $\frac{\partial}{\partial x_i}\Big|_x$, $i = 2, \ldots, n$, zu $\mathfrak{T}_x \partial G$ gehören, ist $\frac{\partial f}{\partial x_i}\Big|_x = 0$ für $i = 2, \ldots, n$. Außerdem ist auf $Q = g(G \cap U)$ $= \{(p_1, \ldots, p_n) \in Q; p_1 \leq 0\}$ $f \circ g^{-1}$ nicht positiv, während $f \circ g^{-1}(g(x)) = 0$ ist. Daher ist $\frac{\partial f}{\partial x_1}\Big|_x = \partial_1|_{g(x)}(f \circ g^{-1}) \geq 0$ und somit wegen $t_1 > 0$ auch $\mathfrak{n}_x(f) = t_1 \frac{\partial f}{\partial x_1}\Big|_x \geq 0$. Schließlich hat $t_1 > 0$ zur Folge, daß $\mathfrak{n}_x$ nicht in $\mathfrak{T}_x \partial G$ liegt, also überhaupt ein Normalenvektor ist. ▮

10.11 Satz: *G sei eine berandete Untermannigfaltigkeit der Mannigfaltigkeit M mit nicht-leerem Rand ∂G. Dann gibt es auf ∂G ein äußeres Normalenfeld $\mathfrak{n}$.*

Ist g eine Riemannsche Metrik auf G, so kann $\mathfrak{n}$ sogar als Orthonormalenfeld gewählt werden.

Beweis: Wir können annehmen, daß wir einen Atlas $(U_i, g_i, Q_i)_{i \in I}$ aus quaderförmigen Karten für G gegeben haben, mit Koordinaten $x_1^i, \ldots, x_n^i$ für U_i, so daß $(U_i)_{i \in I}$ eine lokal-endliche Überdeckung von M ist. $(h_i)_{i \in I}$ sei eine dazu gehörende Partition der Eins. Auf $\partial U_i = U_i \cap \partial G$ ist dann $\frac{\partial}{\partial x_1^i}$ ein äußeres Normalenfeld, und $\mathfrak{n} := \left(\sum_{i \in I} h_i \frac{\partial}{\partial x_1^i}\right)\Big| \partial G$ ist nach dem oben bewiesenen Lemma ein äußeres Normalenfeld auf ∂G. Um das zu sehen, muß man sich lediglich überlegen, daß für $x \in \partial U_i \cap \partial U_j$, $i, j \in I$, stets $\frac{\partial x_1^i}{\partial x_1^j} > 0$ ist. Dann ist nämlich für $x \in \partial U_i$

$$\mathfrak{n}_x = \sum_{\mu=1}^{n} \left(\sum_{j \in I} h_j \frac{\partial x_\mu^i}{\partial x_1^j}\Big|_x\right) \frac{\partial}{\partial x_\mu^i}\Big|_x,$$

worin der Koeffizient von $\frac{\partial}{\partial x_1^i}$, nämlich $\sum_{j \in I} h_j \frac{\partial x_1^i}{\partial x_1^j}(x)$, nicht-negativ ist; er ist sogar positiv, weil für wenigstens ein j $h_j(x) > 0$ sein muß.

Um den Zusatz zu beweisen, muß man die Normalenfelder $\frac{\partial}{\partial x_1^i}$ relativ zu $\frac{\partial}{\partial x_2^i}, \ldots, \frac{\partial}{\partial x_n^i}$ orthogonalisieren und normieren, ehe man sie mittels der h_i zu $\mathfrak{n}$ aufsummiert. Daß das stets möglich ist, überlegt man sich leicht. ∎

Sei jetzt $(M, \mathcal{O})$ eine orientierte Mannigfaltigkeit und G eine berandete Untermannigfaltigkeit mit nicht-leerem Rand. Auf ∂G gibt es dann ein äußeres Normalenfeld $\mathfrak{n}$. Ist $\Delta \in \mathcal{O}$, so ist $\Delta^{\mathfrak{n}}$ eine Determinantenfunktion auf ∂G, definiert also eine Orientierung auf ∂G. Das folgende Lemma zeigt, daß diese Orientierung nur von $\mathcal{O}$ abhängt, nicht aber von der speziellen Wahl von Δ und $\mathfrak{n}$. Wir nennen sie die durch $\mathcal{O}$ induzierte Orientierung und bezeichnen sie mit $\partial \mathcal{O}$. Den Rand einer Untermannigfaltigkeit einer orientierten Mannigfaltigkeit denken wir uns stets mit dieser induzierten Orientierung versehen. Nun das angekündigte Lemma:

10.12 Lemma: *M sei eine n-dimensionale Mannigfaltigkeit und G eine berandete Untermannigfaltigkeit von M mit nicht-leerem Rand. Sind dann* $\mathfrak{n}$ und $\tilde{\mathfrak{n}}$ *zwei äußere Normalenfelder auf ∂G und Δ und $\tilde{\Delta}$ zwei gleichgerichtete Determinantenfunktionen auf M, so sind auch $\Delta^{\mathfrak{n}}$ und $\tilde{\Delta}^{\tilde{\mathfrak{n}}}$ gleichgerichtet.*

Beweis: Wir haben die beiden Aussagen „$\Delta^{\mathfrak{n}} \sim \tilde{\Delta}^{\mathfrak{n}}$" und „$\tilde{\Delta}^{\mathfrak{n}} \sim \tilde{\Delta}^{\tilde{\mathfrak{n}}}$" zu beweisen. Beginnen wir mit „$\Delta^{\mathfrak{n}} \sim \tilde{\Delta}^{\mathfrak{n}}$": Es ist $\tilde{\Delta} = f\Delta$, wo $f \in \mathscr{C}^\infty(M)$ eine überall positive Funktion ist. Daraus folgt $\tilde{\Delta}^{\mathfrak{n}} = (f|\partial G)\Delta^{\mathfrak{n}}$, und $f|\partial G$ ist eine überall positive Funktion aus $\mathscr{C}^\infty(\partial G)$. Folglich ist $\tilde{\Delta}^{\mathfrak{n}} \sim \Delta^{\mathfrak{n}}$.

Nun zum Beweis der zweiten Aussage: $\tilde{\Delta}^{\mathfrak{n}}$ und $\tilde{\Delta}^{\tilde{\mathfrak{n}}}$ sind Determinantenfunktionen auf ∂G. Nach Satz 10.6 ist also $\tilde{\Delta}^{\tilde{\mathfrak{n}}} = f\tilde{\Delta}^{\mathfrak{n}}$ für eine nirgends verschwindende Funktion $f \in \mathscr{C}^\infty(\partial G)$. Wir müssen noch zeigen, daß f überall positiv ist. Sei dazu $x \in \partial G$ und (U, g, Q) eine quaderförmige Karte von G mit $x \in U$ und Koordinaten $x_1, \ldots, x_n$. Da $\left.\frac{\partial}{\partial x_2}\right|_x, \ldots, \left.\frac{\partial}{\partial x_n}\right|_x$ eine Basis von $\mathfrak{T}_x \partial G$ ist, gilt dann

$$f(x) = \frac{\tilde{\Delta}^{\tilde{\mathfrak{n}}}\left(\left.\frac{\partial}{\partial x_2}\right|_x, \ldots, \left.\frac{\partial}{\partial x_n}\right|_x\right)}{\tilde{\Delta}^{\mathfrak{n}}\left(\left.\frac{\partial}{\partial x_2}\right|_x, \ldots, \left.\frac{\partial}{\partial x_n}\right|_x\right)}.$$

Ferner ist $\mathfrak{n}_x = \sum_{i=1}^{n} t_i \frac{\partial}{\partial x_i}\Big|_x$ und $\tilde{\mathfrak{n}}_x = \sum_{i=1}^{n} \tilde{t}_i \frac{\partial}{\partial x_i}\Big|_x$ mit positivem t_1 und $\tilde{t}_1$. Deshalb ist

$$f(x) = \frac{\tilde{\Delta}\left(\sum_{i=1}^{n} \tilde{t}_i \frac{\partial}{\partial x_i}\Big|_x, \frac{\partial}{\partial x_2}\Big|_x, \ldots, \frac{\partial}{\partial x_n}\Big|_x\right)}{\tilde{\Delta}\left(\sum_{i=1}^{n} t_i \frac{\partial}{\partial x_i}\Big|_x, \frac{\partial}{\partial x_2}\Big|_x, \ldots, \frac{\partial}{\partial x_n}\Big|_x\right)}$$

$$= \frac{\tilde{\Delta}\left(\tilde{t}_1 \frac{\partial}{\partial x_1}\Big|_x, \frac{\partial}{\partial x_2}\Big|_x, \ldots, \frac{\partial}{\partial x_n}\Big|_x\right)}{\tilde{\Delta}\left(t_1 \frac{\partial}{\partial x_1}\Big|_x, \frac{\partial}{\partial x_2}\Big|_x, \ldots, \frac{\partial}{\partial x_n}\Big|_x\right)} = \frac{\tilde{t}_1}{t_1} > 0. \quad \blacksquare$$

Aus diesem Lemma ergibt sich dann, wie wir oben gesehen haben, die folgende Aussage:

10.13 Satz: *G sei eine berandete Untermannigfaltigkeit einer n-dimensionalen orientierten Mannigfaltigkeit* $(M, \mathcal{O})$. *Ist dann* $\Delta \in \mathcal{O}$ *und* $\mathfrak{n}$ *ein äußeres Normalenfeld auf* ∂G, *so definiert die Determinantenfunktion* $\Delta^{\mathfrak{n}} \in \mathfrak{F}_{n-1}(\partial G)$ *eine Orientierung* $\partial \mathcal{O}$ *auf* ∂G, *die nur von* $\mathcal{O}$ *abhängt.*

Wir wollen noch einen Satz angeben, der es gestattet, die induzierte Orientierung auf dem Rand einer Untermannigfaltigkeit einer orientierten Mannigfaltigkeit ohne ein äußeres Normalenfeld zu bestimmen:

10.14 Satz: $(M, \mathcal{O})$ *sei eine orientierte differenzierbare Mannigfaltigkeit und G eine berandete Untermanigfaltigkeit mit einem orientierten Atlas* $(U_i, g_i, Q_i)_{i \in I}$ *aus quaderförmigen Karten. Dann ist* $(\partial U_i, \partial g_i)_{i \in I}$ *ein orientierter Atlas von* $(\partial G, \partial \mathcal{O})$.

Beweis: Wir müssen zeigen, daß für $i \in I$ mit $\partial U_i \neq \emptyset$ die $(n-1)$-Form $dx_2^i \wedge \cdots \wedge dx_n^i$ die Orientierung $\partial \mathcal{O}|_{\partial U_i}$ repräsentiert. ($x_1^i, \ldots, x_n^i$ seien Koordinaten für U_i; dann können wir $x_2^i, \ldots, x_n^i$ als Koordinaten für ∂U_i auffassen.) Sei dazu $\mathfrak{n}$ ein äußeres Normalenfeld auf ∂G, das wir in der Form $\mathfrak{n} | \partial U_i = \sum_{k=1}^{n} f_k \frac{\partial}{\partial x_k^i}$ schreiben können, wobei f_1 eine auf ganz ∂U_i positive Funktion ist. Da dx_1^i auf $\mathfrak{T}\partial G \subseteq \mathfrak{T}M|_{\partial G}$ verschwindet, ist $(dx_1^i \wedge \cdots \wedge dx_n^i)^{\mathfrak{n}} = f_1\, dx_2^i \wedge \cdots \wedge dx_n^i$. Weil $f_1 > 0$ ist und $(dx_1^i \wedge \cdots \wedge dx_n^i)^{\mathfrak{n}}$ zu $\partial \mathcal{O}|_{U_i}$ gehört, so ist auch $dx_2^i \wedge \cdots \wedge dx_n^i \in \partial \mathcal{O}|_{U_i}$. $\blacksquare$

Kapitel III

DIFFERENTIALRECHNUNG DER DIFFERENTIALFORMEN

§11: Die Garbe der Differentialformen auf einer Mannigfaltigkeit

Im letzten Kapitel haben wir bereits die graduierte $\mathbb{R}$-Algebra $\mathfrak{F}(M)=\bigoplus_{p=0}^{\infty}\mathfrak{F}_p(M)$ der Differentialformen auf einer Mannigfaltigkeit M kennengelernt, und zwar war $\mathfrak{F}_p(M)=\Lambda_p(M,\mathfrak{D}M)$ und entsprechend $\mathfrak{F}(M)=\Lambda(M,\mathfrak{D}M)$. Ist $F:M\to N$ eine differenzierbare Abbildung von M in eine weitere Mannigfaltigkeit, so setzen wir $\mathfrak{F}_p(F):=\Lambda_p(\mathfrak{D}F)$ und $\mathfrak{F}(F)=\Lambda(\mathfrak{D}F)$. $\mathfrak{F}(F):\mathfrak{F}(N)\to\mathfrak{F}(M)$ ist dann nach § 8 ein Modulhomomorphismus über dem Ringhomomorphismus $F^*:\mathscr{C}^\infty(N)\to\mathscr{C}^\infty(M)$ und sogar ein graduierter $\mathbb{R}$-Algebramorphismus. Nach Definition ist dabei $\mathfrak{F}_0(M)=\mathscr{C}^\infty(M)$ und $\mathfrak{F}_0(F)=F^*:\mathscr{C}^\infty(N)\to\mathscr{C}^\infty(M)$. $\mathfrak{F}(F)$ ist also eine Fortsetzung von F^* auf die Algebra $\mathfrak{F}(N)$, und wir schreiben daher i. allg. wieder F^* anstelle von $\mathfrak{F}(F)$ bzw. $\mathfrak{F}_p(F)$.

Da $\mathfrak{D}$ ein kovarianter Funktor ist und Λ_p und Λ kontravariante Funktoren sind, sind auch $\mathfrak{F}_p=\Lambda_p\circ\mathfrak{D}$ und $\mathfrak{F}=\Lambda\circ\mathfrak{D}$ kontravariante Funktoren auf der Kategorie $\mathscr{C}^\infty$ der differenzierbaren Mannigfaltigkeiten, und zwar mit Werten in der Kategorie der reellen (unendlichdimensionalen) Vektorräume bzw. der graduierten $\mathbb{R}$-Algebren.

Zu unserer Bezeichnung ist noch zu bemerken, daß man häufig von alternierenden oder äußeren Differentialformen spricht, um dadurch anzudeuten, daß es sich um die äußere Algebra der alternierenden Multilinearformen auf dem Tangentialbündel handelt. Gemeint ist dabei aber immer das, was wir hier einfach als Differentialformen bezeichnen.

Die wichtigsten Rechenregeln für Differentialformen haben wir bereits in Satz 9.7 aufgeführt, so daß wir uns hier damit nicht mehr zu beschäftigen brauchen. Hingegen wollen wir die Funktoreigenschaft der Differentialformenalgebra noch etwas näher untersuchen und zeigen, daß die Differentialformen über den offenen Mengen einer Mannigfaltigkeit eine sogenannte Garbe bilden. Dazu sollen nun die wichtigsten Begriffe der Garbentheorie eingeführt werden.

Ist M ein topologischer Raum, so können wir die Topologie $\mathscr{T}_M$ von M zu einer Kategorie machen, wenn wir als Morphismen die Inklusionsabbildungen nehmen. (D.h., für zwei offene Mengen U und V in M besteht $\mathscr{T}_M(U, V)$ nur aus der Inklusionsabbildung $U \to V$, falls $U \subseteq V$ ist, und ist sonst leer.) $\mathscr{T}_M$ ist eine Unterkategorie von $\mathscr{C}^\infty$, falls M eine differenzierbare Mannigfaltigkeit ist.

Ist $F: M \to N$ eine stetige Abbildung von M in einen weiteren topologischen Raum N, so können wir $F^{-1}: \mathscr{T}_N \to \mathscr{T}_M$ als kovarianten Funktor auffassen, denn für $U, V \in \mathscr{T}_N$ mit $U \subseteq V$ ist auch $F^{-1}(U) \subseteq F^{-1}(V)$ in $\mathscr{T}_M$.

Die Kategorie $\mathscr{T}_M$ hat eine besondere Eigenschaft: Zu je zwei Objekten U und V aus $\mathscr{T}_M$ existiert das Produkt in $\mathscr{T}_M$, nämlich der Durchschnitt $U \cap V$.

11.1 Definition: *M sei ein topologischer Raum, $\mathscr{K}$ eine Kategorie. Dann heißt ein kontravarianter Funktor $\mathfrak{S}: \mathscr{T}_M \to \mathscr{K}$ eine Prägarbe von $\mathscr{K}$-Objekten über M.*
Sind die Objekte von $\mathscr{K}$ Mengen mit einer zusätzlichen Struktur, so heißt $\mathfrak{S}$ eine Garbe, wenn die folgende Bedingung erfüllt ist:*

(G) *$(U_i)_{i \in I}$ sei eine Familie von offenen Teilmengen von M, und es sei $U := \bigcup_{i \in I} U_i$. Ferner sei zu jedem $i \in I$ ein $s_i \in \mathfrak{S}(U_i)$ gegeben, so daß für alle $i, j \in I$*

$$\mathfrak{S}^{U_i}_{U_i \cap U_j}(s_i) = \mathfrak{S}^{U_j}_{U_i \cap U_j}(s_j)$$

gilt. (Dabei sei $\mathfrak{S}^V_U := \mathfrak{S}(U \to V)$ für $U, V \in \mathscr{T}_M$ mit $U \subseteq V$.) Dann gibt es genau ein $s \in \mathfrak{S}(U)$, so daß für alle $i \in I$

$$\mathfrak{S}^U_{U_i}(s) = s_i$$

gilt.

Für $U \in \mathscr{T}_M$ heißen die Elemente von $\mathfrak{S}(U)$ Schnitte in $\mathfrak{S}$ über U.

Wir werden es im folgenden mit Garben von abelschen Gruppen zu tun haben ($\mathscr{K}$ ist also in diesem Falle die Kategorie der abelschen Gruppen). Setzt man dabei in (G) $I := \emptyset$, so ist auch $U = \emptyset$, und es folgt, daß $\mathfrak{S}(\emptyset)$ genau ein Element enthält, also die triviale Gruppe 0 ist.

11.2 Definition: *$F: M \to N$ sei eine stetige Abbildung zwischen topologischen Räumen, und $\mathfrak{S}: \mathscr{T}_M \to \mathscr{K}$ und $\mathfrak{S}': \mathscr{T}_N \to \mathscr{K}$ seien Garben von $\mathscr{K}$-Objekten über M bzw. N. Dann versteht man unter einem Garben-*

* Z.B. Gruppen, abelsche Gruppen oder Ringe. Verzichtet man auf diese Bedingung, so muß man (G) durch eine etwas kompliziertere Forderung ersetzen, um Garben definieren zu können.

homomorphismus von $\mathfrak{S}'$ nach $\mathfrak{S}$ über der Abbildung F einen Morphismus von Funktoren

$$h: \mathfrak{S}' \to \mathfrak{S} \circ F^{-1}.$$

Der Garbenhomomorphismus $h: \mathfrak{S}' \to \mathfrak{S} \circ F^{-1}$ ist also eine Familie $(h_U)_{U \in \mathcal{T}_N}$ von $\mathcal{K}$-Morphismen $h_U: \mathfrak{S}'(U) \to \mathfrak{S}(F^{-1}(U))$, so daß für $U, V \in \mathcal{T}_N$ mit $U \subseteq V$ das Diagramm

$$\begin{array}{ccc} \mathfrak{S}'(V) & \xrightarrow{h_V} & \mathfrak{S}(F^{-1}(V)) \\ \downarrow \mathfrak{S}'^V_U & & \downarrow \mathfrak{S}^{F^{-1}(V)}_{F^{-1}(U)} \\ \mathfrak{S}'(U) & \xrightarrow{h_U} & \mathfrak{S}(F^{-1}(U)) \end{array}$$

stets kommutativ ist.

Sei jetzt $\mathfrak{S}$ eine Garbe von abelschen Gruppen über dem topologischen Raum M und $h: \mathfrak{S} \to \mathfrak{S}$ ein Endomorphismus (über der Identität auf M). Wir sagen, daß h in $x \in M$ verschwindet, wenn es eine offene Umgebung U von x in M gibt, so daß für jede offene Teilmenge V von U $h_V = 0$ ist. Man sieht sofort, daß die Menge der Punkte, in denen h verschwindet, offen in M ist. Ihr Komplement bezeichnen wir als den Träger von h, und wir schreiben dafür $\operatorname{supp}(h)$.

Für $U \in \mathcal{T}_M$ mit $U \cap \operatorname{supp}(h) = \emptyset$ ist $h_U = 0$: Zu jedem $x \in U$ gibt es nämlich eine offene Umgebung U_x von x in U mit $h_{U_x} = 0$. Ist jetzt $s \in \mathfrak{S}(U)$, so ist für alle $x \in U$

$$\mathfrak{S}^U_{U_x}(h_U(s)) = h_{U_x}(\mathfrak{S}^U_{U_x}(s)) = 0.$$

Da $U = \bigcup_{x \in U} U_x$ ist, muß nach (G) $h_U(s) = 0$ sein.

Ist jetzt $(U_i)_{i \in I}$ eine lokal-endliche Überdeckung von M und $(h_i)_{i \in I}$ eine Familie von Endomorphismen $h_i: \mathfrak{S} \to \mathfrak{S}$ mit $\operatorname{supp}(h_i) \subseteq U_i$, so gibt es zu jedem $x \in M$ eine Umgebung U, die nur endlich viele U_i schneidet, so daß auch nur für endlich viele $i \in I$ $h_{i,U} \neq 0$ ist. Der Ausdruck $\sum_{i \in I} h_{i,U}$ ist also durchaus sinnvoll, wenn wir wie üblich verabreden, daß bei der Summation alle Nullen fortzulassen sind. Wir können daher die folgende Definition machen:

11.3 Definition: *$\mathfrak{S}$ sei eine Garbe von abelschen Gruppen über dem topologischen Raum M, $(U_i)_{i \in I}$ eine lokalendliche Überdeckung von M. Unter einer dieser Überdeckung zugeordneten Partition der Identität auf $\mathfrak{S}$ versteht man eine Familie $(h_i)_{i \in I}$ von Endomorphismen $h_i: \mathfrak{S} \to \mathfrak{S}$, so daß folgendes gilt:*

(1) *Für jedes* $i \in I$ *ist* $\operatorname{supp}(h_i) \subseteq U_i$.

(2) *Jedes* $x \in M$ *besitzt eine Umgebungsbasis von Umgebungen U mit* $\sum_{i \in I} h_{i,U} = I_{\mathfrak{S}(U)}$.

Die Garbe $\mathfrak{S}$ *heißt fein, wenn es zu jeder lokal-endlichen Überdeckung von M eine Partition der Identität auf* $\mathfrak{S}$ *gibt.*

Für die Anwendung in § 13 ist noch der Begriff der exakten Sequenz von Garben abelscher Gruppen wichtig.

11.4 Definition: *Eine Sequenz* $\mathfrak{S}' \xrightarrow{h} \mathfrak{S} \xrightarrow{k} \mathfrak{S}''$ *von Garben abelscher Gruppen über dem topologischen Raum M heißt exakt (an der Stelle* $\mathfrak{S}$*), wenn die beiden folgenden Bedingungen erfüllt sind:*
(1) *Es ist* $k \circ h = 0$, *d.h., für alle* $U \in \mathscr{T}_M$ ist $k_U \circ h_U : \mathfrak{S}'(U) \to \mathfrak{S}''(U)$ *der Nullhomomorphismus.*
(2) *Ist* $k_U(s) = 0$ *für* $s \in \mathfrak{S}(U)$, *so gibt es zu jedem* $x \in U$ *eine offene Umgebung* U_x *von x in U und einen Schnitt* $s' \in \mathfrak{S}'(U_x)$ *mit* $h_{U_x}(s') = \mathfrak{S}^U_{U_x}(s)$.

M sei ein parakompakter Raum und $\mathfrak{S}$ eine Garbe von abelschen Gruppen über *M*. Unter einer feinen Auflösung von $\mathfrak{S}$ versteht man eine exakte Sequenz

$$0 \longrightarrow \mathfrak{S} \xrightarrow{j} \mathfrak{S}_0 \xrightarrow{d_0} \mathfrak{S}_1 \xrightarrow{d_1} \mathfrak{S}_2 \xrightarrow{d_2} \cdots$$

von feinen Garben abelscher Gruppen über *M*. Aus der Exaktheit dieser Sequenz folgt nicht die Exaktheit der Sequenz

$$0 \longrightarrow \mathfrak{S}(M) \xrightarrow{j_M} \mathfrak{S}_0(M) \xrightarrow{d_{0M}} \mathfrak{S}_1(M) \xrightarrow{d_{1M}} \cdots$$

Jedoch gilt $d_{q+1,M} \circ d_{q,M} = 0$. Für $Z^q := \ker d_{q,M}$ und $B^q := \operatorname{im} d_{q-1,M}$ gilt daher $B^q \subseteq Z^q$, wobei wir $d_{-1,M} := 0$ setzen. Dann können wir $H^q := Z^q / B^q$ bilden für $q \geq 0$. H^q ist eine abelsche Gruppe, die ein Maß für die Unexaktheit der Sequenz an der Stelle $\mathfrak{S}_q(M)$, $q > 0$, ist. In der Garbentheorie zeigt man, daß H^q nur von *M* und $\mathfrak{S}$ abhängt, nicht jedoch von der Wahl der feinen Auflösung

$$0 \longrightarrow \mathfrak{S} \xrightarrow{j} \mathfrak{S}_0 \xrightarrow{d_0} \mathfrak{S}_1 \xrightarrow{d_1} \mathfrak{S}_2 \xrightarrow{d_2} \cdots$$

Man schreibt daher $H^q(M, \mathfrak{S})$ und nennt $H^q(M, \mathfrak{S})$ die q-te Cohomologiegruppe von *M* mit Koeffizienten in der Garbe $\mathfrak{S}$. Ferner kann man zu jeder Garbe $\mathfrak{S}$ eine feine Auflösung angeben, so daß $H^q(M, \mathfrak{S})$ immer definiert ist. Wir können hier nicht näher darauf eingehen, und der interessierte Leser sei auf die einschlägigen Lehrbücher über algebraische Topologie verwiesen, wo er auch näheres über die folgenden Bemerkungen finden wird.

Setzen wir für $U \in \mathcal{T}_M$

$$\overline{\mathbb{R}}(U) := \{f\colon U \to \mathbb{R} \mid f \text{ stetig und lokal-konstant}\},$$

so ist $\overline{\mathbb{R}}$ in natürlicher Weise eine Garbe von abelschen Gruppen über M, wenn wir für $U, V \in \mathcal{T}_M$ mit $U \subseteq V$ $\overline{\mathbb{R}}_U^V\colon \overline{\mathbb{R}}(V) \to \overline{\mathbb{R}}(U)$ einfach als die Beschränkungsabbildung erklären, die jeder Funktion $f \in \overline{\mathbb{R}}(V)$ ihre Beschränkung $f|U$ auf U zuordnet. Die Garbe $\overline{\mathbb{R}}$ hängt offenbar nur von der Topologie des Raumes M ab und damit ebenso die Cohomologiegruppen $\mathrm{H}^q(M, \overline{\mathbb{R}})$. Unter bestimmten Voraussetzungen über M stimmen sie mit den Cohomologiegruppen anderer Cohomologietheorien überein. Man ist daher daran interessiert, $\mathrm{H}^q(M, \overline{\mathbb{R}})$ zu berechnen. Zu diesem Zwecke werden wir eine feine Auflösung von $\overline{\mathbb{R}}$ angeben, falls M eine differenzierbare Mannigfaltigkeit ist. Das werden wir in § 13 tun. Hier wollen wir zunächst die feinen Garben für diese Auflösung angeben.

11.5 Satz: *Ist M eine differenzierbare Mannigfaltigkeit, so bilden die Differentialformen vom Grade p auf den offenen Mengen von M eine feine Garbe von $\mathbb{R}$-Vektorräumen, und für eine differenzierbare Abbildung $F\colon M \to N$ zwischen zwei Mannigfaltigkeiten definiert F^* einen Garbenhomomorphismus zwischen diesen Garben über F.*

Beweis: $\mathfrak{F}_p$ ist ein kontravarianter Funktor, und wir können die Einschränkung $\mathfrak{F}_p|\mathcal{T}_M \to \mathcal{V}_{\mathbb{R}}$ bilden, wobei wir $\mathcal{T}_M$ in natürlicher Weise als Unterkategorie von $\mathcal{C}^\infty$ auffassen, indem wir jeder offenen Teilmenge von M ihre durch M definierte $\mathcal{C}^\infty$-Struktur zuordnen. (Wir setzen $\mathfrak{F}_p(\emptyset) := 0$.) $\mathfrak{F}_p$ ist also eine Garbe von $\mathbb{R}$-Vektorräumen auf M, falls wir die Eigenschaft (G) aus Definition 11.1 nachweisen können.

Sei dazu $(U_i)_{i \in I}$ eine Familie offener Teilmengen von M mit $U := \bigcup_{i \in I} U_i$, und zu jedem $i \in I$ sei eine Differentialform $\omega_i \in \mathfrak{F}_p(U_i)$ gegeben, so daß für $i, j \in I$ stets

$$\mathfrak{F}_{p\,U_i \cap U_j}^{\;U_i}(\omega_i) = \mathfrak{F}_{p\,U_i \cap U_j}^{\;U_j}(\omega_j) \qquad (*)$$

gilt. ω_i ist nach Definition insbesondere eine differenzierbare Funktion auf $\mathfrak{D}M|_{U_i}^{(p)}$, und $(*)$ besagt gerade, daß für alle $i, j \in I$ ω_i und ω_j auf $\mathfrak{D}M|_{U_i \cap U_j}^{(p)}$ übereinstimmen. Es gibt daher genau eine differenzierbare Funktion ω auf $\mathfrak{D}M|_U^{(p)}$, die für jedes $i \in I$ auf $\mathfrak{D}M|_{U_i}^{(p)}$ mit ω_i übereinstimmt. Dann ist $\omega \in \mathfrak{F}_p(U)$, und für alle $i \in I$ gilt $\mathfrak{F}_{p\,U_i}^{\;U}(\omega) = \omega_i$, und ω ist eindeutig bestimmt. (Um keine Sonderüberlegungen für den Fall $p = 0$ anstellen zu müssen, braucht man nur $\mathfrak{D}M^{(0)} := M$ zu setzen, wobei dann $\mathfrak{D}M|_U^{(0)} = U$ ist.)

$\mathfrak{F}_p$ ist also eine Garbe von $\mathbb{R}$-Vektorräumen auf M, die wir die Garbe der p-Formen nennen. Gelegentlich schreiben wir ${}_M\mathfrak{F}_p$, wenn wir hervorheben wollen, auf welcher Mannigfaltigkeit wir die Garbe betrachten.

Nun zur Feinheit der Garbe $\mathfrak{F}_p$! Da es sich um eine Garbe von Vektorräumen handelt, die insbesondere abelsche Gruppen sind, hat es einen Sinn, von der Feinheit dieser Garbe zu sprechen. Sei also $(U_i)_{i\in I}$ eine lokal-endliche offene Überdeckung von M. Dann gibt es eine differenzierbare Partition der Eins $(f_i)_{i\in I}$ zu dieser Überdeckung. Für $U\in\mathcal{T}_M$ und $\omega\in\mathfrak{F}_p(U)$ definieren wir $h_{i,U}(\omega):=(f_i|U)\omega$. Da $\mathfrak{F}_p(U)$ ein $\mathscr{C}^\infty(U)$-Modul ist, ist $h_{i,U}:\mathfrak{F}_p(U)\to\mathfrak{F}_p(U)$ ein Homomorphismus der additiven abelschen Gruppe $\mathfrak{F}_p(U)$ in sich, und man prüft leicht, daß die $h_{i,U}$, $U\in\mathcal{T}_M$, einen Endomorphismus $h_i:\mathfrak{F}_p\to\mathfrak{F}_p$ bilden, dessen Träger ganz in U_i liegt. Ist jetzt $x\in M$, so gibt es eine Umgebung U_x von x, die nur endlich viele U_i schneidet. Für jede Umgebung U von x in U_x und $\omega\in\mathfrak{F}_p(U)$ ist dann

$$\begin{aligned}\Big(\sum_{i\in I} h_{i,U}\Big)(\omega) &= \sum_{i\in I} h_{i,U}(\omega)\\ &= \sum_{i\in I}(f_i|U)\,\omega = \Big(\sum_{i\in I} f_i|U\Big)\omega = \omega,\end{aligned}$$

womit gezeigt ist, daß $(h_i)_{i\in I}$ eine Partition der Identität auf $\mathfrak{F}_p$ zur Überdeckung $(U_i)_{i\in I}$ ist.

Zu zeigen bleibt noch die letzte Behauptung des Satzes, daß für eine differenzierbare Abbildung $F:M\to N$ durch F^* ein Garbenhomomorphismus definiert wird. Dazu muß für $U,V\in\mathcal{T}_N$ mit $U\subseteq V$ die Kommutativität des Diagramms

$$\begin{array}{ccc} {}_N\mathfrak{F}_p(V) & \xrightarrow{F^*} & {}_M\mathfrak{F}_p(F^{-1}(V)) \\ \Big\downarrow {\scriptstyle {}_N\mathfrak{F}_{pU}^{V}} & & \Big\downarrow {\scriptstyle {}_M\mathfrak{F}_{pF^{-1}(U)}^{F^{-1}(V)}} \\ {}_N\mathfrak{F}_p(U) & \xrightarrow{F^*} & {}_M\mathfrak{F}_p(F^{-1}(U)) \end{array}$$

gezeigt werden. Die folgt aber sofort aus der Funktoreigenschaft von $\mathfrak{F}_p$. (Es ist ja ${}_N\mathfrak{F}_{pU}^{V}=(U\to V)^*$ etc!) ∎

Die Garben $\mathfrak{F}_p$, $p\in\mathbb{N}$, über einer Mannigfaltigkeit M werden später die Garben einer feinen Auflösung von $\mathbb{R}$ sein. Dazu definieren wir im nächsten Paragraphen Abbildungen $\mathrm{d}:\mathfrak{F}_p\to\mathfrak{F}_{p+1}$ und zeigen in § 13, daß die dadurch definierte Garbensequenz exakt ist.

Neben den Garben $\mathfrak{F}_p$ kann man natürlich auch die Garbe $\mathfrak{F}=\bigoplus_{p=0}\mathfrak{F}_p$ aller Differentialformen auf einer Mannigfaltigkeit betrachten. $\mathfrak{F}$ ist eine Garbe von graduierten $\mathbb{R}$-Algebren, und für eine differenzierbare Abbildung $F:M\to N$ definiert F^* einen Homomorphismus zwischen den Garben ${}_N\mathfrak{F}$ und ${}_M\mathfrak{F}$.

§ 12: Die äußere Ableitung

M sei im folgenden eine feste differenzierbare Mannigfaltigkeit. Im letzten Kapitel haben wir gesehen, daß die Vektorfelder auf M als $\mathbb{R}$-Derivationen der Algebra $\mathscr{C}^\infty(M)$ in sich aufgefaßt werden können. Insbesondere ist für $X \in \Gamma(M, \mathfrak{T}M)$ und $f \in \mathscr{C}^\infty(M)$ Xf wieder ein Element aus $\mathscr{C}^\infty(M)$. Halten wir jetzt einmal f fest, so ist die Zuordnung $X \mapsto Xf$ $\mathscr{C}^\infty(M)$-linear. Es wird dadurch also nach § 8 eine Linearform auf $\mathfrak{T}M$ definiert. Diese Pfaffschc Form bezeichnen wir mit $\mathrm{d}f$ und nennen sie die (äußere) Ableitung der Funktion f. $\mathrm{d}f$ ist also definiert durch

$$\mathrm{d}f(X) := Xf \quad \text{für} \quad X \in \mathfrak{T}M.$$

Die Abbildung $\mathrm{d}: \mathfrak{F}_0(M) \to \mathfrak{F}_1(M)$ ist $\mathbb{R}$-linear, wie man sofort sieht. Wir wollen sie nun zu einer Abbildung $\mathrm{d}: \mathfrak{F}(M) \to \mathfrak{F}(M)$ fortsetzen, wobei wir von dieser Abbildung bestimmte Eigenschaften verlangen, die sie dann eindeutig festlegen. Wir formulieren das im nächsten Satz:

12.1 Satz: *Es gibt genau eine Abbildung* $\mathrm{d}: \mathfrak{F}(M) \to \mathfrak{F}(M)$ *mit folgenden Eigenschaften*:

(0) d *ist* $\mathbb{R}$*-linear.*

(1) $\mathrm{d}(\mathfrak{F}_p(M)) \subseteq \mathfrak{F}_{p+1}(M)$ *für* $p \in \mathbb{N}$.

(2) *Für* $f \in \mathfrak{F}_0(M)$ *und* $X \in \mathfrak{T}M$ *ist* $\mathrm{d}f(X) = Xf$.

(3) d *ist eine Ableitung, d.h. für* $\varphi \in \mathfrak{F}_p(M)$ *und* $\psi \in \mathfrak{F}_q(M)$ *gilt*

$$\mathrm{d}(\varphi \wedge \psi) = \mathrm{d}\varphi \wedge \psi + (-1)^p \varphi \wedge \mathrm{d}\psi.$$

(4) $\mathrm{d} \circ \mathrm{d} = 0.$

Beweis: Es genügt, die Existenz und Eindeutigkeit der Abbildungen $\mathrm{d}: \mathfrak{F}_p(M) \to \mathfrak{F}_{p+1}(M)$ zu zeigen. Wir machen das in mehreren Schritten und behandeln zunächst den Fall, wo $M = G$ eine offene Menge im $\mathbb{R}^n$ mit Koordinaten $x_1, \ldots, x_n$ ist. Dann können wir nach Satz 9.7 $\varphi \in \mathfrak{F}_p(M)$ eindeutig in der Form

$$\varphi = \sum_{1 \le i_1 < \cdots < i_p \le n} f_{i_1 \ldots i_p} \mathrm{d}x_{i_1} \wedge \cdots \wedge \mathrm{d}x_{i_p}$$

schreiben, wo die $f_{i_1 \ldots i_p} \in \mathscr{C}^\infty(G) = \mathfrak{F}_0(G)$ sind.

Dabei haben wir ursprünglich $\{\mathrm{d}x_1, \ldots, \mathrm{d}x_n\}$ als Dualbasis zu $\left\{\frac{\partial}{\partial x_1}, \ldots, \frac{\partial}{\partial x_n}\right\}$ definiert. Es gilt also

$$\mathrm{d}x_i\left(\frac{\partial}{\partial x_j}\right) = \delta_{ij} = \frac{\partial}{\partial x_j}(x_i), \qquad i,j = 1, \ldots, n,$$

d.h., es ist tatsächlich $dx_i = d(x_i)$ für die oben eingeführte Abbildung $d: \mathfrak{F}_0(G) \to \mathfrak{F}_1(G)$.

Damit die Bedingungen (0), (2) und (3) erfüllt sind, muß

$$d\varphi = \sum (df_{i_1 \dots i_p} \wedge dx_{i_1} \wedge \dots \wedge dx_{i_p} + f_{i_1 \dots i_p} d(dx_{i_1} \wedge \dots \wedge dx_{i_p}))$$

sein. Wegen (4) gilt dabei für $1 \leq i_1 < \dots < i_p \leq n$

$$\begin{aligned} d(dx_{i_1} \wedge \dots \wedge dx_{i_p}) &= ddx_{i_1} \wedge dx_{i_2} \wedge \dots \wedge dx_{i_p} \\ &\quad - dx_{i_1} \wedge d(dx_{i_2} \wedge \dots \wedge dx_{i_p}) \\ &= 0 - dx_{i_1} \wedge d(dx_{i_2} \wedge \dots \wedge dx_{i_p}) \\ &= \dots = (-1)^{p-1} dx_{i_1} \wedge \dots \wedge dx_{i_{p-1}} \wedge ddx_{i_p} = 0. \end{aligned}$$

Es kann daher nur

12.2 $$d\varphi = \sum_{1 \leq i_1 < \dots < i_p \leq n} df_{i_1 \dots i_p} \wedge dx_{i_1} \wedge \dots \wedge dx_{i_p}$$

sein, womit die Eindeutigkeit von d (für $M = G$!) bereits gezeigt ist.

Definieren wir umgekehrt d durch 12.2, so sind die Bedingungen (0) bis (4) erfüllt. Für (0), (1) und (2) sieht man das unmittelbar, so daß wir nur noch den Nachweis für (3) und (4) zu führen brauchen:

(3): Für

$$\varphi = \sum_{1 \leq i_1 < \dots < i_p \leq n} f_{i_1 \dots i_p} dx_{i_1} \wedge \dots \wedge dx_{i_p} \in \mathfrak{F}_p(G)$$

und

$$\psi = \sum_{1 \leq j_1 < \dots < j_q \leq n} g_{j_1 \dots j_q} dx_{j_1} \wedge \dots \wedge dx_{j_q} \in \mathfrak{F}_q(G)$$

ist nach 12.2

$$\begin{aligned} d(\varphi \wedge \psi) &= d \sum_{\substack{1 \leq i_1 < \dots < i_p \leq n \\ 1 \leq j_1 < \dots < j_q \leq n}} f_{i_1 \dots i_p} g_{j_1 \dots j_q} dx_{i_1} \wedge \dots \wedge dx_{i_p} \wedge dx_{j_1} \wedge \dots \wedge dx_{j_q} \\ &= \sum (df_{i_1 \dots i_p}) g_{j_1 \dots j_q} \wedge dx_{i_1} \wedge \dots \wedge dx_{i_p} \wedge dx_{j_1} \wedge \dots \wedge dx_{j_q} \\ &\quad + \sum f_{i_1 \dots i_p} dg_{j_1 \dots j_q} \wedge dx_{i_1} \wedge \dots \wedge dx_{i_p} \wedge dx_{j_1} \wedge \dots \wedge dx_{j_q} \\ &= \sum df_{i_1 \dots i_p} \wedge dx_{i_1} \wedge \dots \wedge dx_{i_p} \wedge g_{j_1 \dots j_q} dx_{j_1} \wedge \dots \wedge dx_{j_q} \\ &\quad + (-1)^p \sum f_{i_1 \dots i_p} dx_{i_1} \wedge \dots \wedge dx_{i_p} \wedge dg_{j_1 \dots j_q} \wedge dx_{j_1} \wedge \dots \wedge dx_{j_q} \\ &= d\varphi \wedge \psi + (-1)^p \varphi \wedge d\psi . \end{aligned}$$

(4): Für $f \in \mathfrak{F}_0(G)$ und $X = \sum_{i=1}^{n} g_i \frac{\partial}{\partial x_i} \in \Gamma(G, \mathfrak{D}G)$ ist

$$df(X) = Xf = \sum_{i=1}^{n} g_i \frac{\partial f}{\partial x_i} = \sum_{i=1}^{n} \frac{\partial f}{\partial x_i} dx_i(X),$$

d.h. es ist

$$\mathrm{d}f = \sum_{i=1}^{n} \frac{\partial f}{\partial x_i} \mathrm{d}x_i .$$

Daraus folgt aber

$$\begin{aligned} \mathrm{dd}f &= \mathrm{d}\left(\sum_{i=1}^{n} \frac{\partial f}{\partial x_i} \mathrm{d}x_i\right) = \sum_{i=1}^{n} \mathrm{d}\left(\frac{\partial f}{\partial x_i}\right) \wedge \mathrm{d}x_i \\ &= \sum_{i=1}^{n} \sum_{j=1}^{n} \frac{\partial^2 f}{\partial x_j \partial x_i} \mathrm{d}x_j \wedge \mathrm{d}x_i \\ &= \sum_{1 \le i < j \le n} \frac{\partial^2 f}{\partial x_i \partial x_j} (\mathrm{d}x_i \wedge \mathrm{d}x_j + \mathrm{d}x_j \wedge \mathrm{d}x_i) = 0 , \end{aligned}$$

da wegen der unendlichen Differenzierbarkeit von f $\frac{\partial^2 f}{\partial x_i \partial x_j} = \frac{\partial^2 f}{\partial x_j \partial x_i}$ für $1 \le i, j \le n$ gilt.

Für $\varphi = \sum_{1 \le i_1 < \cdots < i_p \le n} f_{i_1 \ldots i_p} \mathrm{d}x_{i_1} \wedge \cdots \wedge \mathrm{d}x_{i_p}$ ist dann

$$\begin{aligned} \mathrm{dd}\varphi &= \mathrm{d}(\textstyle\sum \mathrm{d} f_{i_1 \ldots i_p} \wedge \mathrm{d}x_{i_1} \wedge \cdots \wedge \mathrm{d}x_{i_p}) \\ &= \textstyle\sum \mathrm{dd} f_{i_1 \ldots i_p} \wedge \mathrm{d}x_{i_1} \wedge \cdots \wedge \mathrm{d}x_{i_p} \\ &\quad - \textstyle\sum \mathrm{d} f_{i_1 \ldots i_p} \wedge \mathrm{d}(\mathrm{d}x_{i_1} \wedge \cdots \wedge \mathrm{d}x_{i_p}) = 0, \end{aligned}$$

da ja $\mathrm{d}(\mathrm{d}x_{i_1} \wedge \cdots \wedge \mathrm{d}x_{i_p}) = 0$ ist, wie wir bereits weiter oben gesehen haben.

Sei jetzt M eine differenzierbare Mannigfaltigkeit. Wir nehmen einmal an, wir hätten die Abbildung $\mathrm{d}: \mathfrak{F}(M) \to \mathfrak{F}(M)$ bereits gefunden. Wir zeigen zunächst, daß dann d lokal sein muß, d.h. daß für zwei Formen φ und ψ auf M, die über einer offenen Teilmenge U von M übereinstimmen, auch $\mathrm{d}\varphi|_U = \mathrm{d}\psi|_U$ ist. Dazu genügt es offenbar, $\mathrm{d}\varphi|_U = 0$ zu zeigen, falls $\varphi|_U = 0$ ist. Sei $x \in U$; es gibt eine Umgebung V von x mit $V \subseteq U$ und eine differenzierbare Funktion h auf M, die auf V verschwindet und außerhalb von U identisch Eins ist. Wenn $\varphi|_U = 0$ ist, ist dann insbesondere $\varphi = h\varphi$, woraus nach (2) $\mathrm{d}\varphi = \mathrm{d}h \wedge \varphi + h\mathrm{d}\varphi$ folgt. Wegen $\varphi|_V = 0$ und $h|_V = 0$ muß daher auch $\mathrm{d}\varphi|_V = 0$ sein, und weil V eine Umgebung von x und $x \in U$ beliebig war, muß $\mathrm{d}\varphi|_U = 0$ scin.

Aus $\mathrm{d}: \mathfrak{F}(M) \to \mathfrak{F}(M)$ können wir jetzt eine Abbildung $\mathrm{d}_U: \mathfrak{F}(U) \to \mathfrak{F}(U)$ für jede offene Teilmenge U von M konstruieren: Ist $\varphi \in \mathfrak{F}(U)$, so gibt es zu jedem $x \in U$ eine Umgebung V_x mit $V_x \subseteq U$ und eine Form $\tilde{\varphi}_x \in \mathfrak{F}(M)$ mit $\tilde{\varphi}_x|_{V_x} = \varphi|_{V_x}$. Man nehme etwa eine Umgebung V_x von x mit $\overline{V}_x \subseteq U$ und bilde die Differentialform $h\varphi$, wo h eine $\mathscr{C}^\infty$-Funktion auf M mit $\operatorname{supp}(h) \subseteq U$ und $h|V_x = 1$ ist. $h\varphi$ ist auf U definiert und verschwindet auf einer Umgebung des Randes von U. Wir können daher $h\varphi$ außerhalb U trivial fortsetzen und erhalten so $\tilde{\varphi}_x$. Die Form $d\tilde{\varphi}_{x|V_x}$ hängt dann nicht von der speziellen Wahl von $\tilde{\varphi}_x$ ab, wie wir gerade gesehen haben, und da d lokal ist, ist für $x, y \in U$ auch $d\tilde{\varphi}_x|_{V_x \cap V_y} = d\tilde{\varphi}_y|_{V_x \cap V_y}$, so daß durch

$$(d_U\varphi)|_{V_x} := (d\tilde{\varphi}_x)|_{V_x}, \qquad x \in U,$$

eine wohldefinierte Differentialform $d_U\varphi \in \mathfrak{F}(U)$ bestimmt ist. Man prüft leicht nach, daß d_U die Bedingungen (0) bis (4) erfüllt, da d sie erfüllt. Außerdem ergibt sich aus der Definition von d_U für eine Differentialform $\psi \in \mathfrak{F}(M)$ sofort

12.3 $$d_U(\psi|_U) = (d\psi)|_U .$$

Ist jetzt speziell U eine offene Teilmenge von M mit Koordinaten $x_1, \ldots, x_n$, so ist nach dem ersten Teil unseres Beweises d_U eindeutig durch 12.2 festgelegt. Durch 12.3 ist damit auch d eindeutig bestimmt, wenn wir U alle Karten eines $\mathscr{C}^\infty$-Atlas für M durchlaufen lassen.

Definieren wir umgekehrt $d: \mathfrak{F}(M) \to \mathfrak{F}(M)$ durch 12.3, wo wir U die Karten eines $\mathscr{C}^\infty$-Atlas durchlaufen lassen und d_U nach 12.2 definieren, so erfüllt d offenbar (0) bis (4), falls wir zeigen können, daß d überhaupt wohldefiniert ist. Seien U und V dazu zwei offene Teilmengen von M mit Koordinaten $x_1, \ldots, x_n$ bzw. $y_1, \ldots, y_n$. Über $U \cap V$ haben wir dann Koordinaten $x_1, \ldots, x_n$ und auch $y_1, \ldots, y_n$. Mit Hilfe von beiden können wir $d: \mathfrak{F}(U \cap V) \to \mathfrak{F}(U \cap V)$ nach 12.2 bilden, und beide Abbildungen müssen wegen der Eindeutigkeitsaussage des Satzes (die ja bereits bewiesen ist!) übereinstimmen. Das bedeutet aber gerade $d_U(\psi|_U)|_{U \cap V} = d_V(\psi|_V)|_{U \cap V}$ für $\psi \in \mathfrak{F}(M)$, womit gezeigt ist, daß d durch 12.3 wohldefiniert ist. ∎

Die Abbildung d nennen wir die äußere Ableitung. Sind M und N zwei Mannigfaltigkeiten und ist $F: M \to N$ eine differenzierbare Abbildung, so können wir die Abbildungen $d \circ F^*: \mathfrak{F}(N) \to \mathfrak{F}(M)$ und $F^* \circ d: \mathfrak{F}(N) \to \mathfrak{F}(M)$ bilden und miteinander vergleichen. Es stellt sich heraus, daß sie übereinstimmen, d.h., daß der folgende Satz gilt:

12.4 Satz: $d: \mathfrak{F} \to \mathfrak{F}$ *ist ein Morphismus von Funktoren.*

Beweis: Der Satz besagt, daß für eine differenzierbare Abbildung $F: M \to N$ zwischen zwei Mannigfaltigkeiten stets $F^* \circ d = d \circ F^*$ gilt, d.h., daß für jede Form $\varphi \in \mathfrak{F}(N)$ $F^*(d\varphi) = d(F^*\varphi)$ ist. Für M und N gibt es $\mathscr{C}^\infty$-Atlanten, so daß jede Karte von M durch F in eine Karte von N hinein abgebildet wird. Ist etwa U so eine Karte von M mit

$F(U) \subseteq V$, wo V eine von N ist, so bezeichnen wir die Abbildung $F|U \to V$ einmal mit $\tilde{F}$. Dann ist nach den Definitionen von F und d

$$F^*(\mathrm{d}\varphi)|_U = \tilde{F}^*(\mathrm{d}(\varphi|_V))$$

und

$$\mathrm{d}(F^*\varphi)|_U = \mathrm{d}(\tilde{F}^*(\varphi|_V)).$$

Da es genügt, $F^*(\mathrm{d}\varphi)|_U = \mathrm{d}(F^*)|_U$ für alle Karten U von M zu zeigen, können wir uns auf den Fall beschränken, daß M und N Gebiete im $\mathbb{R}^m$ bzw. $\mathbb{R}^n$ sind. Weiter können wir annehmen, daß φ homogen vom Grade p ist, und wegen der $\mathbb{R}$-Linearität von d und F^* dürfen wir sogar $\varphi = g\,\mathrm{d}y_{i_1} \wedge \cdots \wedge \mathrm{d}y_{i_p}$ annehmen, wo $y_1, \ldots, y_n$ Koordinaten für N sind. Insbesondere läßt sich also φ in der Form

$$\varphi = \psi \wedge \mathrm{d}f$$

schreiben mit $f \in \mathfrak{F}_0(N)$ und $\psi \in \mathfrak{F}_{p-1}(N)$. Nehmen wir einmal an, wir hätten für 0-Formen und $(p-1)$-Formen ω bereits $F^*(\mathrm{d}\omega) = \mathrm{d}(F^*\omega)$ gezeigt. Dann gilt für unser φ wegen $\mathrm{d} \circ \mathrm{d} = 0$

$$\begin{aligned} \mathrm{d}(F^*\varphi) &= \mathrm{d}(F^*(\psi \wedge \mathrm{d}f)) = \mathrm{d}(F^*\psi \wedge F^*(\mathrm{d}f)) \\ &= \mathrm{d}(F^*\psi \wedge \mathrm{d}(F^*f)) = \mathrm{d}(F^*\psi) \wedge \mathrm{d}(F^*f) \\ &= F^*(\mathrm{d}\psi) \wedge F^*(\mathrm{d}f) = F^*(\mathrm{d}(\psi \wedge \mathrm{d}f)) = F^*(\mathrm{d}\varphi). \end{aligned}$$

Wir können unsere Behauptung also durch Induktion über p beweisen und müssen nur noch den Induktionsanfang untersuchen, nämlich den Fall $p=0$. Für $f \in \mathfrak{F}_0(N)$ und $X \in \Gamma(M, \mathfrak{D}M)$ ist an der Stelle $x \in M$

$$\begin{aligned} (\mathrm{d} \circ F^*(f))(X_x) &= X_x(F^*f) = (\mathfrak{D}_x F(X_x))(f) = \mathrm{d}f(\mathfrak{D}_x F(X_x)) \\ &= (F^*(\mathrm{d}f))(X_x) = (F^* \circ \mathrm{d}(f))(X_x). \end{aligned}$$

Also ist $(\mathrm{d} \circ F^*)(f) = (F^* \circ \mathrm{d})(f)$. ∎

Ist $f: M \to \mathbb{R}$ eine differenzierbare Funktion auf der Mannigfaltigkeit M, so können wir einmal untersuchen, in welcher Beziehung die beiden Abbildungen $\mathrm{d}f: \mathfrak{D}M \to \mathbb{R}$ und $\mathfrak{D}f: \mathfrak{D}M \to \mathfrak{D}\mathbb{R}$ zueinander stehen. Es zeigt sich, daß $\mathrm{d}f$ durch $\mathfrak{D}f$ eindeutig bestimmt ist und umgekehrt, und zwar gilt für $x \in M$ und $X_x \in \mathfrak{D}_x M$

$$\mathfrak{D}_x f(X_x) = \mathrm{d}f(X_x) \left.\frac{\mathrm{d}}{\mathrm{d}t}\right|_{f(x)},$$

wenn t die Koordinatenfunktion von $\mathbb{R}$ ist, oder, was dasselbe ist,

$$\mathfrak{D}f(x, X_x) = \left(f(x), \mathrm{d}f(X_x) \left.\frac{\mathrm{d}}{\mathrm{d}t}\right|_{f(x)} \right).$$

Der Beweis ist einfach; für $h \in \mathscr{C}^\infty(\mathbb{R})$ gilt nämlich

$$(\mathfrak{D}_x f(X_x))(h) = X_x(h \circ f) = \left.\frac{\mathrm{d}h}{\mathrm{d}t}\right|_{f(x)} X_x(f)$$
$$= \left(X_x(f) \left.\frac{\mathrm{d}}{\mathrm{d}t}\right|_{f(x)} \right)(h) = \left(\mathrm{d}f(X_x) \left.\frac{\mathrm{d}}{\mathrm{d}t}\right|_{f(x)} \right)(h),$$

also ist $\mathfrak{D}_x f(X_x) = \mathrm{d}f(X_x) \left.\frac{\mathrm{d}}{\mathrm{d}t}\right|_{f(x)}$. (Man beachte dabei, daß $\mathscr{C}^\infty_{f(x)}(\mathbb{R})$ nach Satz 7.7 aus den Keimen der globalen Funktionen $h \in \mathscr{C}^\infty(\mathbb{R})$ besteht und daß es deshalb genügt, $(\mathfrak{D}_x f(X_x))(h) = \left(\mathrm{d}f(X_x) \left.\frac{\mathrm{d}}{\mathrm{d}t}\right|_{f(x)} \right)(h)$ für diese h zu zeigen!)

Zum Schluß wollen wir noch eine Formel für die Berechnung der äußeren Ableitung angeben, die oft recht nützlich ist:

12.5 Satz: *M sei eine differenzierbare Mannigfaltigkeit, $\varphi \in \mathfrak{F}_p(M)$ und $X_1, \ldots, X_{p+1} \in \Gamma(M, \mathfrak{D}M)$. Dann gilt*

$$\mathrm{d}\varphi(X_1, \ldots, X_{p+1})$$
$$= \sum_{i=1}^{p+1} (-1)^{i+1} X_i(\varphi(X_1, \ldots, \hat{X}_i, \ldots, X_{p+1}))$$
$$+ \sum_{i<j} (-1)^{i+j} \varphi([X_i, X_j], X_1, \ldots, \hat{X}_i, \ldots, \hat{X}_j, \ldots, X_{p+1}),$$

wobei das $\wedge$ über einem Symbol wie üblich bedeutet, daß das betreffende Symbol fortzulassen ist.

Beweis: Wir beschränken uns auf den Fall, daß M ein Gebiet im $\mathbb{R}^n$ mit Koordinaten $x_1, \ldots, x_n$ ist und daß $\varphi = f\,\mathrm{d}x_1 \wedge \cdots \wedge \mathrm{d}x_p$ ist. Aus diesem Spezialfall folgert man dann leicht den allgemeinen Fall. Jetzt gilt

$$\mathrm{d}\varphi(X_1, \ldots, X_{p+1}) = \mathrm{d}f \wedge \mathrm{d}x_1 \wedge \cdots \wedge \mathrm{d}x_p(X_1, \ldots, X_{p+1})$$
$$= \frac{1}{p!} \sum_{\pi \in \mathscr{S}_{p+1}} \mathrm{sign}(\pi)\, \mathrm{d}f(X_{\pi(1)})\, \mathrm{d}x_1 \wedge \cdots \wedge \mathrm{d}x_p(X_{\pi(2)}, \ldots, X_{\pi(p+1)})$$
$$= \sum_{i=1}^{p+1} (-1)^{i+1} X_i(f)\, \mathrm{d}x_1 \wedge \cdots \wedge \mathrm{d}x_p(X_1, \ldots, \hat{X}_i, \ldots, X_{p+1})$$
$$= \sum_{i=1}^{p+1} (-1)^{i+1} X_i(\varphi(X_1, \ldots, \hat{X}_i, \ldots, X_{p+1}))$$
$$- \sum_{i=1}^{p+1} (-1)^{i+1} f X_i(\mathrm{d}x_1 \wedge \cdots \wedge \mathrm{d}x_p(X_1, \ldots, \hat{X}_i, \ldots, X_{p+1})).$$

Die Richtigkeit des dritten Gleichheitszeichens überlegt man sich dabei folgendermaßen: Für festes i gibt es $p!$ Permutationen $\pi \in \mathscr{S}_{p+1}$ mit $\pi(1)=i$, und für jede dieser Permutationen ist

$$\begin{aligned}&\operatorname{sign}(\pi)\mathrm{d}x_1\wedge\cdots\wedge\mathrm{d}x_p(X_{\pi(2)},\ldots,X_{\pi(p+1)})\\&=(-1)^{i+1}\mathrm{d}x_1\wedge\cdots\wedge\mathrm{d}x_p(X_1,\ldots,\hat{X}_i,\ldots,X_{p+1}),\end{aligned}$$

weil $\operatorname{sign}(\pi)=(-1)^{i+1}\operatorname{sign}(\pi')$ ist, wo π' die Permutation aus $\mathscr{S}_p$ ist, die das p-Tupel $(1,\ldots,\hat{i},\ldots,p+1)$ zu $(\pi(2),\ldots,\pi(p+1))$ permutiert.

Andererseits ist

$$\begin{aligned}&\sum_{i<j}(-1)^{i+j}\varphi([X_i,X_j],X_1,\ldots,\hat{X}_i,\ldots,\hat{X}_j,\ldots,X_{p+1})\\
&=\sum_{i<j}(-1)^i f\,\mathrm{d}x_1\wedge\cdots\wedge\mathrm{d}x_p(X_1,\ldots,\hat{X}_i,\ldots,[X_i,X_j],\ldots,X_{p+1})\\
&=\sum_{i<j}(-1)^i f\sum_{\pi\in\mathscr{S}_p}\operatorname{sign}(\pi)\mathrm{d}x_{\pi(1)}(X_1)\ldots\mathrm{d}x_{\pi(j-1)}([X_i,X_j])\ldots\mathrm{d}x_{\pi(p)}(X_{p+1})\\
&=\sum_{i<j}(-1)^i f\sum_{\pi\in\mathscr{S}_p}\operatorname{sign}(\pi)\mathrm{d}x_{\pi(1)}(X_1)\ldots X_i(\mathrm{d}x_{\pi(j-1)}(X_j))\ldots\mathrm{d}x_{\pi(p)}(X_{p+1})\\
&\quad-\sum_{i<j}(-1)^i f\sum_{\pi\in\mathscr{S}_p}\operatorname{sign}(\pi)\mathrm{d}x_{\pi(1)}(X_1)\ldots X_j(\mathrm{d}x_{\pi(j-1)}(X_i))\ldots\mathrm{d}x_{\pi(p)}(X_{p+1})\\
&=\sum_{i<j}(-1)^i f\sum_{\pi\in\mathscr{S}_p}\operatorname{sign}(\pi)\mathrm{d}x_{\pi(1)}(X_1)\ldots X_i(\mathrm{d}x_{\pi(j-1)}(X_j))\ldots\mathrm{d}x_{\pi(p)}(X_{p+1})\\
&\quad+\sum_{i<j}(-1)^j f\sum_{\pi\in\mathscr{S}_p}\operatorname{sign}(\pi)\mathrm{d}x_{\pi(1)}(X_1)\ldots X_j(\mathrm{d}x_{\pi(i)}(X_i))\ldots\mathrm{d}x_{\pi(p)}(X_{p+1})\\
&=\sum_{i=1}^{p+1}(-1)^i f X_i\left(\sum_{\pi\in\mathscr{S}_p}\operatorname{sign}(\pi)\mathrm{d}x_{\pi(1)}(X_1)\ldots\mathrm{d}x_{\pi(p)}(X_{p+1})\right)\\
&=-\sum_{i=1}^{p+1}(-1)^{i+1} f X_i(\mathrm{d}x_1\wedge\cdots\wedge\mathrm{d}x_p(X_1,\ldots,\hat{X}_i,\ldots,X_{p+1})).\end{aligned}$$

Hierin ergibt sich das dritte Gleichheitszeichen daraus, daß

$$\begin{aligned}\mathrm{d}x_{\pi(j-1)}([X_i,X_j])&=[X_i,X_j](x_{\pi(j-1)})\\&=X_i(X_j(x_{\pi(j-1)}))-X_j(X_i(x_{\pi(j-1)}))\\&=X_i(\mathrm{d}x_{\pi(j-1)}(X_j))-X_j(\mathrm{d}x_{\pi(j-1)}(X_i))\end{aligned}$$

gilt. Für das nächste Gleichheitszeichen ersetze man in der zweiten Summe jede Permutation $\pi\in\mathscr{S}_p$ durch $\pi\circ\tau_{i,j-1}$, wobei $\tau_{i,j-1}$ die folgende Permutation aus $\mathscr{S}_p$ ist:

$$\tau_{i,j-1}(\nu):=\begin{cases}\nu, & \text{falls } \nu<i \text{ oder } \nu>j-1,\\ j-1, & \text{falls } \nu=i,\\ \nu-1, & \text{falls } i<\nu\le j-1.\end{cases}$$

Dann folgt der Vorzeichenwechsel aus $\operatorname{sign}\tau_{i,j-1}=-(-1)^{j-i}$.

§ 13: Das Lemma von Poincaré und die de-Rham-Cohomologie

Wir haben im letzten Paragraphen gesehen, daß sich die äußere Ableitung als Morphismus von Funktoren $d: \mathfrak{F} \to \mathfrak{F}$ auffassen läßt. Ist M eine feste differenzierbare Mannigfaltigkeit, so können wir insbesondere d auf die Garbe ${}_M\mathfrak{F}$ beschränken: $d: {}_M\mathfrak{F} \to {}_M\mathfrak{F}$ ist dann ein Garbenhomomorphismus, wenn wir ${}_M\mathfrak{F}$ als Garbe von $\mathbb{R}$-Vektorräumen betrachten. (d ist kein Algebramorphismus!) Wegen $d(\mathfrak{F}_p) \subseteq \mathfrak{F}_{p+1}$ können wir die Sequenz

$$0 \longrightarrow \bar{\mathbb{R}} \xrightarrow{j} \mathfrak{F}_0 \xrightarrow{d} \mathfrak{F}_1 \xrightarrow{d} \mathfrak{F}_2 \longrightarrow \cdots \qquad \text{(Rh)}$$

bilden. (Wir haben wieder $\mathfrak{F}_p$ anstelle von ${}_M\mathfrak{F}_p$ geschrieben, da wir die Mannigfaltigkeit M im Augenblick als fest betrachten.) $\bar{\mathbb{R}}$ ist dabei die bereits in § 11 eingeführte Garbe der lokal-konstanten reellwertigen Funktionen auf M, und j ist die natürliche Einbettung (jede lokal-konstante Funktion ist differenzierbar!).

Die Sequenz (Rh) nennen wir die de-Rham-Sequenz. Wir wollen zeigen, daß sie eine feine Auflösung der Garbe $\bar{\mathbb{R}}$ ist und daher zur Berechnung der Cohomologiegruppen $H^p(M, \bar{\mathbb{R}})$ dienen kann. Dazu müssen wir nur noch nachweisen, daß die de-Rham-Sequenz exakt ist. Wir werden dazu sogar eine stärkere Aussage beweisen, nämlich das Poincarésche Lemma.

13.1 Definition: *M sei eine differenzierbare Mannigfaltigkeit. Dann heißt eine Differentialform $\varphi \in \mathfrak{F}_p(M)$ geschlossen, wenn $d\varphi = 0$ ist. φ heißt exakt (oder integrabel), wenn es eine Differentialform $\psi \in \mathfrak{F}_{p-1}(M)$ mit $d\psi = \varphi$ gibt (bzw. wenn φ eine lokal-konstante Funktion ist im Falle $p = 0$).*

Wegen $d \circ d = 0$ ist sicher jede exakte Differentialform geschlossen. Unsere Aufgabe besteht nun darin zu untersuchen, unter welchen Bedingungen auch die Umkehrung richtig ist. Daß das nicht immer der Fall ist, wollen wir an einem Beispiel zeigen:

Es sei $M := \mathbb{R}^2 - \{0\}$, und φ sei die folgende Pfaffsche Form auf M (x, y seien Koordinaten):

$$\varphi := \frac{1}{x^2 + y^2}(x\,dy - y\,dx).$$

Dann ist

$$\begin{aligned}
\mathrm{d}\varphi &= \mathrm{d}\left(\frac{1}{x^2+y^2}\right) \wedge (x\,\mathrm{d}y - y\,\mathrm{d}x) + \frac{1}{x^2+y^2}\,\mathrm{d}(x\,\mathrm{d}y - y\,\mathrm{d}x) \\
&= \frac{-2}{(x^2+y^2)^2}(x\,\mathrm{d}x + y\,\mathrm{d}y) \wedge (x\,\mathrm{d}y - y\,\mathrm{d}x) + \frac{2}{x^2+y^2}\,\mathrm{d}x \wedge \mathrm{d}y \\
&= \frac{-2}{x^2+y^2}\,\mathrm{d}x \wedge \mathrm{d}y + \frac{2}{x^2+y^2}\,\mathrm{d}x \wedge \mathrm{d}y = 0,
\end{aligned}$$

φ ist also geschlossen.

Falls es eine Funktion $f \in \mathfrak{F}_0(M)$ mit $\mathrm{d}f = \varphi$ gibt, so bilden wir die Funktion $g: \mathbb{R} \to \mathbb{R}$, definiert durch $g(t) := f(\cos t, \sin t)$. (Wir betrachten also f auf dem Rand des Einheitskreises im $\mathbb{R}^2$.) g ist dann insbesondere periodisch mit der Periode 2π, nimmt also auf $\mathbb{R}$ lokale Maxima an und hat folglich eine Ableitung g', die irgendwo verschwindet. Andererseits ist aber

$$\begin{aligned}
g'(t) &= -\frac{\partial f}{\partial x}(\cos t, \sin t)\sin t + \frac{\partial f}{\partial y}(\cos t, \sin t)\cos t \\
&= \frac{\sin^2 t}{\cos^2 t + \sin^2 t} + \frac{\cos^2 t}{\cos^2 t + \sin^2 t} = 1,
\end{aligned}$$

womit gezeigt ist, daß es kein f mit $\mathrm{d}f = \varphi$ geben kann.

Wir werden weiter unten sehen, daß das Hindernis für die Exaktheit der Differentialform φ in diesem Fall das Fehlen des Nullpunktes ist, also eine geometrische Bedingung. φ läßt sich ja auch nicht in den Nullpunkt fortsetzen!

Im folgenden sei $I := [0,1]$ das abgeschlossene Einheitsintervall in $\mathbb{R}$. Es hat Sinn, von $\mathscr{C}^\infty$-Funktionen auf I zu sprechen, wenn man in den Endpunkten jeweils nur einseitige Ableitungen bildet. Entsprechendes gilt für Funktionen und Differentialformen auf $I \times M$, wo M eine beliebige Mannigfaltigkeit ist. Für $t \in I$ bezeichne dann $i_t: M \to I \times M$ die kanonische Einbettung, definiert durch $i_t(x) := (t, x)$.

13.2 Lemma: *M sei eine Mannigfaltigkeit. Dann gibt es für $p \geq 0$ eine $\mathbb{R}$-lineare Abbildung $K: \mathfrak{F}_{p+1}(I \times M) \to \mathfrak{F}_p(M)$, so daß $\mathrm{d}K + K\mathrm{d} = i_1^* - i_0^*$ ist.*

Beweis: t sei die Koordinatenfunktion auf I, und es sei $X_0 := \dfrac{\partial}{\partial t}$, aufgefaßt als Vektorfeld auf $I \times M$. Wie früher bezeichnen wir für

$\varphi \in \mathfrak{F}_{p+1}(I \times M)$ mit φ^{X_0} die folgende p-Form auf $I \times M$: Für Vektorfelder $X_1, \ldots, X_p \in \Gamma(I \times M, \mathfrak{D}(I \times M))$ soll

$$\varphi^{X_0}(X_1, \ldots, X_p) := \varphi(X_0, X_1, \ldots, X_p)$$

sein. Für $t \in I$ ist jetzt $i_t^*(\varphi^{X_0}) \in \mathfrak{F}_p(M)$, und als $K\varphi$ nehmen wir einfach den „Mittelwert" dieser Formen über I. Genauer heißt das, daß wir für $X_1, \ldots, X_p \in \Gamma(M, \mathfrak{D}M)$

$$K\varphi(X_1, \ldots, X_p) := \int_0^1 (i_t^* \varphi^{X_0})(X_1, \ldots, X_p)\,\mathrm{d}t$$

setzen. Man prüft leicht nach, daß $K\varphi$ tatsächlich ein Element aus $\mathfrak{F}_p(M)$ ist: Dazu braucht man ja nur zu zeigen, daß $K\varphi: (\Gamma(M, \mathfrak{D}M))^p \to \mathscr{C}^\infty(M)$ alternierend und $\mathscr{C}^\infty(M)$-multilinear ist. Für $i_t^* \varphi^{X_0}$ ist das sicher richtig, und die Integration über t stört diesen Sachverhalt nicht.

Um besser weiterrechnen zu können, wollen wir noch den Ausdruck $i_t^* \varphi^{X_0}(X_1, \ldots, X_p)$ in etwas anderer Form schreiben: $X_1, \ldots, X_p$ können wir als Vektorfelder auf $\{t\} \times M$ auffassen, und zwar für jedes $t \in I$; setzen wir dann noch $\varphi_t := \varphi|_{\{t\} \times M}$, so ist

$$i_t^* \varphi^{X_0}(X_1, \ldots, X_p) = \varphi_t(X_0, X_1, \ldots, X_p).$$

Nach Satz 12.5 gilt dann für $X_1, \ldots, X_{p+1} \in \Gamma(M, \mathfrak{D}M)$

$$\begin{aligned}
&(\mathrm{d}K\varphi)(X_1, \ldots, X_{p+1}) \\
&= \sum_{i=1}^{p+1} (-1)^{i+1} X_i \left(\int_0^1 \varphi_t(X_0, X_1, \ldots, \hat{X}_i, \ldots, X_{p+1})\,\mathrm{d}t \right) \\
&\quad + \sum_{1 \le i < j \le p+1} (-1)^{i+j} \int_0^1 \varphi_t(X_0, [X_i, X_j], X_1, \ldots, \hat{X}_i, \ldots, \hat{X}_j, \ldots)\,\mathrm{d}t
\end{aligned}$$

und

$$\begin{aligned}
(K\,\mathrm{d}\varphi)(X_1, \ldots, X_{p+1}) &= \int_0^1 \mathrm{d}\varphi_t(X_0, X_1, \ldots, X_{p+1})\,\mathrm{d}t \\
= \int_0^1 X_0(\varphi_t(X_1, \ldots, X_{p+1}))\,\mathrm{d}t & \\
+ \int_0^1 \sum_{i-1}^{p+1} (-1)^i \varphi_t([X_0, X_i], X_1, \ldots, \hat{X}_i, \ldots, X_{p+1})\,\mathrm{d}t & \\
- \int_0^1 \sum_{i=1}^{p+1} (-1)^{i+1} X_i(\varphi_t(X_0, X_1, \ldots, \hat{X}_i, \ldots, X_{p+1}))\,\mathrm{d}t & \\
+ \int_0^1 \sum_{1 \le i < j \le p+1} (-1)^{i+j} \varphi_t([X_i, X_j], X_0, X_1, \ldots, \hat{X}_i, \ldots, \hat{X}_j, \ldots)\,\mathrm{d}t. &
\end{aligned}$$

In den letzten Ausdrücken dürfen wir die Summation mit der Integration vertauschen, und mit Hilfe von lokalen Koordinaten auf M rechnet man leicht $[X_0, X_i]=0$ für $i=1,\dots,p+1$ aus. Ebenso zeigt man, daß für jedes $g\in\mathscr{C}^\infty(I\times M)$ mit $g_t := g\circ i_t$

$$X_i\left(\int_0^1 g_t\,\mathrm{d}t\right)=\int_0^1 (X_i(g_t))\,\mathrm{d}t, \qquad i=1,\dots,p+1,$$

gilt. Nach diesen Bemerkungen können wir jetzt $(\mathrm{d}K+K\mathrm{d})\varphi$ ausrechnen:

Für $X_1,\dots,X_{p+1}\in\Gamma(M,\mathfrak{D}M)$ ist

$$\begin{aligned}
&((\mathrm{d}K+K\mathrm{d})\varphi)(X_1,\dots,X_{p+1})\\
&=\int_0^1 X_0(\varphi_t(X_1,\dots,X_{p+1}))\,\mathrm{d}t\\
&=\int_0^1 \frac{\partial}{\partial t}(\varphi_t(X_1,\dots,X_{p+1}))\,\mathrm{d}t\\
&=\varphi_1(X_1,\dots,X_{p+1})-\varphi_0(X_1,\dots,X_{p+1})\\
&=(i_1^*\varphi)(X_1,\dots,X_{p+1})-(i_0^*\varphi)(X_1,\dots,X_{p+1}).
\end{aligned}$$

Damit ist das Lemma 13.2 bewiesen. Zu bemerken ist lediglich noch, daß wir beim vorliegenden Beweis eigentlich nur den Fall $p\geq 1$ berücksichtigt haben. Im Fall $p=0$ kann man aber den Beweis genauso führen; er vereinfacht sich dann sogar noch, da die Ausdrücke für $\mathrm{d}\varphi$ und $\mathrm{d}K\varphi$ einfacher werden. ∎

Wir kommen jetzt zu den Anwendungen von Lemma 13.2 und benötigen dazu noch einige Definitionen:

13.3 Definition: *Zwei differenzierbare Abbildungen $f,g: M\to N$ zwischen zwei Mannigfaltigkeiten heißen ($\mathscr{C}^\infty$-)homotop zueinander, wenn es eine differenzierbare Abbildung $F: I\times M\to N$ mit $f=F_0:=F\circ i_0$ und $g=F_1:=F\circ i_1$ gibt. Wir schreiben dann $F: f\simeq g$.*

M heißt kontrahierbar auf den Punkt $x_0\in M$, wenn die Identität auf M homotop zur konstanten Abbildung $x_0: M\to M$ mit $x_0(x):=x_0$ für $x\in M$ ist.

Man sieht leicht, daß die $\mathscr{C}^\infty$-Homotopie eine Äquivalenzrelation auf den differenzierbaren Abbildungen zwischen zwei festen Mannigfaltigkeiten ist.

13.4 Satz: *$f, g: M \to N$ seien zwei zueinander homotope differenzierbare Abbildungen. Dann ist für jede geschlossene Differentialform $\varphi \in \mathfrak{F}_p(N)$ $g^* \varphi - f^* \varphi \in \mathfrak{F}_p(M)$ eine exakte Differentialform.*

Beweis: Der Fall $p=0$ ist trivial, so daß wir $p \geq 1$ annehmen dürfen. $F: f \simeq g$ sei eine $\mathscr{C}^\infty$-Homotopie zwischen f und g, $K: \mathfrak{F}_{p+1}(I \times M) \to \mathfrak{F}_p(M)$ sei die nach Lemma 13.2 existierende Abbildung. Dann gilt für $k := K \circ F^*$

$$\begin{aligned} \mathrm{d}k + k\mathrm{d} &= \mathrm{d}K F^* + K F^* \mathrm{d} = \mathrm{d}K F^* + K \mathrm{d} F^* \\ &= (\mathrm{d}K + K\mathrm{d}) \circ F^* = i_1^* \circ F^* - i_0^* \circ F^* \\ &= (F \circ i_1)^* - (F \circ i_0)^* = g^* - f^*. \end{aligned}$$

Da φ geschlossen ist – es ist also $\mathrm{d}\varphi = 0$ – ist jetzt

$$(g^* - f^*)\varphi = (\mathrm{d}k + k\mathrm{d})\varphi = \mathrm{d}k(\varphi),$$

d.h. $(g^* - f^*)\varphi$ ist eine exakte Differentialform. ∎

Der folgende Satz ist das sogenannte *Poincarésche Lemma*:

13.5 Satz: Die *differenzierbare Mannigfaltigkeit M sei kontrahierbar. Dann ist jede geschlossene Differentialform $\varphi \in \mathfrak{F}_p(M)$ exakt.*

Beweis: M sei kontrahierbar auf den Punkt x_0, d. h., die Identität I_M auf M sei homotop zur konstanten Abbildung x_0. Ist $\varphi \in \mathfrak{F}_p(M)$ geschlossen, so ist nach Satz 13.4 $(I_M^* - x_0^*)\varphi$ exakt. Im Falle $p > 0$ ist aber $x_0^* \varphi = 0$, während $I_M^* \varphi = \varphi$ ist, so daß wir in diesem Fall fertig sind. Ist $p = 0$, so folgert man aus der lokalen Darstellung von d direkt, daß φ eine lokalkonstante Funktion sein muß, wenn $\mathrm{d}\varphi = 0$ sein soll. ∎

13.6 Satz: *M sei eine differenzierbare Mannigfaltigkeit. Dann ist die de-Rham-Sequenz*

$$0 \longrightarrow \overline{\mathbb{R}} \xrightarrow{j} \mathfrak{F}_0 \xrightarrow{\mathrm{d}} \mathfrak{F}_1 \xrightarrow{\mathrm{d}} \mathfrak{F}_2 \xrightarrow{\mathrm{d}} \cdots$$

eine feine Auflösung der Garbe $\overline{\mathbb{R}}$ über M.

Beweis: Zu zeigen ist nur noch die Exaktheit der Sequenz. Daß $\mathrm{d} \circ \mathrm{d} = 0$ ist, wissen wir bereits. Ist jetzt U eine offene Teilmenge von M und $\varphi \in \mathfrak{F}_p(U)$ eine Differentialform auf U mit $\mathrm{d}\varphi = 0$, also eine geschlossene Differentialform, so müssen wir zeigen, daß es zu jedem $x \in U$ eine Umgebung U_x in U gibt, so daß $\varphi|_{U_x}$ exakt ist. Da M lokal diffeomorph zu einem Zahlenraum $\mathbb{R}^n$ ist, gibt es sicher zu jedem $x \in U$ eine kontrahierbare Umgebung U_x in U. Da mit φ auch $\varphi|_{U_x}$ geschlossen ist, ist $\varphi|_{U_x}$ nach Satz 13.5 exakt. ∎

Da die de-Rham-Sequenz eine feine Auflösung der Garbe $\overline{\mathbb{R}}$ über einer Mannigfaltigkeit M ist, kann sie nach § 11 zur Berechnung der

Cohomologiegruppen $H^q(M, \bar{\mathbb{R}})$ dienen. In diesem Falle, d.h. bei Verwendung der de-Rham-Sequenz, spricht man auch von der *de-Rham-Cohomologie* der Mannigfaltigkeit M. Da wir hier keine andere Cohomologietheorie betrachten, lassen wir die Angabe der Koeffizientengarbe $\bar{\mathbb{R}}$ fort und schreiben einfach $H^q(M)$ anstelle von $H^q(M, \bar{\mathbb{R}})$. Es ist also $H^q(M) = \dfrac{Z^q(M)}{B^q(M)}$, wo $Z^q(M)$ der $\mathbb{R}$-Vektorraum der geschlossenen q-Formen auf M ist und $B^q(M)$ der der exakten, falls $q>0$ ist. Im Falle $q=0$ ist $H^0(M)=Z^0(M)$ der Vektorraum der lokal-konstanten Funktionen, also $H^0(M)=\bar{\mathbb{R}}(M)$.

Ist M eine n-dimensionale Mannigfaltigkeit, so ist $\mathfrak{F}_q(M)=0$ für $q>n$, also ist erst recht $H^q(M)=0$ für $q>n$.

Ist M kontrahierbar, so ist sogar $H^q(M)=0$ für $q>0$, und für $q=0$ ist $H^0(M)=\mathbb{R}$. (Das ist nur eine andere Formulierung von Satz 13.5.)

$f: M \to N$ sei eine differenzierbare Abbildung zwischen zwei Mannigfaltigkeiten. Da $f^*: \mathfrak{F}_q(N) \to \mathfrak{F}_q(M)$ mit der äußeren Ableitung d kommutiert, werden geschlossene und exakte Differentialformen durch f^* wieder auf geschlossene bzw. exakte Differentialformen abgebildet, d.h., es ist $f^*(Z^q(N)) \subseteq Z^q(M)$ und $f^*(B^q(N)) \subseteq B^q(M)$. f^* induziert also für $q>0$ eine $\mathbb{R}$-lineare Abbildung $H^q(f): H^q(N) \to H^q(M)$, und aus der Funktoreigenschaft von $\mathfrak{F}_q$ folgert man leicht, daß auch $H^q: \mathscr{C}^\infty \to \mathscr{V}$ ein kontravarianter Funktor ist.

Der folgende Satz besagt nun, daß wir H^q auch als Funktor auf der Kategorie der Homotopieklassen differenzierbarer Abbildungen auffassen können:

13.7 Satz: *$f, g: M \to N$ seien zwei zueinander $\mathscr{C}^\infty$-homotope differenzierbare Abbildungen zwischen Mannigfaltigkeiten. Dann ist für $q>0$*

$$H^q(f) = H^q(g).$$

Beweis: Der Satz stellt lediglich eine andere Formulierung von Satz 13.4 dar: Für $\varphi \in Z^q(N)$ ist $g^*\varphi - f^*\varphi \in B^q(M)$. f^* und g^* induzieren also dieselbe Abbildung von $H^q(N)$ nach $H^q(M)$. ∎

§ 14: Der Satz von Frobenius

Im vorigen Paragraphen haben wir algebraische Eigenschaften der Differentialformen untersucht, die sich aus geometrischen Eigenschaften der zugrunde liegenden Mannigfaltigkeiten ergaben. In diesem Paragraphen gehen wir nun in gewissem Sinne umgekehrt vor. Dabei werden nicht nur Differentialformen eine Rolle spielen, sondern auch Vektorfelder.

Wir beginnen mit dem anschaulichen Begriff der Integralkurve eines Vektorfeldes auf einer Mannigfaltigkeit. Unter einer (glatten) Kurve auf der Mannigfaltigkeit M versteht man eine differenzierbare Abbildung $w:(a,b)\to M$, wo (a,b) ein Intervall in $\mathbb{R}$ ist. Für $\tau\in(a,b)$ ist

$$\dot{w}(\tau) := (\mathfrak{D}_\tau w)\left(\left.\frac{\mathrm{d}}{\mathrm{d}t}\right|_\tau\right)$$

ein Vektor aus $\mathfrak{D}_{w(\tau)}M$. Wir bezeichnen ihn als Tangentenvektor an die Kurve w im Punkte $w(\tau)$. Sind etwa $x_1,\dots,x_n$ lokale Koordinaten in $w(\tau)$, so schreiben wir $w_i := x_i\circ w$, $i=1,\dots,n$. Dann drückt sich $\dot{w}(\tau)$ in diesen Koordinaten so aus:

$$\dot{w}(\tau)=\sum_{i=1}^n \left.\frac{\mathrm{d}w_i}{\mathrm{d}t}\right|_\tau \left.\frac{\partial}{\partial x_i}\right|_{w(\tau)}.$$

Es sei jetzt ein Vektorfeld X auf M vorgegeben. Eine Kurve $w:(a,b)\to M$ nennen wir eine Integralkurve von X, wenn für alle $\tau\in(a,b)$

$$\dot{w}(\tau)=X_{w(\tau)}$$

gilt.

Ist x ein fester Punkt aus M mit lokalen Koordinaten $x_1,\dots,x_n$, so können wir X über einer Umgebung U von x in der Form $X=\sum_{i=1}^n f_i\frac{\partial}{\partial x_i}$ mit $f_i\in\mathscr{C}^\infty(U)$ schreiben, und eine Integralkurve $w:(a,b)\to U$ von X mit $w(\tau_0)=x$ für ein $\tau_0\in(a,b)$ muß dem Differentialgleichungssystem

$$\frac{\mathrm{d}w_i}{\mathrm{d}t}=f_i(w_1,\dots,w_n)$$

mit der Anfangsbedingung

$$w(\tau_0)=x$$

genügen. Dieses System ist aber stets lösbar, und die Lösung ist in einer Umgebung von τ_0 eindeutig bestimmt, wie man aus der Theorie der gewöhnlichen Differentialgleichungen weiß. Mit anderen Worten: Zu einem gegebenen Vektorfeld gibt es durch jeden Punkt eine Integralkurve. Wir können sogar lokale Koordinaten so finden, daß die Integralkurve eine besonders einfache Form hat, falls das Vektorfeld nicht verschwindet:

14.1 Satz: *M sei eine Mannigfaltigkeit, x ein Punkt aus M und X ein Vektorfeld auf M mit* $X_x \neq 0$. *Dann gibt es lokale Koordinaten* $x_1, \ldots, x_n$ *für eine Umgebung U von x, so daß* $X|U = \frac{\partial}{\partial x_n}$ *ist.*

Beweis: Da die Aussage lokal ist, dürfen wir o.B.d.A. annehmen, daß $M = G$ eine Umgebung des Nullpunktes im $\mathbb{R}^n$ mit Koordinaten $y_1, \ldots, y_n$ ist und daß $x = 0$ ist. Wir suchen dann neue Koordinaten $x_1, \ldots, x_n$, so daß $X = \frac{\partial}{\partial x_n}$ ist.

$\left\{ \left.\frac{\partial}{\partial y_1}\right|_0, \ldots, \left.\frac{\partial}{\partial y_n}\right|_0 \right\}$ ist eine Basis von $\mathfrak{D}_0 G$ über $\mathbb{R}$, in der wir nach dem Austauschsatz von Steinitz ein Element durch X_0 ersetzen können, etwa $\left.\frac{\partial}{\partial y_n}\right|_0$ nach geeigneter Umnumerierung der Koordinaten. Verkleinern wir G unter Umständen noch, so ist wegen der Stetigkeit der Abbildung $X: G \to \mathfrak{D}G$ auch $\left\{ \frac{\partial}{\partial y_1}, \ldots, \frac{\partial}{\partial y_{n-1}}, X \right\}$ eine Basis von $\Gamma(G, \mathfrak{D}G)$ über $\mathscr{C}^\infty(G)$.

Für $y = (y_1, \ldots, y_{n-1}) \in \mathbb{R}^{n-1}$ mit $(y_1, \ldots, y_{n-1}, 0) \in G$ sei

$$w(y, \square): (a_y, b_y) \to G$$

eine Integralkurve von X durch den Punkt $(y_1, \ldots, y_{n-1}, 0)$. Aus der Theorie der Differentialgleichungen weiß man dann, daß w differenzierbar von y abhängt und daß für hinreichend nahe bei 0 gelegene y die $w(y, \square)$ auf einem gemeinsamen Intervall (a, b) definiert sind, etwa für $y \in U$, wo U eine offene Umgebung von 0 in $\mathbb{R}^{n-1}$ ist. $w: U \times (a, b) \to G$ ist also eine differenzierbare Abbildung. Insbesondere ist für $t = 0$ $w(y, 0) = (y, 0)$, d.h., für $w_i := y_i \circ w$ gilt

$$\left.\frac{\partial w_i}{\partial y_j}\right|_0 = \delta_{ij}, \qquad i, j = 1, \ldots, n-1.$$

Außerdem ist $\left.\frac{\partial w_n}{\partial t}\right|_0 \neq 0$, weil ja $X_0 = \sum_{i=1}^{n} \frac{d w_i(0,0)}{dt} \left.\frac{\partial}{\partial y_i}\right|_0$ linear unabhängig von $\left.\frac{\partial}{\partial y_1}\right|_0, \ldots, \left.\frac{\partial}{\partial y_{n-1}}\right|_0$ ist. Daraus folgt nach Satz 5.4, daß

w eine Umgebung von 0 in $U \times (a,b)$ diffeomorph auf eine Umgebung von 0 in G abbildet, also o.B.d.A. auf G. Insbesondere sind die Funktionen $x_i := p_i \circ w^{-1}$, $i = 1, \ldots, n$, neue Koordinaten für G, wobei $p_i : \mathbb{R}^n \to \mathbb{R}$ die kanonische Projektion auf die i-te Komponente bezeichnet. Wir müssen nur noch $X = \frac{\partial}{\partial x_n}$ nachweisen. Nach Konstruktion ist aber

$$\left.\frac{\partial}{\partial x_n}\right|_{w(y,t)} = \sum_{i=1}^{n} \frac{\mathrm{d}w_i(y,t)}{\mathrm{d}t} \left.\frac{\partial}{\partial y_i}\right|_{w(y,t)} = X_{w(y,t)}. \quad ∎$$

Was uns an einer Integralkurve zu einem gegebenen Vektorfeld interessiert, ist oft nicht die Abbildung w, sondern deren Bild, das i. allg. eine eindimensionale Untermannigfaltigkeit von M sein wird, eben das, was man anschaulich als Kurve bezeichnet. Haben wir z. B. die Situation des Satzes 14.1 vorliegen, so sind die Integralkurven von X genau die eindimensionalen Untermannigfaltigkeiten, die durch $x_1 = \text{const.}, \ldots, x_{n-1} = \text{const.}$ definiert werden. Diese sind dann aber – in dem eben erklärten Sinne – auch Integralkurven für jedes Vektorfeld fX, wo $f \in \mathscr{C}^\infty(M)$ eine nirgends verschwindende Funktion ist. Das führt zum Begriff der Integralmannigfaltigkeit an ein Teilvektorraumbündel B des Tangentialbündels $\mathfrak{T}M$ einer Mannigfaltigkeit M. (D. h., B ist eine Untermannigfaltigkeit von $\mathfrak{T}M$, so daß für jedes $x \in M$ $B_x := B \cap \mathfrak{T}_x M$ ein Untervektorraum von $\mathfrak{T}_x M$ ist und B mit dieser linearen Struktur auf den Fasern B_x ein Vektorraumbündel über M ist.)

14.2 Definition: *M sei eine Mannigfaltigkeit und B ein Teilvektorraumbündel von $\mathfrak{T}M$. Dann versteht man unter einer Integralmannigfaltigkeit von B eine Untermannigfaltigkeit N von M, so daß $\mathfrak{T}_x N \subseteq B_x$ für alle $x \in N$ ist, d. h., daß $\mathfrak{T}N \subseteq B|_N$ ist.*

Dabei haben wir in unserer Definition $\mathfrak{T}N$ mit $\mathfrak{T}j(\mathfrak{T}N) \subseteq \mathfrak{T}M|_N$ identifiziert, wo $j: N \to M$ die Inklusionsabbildung ist, wie wir es auch früher getan haben.

Besonders ist man natürlich an möglichst hochdimensionalen Integralmannigfaltigkeit interessiert, womöglich so, daß $\mathfrak{T}N = B|_N$ ist. Hat B den Rang 1, so garantiert Satz 14.1 die Existenz einer eindimensionalen Integralmannigfaltigkeit durch jeden Punkt der Mannigfaltigkeit M. Unser Ziel ist es, auch für höhere Dimensionen eine notwendige und hinreichende Bedingung für die Existenz solcher lokalen Integralmannigfaltigkeiten anzugeben, deren Dimension gleich dem Rang des vorgegebenen Teilbündels B ist. Doch zunächst noch ein Lemma:

14.3 Lemma: *$\hat{G}$ sei ein Gebiet im $\mathbb{R}^n$ der Form $\hat{G}=G\times(a,b)$, wo G ein Gebiet im $\mathbb{R}^{n-1}$ und (a,b) ein Intervall in $\mathbb{R}$ ist. Es seien q^2 Funktionen $h_{jk}\in\mathscr{C}^\infty(\hat{G})$ gegeben, $j,k=1,\dots,q\leq n$. Dann gibt es q^2 Funktionen $b_{ij}\in\mathscr{C}^\infty(\hat{G})$, $i,j=1,\dots,q$, die dem Differentialgleichungssystem*

$$\frac{\partial b_{ik}}{\partial x_n}+\sum_{j=1}^{q} b_{ij}h_{jk}=0$$

genügen, so daß die Matrix $B(x)=(b_{ij}(x))$ für alle $x\in\hat{G}$ regulär ist.

Beweis: Für festes $(x_1,\dots,x_{n-1})\in G$ betrachten wir das System gewöhnlicher linearer Differentialgleichungen

$$\frac{\mathrm{d}b_k}{\mathrm{d}x_n}+\sum_{j=1}^{q} b_j h_{jk}=0, \qquad k=1,\dots,q.$$

Es hat q überall linear unabhängige Lösungen $(b_{i1},\dots,b_{iq})$, $i=1,\dots,q$, die überdies von den Parametern $x_1,\dots,x_{n-1}$ unendlich oft differenzierbar abhängen. Diese b_{ij} sind dann die gesuchten Funktionen. ∎

$\varphi_1,\dots,\varphi_q\in\mathfrak{F}_1(M)$ seien Pfaffsche Formen auf der Mannigfaltigkeit M. Unter ihrem Annullator $\mathrm{Ann}(\varphi_1,\dots,\varphi_q)$ verstehen wir die Menge aller Vektorfelder auf M, auf denen die φ_i verschwinden, also

$$\mathrm{Ann}(\varphi_1,\dots,\varphi_q)=\bigcap_{i=1}^{q}\ker(\varphi_i),$$

wenn wir die φ_i als lineare Abbildungen von $\Gamma(M,\mathfrak{T}M)$ nach $\mathscr{C}^\infty(M)$ auffassen.

Mit $\mathfrak{F}_{p-1}(M)\wedge(\varphi_1,\dots,\varphi_q)$ bezeichnen wir die Menge derjenigen p-Formen auf M, die sich als $\sum_{i=1}^{q}\psi_i\wedge\varphi_i$ mit $\psi_i\in\mathfrak{F}_{p-1}(M)$ schreiben lassen.

Wenn wir im folgenden sagen, daß die Pfaffschen Formen $\varphi_1,\dots,\varphi_q$ linear unabhängig sind, meinen wir damit, daß für jedes $x\in M$ die $\varphi_{1,x},\dots,\varphi_{q,x}$ linear unabhängig über $\mathbb{R}$ sind.

14.4 Lemma: *$\varphi_1,\dots,\varphi_q$ seien linear unabhängige Pfaffsche Formen auf der Mannigfaltigkeit M, und es sei $\psi\in\mathfrak{F}_p(M)$. Dann sind folgende Aussagen äquivalent:*

(1) $$\psi\wedge\varphi_1\wedge\dots\wedge\varphi_q=0.$$

(2) *Zu jedem $x\in M$ gibt es eine Umgebung U, so daß*

$$\psi|_U\in\mathfrak{F}_{p-1}(U)\wedge(\varphi_1|_U,\dots,\varphi_q|_U)$$

ist.

(3) $$\psi((\mathrm{Ann}(\varphi_1,\dots,\varphi_q))^p)=0.$$

Beweis: (1) $\Rightarrow$ (2): U sei eine Umgebung von x in M, so daß sich $\{\varphi_1|_U, \ldots, \varphi_q|_U\}$ zu einer Basis von $\mathfrak{F}_1(U)$ über $\mathscr{C}^\infty(U)$ ergänzen läßt, etwa $\{\varphi_1, \ldots, \varphi_n\}$. (Der Einfachheit halber lassen wir im folgenden das „$|_U$" fort.) Dann können wir ψ über U in der Form

$$\psi = \sum_{1 \leq i_1 < \cdots < i_p \leq n} f_{i_1 \ldots i_p} \varphi_{i_1} \wedge \cdots \wedge \varphi_{i_p}$$

mit $f_{i_1 \ldots i_p} \in \mathscr{C}^\infty(U)$ schreiben. Folglich ist

$$0 = \psi \wedge \varphi_1 \wedge \cdots \wedge \varphi_q = \sum_{1 \leq i_1 < \cdots < i_p \leq n} f_{i_1 \ldots i_p} \varphi_{i_1} \wedge \cdots \wedge \varphi_{i_p} \wedge \varphi_1 \wedge \cdots \wedge \varphi_q$$

$$= \sum_{q < i_1 < \cdots < i_p \leq n} f_{i_1 \ldots i_p} \varphi_{i_1} \wedge \cdots \wedge \varphi_{i_p} \wedge \varphi_1 \wedge \cdots \wedge \varphi_q .$$

Dann muß aber für $q < i_1 < \cdots < i_p \leq n$ $f_{i_1 \cdots i_p} = 0$ sein, was gerade $\psi \in \mathfrak{F}_{p-1}(U) \wedge (\varphi_1, \ldots, \varphi_q)$ bedeutet.
(2) $\Rightarrow$ (3): Es seien $X_1, \ldots, X_p \in \mathrm{Ann}(\varphi_1, \ldots, \varphi_q)$, und über der Umgebung U von x in M sei $\psi = \sum_{i=1}^{q} \psi_i \wedge \varphi_i$ mit $\psi_i \in \mathfrak{F}_{p-1}(U)$. Es genügt zu zeigen, daß $\psi(X_1, \ldots, X_p)$ über U verschwindet. Dort ist aber

$$\psi(X_1, \ldots, X_p) = \frac{1}{(p-1)!} \sum_{i=1}^{q} \sum_{\pi \in \mathscr{S}_p} \mathrm{sign}(\pi) \psi_i(X_{\pi(1)}, \ldots, X_{\pi(p-1)}) \varphi_i(X_{\pi(p)}) = 0,$$

da ja $\varphi_i(X_{\pi(p)}) = 0$ ist für alle $i = 1, \ldots, q$ und alle $\pi \in \mathscr{S}_p$.
(3) $\Rightarrow$ (1): Es genügt zu zeigen, daß jeder Punkt $x \in M$ eine Umgebung U besitzt, über der $\psi \wedge \varphi_1 \wedge \cdots \wedge \varphi_q$ verschwindet. Dazu wählen wir U wieder wie im ersten Teil unseres Beweises und ergänzen über U die φ_i zu einer Basis $\{\varphi_1, \ldots, \varphi_n\}$ von $\mathfrak{F}_1(U)$ über $\mathscr{C}^\infty(U)$. $\{X_1, \ldots, X_n\}$ sei dazu die Dualbasis von $\Gamma(U, \mathfrak{D}M)$. Dann ist $\psi \wedge \varphi_1 \wedge \cdots \wedge \varphi_q$ genau dann von Null verschieden, wenn es Zahlen $i_1, \ldots, i_{p+q}$ zwischen 1 und n gibt, so daß $\psi \wedge \varphi_1 \wedge \cdots \wedge \varphi_q(X_{i_1}, \ldots, X_{i_{p+q}}) \neq 0$ ist. Das kann nur dann der Fall sein, wenn unter den $X_{i_1}, \ldots, X_{i_{p+q}}$ alle $X_1, \ldots, X_q$ vorkommen, was notwendig zur Folge hat, daß dann die restlichen X_i von $X_1, \ldots, X_q$ verschieden sein müssen. Insbesondere liegen sie dann im Kern der φ_i für $i = 1, \ldots, q$, also nach Definition in $\mathrm{Ann}(\varphi_1, \ldots, \varphi_q)$. Durch Umordnung der Argumente können wir also aus $\psi \wedge \varphi_1 \wedge \cdots \wedge \varphi_q \neq 0$ folgern, daß

$$\psi \wedge \varphi_1 \wedge \cdots \wedge \varphi_q(X_{i_1}, \ldots, X_{i_p}, X_1, \ldots, X_q) \neq 0$$

ist. Es ist aber

$$\psi \wedge \varphi_1 \wedge \cdots \wedge \varphi_q(X_{i_1}, \ldots, X_{i_p}, X_1, \ldots, X_q) = \psi(X_{i_1}, \ldots, X_{i_p}),$$

und $\psi(X_{i_1}, \ldots, X_{i_p})$ verschwindet, da ja die Vektorfelder $X_{i_1}, \ldots, X_{i_p}$ nach dem oben Gesagten in $\mathrm{Ann}(\varphi_1, \ldots, \varphi_q)$ liegen. Die Annahme $\psi \wedge \varphi_1 \wedge \cdots \wedge \varphi_q \neq 0$ führt also zum Widerspruch. ∎

14.5 Definition: *M sei eine differenzierbare Mannigfaltigkeit und* $\varphi_1, \dots, \varphi_q \in \mathfrak{F}_1(M)$ *linear unabhängige Pfaffsche Formen. Dann heißt das System* $\{\varphi_1, \dots, \varphi_q\}$ *vollständig integrabel, wenn es zu jedem* $x \in M$ *eine Umgebung U und Koordinaten* $x_1, \dots, x_n$ *für U gibt, so daß über U*

$$\varphi_i = \sum_{j=1}^{q} f_{ij} \, dx_j$$

mit $f_{ij} \in \mathscr{C}^\infty(U)$ *gilt.*

Betrachten wir in dieser Definition einmal den Spezialfall $q=1$. Dann können wir $dx_1 = \frac{1}{f} \varphi_1$ schreiben. Die Funktion $\frac{1}{f}$ ist als *Eulerscher Multiplikator* bekannt, der aus der Form φ_1 die exakte Form $\frac{1}{f} \varphi_1$ macht. Der folgende *Satz von Frobenius* ist eine Verallgemeinerung des Kriteriums für die Existenz solcher Eulerscher Multiplikatoren, das in der Theorie der Differentialgleichungen im Falle $n=2$ verwendet wird.

14.6 Satz: $\varphi_1, \dots, \varphi_q$ *seien linear unabhängige Pfaffsche Formen auf der Mannigfaltigkeit M. Dann sind folgende Aussagen äquivalent:*
(1) $d\varphi_i \wedge \varphi_1 \wedge \dots \wedge \varphi_q = 0$ für $i = 1, \dots, q$.
(2) *Jeder Punkt* $x \in M$ *besitzt eine Umgebung U, so daß über U* $d\varphi_i \in \mathfrak{F}_1(U) \wedge (\varphi_1, \dots, \varphi_q)$ *ist für* $i = 1, \dots, q$.
(3) $\{\varphi_1, \dots, \varphi_q\}$ *ist vollständig integrabel.*

Beweis: Die Äquivalenz von (1) und (2) ist eine einfache Folgerung aus Lemma 14.4, und (3) ⇒ (1) ist trivial, so daß wir nur noch (2) ⇒ (3) zu zeigen brauchen. Es sei dabei *n* die Dimension von *M*, und wir setzen $r := n - q$. Den Beweis führen wir jetzt durch Induktion über *r*. Für $r=0$ ist die Aussage trivial, da dann jedes Koordinatensystem die in Definition 14.5 genannte Bedingung erfüllt. Nehmen wir also an, wir hätten den Satz bereits für *r* bewiesen, und leiten wir daraus seine Gültigkeit für $r+1$ her. Da es sich um eine lokale Aussage handelt, dürfen wir o.B.d.A. die folgenden vereinfachenden Annahmen machen: Es ist $M = \hat{G}$ ein Gebiet im $\mathbb{R}^n$, und der Punkt *x*, in dessen Umgebung wir neue Koordinaten suchen, ist der Nullpunkt. Die φ_i lassen sich zu einer Basis $\varphi_1, \dots, \varphi_n$ von $\mathfrak{F}_1(\hat{G})$ über $\mathscr{C}^\infty(\hat{G})$ ergänzen, und es gilt über ganz $\hat{G}$

$$d\varphi_i = \sum_{j=1}^{q} \psi_{ij} \wedge \varphi_j \quad \text{für} \quad i = 1, \dots, q$$

mit $\psi_{ij} \in \mathfrak{F}_1(\hat{G})$.

$\{X_1, \dots, X_n\}$ sei die Dualbasis zu $\{\varphi_1, \dots, \varphi_n\}$. Wegen $q < n$ ist dann insbesondere $\varphi_i(X_n) = 0$ für $i = 1, \dots, q$. Nach Satz 14.1 können wir

– eventuell nach geeigneter Verkleinerung – $\hat{G}$ in der Form $\hat{G} = G \times (a,b)$ schreiben, wo G ein Gebiet im $\mathbb{R}^{n-1}$ mit Koordinaten $x_1, \ldots, x_{n-1}$ ist und (a,b) ein Intervall in $\mathbb{R}$ mit der Koordinate x_n, so daß $X_n = \frac{\partial}{\partial x_n}$ ist. $\varphi_i(X_n) = 0$ für $i = 1, \ldots, q$ bedeutet dann gerade, daß in diesen φ_i dx_n nicht mehr vorkommt.

Wir zerlegen jetzt die ψ_{ij} in einen Bestandteil, in dem dx_n nicht vorkommt, und in einen mit dx_n:

$$\psi_{ij} = \chi_{ij} + h_{ij} dx_n, \quad \chi_{ij} \in \mathscr{C}^\infty(\hat{G})(dx_1, \ldots, dx_{n-1}), \quad h_{ij} \in \mathscr{C}^\infty(\hat{G}).$$

Das Differentialgleichungssystem

$$\frac{\partial b_{ij}}{\partial x_n} + \sum_{k=1}^{q} b_{ik} h_{kj} = 0, \quad i,j = 1, \ldots, q,$$

hat nach Lemma 14.3 Lösungen $b_{ij} \in \mathscr{C}^\infty(\hat{G})$, so daß $(b_{ij}(x))$ für alle $x \in \hat{G}$ eine reguläre Matrix ist. Damit gilt dann

$$\left(db_{ij} + \sum_{k=1}^{q} b_{ik} \psi_{kj}\right)\left(\frac{\partial}{\partial x_n}\right) = \frac{\partial b_{ij}}{\partial x_n} + \sum_{k=1}^{q} b_{ik} \psi_{kj}\left(\frac{\partial}{\partial x_n}\right)$$
$$= \frac{\partial b_{ij}}{\partial x_n} + \sum_{k=1}^{q} b_{ik} h_{kj} = 0,$$

d.h., in den Pfaffschen Formen $db_{ij} + \sum_{k=1}^{q} b_{ik} \psi_{kj}$ kommt dx_n nicht vor.

Wir definieren jetzt

$$\psi_i := \sum_{j=1}^{q} b_{ij} \varphi_j, \quad i = 1, \ldots, q,$$

und bemerken, daß mit $\varphi_1, \ldots, \varphi_q$ auch die $\psi_1, \ldots, \psi_q$ linear unabhängig sind, da ja für alle $x \in \hat{G}$ die Matrix $(b_{ij}(x))$ regulär ist. Insbesondere spannen die ψ_i denselben $\mathscr{C}^\infty(\hat{G})$-Untermodul von $\mathfrak{F}_1(\hat{G})$ auf wie die φ_i, und es genügt daher, die vollständige Integabilität des Systems $\psi_1, \ldots, \psi_q$ zu zeigen. Dazu überzeugen wir uns zunächst, daß die ψ_i wieder der Bedingung (2) genügen:

$$d\psi_i = d\left(\sum_{j=1}^{q} b_{ij} \varphi_j\right) = \sum_{j=1}^{q} (db_{ij} \wedge \varphi_j + b_{ij} d\varphi_j)$$
$$= \sum_{j=1}^{q} \left(db_{ij} + \sum_{k=1}^{q} b_{ik} \psi_{kj}\right) \wedge \varphi_j,$$

d.h. $d\psi_i \in \mathfrak{F}_1(G) \wedge (\varphi_1, \ldots, \varphi_q) = \mathfrak{F}_1(\hat{G}) \wedge (\psi_1, \ldots, \psi_q)$.

Dabei kommt $\mathrm{d}x_n$ weder in den φ_j noch in den $\mathrm{d}b_{ij} + \sum_{k=1}^{q} b_{ik}\psi_{kj}$ vor, d.h., auch in den $\mathrm{d}\psi_i$ und den ψ_i tritt es nicht auf, was nichts anderes bedeutet, als daß die ψ_i überhaupt nicht von x_n abhängen. Es ist also $\psi_i = p^*\chi_i$, wo die $\chi_i \in \mathfrak{F}_1(G)$ sind und $p\colon \hat{G} \to G$ die natürliche Projektion ist, und das System $\{\chi_1, \ldots, \chi_q\}$ erfüllt ebenfalls die Bedingung (2). Nach Induktionsvoraussetzung ist daher $\{\chi_1, \ldots, \chi_q\}$ vollständig integrabel, d.h., es gibt für G Koordinaten $y_1, \ldots, y_{n-1}$ mit

$$\chi_i = \sum_{j=1}^{q} f_{ij}\,\mathrm{d}y_j, \qquad i = 1, \ldots, q,$$

wo die $f_{ij} \in \mathscr{C}^\infty(G)$ sind. Setzen wir jetzt noch $y_n := x_n$, so sind $y_1, \ldots, y_n$ die gesuchten Koordinaten für $\hat{G}$, denn es gilt dann

$$\psi_i = p^*\chi_i = \sum_{j=1}^{q} p^*(f_{ij})\,p^*\mathrm{d}y_j = \sum_{j=1}^{q} g_{ij}\,\mathrm{d}y_j, \qquad i = 1, \ldots, q,$$

wenn wir $g_{ij} := p^*(f_{ij})$ setzen und $y_1, \ldots, y_q$ im letzten Ausdruck als Koordinaten auf $\hat{G}$ auffassen. ∎

Sei jetzt M eine Mannigfaltigkeit und B ein Teilvektorraumbündel von $\mathfrak{T}M$. Für jede offene Teilmenge U von M können wir

$$\mathfrak{S}(U) := \{\varphi \in \mathfrak{F}_1(U); \varphi(B|_U) = 0\}$$

bilden. $\mathfrak{S}(U)$ ist ein $\mathscr{C}^\infty(U)$-Untermodul von $\mathfrak{F}_1(U)$, und die $\mathfrak{S}(U)$ bilden eine Untergarbe $\mathfrak{S}$ von $\mathfrak{F}_1$, wenn wir U alle offenen Teilmengen von M durchlaufen lassen. Diese Garbe bezeichnen wir mit $\mathfrak{Ann}(B)$ und nennen sie die Annullatorgarbe oder auch einfach den Annullator des Vektorraumbündels B.

Das Teilbündel B von M nennt man *involutiv*, wenn mit $X, Y \in \Gamma(M, B)$ auch $[X, Y] \in \Gamma(M, B)$ ist. Ist U eine offene Teilmenge von M und $x \in U$, so gibt es zu zwei Vektorfeldern $X, Y \in \Gamma(U, B)$ stets Vektorfelder $\tilde{X}, \tilde{Y} \in \Gamma(M, B)$, die über einer Umgebung V von x mit X bzw. Y übereinstimmen. Über V gilt dann auch $[X, Y]|_V = [\tilde{X}, \tilde{Y}]|_V$, und wenn B involutiv ist, ist also $[X, Y]|_V \in \Gamma(V, B)$. Da $x \in U$ beliebig war, gilt auch $[X, Y] \in \Gamma(U, B)$. Mit B ist also auch das Bündel $B|_U$ involutiv. (Diese Eigenschaft involutiver Teilbündel ist charakteristisch für den differenzierbaren Fall. Bei analytischen Mannigfaltigkeiten wird die Aussage i.allg. falsch. Das liegt daran, daß es dort nicht zu jedem Schnitt über U einen globalen Schnitt gibt, der auf einer Umgebung eines vorgegebenen Punktes aus U mit dem gegebenen Schnitt übereinstimmt. Um den folgenden Satz auch in diesem Falle beweisen zu können, muß man verlangen, daß für alle offenen $U \subseteq M$ das Bündel $B|_U$ involutiv ist.)

Nun können wir das am Anfang dieses Paragraphen erwähnte Kriterium für die Existenz von Integralmannigfaltigkeiten angeben:

14.7 Satz: *M sei eine n-dimensionale Mannigfaltigkeit und B ein Teilvektorraumbündel von $\mathfrak{T}M$ vom Rang r. Dann sind folgende Aussagen äquivalent:*

(1) *B ist involutiv.*

(2) *$\mathfrak{Ann}(B)$ ist vollständig integrabel, d.h., jeder Punkt $x \in M$ besitzt eine Umgebung U mit Koordinaten $y_1, \ldots, y_n$, so daß*

$$(\mathfrak{Ann}(B))(U) = \mathscr{C}^\infty(U)(\mathrm{d}y_{r+1}, \ldots, \mathrm{d}y_n)$$

ist.

(3) *Jeder Punkt $x \in M$ besitzt eine Umgebung U mit Koordinaten $y_1, \ldots, y_n$, so daß die r-dimensionalen Untermannigfaltigkeiten von U, die durch $y_{r+1} = \text{const.}, \ldots, y_n = \text{const.}$ definiert sind, Integralmannigfaltigkeiten von B sind.*

(4) *Durch jeden Punkt $x \in M$ geht eine r-dimensionale Integralmannigfaltigkeit von B.*

Beweis: (1)$\Rightarrow$(2): Zu $x \in M$ gibt es eine Umgebung U, so daß $\Gamma(U, B)$ über $\mathscr{C}^\infty(U)$ von r linear unabhängigen Vektorfeldern $X_1, \ldots, X_r$ aufgespannt wird, die sich zu einer Basis $\{X_1, \ldots, X_n\}$ von $\Gamma(U, \mathfrak{T}M)$ ergänzen lassen. Ist dann $\{\varphi_1, \ldots, \varphi_n\}$ die zugehörige Dualbasis von $\mathfrak{F}_1(U)$, so ist genau $(\mathfrak{Ann}(B))(U) = \mathscr{C}^\infty(U)(\varphi_{r+1}, \ldots, \varphi_n)$. Sind jetzt X und Y aus $\Gamma(U, B)$, so ist auch $[X, Y] \in \Gamma(U, B)$. Daher ist für $i = r+1, \ldots, n$

$$\mathrm{d}\varphi_i(X, Y) = X(\varphi_i(Y)) - Y(\varphi_i(X)) - \varphi_i([X, Y]) = 0,$$

und nach Lemma 14.4 ist

$$\mathrm{d}\varphi_i \wedge \varphi_{r+1} \wedge \cdots \wedge \varphi_n = 0, \qquad i = r+1, \ldots, n,$$

weil ja nach Konstruktion $\Gamma(U, B) = \mathfrak{Ann}(\varphi_{r+1}, \ldots, \varphi_n)$ ist. Nach Satz 14.6 ist also $\{\varphi_{r+1}, \ldots, \varphi_n\}$ vollständig integrabel, was gleichbedeutend mit (2) ist.

(2)$\Rightarrow$(3): U und $y_1, \ldots, y_n$ seien wie in (2), und es sei N eine durch $y_{r+1} = \text{const.}, \ldots, y_n = \text{const.}$ definierte Untermannigfaltigkeit von U. Ist $x \in N$, so ist für $X_x \in \mathfrak{T}N$ $\mathrm{d}y_{r+1}(X_x) = \cdots = \mathrm{d}y_n(X_x) = 0$, d.h., es ist $X_x \in B_x$. N ist also eine Integralmannigfaltigkeit von B.

(3)$\Rightarrow$(4): trivial.

(4)$\Rightarrow$(1): N sei eine r-dimensionale Integralmannigfaltigkeit von B durch $x \in M$. Aus Dimensionsgründen ist $\mathfrak{T}N = B|_N$. Sind jetzt X und Y aus $\Gamma(M, B)$, so sind $X|_N$ und $Y|_N$ aus $\Gamma(N, \mathfrak{T}N)$. Man überlegt sich leicht, daß $[X,Y]|_N = [X|_N, Y|_N]$ ist, woraus $[X,Y]|_N \in \Gamma(N, \mathfrak{D}N)$ folgt, also insbesondere $[X,Y]_x \in \mathfrak{D}_x N = B_x$. Da wir so für jedes $x \in M$ verfahren können, muß $[X,Y] \in \Gamma(M,B)$ sein. ▮

Satz 14.7 zeigt – durch (2) und (3) – insbesondere, daß die Integralmannigfaltigkeiten maximaler Dimension bei einem involutiven Bündel B lokal stets eindeutig bestimmt sind, d.h., zwei solche Integralmannigfaltigkeiten, die einen Punkt gemeinsam haben, stimmen in einer Umgebung dieses Punktes überein.

Als Anwendung des Satzes von Frobenius (Satz 14.6) bzw. des Satzes 14.7 wollen wir eine Aussage über Systeme partieller Differentialgleichungen erster Ordnung beweisen. Und zwar soll das folgende Problem untersucht werden:

U und V seien offene Mengen im $\mathbb{R}^m$ bzw. $\mathbb{R}^n$, und $F_i^j \in \mathscr{C}^\infty(U \times V)$ seien vorgegebene Funktionen für $j=1,\ldots,n$; $i=1,\ldots,m$. $x_1,\ldots,x_m$ und $y_1,\ldots,y_n$ seien Koordinaten für U bzw. V. Wir stellen das System partieller Differentialgleichungen

$$(*) \qquad \frac{\partial f_j}{\partial x_i} = F_i^j(x, f(x)), \qquad j=1,\ldots,n; \qquad i=1,\ldots,m,$$

auf (mit $x := (x_1,\ldots,x_m)$, $f := (f_1,\ldots,f_n)$). Wir können uns jetzt fragen, ob $(*)$ eine Lösung mit vorgegebener Anfangsbedingung $f(x_0)=y_0$ besitzt, $(x_0,y_0) \in U \times V$, d.h., ob es über einer Umgebung von x_0 in U $\mathscr{C}^\infty$-Funktionen $f_1,\ldots,f_n$ gibt, so daß $f := (f_1,\ldots,f_n)$ diese Umgebung von x_0 nach V abbildet und $(*)$ mit $f(x_0)=y_0$ erfüllt ist.

Nehmen wir einmal an, es gäbe so eine Lösung, die der Einfachheit halber auf ganz U definiert sei. Dann können wir die $\mathscr{C}^\infty$-Einbettung $g: U \to U \times V$ betrachten, die durch $g(x) := (x, f(x))$ definiert ist. $M := g(U)$ ist dann eine m-dimensionale Untermannigfaltigkeit von $U \times V$, und man rechnet leicht aus, daß $\mathfrak{D}_{(x,f(x))}M$ als Unterraum von $\mathfrak{D}_{(x,f(x))}(U \times V)$ durch die m Tangentialvektoren

$$\left.\frac{\partial}{\partial x_i}\right|_{(x,f(x))} + \sum_{j=1}^{n} \frac{\partial f_j}{\partial x_i} \left.\frac{\partial}{\partial y_j}\right|_{(x,f(x))}, \qquad i=1,\ldots,m,$$

aufgespannt wird. Da f der Gleichung $(*)$ genügt, heißt das gerade, daß M eine Integralmannigfaltigkeit des Teilbündels B von $\mathfrak{D}(U \times V)$ ist, das von den Vektorfeldern $\dfrac{\partial}{\partial x_i} + \sum_{j=1}^{n} F_i^j \dfrac{\partial}{\partial y_j}$, $i=1,\ldots,m$, aufgespannt wird.

Sei jetzt umgekehrt M eine Integralmannigfaltigkeit dieses Bündels B mit $\dim M = m$ und $(x_0,y_0) \in M$. $p: U \times V \to U$ sei die natürliche Projektion. Für $(x,y)\in M$ wird dann $\mathfrak{D}_{(x,y)}M$ aufgespannt von den m Vektoren $\left.\frac{\partial}{\partial x_i}\right|_{(x,y)} + \sum_{j=1}^{n} F_i^j \left.\frac{\partial}{\partial y_i}\right|_{(x,y)}$, $i=1,\dots,m$. Wenden wir darauf $\mathfrak{D}_{(x,y)}p$ an, so erhalten wir

$$\mathfrak{D}_{(x,y)}p\left(\left.\frac{\partial}{\partial x_i}\right|_{(x,y)} + \sum_{j=1}^{n} F_i^j \left.\frac{\partial}{\partial y_j}\right|_{(x,y)}\right) = \left.\frac{\partial}{\partial x_i}\right|_x, \qquad i=1,\dots,m.$$

$\mathfrak{D}_{(x,y)}p\colon \mathfrak{D}_{(x,y)}M \to \mathfrak{D}_x(U)$ ist also ein Isomorphismus, und $p|M\to U$ ist damit ein Diffeomorphismus in der Umgebung jedes Punktes $(x,y)\in M$. $g\colon U'\to U\times V$ sei die Umkehrabbildung von $p|M\to U$ auf einer Umgebung U' von x_0. Dann hat g die Form $g(x)=(x,f(x))$, wo $f\colon U'\to V$ eine geeignete $\mathscr{C}^\infty$-Abbildung ist, die wir als $f=(f_1,\dots,f_n)$ mit $f_i\in\mathscr{C}^\infty(U')$ schreiben können. Diese Funktionen f_i erfüllen dann (*), denn für $x\in U'$ muß

$$\left.\frac{\partial}{\partial x_i}\right|_{(x,f(x))} + \sum_{j=1}^{n} \frac{\partial f_i}{\partial x_i}\left.\frac{\partial}{\partial y_j}\right|_{(x,f(x))}$$

$$= \mathfrak{D}_x g\left(\left.\frac{\partial}{\partial x_i}\right|_x\right) = \sum_{j=1}^{n} c_j\left(\left.\frac{\partial}{\partial x_j}\right|_{(x,f(x))} + \sum_{k=1}^{n} F_j^k \left.\frac{\partial}{\partial y_k}\right|_{(x,f(x))}\right)$$

sein, und wegen der linearen Unabhängigkeit der Vektoren

$$\left.\frac{\partial}{\partial x_1}\right|_{(x,f(x))},\dots,\left.\frac{\partial}{\partial x_m}\right|_{(x,f(x))}, \quad \left.\frac{\partial}{\partial y_1}\right|_{(x,f(x))},\dots,\left.\frac{\partial}{\partial y_n}\right|_{(x,f(x))}$$

muß $c_j=\delta_{ij}$ sein, d.h., es muß über U'

$$\frac{\partial f_j}{\partial x_i} = F_i^j(x,f(x))$$

gelten.

Damit haben wir folgendes gezeigt: (*) besitzt in der Umgebung eines Punktes $x_0\in U$ eine Lösung f mit $f(x_0)=y_0\in V$ genau dann, wenn es zu dem von

$$\frac{\partial}{\partial x_1} + \sum_{j=1}^{n} F_1^j \frac{\partial}{\partial y_j},\dots,\frac{\partial}{\partial x_n} + \sum_{j=1}^{n} F_n^j \frac{\partial}{\partial y_j}$$

aufgespannten Teilbündel B von $\mathfrak{D}(U\times V)$ eine m-dimensionale Integralmannigfaltigkeit durch (x_0,y_0) gibt. Nach Satz 14.7 existiert also zu jeder Anfangsbedingung $f(x_0)=y_0$, $(x_0,y_0)\in U\times V$, eine Lösung genau dann, wenn dieses Bündel B involutiv ist.

Untersuchen wir also, wann B involutiv ist: Dazu genügt es, die Lie-Produkte der oben angegebenen n Vektorfelder untereinander zu untersuchen. Man rechnet auf Grund der Gleichungen

$$\left[\frac{\partial}{\partial x_i}, \frac{\partial}{\partial x_j}\right] = \left[\frac{\partial}{\partial x_i}, \frac{\partial}{\partial y_k}\right] = \left[\frac{\partial}{\partial y_k}, \frac{\partial}{\partial y_h}\right] = 0,$$

$$i,j = 1, \ldots, m; \qquad k,h = 1, \ldots, n,$$

leicht folgendes aus:

$$\left[\frac{\partial}{\partial x_i} + \sum_{j=1}^{n} F_i^j \frac{\partial}{\partial y_j}, \frac{\partial}{\partial x_k} + \sum_{h=1}^{n} F_k^h \frac{\partial}{\partial y_h}\right]$$

$$= \sum_{h=1}^{n} \left(\frac{\partial F_k^h}{\partial x_i} - \frac{\partial F_i^h}{\partial x_k} + \sum_{j=1}^{n} \left(F_i^j \frac{\partial F_k^h}{\partial y_j} - F_k^j \frac{\partial F_i^h}{\partial y_j}\right)\right) \frac{\partial}{\partial y_h}.$$

Dieses Vektorfeld kann offenbar nur dann eine Linearkombination der Vektorfelder $\frac{\partial}{\partial x_i} + \sum_{j=1}^{n} F_i^j \frac{\partial}{\partial y_j}$, $i = 1, \ldots, m$, sein, wenn sämtliche Koeffizienten verschwinden, d.h., wenn es das Nullfeld ist. Jedes von Null verschiedene Vektorfeld in B enthält nämlich die $\frac{\partial}{\partial x_i}$ mit nicht identisch verschwindenden Koeffizienten, und das ist für das oben berechnete Vektorfeld nicht der Fall.

Fassen wir unsere Überlegungen zusammen, so erhalten wir den folgenden Satz, wobei die letzte Aussage aus der Bemerkung im Anschluß an Satz 14.7 folgt:

14.8 Satz: *U und V seien offene Mengen im $\mathbb{R}^m$ bzw. $\mathbb{R}^n$ mit Koordinaten $x_1, \ldots, x_m$ bzw. $y_1, \ldots, y_n$, und es seien mn Funktionen $F_i^j \in \mathscr{C}^\infty(U \times V)$ gegeben, $i = 1, \ldots, m; j = 1, \ldots, n$.*

Dann gibt es genau dann zu jedem Punkt $(x_0, y_0) \in U \times V$ eine Lösung $f = (f_1, \ldots, f_n)$ des Gleichungssystems

$$\frac{\partial f_j}{\partial x_i}(x) = F_i^j(x, f(x)), \qquad i = 1, \ldots, m; \qquad j = 1, \ldots, n,$$

über einer Umgebung von x_0 mit $f(x_0) = y_0$, wenn die F_i^j der folgenden Integrabilitätsbedingung genügen:

$$\frac{\partial F_k^h}{\partial x_i} - \frac{\partial F_i^h}{\partial x_k} + \sum_{j=1}^{n} \left(F_i^j \frac{\partial F_k^h}{\partial y_j} - F_k^j \frac{\partial F_i^h}{\partial y_j}\right) = 0$$

für $i, k = 1, \ldots, m; h = 1, \ldots, n$.

Die Lösungen sind lokal eindeutig bestimmt.

§ 15: Vektorwertige Differentialformen

Die Ergebnisse der ersten drei Paragraphen dieses Kapitels wollen wir nun – soweit das möglich ist – auf vektorwertige Differentialformen übertragen. Beginnen wir mit ihrer Definition (vergleiche § 4 und § 8):

15.1 Definition: *M sei eine differenzierbare Mannigfaltigkeit. Dann heißt $\vec{\mathfrak{F}}_p(M) := \vec{\Lambda}_p(M, \mathfrak{D}M)$ der Modul der vektorwertigen Differentialformen vom Grade p auf M. Außerdem sei $\vec{\mathfrak{F}}(M) := \bigoplus_{p=0}^{\infty} \vec{\mathfrak{F}}_p(M)$.*

Ist ferner $F: M \to N$ eine überall reguläre Abbildung (siehe Definition 6.6) von M in eine weitere Mannigfaltigkeit gleicher Dimension, so sei $\vec{\mathfrak{F}}_p(F) := \vec{\Lambda}_p(\mathfrak{D}F)$ und entsprechend $\vec{\mathfrak{F}}(F) := \bigoplus_{p=0}^{\infty} \vec{\mathfrak{F}}_p(F)$. Statt $\vec{\mathfrak{F}}_p(F)$ bzw. $\vec{\mathfrak{F}}(F)$ schreiben wir auch F^*.

Für den zweiten Teil der Definition sei noch einmal daran erinnert, daß $\mathfrak{D}F$ ein strikter Vektorraumbündelhomomorphismus (siehe § 8) von $\mathfrak{D}M$ nach $\mathfrak{D}N$ sein muß, damit $\vec{\Lambda}_p(\mathfrak{D}F)$ überhaupt definiert werden kann. Deswegen haben wir hier die Regularität von F verlangt.

$\vec{\mathfrak{F}}_p$ und $\vec{\mathfrak{F}}$ sind kontravariante Funktoren auf der Kategorie der regulären Abbildungen zwischen gleichdimensionalen Mannigfaltigkeiten, mit Werten in der Kategorie der reellen Vektorräume.

Im folgenden sei M eine feste Mannigfaltigkeit. Nach § 8 können wir dann ein Graßmann-Produkt zwischen Elementen aus $\mathfrak{F}(M)$ und $\vec{\mathfrak{F}}(M)$ definieren. Ist ferner g eine Riemannsche Metrik auf M, so können wir sie zu einer Abbildung $\wedge: \vec{\mathfrak{F}}(M) \times \vec{\mathfrak{F}}(M) \to \mathfrak{F}(M)$ fortsetzen, die ähnliche Eigenschaften wie das Graßmann-Produkt hat. Es gilt der folgende Satz, der eine Anwendung der Ergebnisse von § 8 auf den Spezialfall ist, daß das betrachtete Vektorraumbündel das Tangentialbündel ist:

15.2 Satz: *(M, g) sei eine Riemannsche Mannigfaltigkeit. Dann gelten die folgenden Rechenregeln für die Produktbildung zwischen gewöhnlichen und vektorwertigen Differentialformen sowie zwischen vektorwertigen Differentialformen untereinander:*

(1) *Die durch die Produkte definierten Abbildungen $\mathfrak{F}(M) \times \vec{\mathfrak{F}}(M) \to \vec{\mathfrak{F}}(M)$, $\vec{\mathfrak{F}}(M) \times \mathfrak{F}(M) \to \vec{\mathfrak{F}}(M)$ und $\vec{\mathfrak{F}}(M) \times \vec{\mathfrak{F}}(M) \to \mathfrak{F}(M)$ sind $\mathscr{C}^\infty(M)$*-bilinear.

(2) *Für $\varphi \in \mathfrak{F}_p(M)$ und $\Phi \in \vec{\mathfrak{F}}_q(M)$ ist*

$$\varphi \wedge \Phi = (-1)^{pq} \Phi \wedge \varphi .$$

(3) *Für* $\Phi \in \vec{\mathfrak{F}}_p(M)$ *und* $\Psi \in \vec{\mathfrak{F}}_q(M)$ *ist*

$$\Phi \wedge \Psi = (-1)^{pq} \Psi \wedge \Phi ;$$

insbesondere ist für $X \in \Gamma(M, \mathfrak{D} M) = \vec{\mathfrak{F}}_0(M)$

$$g(X, \Psi) := X \wedge \Psi = g(\Psi, X) := \Psi \wedge X .$$

(4) *Ist* $F: M \to N$ *eine reguläre Abbildung zwischen gleichdimensionalen Mannigfaltigkeiten, so gilt für* $\varphi \in \mathfrak{F}_p(N)$ *und* $\Phi \in \vec{\mathfrak{F}}_q(N)$

$$F^*(\varphi \wedge \Phi) = (F^* \varphi) \wedge (F^* \Phi) ;$$

ist F eine Isometrie, so gilt für $\Phi \in \vec{\mathfrak{F}}_p(N)$ *und* $\Psi \in \vec{\mathfrak{F}}_q(N)$

$$F^*(\Phi \wedge \Psi) = (F^* \Phi) \wedge (F^* \Psi) .$$

Über die Darstellung vektorwertiger Differentialformen können wir auch sofort einiges sagen: Sind $x_1, \ldots, x_n$ Koordinaten für eine offene Menge U von M, so können wir $\Phi \in \vec{\mathfrak{F}}_p(M)$ über U in der Form

$$\Phi|_U = \sum_{i=1}^{m} X_i \wedge \varphi_i = \sum_{i=1}^{m} \varphi_i X_i$$

schreiben, wo die $X_i \in \Gamma(U, \mathfrak{D} M)$ und die $\varphi_i \in \mathfrak{F}_p(U)$ sind. Speziell können wir $m = n$ und $X_i = \dfrac{\partial}{\partial x_i}$ wählen. Dann sind die φ_i sogar eindeutig bestimmt.

Haben wir jetzt die Situation von Satz 15.2 vorliegen und Differentialformen $\varphi, \varphi_i, \psi_j \in \mathfrak{F}(U)$ sowie Vektorfelder X_i, $Y_j \in \Gamma(U, \mathfrak{D} M)$, so gilt

$$\varphi \wedge \left(\sum_{i=1}^{m} \varphi_i X_i \right) = \sum_{i=1}^{m} (\varphi \wedge \varphi_i) X_i ,$$

$$\left(\sum_{i=1}^{m} \varphi_i X_i \right) \wedge \varphi = \sum_{i=1}^{m} (\varphi_i \wedge \varphi) X_i ,$$

$$\left(\sum_{i=1}^{m} \varphi_i X_i \right) \wedge \left(\sum_{j=1}^{k} \psi_j Y_j \right) = \sum_{i,j} g(X_i, Y_j) \varphi_i \wedge \psi_j .$$

Als nächstes möchte man gerne eine Abbildung $d: \vec{\mathfrak{F}}(M) \to \vec{\mathfrak{F}}(M)$ definieren, die analoge Eigenschaften wie die äußere Ableitung der gewöhnlichen Differentialformen hat. Versucht man aber, die in Satz 12.1 aufgeführten charakteristischen Bedingungen (0) bis (4) für die gesuchte Abbildung umzuformulieren, so stößt man bei (2) auf Schwierigkeiten: Wir haben keine Abbildung $d: \vec{\mathfrak{F}}_0(M) \to \vec{\mathfrak{F}}_1(M)$ zur Verfügung, die wir fortsetzen könnten. Die Abbildung $d: \mathfrak{F}_0(M) \to \mathfrak{F}_1(M)$ erhielten wir aus der Tatsache, daß die Vektorfelder als Derivationen der $\mathbb{R}$-Algebra

$\mathfrak{F}_0(M)$ in sich aufgefaßt werden konnten. Entsprechend müßten wir jetzt eine Möglichkeit haben, Vektorfelder als „Derivationen" von $\vec{\mathfrak{F}}_0(M)$ in sich zu deuten. Wir führen daher einen neuen Begriff ein:

15.3 Definition: *Unter einem affinen Zusammenhang auf einer Mannigfaltigkeit M versteht man eine Abbildung*

$$\mathrm{D}: \vec{\mathfrak{F}}_0(M) \times \vec{\mathfrak{F}}_0(M) \to \vec{\mathfrak{F}}_0(M),$$
$$(X, Y) \mapsto \mathrm{D}_X Y$$

die folgenden Bedingungen genügt:

(1) D *ist* $\mathbb{R}$*-bilinear.*

(2) *Für* $f \in \mathscr{C}^\infty(M)$ *und* $X, Y \in \vec{\mathfrak{F}}_0(M)$ *gilt* $\mathrm{D}_{fX} Y = f \mathrm{D}_X Y$,

$$\mathrm{D}_X(fY) = (Xf)Y + f\mathrm{D}_X Y.$$

Ohne auf die geometrische Bedeutung eines affinen Zusammenhangs näher einzugehen (er gestattet die Einführung des Begriffs der Parallelität), wollen wir noch bemerken, daß (2) zur Folge hat, daß $(\mathrm{D}_X Y)_x$ für $x \in M$ und $X, Y \in \vec{\mathfrak{F}}_0(M)$ schon eindeutig durch (X_x) und $Y|_U$, wo U eine Umgebung von x ist, bestimmt ist. $(\mathrm{D}_X Y)_x$ kann man als eine Art Ableitung des Vektorfeldes Y an der Stelle x in Richtung X_x auffassen, und gelegentlich nennt man einen affinen Zusammenhang aus diesem Grunde auch eine kovariante Ableitung.

Daß es auf jeder Mannigfaltigkeit einen affinen Zusammenhang gibt, zeigt der folgende Satz, in Verbindung mit Satz 10.2:

15.4 Satz: *(M, g) sei eine Riemannsche Mannigfaltigkeit. Dann gibt es auf M genau einen affinen Zusammenhang* D, *der den folgenden zusätzlichen Bedingungen genügt:*

(3) *Für* $X, Y \in \vec{\mathfrak{F}}_0(M)$ *ist*

$$\mathrm{D}_X Y - \mathrm{D}_Y X - [X, Y] = 0.$$

(4) *Für* $X, Y, Z \in \vec{\mathfrak{F}}_0(M)$ *ist*

$$X(g(Y,Z)) = g(\mathrm{D}_X Y, Z) + g(Y, \mathrm{D}_X Z).$$

D *heißt dann der Riemannsche Zusammenhang auf M.*

Beweis: Wir behandeln nur den Spezialfall, daß $M = G$ eine offene Menge im $\mathbb{R}^n$ mit Koordinaten $x_1, \dots, x_n$ ist, und überlassen die Übertragung auf den allgemeinen Fall dem Leser. Die Riemannsche Metrik g auf G ist durch die Matrix der Funktionen $g_{ij} := g\left(\frac{\partial}{\partial x_i}, \frac{\partial}{\partial x_j}\right)$ bestimmt; die Elemente der Umkehrmatrix bezeichnen wir mit g^{jk}, d.h., es gilt

$\sum_{j=1}^{n} g_{ij} g^{jk} = \delta_{ik}$, $i,k=1,\ldots,n$. Für $i,j,k=1,\ldots,n$ setzen wir

15.5
$$\Gamma_{ij,k} := \tfrac{1}{2}\left(\frac{\partial g_{jk}}{\partial x_i} + \frac{\partial g_{ik}}{\partial x_j} - \frac{\partial g_{ij}}{\partial x_k}\right),$$
$$\Gamma_{ij}^{k} = \sum_{r=1}^{n} \Gamma_{ij,r} g^{rk}.$$

Die $\Gamma_{ij,k}$ und Γ_{ij}^{k} heißen die *Christoffel-Symbole* erster bzw. zweiter Art.

Wir behaupten nun, daß der Riemannsche Zusammenhang auf G eindeutig durch

15.6
$$D_{\frac{\partial}{\partial x_i}} \frac{\partial}{\partial x_j} = \sum_{k=1}^{n} \Gamma_{ij}^{k} \frac{\partial}{\partial x_k}, \qquad i,j=1,\ldots,n,$$

bestimmt ist. Zunächst ist klar, daß D eindeutig durch die Werte $D_{\frac{\partial}{\partial x_i}} \frac{\partial}{\partial x_j}$ bestimmt ist, und daß umgekehrt die Vorgabe solcher Werte stets einen affinen Zusammenhang definiert. Man prüft dann leicht nach, daß der durch 15.6 gegebene affine Zusammenhang (3) und (4) erfüllt.

Zu zeigen bleibt die Eindeutigkeit, d.h., daß ein affiner Zusammenhang, der (3) und (4) genügt, notwendig 15.6 erfüllen muß. D sei so ein Zusammenhang. Im folgenden schreiben wir der Einfachheit halber X_i anstelle von $\frac{\partial}{\partial x_i}$. Dann ist für $i,j,r=1,\ldots,n$

$$\begin{aligned} X_i g(X_j,X_r) + X_j g(X_i,X_r) - X_r g(X_i,X_j) &= g(D_{X_i} X_j, X_r) + g(X_j, D_{X_i} X_r) \\ &\quad + g(D_{X_j} X_i, X_r) + g(X_i, D_{X_j} X_r) \\ &\quad - g(D_{X_r} X_i, X_j) - g(X_i, D_{X_r} X_j) \\ &= g(D_{X_i} X_j + D_{X_j} X_i, X_r) + g(X_j, [X_i, X_r]) \\ &\quad + g(X_i, [X_j, X_r]) = 2g(D_{X_i} X_j, X_r), \end{aligned}$$

also $g(D_{X_i} X_j, X_r) = \Gamma_{ij,r}$. Daraus folgt aber

$$D_{X_i} X_j = \sum_{r,k=1}^{n} g(D_{X_i} X_j, X_r) g^{rk} X_k = \sum_{k=1}^{n} \Gamma_{ij}^{k} X_k. \quad ∎$$

15.7 Definition: *(M,g) sei eine Riemannsche Mannigfaltigkeit und x ein Punkt aus M. Dann verstehen wir unter geodätischen Koordinaten in x lokale Koordinaten $x_1,\ldots,x_n$ für eine Umgebung von x, so daß*

$$g_{ij}(x) := g\left(\left.\frac{\partial}{\partial x_i}\right|_x, \left.\frac{\partial}{\partial x_j}\right|_x\right) = \delta_{ij}, \qquad i,j=1,\ldots,n,$$

und

$$\frac{\partial g_{ij}}{\partial x_k}(x)=0, \qquad i,j,k=1,\ldots,n,$$

gilt.

Sind $x_1,\ldots,x_n$ geodätische Koordinaten in $x\in M$, so verschwinden auch die Christoffel-Symbole $\Gamma_{ij,k}(x)$ und $\Gamma_{ij}^k(x)$, und ebenso ist $\frac{\partial|g|}{\partial x_k}(x) := \left.\frac{\partial}{\partial x_k}\right|_x (\det(g_{ij}))=0$. Geodätische Koordinaten existieren stets. Gehen wir nämlich von beliebigen Koordinaten $z_1,\ldots,z_n$ in $x\in M$ mit $z_1(x)=\cdots=z_n(x)=0$ aus und bezeichnen wir die zugehörigen Christoffel-Symbole mit $\bar{\bar{\Gamma}}_{ij}^k$, so sind durch

$$y_i := z_i + \tfrac{1}{2}\sum_{j,k}\bar{\bar{\Gamma}}_{jk}^i(x)z_j z_k$$

neue Koordinaten $y_1,\ldots,y_n$ definiert, so daß für die zugehörigen $\bar{g}_{ij} := g\left(\frac{\partial}{\partial y_i},\frac{\partial}{\partial y_j}\right)$ $\frac{\partial \bar{g}_{ij}(x)}{\partial y_k}=0$ gilt. Durch eine lineare Koordinatentransformation $x_i := \sum_{j=1}^n a_{ij}y_j$ ändert sich daran nichts, und man kann die a_{ij} so wählen, daß $g_{ij}(x)=g\left(\left.\frac{\partial}{\partial x_i}\right|_x,\left.\frac{\partial}{\partial x_j}\right|_x\right)=\delta_{ij}$ ist. Dazu muß man die Tatsache benutzen, daß $(\bar{g}_{ij}(x))$ und folglich auch $(\bar{g}^{ij}(x))$ eine positiv-definite symmetrische Matrix ist, so daß es eine Matrix $(a_{ik})\in GL(n,\mathbb{R})$ mit

$$\sum_{\nu,\mu} a_{i\mu}\bar{g}^{\mu\nu}a_{j\nu}=\delta_{ij}$$

gibt. Diese Matrix (a_{ij}) definiert dann die gesuchte Koordinatentransformation.

Jetzt wollen wir das Analogon zu Satz 12.1 formulieren:

15.8 Satz: *M sei eine Mannigfaltigkeit mit einem affinen Zusammenhang* D. *Dann gibt es genau eine Abbildung* $d_D: \vec{\mathfrak{F}}(M)\to\vec{\mathfrak{F}}(M)$, *die folgende Eigenschaften hat:*

(0) d_D *ist* $\mathbb{R}$*-linear.*

(1) $d_D(\vec{\mathfrak{F}}_p(M))\subseteq\vec{\mathfrak{F}}_{p+1}(M)$ *für* $p\in\mathbb{N}$.

(2) *Für* $X,Y\in\vec{\mathfrak{F}}_0(M)$ *ist*

$$d_D X(Y)=D_Y X.$$

(3) d_D *ist eine Ableitung, d.h., für* $\Phi\in\vec{\mathfrak{F}}_p(M)$ und $\varphi\in\mathfrak{F}_q(M)$ *gilt*

$$d_D(\Phi\wedge\varphi)=d_D\Phi\wedge\varphi+(-1)^p\Phi\wedge d\varphi.$$

Zusatz: (3′) *Ist* D *der Riemannsche Zusammenhang auf M bezüglich einer Riemannschen Metrik g, so gilt für $\Phi\in\vec{\mathfrak{F}}_p(M)$ und $\Psi\in\vec{\mathfrak{F}}_q(M)$*

$$d(\Phi\wedge\Psi)=d_D\Phi\wedge\Psi+(-1)^p\Phi\wedge d_D\Psi.$$

Beweis: Wir gehen genauso vor, wie beim Beweis von Satz 12.1, indem wir Existenz und Eindeutigkeit der Abbildungen $d_D:\vec{\mathfrak{F}}_p(M)\to\vec{\mathfrak{F}}_{p+1}(M)$ zeigen. Dabei beschränken wir uns auf den Fall, daß M eine offene Menge im $\mathbb{R}^n$ mit Koordinaten $x_1,\dots,x_n$ ist. Die Verallgemeinerung auf beliebige differenzierbare Mannigfaltigkeiten geschieht dann ebenso wie im Beweis von 12.1.

Sei also $\Phi\in\vec{\mathfrak{F}}_p(M)$; dann können wir Φ eindeutig in der Form

$$\Phi=\sum_{i=1}^{n}\frac{\partial}{\partial x_i}\wedge\varphi_i$$

schreiben mit $\varphi_i\in\mathfrak{F}_p(M)$. Wenn (0), (2) und (3) gelten sollen, muß

$$d_D\Phi=\sum_{i=1}^{n}\left(d_D\frac{\partial}{\partial x_i}\wedge\varphi_i+\frac{\partial}{\partial x_i}\wedge d\varphi_i\right)$$

mit (*)

$$d_D\frac{\partial}{\partial x_i}=\sum_{j=1}^{n}\left(D_{\frac{\partial}{\partial x_j}}\frac{\partial}{\partial x_i}\right)\wedge dx_j$$

sein, womit die Eindeutigkeit von d_D bereits gezeigt ist. Wir definieren daher d_D durch (*) und zeigen, daß d_D dann die Eigenschaften (0) bis (3) hat. Für (0) bis (2) ist das aber klar, so daß wir nur noch (3) nachweisen müssen:

Für $\Phi=\sum_{i=1}^{n}\frac{\partial}{\partial x_i}\wedge\varphi_i$ mit $\varphi_i\in\mathfrak{F}_p(M)$ und $\varphi\in\mathfrak{F}_q(M)$ ist

$$\Phi\wedge\varphi=\sum_{i=1}^{n}\frac{\partial}{\partial x_i}\wedge(\varphi_i\wedge\varphi),$$

also

$$d_D(\Phi\wedge\varphi)=\sum_{i=1}^{n}d_D\frac{\partial}{\partial x_i}\wedge(\varphi_i\wedge\varphi)+\sum_{i=1}^{n}\frac{\partial}{\partial x_i}\wedge d(\varphi_i\wedge\varphi)$$

$$=\left(\sum_{i=1}^{n}d_D\frac{\partial}{\partial x_i}\wedge\varphi_i\right)\wedge\varphi+\left(\sum_{i=1}^{n}\frac{\partial}{\partial x_i}\wedge d\varphi_i\right)\wedge\varphi+(-1)^p\left(\sum_{i=1}^{n}\frac{\partial}{\partial x_i}\wedge\varphi_i\right)\wedge d\varphi$$

$$=d_D\Phi\wedge\varphi+(-1)^p\Phi\wedge d\varphi.$$

Wir müssen noch den Zusatz beweisen. Dazu behandeln wir erst einmal den Spezialfall, wo Φ und Ψ vektorwertige Differentialformen vom Grade Null sind, d.h. Vektorfelder X und Y: Ist Z ein drittes Vektorfeld, so ist nach Definition des Riemannschen Zusammenhangs (siehe Satz 15.4)

$$\begin{aligned}(\mathrm{d}g(X,Y))(Z) &= Z(g(X,Y))\\ &= g(\mathrm{D}_Z X, Y)+g(X,\mathrm{D}_Z Y)\\ &= g(\mathrm{d}_\mathrm{D} X(Z), Y)+g(X,\mathrm{d}_\mathrm{D} Y(Z))\\ &= (\mathrm{d}_\mathrm{D} X\wedge Y+X\wedge \mathrm{d}_\mathrm{D} Y)(Z),\end{aligned}$$

also haben wir

$$\mathrm{d}g(X,Y)=\mathrm{d}_\mathrm{D} X\wedge Y+X\wedge \mathrm{d}_\mathrm{D} Y.$$

Daraus folgt für $\Phi=\sum_{i=1}^m X_\mathrm{i}\wedge\varphi_\mathrm{i}$ und $\Psi=\sum_{j=1}^n Y_\mathrm{j}\wedge\psi_\mathrm{j}$ mit $X_\mathrm{i}, Y_\mathrm{j}\in\vec{\mathfrak{F}}_0(M)$ und $\varphi_\mathrm{i}\in\mathfrak{F}_\mathrm{p}(M)$, $\psi_\mathrm{j}\in\mathfrak{F}_\mathrm{q}(M)$

$$\begin{aligned}\mathrm{d}(\Phi\wedge\Psi) &= \sum_{i,j}(\mathrm{d}g(X_\mathrm{i},Y_\mathrm{j})\wedge\varphi_\mathrm{i}\wedge\psi_\mathrm{j}+g(X_\mathrm{i},Y_\mathrm{j})\mathrm{d}(\varphi_\mathrm{i}\wedge\psi_\mathrm{j}))\\ &= \sum_{i,j}(\mathrm{d}_\mathrm{D} X_\mathrm{i}\wedge Y_\mathrm{j}+X_\mathrm{i}\wedge\mathrm{d}_\mathrm{D} Y_\mathrm{j})\wedge\varphi_\mathrm{i}\wedge\psi_\mathrm{j}\\ &\quad+\sum_{i,j} g(X_\mathrm{i},Y_\mathrm{j})(\mathrm{d}\varphi_\mathrm{i}\wedge\psi_\mathrm{j}+(-1)^\mathrm{p}\varphi_\mathrm{i}\wedge\mathrm{d}\psi_\mathrm{j})\\ &= \sum_{i,j}((\mathrm{d}_\mathrm{D} X_\mathrm{i}\wedge\varphi_\mathrm{i})\wedge(Y_\mathrm{j}\wedge\psi_\mathrm{j})+(-1)^\mathrm{p}(X_\mathrm{i}\wedge\varphi_\mathrm{i})\wedge(\mathrm{d}_\mathrm{D} Y_\mathrm{j}\wedge\psi_\mathrm{j}))\\ &\quad+\sum_{i,j}((X_\mathrm{i}\wedge\mathrm{d}\varphi_\mathrm{i})\wedge(Y_\mathrm{j}\wedge\psi_\mathrm{j})+(-1)^\mathrm{p}(X_\mathrm{i}\wedge\varphi_\mathrm{i})\wedge(Y_\mathrm{j}\wedge\mathrm{d}\psi_\mathrm{j}))\\ &= \sum_{i,j}(\mathrm{d}_\mathrm{D} X_\mathrm{i}\wedge\varphi_\mathrm{i}+X_\mathrm{i}\wedge\mathrm{d}\varphi_\mathrm{i})\wedge(Y_\mathrm{j}\wedge\psi_\mathrm{j})\\ &\quad+(-1)^\mathrm{p}\sum_{i,j}(X_\mathrm{i}\wedge\varphi_\mathrm{i})\wedge(\mathrm{d}_\mathrm{D} Y_\mathrm{j}\wedge\psi_\mathrm{j}+Y_\mathrm{j}\wedge\mathrm{d}\psi_\mathrm{j})\\ &= \mathrm{d}_\mathrm{D}\Phi\wedge\Psi+(-1)^\mathrm{p}\Phi\wedge\mathrm{d}_\mathrm{D}\Psi.\end{aligned}$$

Da wir uns beim Beweis des Zusatzes auf den eben behandelten Spezialfall globaler vektorwertiger Differentialformen beschränken können, ist der Satz damit bewiesen. ∎

Sei jetzt $(M,g,\mathcal{O})$ eine dreidimensionale orientierte Riemannsche Mannigfaltigkeit. Dann wird durch das Skalarprodukt g_x und die Orientierung $\mathcal{O}_\mathrm{x}$ in jedem Punkte $x\in M$ ein Vektorprodukt auf $\mathfrak{T}_\mathrm{x}M$ definiert, und dadurch erhält man ein Vektorprodukt auf $\Gamma(M,\mathfrak{T}M)$, d.h. eine bilineare Abbildung

$$\begin{aligned}\Gamma(M,\mathfrak{T}M)\times\Gamma(M,\mathfrak{T}M) &\to \Gamma(M,\mathfrak{T}M),\\ (X,Y) &\mapsto X\times Y,\end{aligned}$$

wobei für $X, Y \in \Gamma(M, \mathfrak{D}M)$ das Vektorfeld $X \times Y$ durch

$$(X \times Y)_x := X_x \times Y_x, \quad x \in M,$$

definiert ist. Auf der rechten Seite steht dabei das Vektorprodukt in $\mathfrak{D}_x M$. Sind jetzt x_1, x_2, x_3 Koordinaten einer Karte U, die zu einem orientierten Atlas von M gehört, so bilden die Vektorfelder $\frac{\partial}{\partial x_1}, \frac{\partial}{\partial x_2}, \frac{\partial}{\partial x_3}$ einen positiv orientierten 3-Rahmen über U. (Dabei verstehen wir ganz allgemein unter einem *n-Rahmen* über einer offenen Menge V einer Mannigfaltigkeit ein n-Tupel $(X_1, \ldots, X_n)$ von Vektorfeldern über V, die in jedem Punkt linear unabhängig sind. Hat die Mannigfaltigkeit eine Orientierung $\mathcal{O}$, so nennen wir den n-Rahmen *positiv orientiert, wenn das* n-Tupel $(X_{1x}, \ldots, X_{nx})$ für alle $x \in V$ die Orientierung $\mathcal{O}_x$ definiert.) Für unseren positiv orientierten 3-Rahmen $\left(\frac{\partial}{\partial x_1}, \frac{\partial}{\partial x_2}, \frac{\partial}{\partial x_3}\right)$ gilt dann

15.9
$$\frac{\partial}{\partial x_i} \times \frac{\partial}{\partial x_j} = \sqrt{|g|}\,\operatorname{sign}(i,j,k) \sum_{\lambda=1}^{3} g^{k\lambda} \frac{\partial}{\partial x_\lambda},$$

wobei $(i,j,k) \in \mathcal{S}_3$ ist und $(g^{k\lambda})$ wie üblich die inverse Matrix zur Matrix der $g_{ij} := g\left(\frac{\partial}{\partial x_i}, \frac{\partial}{\partial x_j}\right)$ bezeichnet; außerdem ist $|g| := \det(g_{ij})$. (Vergleiche § 3, Beispiel 4.)

15.10 Satz: *Sind X, Y, Z Vektorfelder auf einer orientierten dreidimensionalen Riemannschen Mannigfaltigkeit M, so gilt für den zugehörigen Riemannschen Zusammenhang folgende Produktregel:*

$$D_Z(X \times Y) = (D_Z X) \times Y + X \times (D_Z Y).$$

Beweis: Wir wollen die Produktregel in einem Punkte $x \in M$ verifizieren und wählen zu diesem Zwecke geodätische Koordinaten x_1, x_2, x_3 in x, wobei wir ferner annehmen dürfen, daß der 3-Rahmen

$$\left(\frac{\partial}{\partial x_1}, \frac{\partial}{\partial x_2}, \frac{\partial}{\partial x_3}\right)$$

positiv orientiert ist. Der Einfachheit halber schreiben wir X_i anstelle von $\frac{\partial}{\partial x_i}$. Dann entnimmt man der Formel 15.9, daß für $i,j,k \in \{1,2,3\}$ stets $(D_{X_i} X_j)|_x = (D_{X_k}(X_i \times X_j))|_x = 0$ ist. Daraus folgt natürlich für beliebiges $Z \in \Gamma(M, \mathfrak{D}M)$

$$(D_Z X_j)|_x = (D_Z(X_i \times X_j))|_x = 0.$$

Ist jetzt $X=\sum_{i=1}^{3} f_i X_i$ und $Y=\sum_{j=1}^{3} g_j X_j$, so rechnet man aus:

$$\begin{aligned} D_Z(X\times Y)|_x &= \Big(D_Z\Big(\sum_{i,j} f_i g_j (X_i\times X_j)\Big)\Big)\Big|_x \\ &= \Big(\sum_{i,j}((Zf_i)g_j+f_i(Zg_j))(X_i\times X_j)\Big)\Big|_x \\ &= \Big(\sum_{i,j}(Zf_i)X_i\times g_jX_j\Big)\Big|_x+\Big(\sum_{i,j} f_iX_i\times(Zg_j)X_j\Big)\Big|_x \\ &= (D_Z X\times Y)|_x+(X\times D_Z Y)|_x. \quad \blacksquare \end{aligned}$$

Genau wie die Riemannsche Metrik g können wir jetzt auch das Vektorprodukt zu einer bilinearen Abbildung

$$\vec{\mathfrak{F}}_p(M)\times\vec{\mathfrak{F}}_q(M)\to\vec{\mathfrak{F}}_{p+q}(M)$$

fortsetzen, indem wir für $\Phi\in\vec{\mathfrak{F}}_p(M)$, $\Psi\in\vec{\mathfrak{F}}_q(M)$ und $X_1,\dots,X_{p+q}\in\mathfrak{T}_xM$, $x\in M$

$$(\Phi\times\Psi)(X_1,\dots,X_{p+q}) := \frac{1}{p!\,q!}\sum_{\pi\in\mathscr{S}_{p+q}}\operatorname{sign}(\pi)\,\Phi(X_{\pi(1)},\dots,X_{\pi(p)})\times\Psi(X_{\pi(p+1)},\dots,X_{\pi(p+q)})$$

setzen. Falls wir für Φ und Ψ Darstellungen der Form $\Phi=\sum_{i=1}^{m} Y_i\wedge\varphi_i$, $\Psi=\sum_{j=1}^{n} Z_j\wedge\psi_j$ mit $Y_i, Z_j\in\Gamma(M,\mathfrak{T}M)$ und $\varphi_i\in\mathfrak{F}_p(M)$, $\psi_j\in\mathfrak{F}_q(M)$ haben, schreibt sich $\Phi\times\Psi$ in der Form

$$\Phi\times\Psi=\sum_{i,j}(Y_i\times Z_j)\wedge\varphi_i\wedge\psi_j\,.$$

Aus Satz 15.10 können wir sofort eine entsprechende Produktregel für die dem Riemannschen Zusammenhang D zugeordnete äußere Ableitung d_D gewinnen:

15.11 Satz: *M sei eine drei-dimensionale orientierte Riemannsche Mannigfaltigkeit, und es seien $\Phi\in\vec{\mathfrak{F}}_p(M)$, $\Psi\in\vec{\mathfrak{F}}_q(M)$. Dann gilt für die dem Riemannschen Zusammenhang* D *zugeordnete äußere Ableitung* d_D *die folgende Produktregel:*

$$d_D(\Phi\times\Psi)=(d_D\Phi\times\Psi)+(-1)^p(\Phi\times d_D\Psi)\,.$$

Beweis: U sei eine offene Menge in M mit Koordinaten x_1,x_2,x_3, und es sei wieder $X_i:=\frac{\partial}{\partial x_i}$. Dann können wir $\Phi|_U=\sum_{i=1}^{3} X_i\wedge\varphi_i$ und $\Psi|_U=\sum_{i=1}^{3} X_i\wedge\psi_i$ mit $\varphi_i,\psi_i\in\mathfrak{F}(U)$ schreiben.

Aus Satz 15.10 folgt zunächst

$$\begin{aligned}
d_D(X_i \times X_j) &= \sum_{k=1}^{3} D_{X_k}(X_i \times X_j) \wedge dx_k \\
&= \sum_{k=1}^{3} ((D_{X_k} X_i) \times X_j + X_i \times (D_{X_k} X_j)) \wedge dx_k \\
&= \sum_{k=1}^{3} ((D_{X_k} X_i) \wedge dx_k) \times X_j + \sum_{k=1}^{3} X_i \times (D_{X_k} X_j \wedge dx_k) \\
&= d_D X_i \times X_j + X_i \times d_D X_j .
\end{aligned}$$

Daraus folgt nun

$$\begin{aligned}
d_D(\Phi \times \Psi)|_U &= \sum_{i,j} d_D(X_i \times X_j) \wedge \varphi_i \wedge \psi_j + \sum_{i,j} (X_i \times X_j) \wedge d(\varphi_i \wedge \psi_j) \\
&= \sum_{i,j} (d_D X_i \times X_j + X_i \times d_D X_j) \wedge \varphi_i \wedge \psi_j \\
&\quad + \sum_{i,j} (X_i \times X_j) \wedge (d\varphi_i \wedge \psi_j + (-1)^p \varphi_i \wedge d\psi_j) \\
&= \sum_{i,j} (d_D X_i \wedge \varphi_i) \times (X_j \wedge \psi_j) + (-1)^p \sum_{i,j} (X_i \wedge \varphi_i) \times (d_D X_j \wedge \psi_j) \\
&\quad + \sum_{i,j} (X_i \wedge d\varphi_i) \times (X_j \wedge \psi_j) + (-1)^p \sum_{i,j} (X_i \wedge \varphi_i) \times (X_j \wedge d\psi_j) \\
&= (d_D \Phi \times \Psi)|_U + (-1)^p (\Phi \times d_D \Psi)|_U . \quad \blacksquare
\end{aligned}$$

Wir kommen nun auf eine Beziehung zwischen einer algebraischen Eigenschaft der äußeren Ableitung d_D und einer geometrischen Eigenschaft des sie definierenden affinen Zusammenhangs zu sprechen. Bei Satz 15.8 fällt sofort ein Unterschied zu Satz 12.1 auf: Es fehlt die Aussage „$d_D \circ d_D = 0$". In der Tat hängt die Richtigkeit dieser Aussage auch von dem gegebenen affinen Zusammenhang D ab. Ein Beispiel soll zeigen, daß i. allg. nicht $d_D \circ d_D = 0$ ist:

Als Mannigfaltigkeit wählen wir den $\mathbb{R}^2$ mit Koordinaten x und y, und anstelle von $\frac{\partial}{\partial x}$ und $\frac{\partial}{\partial y}$ schreiben wir X bzw. Y. Für zwei Vektorfelder $fX + gX$ und $hX + kY$ mit $f, g, h, k \in \mathscr{C}^\infty(\mathbb{R}^2)$ definieren wir

$$D_{fX+gY}(hX + kY) := (fh_x + gh_y)X + (fk_x + gk_y + fkxy)Y,$$

wo f_x wie üblich $\frac{\partial f}{\partial x}$ bedeutet etc. D ist ein affiner Zusammenhang, und wir wollen einmal $d_D(d_D Y)$ ausrechnen: Es ist $d_D Y(X) = D_X Y = xyY$ und $d_D Y(Y) = D_Y Y = 0$. Daraus ergibt sich $d_D Y = xyY \wedge dx$. Folglich ist

$d_D(d_D Y) = d_D(xy\,Y) \wedge dx + xy\,Y \wedge d(dx) = d_D(xy\,Y) \wedge dx$, und für $(d_D(d_D Y))(X, Y)$ ergibt sich daraus

$$\begin{aligned}(d_D(d_D Y))(X, Y) &= d_D(xy\,Y)(X)\,dx(Y) - d_D(xy\,Y)(Y)\,dx(X) \\ &= -d_D(xy\,Y)(Y) = -D_Y(xy\,Y) = -x\,Y \neq 0\,.\end{aligned}$$

Um ein Kriterium angeben zu können, wann $d_D \circ d_D = 0$ ist, benötigen wir ein Lemma:

15.12 Lemma: *M sei eine Mannigfaltigkeit mit affinem Zusammenhang* D. *Dann gilt für* $\Phi \in \vec{\mathfrak{F}}_p(M)$ *und* $X_1, \ldots, X_{p+1} \in \Gamma(M, \mathfrak{D} M)$

$$\begin{aligned}d_D \Phi(X_1, \ldots, X_{p+1}) = &\sum_{i=1}^{p+1} (-1)^{i+1} D_{X_i}(\Phi(X_1, \ldots, \hat{X}_i, \ldots, X_{p+1})) \\ &+ \sum_{i<j} (-1)^{i+j} \Phi([X_i, X_j], X_1, \ldots, \hat{X}_i, \ldots, \hat{X}_j, \ldots, X_{p+1})\,.\end{aligned}$$

Beweis: Wir können uns auf den Fall beschränken, daß sich Φ in der Form $\Phi = \sum_{v=1}^{n} T_v \wedge \varphi_v$ mit $T_v \in \Gamma(M, \mathfrak{D} M)$ und $\varphi_v \in \mathfrak{F}_p(M)$ schreiben läßt. Dann ist

$$d_D \Phi = \sum_{v=1}^{n} (d_D T_v \wedge \varphi_v + T_v \wedge d\varphi_v)\,.$$

Daraus folgt nach Definition der $d_D T_v$ und nach Satz 12.5

$$\begin{aligned}&d_D \Phi(X_1, \ldots, X_{p+1}) \\ &= \sum_{v=1}^{n} \Bigg(\sum_{i=1}^{p+1} (-1)^{i+1} (D_{X_i} T_v) \wedge \varphi_v(X_1, \ldots, \hat{X}_i, \ldots, X_{p+1}) \\ &\quad + T_v \wedge \sum_{i=1}^{p+1} (-1)^{i+1} X_i(\varphi_v(X_1, \ldots, \hat{X}_i, \ldots, X_{p+1})) \\ &\quad + T_v \wedge \sum_{i<j} (-1)^{i+j} \varphi_v([X_i, X_j], X_1, \ldots, \hat{X}_i, \ldots, \hat{X}_j, \ldots, X_{p+1}) \Bigg) \\ &= \sum_{i=1}^{p+1} (-1)^{i+1} D_{X_i}(\Phi(X_1, \ldots, \hat{X}_i, \ldots, X_{p+1})) \\ &\quad + \sum_{i<j} (-1)^{i+j} \Phi([X_i, X_j], X_1, \ldots, \hat{X}_i, \ldots, \hat{X}_j, \ldots, X_{p+1})\,. \quad \blacksquare\end{aligned}$$

15.13 Satz: *M sei eine differenzierbare Mannigfaltigkeit mit einem affinen Zusammenhang* D. *Dann gilt für die aus diesem Zusammenhang konstruierte Abbildung* $d_D: \vec{\mathfrak{F}}(M) \to \vec{\mathfrak{F}}(M)$ *genau dann* $d_D \circ d_D = 0$, *wenn für alle* $X, Y, Z \in \Gamma(M, \mathfrak{D} M)$

$$D_X(D_Y Z) - D_Y(D_X Z) - D_{[X,Y]} Z = 0$$

ist.

Beweis: Es sei $d_D \circ d_D = 0$. Wendet man Lemma 15.12 jetzt auf $d_D Z \in \vec{\mathfrak{F}}_1(M)$ und $X, Y \in \Gamma(M, \mathfrak{T}M)$ an, so erhält man

$$0 = (d_D(d_D Z))(X, Y) = D_X(d_D Z(Y)) - D_Y(d_D Z(X)) - d_D Z([X, Y])$$
$$= D_X(D_Y Z) - D_Y(D_X Z) - D_{[X,Y]} Z .$$

Sei umgekehrt

$$D_X(D_Y Z) - D_Y(D_X Z) - D_{[X,Y]} Z = 0$$

für alle $X, Y, Z \in \Gamma(M, \mathfrak{T}M)$. Es genügt wieder $d_D(d_D \Phi) = 0$ zu zeigen für $\Phi = \sum_{\nu=1}^{n} T_\nu \wedge \varphi_\nu$ mit $T_\nu \in \Gamma(M, \mathfrak{T}M)$ und $\varphi_\nu \in \mathfrak{F}_p(M)$. Es ist aber in diesem Falle

$$d_D \Phi = \sum_{\nu=1}^{n} (d_D T_\nu \wedge \varphi_\nu + T_\nu \wedge d\varphi_\nu),$$

also

$$d_D(d_D \Phi) = \sum_{\nu=1}^{n} (d_D(d_D T_\nu) \wedge \varphi_\nu - d_D T_\nu \wedge d\varphi_\nu + d_D T_\nu \wedge d\varphi_\nu + T_\nu \wedge d(d\varphi_\nu))$$
$$= \sum_{\nu=1}^{n} d_D(d_D T_\nu) \wedge \varphi_\nu .$$

Wir haben also nur noch zu zeigen, daß $d_D(d_D T_\nu) = 0$ ist. Aus dem ersten Teil des Beweises entnimmt man aber, daß für beliebige Vektorfelder $X, Y \in \Gamma(M, \mathfrak{T}M)$

$$(d_D(d_D T_\nu))(X, Y) = D_X(D_Y T_\nu) - D_Y(D_X T_\nu) - D_{[X,Y]} T_\nu$$

ist, und dieser Ausdruck verschwindet nach Voraussetzung über D. ∎

Der Ausdruck $R_D(X, Y)Z := D_X(D_Y Z) - D_Y(D_X Z) - D_{[X,Y]} Z$ spielt in der Differentialgeometrie eine Rolle. Nach unserer Konstruktion von d_D ist für $X, Y, Z \in \Gamma(M, \mathfrak{T}M)$ $R_D(X, Y)Z = d_D(d_D Z)(X, Y)$. Daraus folgt sofort, daß R_D $\mathscr{C}^\infty(M)$-linear in den ersten beiden Argumenten ist. Außerdem ist für $f \in \mathscr{C}^\infty(M)$

$$d_D(d_D(fZ)) = d_D(df \wedge Z + f d_D Z)$$
$$= ddf \wedge Z - df \wedge d_D Z + df \wedge d_D Z + f d_D(d_D Z)$$
$$= f d_D(d_D Z),$$

d.h., R_D ist auch linear im dritten Argument, also insgesamt eine $\mathscr{C}^\infty(M)$-trilineare Abbildung von $(\Gamma(M, \mathfrak{T}M))^3$ nach $\Gamma(M, \mathfrak{T}M)$. Nach §8 können wir daher R_D als Faserraumhomomorphismus von $\mathfrak{T}M^{(3)}$ nach $\mathfrak{T}M$ auffassen, der auf den einzelnen Fasern trilinear ist. R_D heißt der dem Zusammenhang D zugeordnete *Krümmungstensor*, und Satz 15.13 besagt gerade, daß $d_D \circ d_D = 0$ genau dann der Fall ist, wenn der Krümmungstensor R_D verschwindet.

Noch eine weitere vektorwertige Differentialform besitzt differentialgeometrisches Interesse: Die Identität auf $\Gamma(M,\mathfrak{T}M)$ ist ja ein Element aus $\vec{\mathfrak{F}}_1(M)$, das wir hier einmal mit I bezeichnen wollen. Die Form

$$\mathrm{T_D} := \mathrm{d_D}\,\mathrm{I} \in \vec{\mathfrak{F}}_2(M)$$

heißt die *Torsion* des affinen Zusammenhangs D. Für $X, Y, \in \Gamma(M,\mathfrak{T}M)$ ist dann auf Grund von 15.12 $\mathrm{T_D}(X,Y) = \mathrm{D}_X Y - \mathrm{D}_Y X - [X,Y]$.

Ist $\mathrm{T_D}=0$, so heißt der Zusammenhang D *symmetrisch*. Bei der Definition des Riemannschen Zusammenhangs ist (3) gerade die Forderung der Symmetrie (vgl. Satz 15.4); bei den Christoffel-Symbolen 2. Art drückt sich die Symmetrie als Symmetrie in den unteren Indizes aus.

U sei eine offene Menge einer Mannigfaltigkeit M mit affinem Zusammenhang D und Koordinaten $x_1,\dots,x_n$ für U. Dann ist $\Gamma(U,\mathfrak{T}M)$ ein freier $\mathscr{C}^\infty(U)$-Modul mit einer Basis $\{X_1,\dots,X_n\}$, $X_i \in \Gamma(U,\mathfrak{T}M)$. (Wir können z.B. $X_i := \dfrac{\partial}{\partial x_i}$ nehmen.) Die Dualbasis von $\mathfrak{F}_1(U)$ sei $\{\varphi_1,\dots,\varphi_n\}$. Dann gibt es eindeutig bestimmte Differentialformen $\varphi_{ij} \in \mathfrak{F}_1(M)$ und $\tau_i, \rho_{ij} \in \mathfrak{F}_2(M)$, so daß gilt:

$$\begin{aligned} \mathrm{d_D} X_j &= \sum_{i=1}^{n} X_i \wedge \varphi_{ij}, \qquad j=1,\dots,n, \\ (*) \qquad \mathrm{d_D}(\mathrm{d_D} X_j) &= \sum_{i=1}^{n} X_i \wedge \rho_{ij}, \qquad j=1,\dots,n, \\ \mathrm{T_D} &= \sum_{i=1}^{n} X_i \wedge \tau_i . \end{aligned}$$

Wenn man jetzt bedenkt, daß sich I über U in der Form $\mathrm{I} = \sum_{i=1}^{n} X_i \wedge \varphi_i$ schreiben läßt, so rechnet man mit Hilfe der Produktregel (3) in Satz 15.8 für $\mathrm{d_D}$ leicht die folgenden *Cartanschen Strukturformeln* aus: (Man berechne dazu $\mathrm{d_D}\,\mathrm{I}$ und $\mathrm{d_D}(\mathrm{d_D}\,\mathrm{I})$ unter Verwendung von (*).)

15.14

$$\begin{aligned} d\varphi_i &= -\sum_{j=1}^{n} \varphi_{ij} \wedge \varphi_j + \tau_i, \qquad i=1,\dots,n, \\ d\varphi_{ij} &= -\sum_{k=1}^{n} \varphi_{ik} \wedge \varphi_{kj} + \rho_{ij}, \qquad i,j=1,\dots,n. \end{aligned}$$

Satz 12.4 sagte aus, daß die äußere Ableitung d der gewöhnlichen Differentialformen ein Morphismus von Funktoren ist. Etwas Entsprechendes gilt für $\mathrm{d_D}$, wenn man sich auf die Kategorie der affinen Mannigfaltigkeiten und affinen Abbildungen beschränkt:

Unter einer *affinen Mannigfaltigkeit* versteht man ein Paar (M, D), wo M eine Mannigfaltigkeit und D ein affiner Zusammenhang auf M ist. Ist (M', D') eine weitere affine Mannigfaltigkeit, so heißt ein Diffeomorphismus $F: M \to M'$ eine *affine Abbildung*, wenn für Vektorfelder $X, Y, \in \Gamma(M', \mathfrak{D} M')$ stets $\mathrm{D}_{F^* X} F^* Y = F^*(\mathrm{D}'_X Y)$ gilt. (Dabei sei noch einmal an die Definition von $F^* X = (\vec{\mathfrak{F}}_0(F))(X)$ erinnert: $F^* X = \mathfrak{D} F^{-1} \circ X \circ F$.)

15.15 Satz: *(M, D) und (M', D') seien zwei affine Mannigfaltigkeiten und $F: M \to M'$ eine affine Abbildung. Dann ist $F^* \circ \mathrm{d}_{\mathrm{D}'} = \mathrm{d}_{\mathrm{D}} \circ F^*$.*

Beweis: Es genügt, $F^*(\mathrm{d}_{\mathrm{D}'} \Phi) = \mathrm{d}_{\mathrm{D}}(F^* \Phi)$ für den Fall zu zeigen, daß sich $\Phi \in \vec{\mathfrak{F}}_{\mathrm{p}}(M')$ in der Form $\Phi = \sum_{i=1}^{n} X_{\mathrm{i}} \wedge \varphi_{\mathrm{i}}$ mit $X_{\mathrm{i}} \in \Gamma(M', \mathfrak{D} M')$ und $\varphi_{\mathrm{i}} \in \mathfrak{F}_{\mathrm{p}}(M')$ schreiben läßt. Dann ist aber nach Satz 15.2 (4)

$$\begin{aligned} F^*(\mathrm{d}_{\mathrm{D}'} \Phi) &= F^*\left(\sum_{i=1}^{n} \mathrm{d}_{\mathrm{D}'} X_{\mathrm{i}} \wedge \varphi_{\mathrm{i}} + X_{\mathrm{i}} \wedge \mathrm{d}\varphi_{\mathrm{i}}\right) \\ &= \sum_{i=1}^{n} (F^*(\mathrm{d}_{\mathrm{D}'} X_{\mathrm{i}}) \wedge F^* \varphi_{\mathrm{i}} + F^* X_{\mathrm{i}} \wedge F^* \mathrm{d}\varphi_{\mathrm{i}}) \\ &= \sum_{i=1}^{n} (\mathrm{d}_{\mathrm{D}}(F^* X_{\mathrm{i}}) \wedge F^* \varphi_{\mathrm{i}} + F^* X_{\mathrm{i}} \wedge \mathrm{d}(F^* \varphi_{\mathrm{i}})) \\ &= \mathrm{d}_{\mathrm{D}}(F^* \Phi), \end{aligned}$$

falls wir für jedes Vektorfeld $X \in \Gamma(M', \mathfrak{D} M')$ zeigen können, daß $F^*(\mathrm{d}_{\mathrm{D}'} X) = \mathrm{d}_{\mathrm{D}}(F^* X)$ ist. Sei dazu Y ein Vektorfeld aus $\Gamma(M, \mathfrak{D} M)$. Wir müssen $(F^* \mathrm{d}_{\mathrm{D}'} X))(Y) = (\mathrm{d}_{\mathrm{D}}(F^* X))(Y)$ zeigen:

$$\begin{aligned} (F^*(\mathrm{d}_{\mathrm{D}'} X))(Y) &= \mathfrak{D} F^{-1} \circ \mathrm{d}_{\mathrm{D}'} X \circ \mathfrak{D} F \circ Y \\ &= \mathfrak{D} F^{-1} \circ (\mathrm{d}_{\mathrm{D}'} X \circ \mathfrak{D} F \circ Y \circ F^{-1}) \circ F \\ &= \mathfrak{D} F^{-1} \circ (\mathrm{d}_{\mathrm{D}'} X((F^{-1})^* Y)) \circ F \\ &= \mathfrak{D} F^{-1} \circ \mathrm{D}'_{(F^{-1})^* Y} X \circ F \\ &= F^*(\mathrm{D}'_{(F^*)^{-1} Y} X) \\ &= \mathrm{D}_Y F^* X = (\mathrm{d}_{\mathrm{D}}(F^* X))(Y). \quad \blacksquare \end{aligned}$$

Als nächstes wollen wir die sogenannten flachen Mannigfaltigkeiten untersuchen. Dazu zuerst ihre Definition:

15.16 Definition: *Eine affine Mannigfaltigkeit* (M, D) *und ihr affiner Zusammenhang* D *heißen flach, wenn gilt:* $\mathrm{T}_{\mathrm{D}} = 0, \mathrm{R}_{\mathrm{D}} = 0$.

Flache Mannigfaltigkeiten besitzen eine besonders einfache Geometrie; sie tragen nämlich lokal dieselbe affine Struktur wie ein euklidischer $\mathbb{R}^n$:

Sind $x_1, \ldots, x_n$ die euklidischen Koordinaten des $\mathbb{R}^n$, so wird durch $D_{\frac{\partial}{\partial x_i}}\left(\frac{\partial}{\partial x_j}\right) := 0$, $i,j, = 1 \ldots, n$, ein affiner Zusammenhang auf $\mathbb{R}^n$ definiert, den man als den *euklidischen* bezeichnet. Ist $X = \sum_{i=1}^{n} f_i \frac{\partial}{\partial x_i}$ und $Y = \sum_{j=1}^{n} g_j \frac{\partial}{\partial x_j}$, so ist für den euklidischen Zusammenhang D

$$D_X Y = \sum_{i=1}^{n} f_i \sum_{j=1}^{n} \frac{\partial g_j}{\partial x_i} \frac{\partial}{\partial x_j}.$$

Insbesondere ist also $D_X\left(\frac{\partial}{\partial x_j}\right) = 0$, $j = 1, \ldots, n$, wo X ein beliebiges Vektorfeld auf dem $\mathbb{R}^n$ ist. Das bedeutet aber $d_D\left(\frac{\partial}{\partial x_j}\right) = 0$, $j = 1, \ldots, n$. Lokal gibt es eine Basis von Vektorfeldern auf einer affinen Mannigfaltigkeit mit dieser Eigenschaft immer dann, wenn der Krümmungstensor des affinen Zusammenhangs verschwindet:

15.17 Satz: (M, D) *sei eine n-dimensionale affine Mannigfaltigkeit mit verschwindendem Krümmungstensor* $\mathrm{R_D}$. *Dann besitzt jeder Punkt* $x \in M$ *eine offene Umgebung* U *mit einem n-Rahmen* $(X_1, \ldots, X_n)$ *konstanter Vektorfelder auf* U, *d.h., es gilt* $d_D X_i = 0$, $i = 1, \ldots, n$.

Beweis: Da die Aussage lokaler Natur ist, können wir annehmen, daß $M = G$ eine offene Menge im $\mathbb{R}^n$ mit Koordinaten $x_1, \ldots, x_n$ und daß x der Nullpunkt ist. Wir suchen n Vektorfelder $X_1, \ldots, X_n$ über einer Umgebung U von 0, die linear unabhängig sind und $d_D X_i = 0$ erfüllen. Es muß also $d_D X_i\left(\frac{\partial}{\partial x_j}\right) = D_{\frac{\partial}{\partial x_j}} X_i = 0$ sein, $i,j = 1, \ldots, n$.

Wir machen dazu den Ansatz

$$X_i = \sum_{k=1}^{n} f_k^i \frac{\partial}{\partial x_k}, \qquad i = 1, \ldots, n,$$

mit $f_k^i \in \mathscr{C}^\infty(U)$, wobei U noch zu bestimmen ist. Es ist

$$D_{\frac{\partial}{\partial x_j}} \frac{\partial}{\partial x_k} = \sum_{r=1}^{n} F_{jk}^r \frac{\partial}{\partial x_r}$$

mit $F^r_{jk} \in \mathscr{C}^\infty(G)$, woraus

$$\begin{aligned} D_{\frac{\partial}{\partial x_j}} X_i &= \sum_{k=1}^n \left(\frac{\partial f^i_k}{\partial x_j} \frac{\partial}{\partial x_k} + \sum_{r=1}^n f^i_k F^r_{jk} \frac{\partial}{\partial x_r} \right) \\ &= \sum_{k=1}^n \left(\frac{\partial f^i_k}{\partial x_j} + \sum_{r=1}^n f^i_r F^k_{jr} \right) \frac{\partial}{\partial x_k} \end{aligned}$$

folgt; und dieser Ausdruck muß für $i,j=1,\dots,n$ verschwinden, d.h. es muß

$$\frac{\partial f^i_k}{\partial x_j} + \sum_{r=1}^n f^i_r F^k_{jr} = 0, \qquad i,j,k=1,\dots,n,$$

gelten, und außerdem sollen die f^i_k überall eine reguläre $(n \times n)$-Matrix bilden, damit die Vektorfelder $X_1,\dots,X_n$ linear unabhängig sind.

Wir betrachten dazu das Differentialgleichungssystem

$$(*) \qquad \frac{\partial f_k}{\partial x_j}(x) = F^k_j(x, f(x)), \qquad k,j=1,\dots,n,$$

mit

$$F^k_j(x,y) := -\sum_{r=1}^n y_r F^k_{jr}(x)$$

und stellen dabei n verschiedene Anfangsbedingungen

$$(*_i) \qquad f^i_k(0) = \delta_{ik}, \qquad i,k=1,\dots,n.$$

Nach Satz 14.8 besitzt jedes der Systeme $(*, *_i)$, $i=1,\dots,n$, eine Lösung in einer Umgebung von 0, falls wir die dort angegebene Integrabilitätsbedingung

$$\frac{\partial F^k_j}{\partial x_i} - \frac{\partial F^k_i}{\partial x_j} + \sum_{r=1}^n \left(F^r_i \frac{\partial F^k_j}{\partial y_r} - F^r_j \frac{\partial F^k_i}{\partial y_r} \right) = 0$$

für $i,j,k=1,\dots,n$ verifizieren können.

Es ist aber

$$\begin{aligned} &\frac{\partial F^k_j}{\partial x_i} - \frac{\partial F^k_i}{\partial x_j} + \sum_{r=1}^n \left(F^r_i \frac{\partial F^k_j}{\partial y_r} - F^r_j \frac{\partial F^k_i}{\partial y_r} \right) \\ &= -\sum_{m=1}^n y_m \left(\frac{\partial F^k_{jm}}{\partial x_i} - \frac{\partial F^k_{im}}{\partial x_j} \right) \\ &\quad + \sum_{r=1}^n \left(\left(\sum_{m=1}^n y_m F^r_{im} \right) F^k_{jr} - \left(\sum_{m=1}^n y_m F^r_{jm} \right) F^k_{ir} \right) \\ &= -\sum_{m=1}^n y_m \left(\frac{\partial F^k_{jm}}{\partial x_i} - \frac{\partial F^k_{im}}{\partial x_j} - \sum_{r=1}^n (F^r_{im} F^k_{jr} - F^r_{jm} F^k_{ir}) \right). \end{aligned}$$

Nach Voraussetzung verschwindet R_D; es ist also $d_D\left(d_D\left(\frac{\partial}{\partial x_m}\right)\right)=0$. Andererseits rechnet man leicht aus:

$$d_D\left(d_D\left(\frac{\partial}{\partial x_m}\right)\right)=\sum_{\substack{1\le i<j\le n\\ 1\le k\le n}}\left(\frac{\partial F^k_{jm}}{\partial x_i}-\frac{\partial F^k_{im}}{\partial x_j}\right.$$
$$\left.-\sum_{r=1}^{n}(F^r_{im}F^k_{jr}-F^r_{jm}F^k_{ir})\right)\frac{\partial}{\partial x_k}\wedge dx_i\wedge dx_j.$$

Da die Formen $\frac{\partial}{\partial x_k}\wedge dx_i\wedge dx_j\in\vec{\mathfrak{F}}_2(G)$, $1\le i<j\le n$, $1\le k\le n$, linear unabhängig sind, muß also

$$\frac{\partial F^k_{jm}}{\partial x_i}-\frac{\partial F^k_{im}}{\partial x_j}-\sum_{r=1}^{n}(F^r_{im}F^k_{jr}-F^r_{jm}F^k_{ir})=0$$

sein für alle $i,j,k,m\in\{1,\ldots,n\}$.

Die Differentialgleichungssysteme $(*,*_i)$, $i=1,\ldots,n$, erfüllen also die Integrabilitätsbedingung und sind daher über einer Umgebung U von 0 in G lösbar, und die durch ihre Lösungen f^i_k, $i,k=1,\ldots,n$, definierten Vektorfelder $X_i:=\sum_{k=1}^{n} f^i_k\frac{\partial}{\partial x_k}\in\Gamma(U,\mathfrak{D}G)$ leisten das Verlangte. ∎

15.18 Lemma: (M,D) *sei eine affine Mannigfaltigkeit der Dimension n mit verschwindender Torsion* T_D. *Ist dann* $(X_1,\ldots,X_n)$ *ein n-Rahmen aus konstanten Vektorfeldern auf M (d.h.* $d_D X_i=0$), *so gibt es zu jedem Punkt* $x\in M$ *eine Umgebung U mit Koordinaten* $x_1,\ldots,x_n$, *so daß über U* $X_i=\frac{\partial}{\partial x_i}$ *gilt,* $i=1,\ldots,n$.

Beweis: $\{\varphi_1,\ldots,\varphi_n\}$ sei die Dualbasis zu $\{X_1,\ldots,X_n\}$, d.h., es gilt $\varphi_i(X_j)=\delta_{ij}$, $i,j=1,\ldots,n$. Dann ist

$$\begin{aligned}d\varphi_i(X_j,X_k)&-X_j(\varphi_i(X_k))-X_k(\varphi_i(X_j))-\varphi_i([X_j,X_k])\\&=X_j(\delta_{ik})-X_k(\delta_{ij})-\varphi_i([X_j,X_k])\\&=-\varphi_i([X_j,X_k]).\end{aligned}$$

Andererseits ist wegen der verschwindenden Torsion

$$\begin{aligned}0&=T_D(X_j,X_k)=d_D I(X_j,X_k)\\&=D_{X_j}X_k-D_{X_k}X_j-[X_j,X_k]=-[X_j,X_k],\end{aligned}$$

da ja nach Voraussetzung $D_{X_j} X_k = d_D X_k(X_j) = 0$ ist. Also muß $[X_j, X_k] = 0$ sein und somit auch $-\varphi_i([X_j, X_k]) = d\varphi_i(X_j, X_k)$ für $i, j, k = 1, \dots, n$. Das bedeutet gerade $d\varphi_i = 0$ für $i = 1, \dots, n$.

Nach dem Poincaré-Lemma gibt es daher zu jedem $x \in M$ eine Umgebung U und n Funktionen $x_1, \dots, x_n \in \mathscr{C}^\infty(U)$ mit $\varphi_i = dx_i$. Daraus folgt $X_i = \frac{\partial}{\partial x_i}$, $i = 1, \dots, n$, sowie daß die Funktionen $x_1, \dots, x_n$ Koordinatenfunktionen sind. (Evtl. nach Verkleinerung von U). ∎

Aus 15.17 und 15.18 ergibt sich jetzt ohne weiteres die angekündigte Charakterisierung der flachen Mannigfaltigkeiten:

15.19 Satz: *Eine affine Mannigfaltigkeit* (M, D) *ist genau dann flach, wenn es zu jedem Punkt* $x \in M$ *eine Umgebung* U *und eine affine Abbildung* $F: U \to V$ *gibt, wo* V *eine offene Menge in einem euklidischen* $\mathbb{R}^n$ *ist (d.h. mit der oben eingeführten euklidischen affinen Struktur versehen). Die durch* F *definierten Koordinaten nennt man euklidisch.*

Beweis: Läßt sich M lokal affin auf offene Teilmengen eines $\mathbb{R}^n$ abbilden, so ist M trivialerweise flach, da der euklidische Zusammenhang des $\mathbb{R}^n$ flach ist.

Ist umgekehrt (M, D) flach, so gibt es nach 15.17 und 15.18 zu jedem $x \in M$ eine Umgebung U und Koordinaten $x_1, \dots, x_n$ für U, so daß die Vektorfelder $\frac{\partial}{\partial x_1}, \dots, \frac{\partial}{\partial x_n}$ konstant sind. Dann definieren die $x_1, \dots, x_n$ aber gerade eine affine Abbildung von U auf eine offene Menge des $\mathbb{R}^n$. ∎

Zum Abschluß dieses Paragraphen wollen wir die Divergenz eines Vektorfeldes einführen:

15.20 Definition: (M, D) *sei eine affine Mannigfaltigkeit. Für ein Vektorfeld* $X \in \Gamma(M, \mathfrak{D}M)$ *ist dann die Divergenz an der Stelle* $x \in M$ *definiert als Spur des Vektorraumendomorphismus* $(d_D X)_x : \mathfrak{D}_x M \to \mathfrak{D}_x M$:

$$(\mathrm{div}_D X)(x) := \mathrm{Sp}((d_D X)_x) .$$

Ist $F: M \to M'$ eine affine Abbildung zwischen zwei affinen Mannigfaltigkeiten (M, D) und (M', D'), so ist für ein Vektorfeld $X \in \Gamma(M', \mathfrak{D}M')$

$$\begin{aligned}(\mathrm{div}_D(F^* X))(x) &= \mathrm{Sp}((d_D F^* X)_x) = \mathrm{Sp}((F^* d_{D'} X)_x) \\ &= \mathrm{Sp}(\mathfrak{D}F^{-1} \circ (d_{D'} X)_{F(x)} \circ \mathfrak{D}F) \\ &= \mathrm{Sp}((d_{D'} X)_{F(x)}) = (\mathrm{div}_{D'} X)(F(x)) \\ &= (F^*(\mathrm{div}_{D'} X))(x) ,\end{aligned}$$

d.h., es ist $\operatorname{div}_D(F^* X) = F^*(\operatorname{div}_{D'} X)$. Die Divergenz ist also eine affine Invariante.

Wir wollen noch die Divergenz eines Vektorfeldes in lokalen Koordinaten ausrechnen: Seien dazu $x_1, \ldots, x_n$ Koordinaten auf einer offenen Menge U einer affinen Mannigfaltigkeit (M, D). Das Vektorfeld $X \in \Gamma(U, \mathfrak{D} M)$ habe eine Darstellung $X = \sum_{i=1}^{n} f_i \frac{\partial}{\partial x_i}$, $f_i \in \mathfrak{F}_0(U)$. Dann ist

$$d_D X\left(\frac{\partial}{\partial x_k}\right) = D_{\frac{\partial}{\partial x_k}} X = \sum_{i=1}^{n} \left(\frac{\partial f_i}{\partial x_k} \frac{\partial}{\partial x_i} + f_i D_{\frac{\partial}{\partial x_k}} \frac{\partial}{\partial x_i}\right).$$

Mit $D_{\frac{\partial}{\partial x_k}} \frac{\partial}{\partial x_i} = \sum_{j=1}^{n} F_{ki}^j \frac{\partial}{\partial x_j}$ hat man daher

$$d_D X\left(\frac{\partial}{\partial x_k}\right) = \sum_{i=1}^{n} \left(\frac{\partial f_i}{\partial x_k} + \sum_{j=1}^{n} f_j F_{kj}^i\right) \frac{\partial}{\partial x_i},$$

also

$$\operatorname{div}_D X = \operatorname{Sp}(d_D X) = \sum_{i=1}^{n} \left(\frac{\partial f_i}{\partial x_i} + \sum_{j=1}^{n} f_j F_{ij}^i\right)$$

oder

15.21
$$\operatorname{div}_D X = \sum_{i=1}^{n} \left(\frac{\partial f_i}{\partial x_i} + f_i \sum_{j=1}^{n} F_{ji}^j\right).$$

Ist speziell D der Riemannsche Zusammenhang zu einer Riemannschen Metrik auf M, so sind die $F_{ij}^k = \Gamma_{ij}^k$ die Christoffel-Symbole zweiter Art, und wir haben 15.21 mit Γ_{ji}^j anstelle von F_{ji}^j. Im übrigen soll die Theorie der vektorwertigen Differentialformen auf Riemannschen Mannigfaltigkeiten in den Paragraphen 16 und 17 behandelt werden.

§ 16: $*$-Operator, Coableitung, Laplace-Beltrami-Operator

M sei im folgenden eine n-dimensionale orientierte Riemannsche Mannigfaltigkeit; $g \in \mathfrak{M}_2(M, \mathfrak{T}M)$ bezeichne die Riemannsche Metrik auf M und dV das orientierte Riemannsche Volumenmaß, das dadurch eindeutig festgelegt ist, daß $\mathrm{dV}(e_{1x}, \ldots, e_{nx}) = 1$ ist für alle positiv orientierten Orthonormalbasen $(e_{1x}, \ldots, e_{nx})$ von $\mathfrak{T}_x M$, $x \in M$. Jeder Tangentialraum $\mathfrak{T}_x M$ von M ist also mit dem Skalarprodukt $g_x := g|\mathfrak{T}_x M \times \mathfrak{T}_x M$ und der durch $\mathrm{dV}_x := \mathrm{dV}|(\mathfrak{T}_x M)^n$ repräsentierten Orientierung versehen.

In Kapitel I, § 3, hatten wir für orientierte n-dimensionale reelle Vektorräume X mit Skalarprodukt $(\cdot,\cdot): X \times X \to \mathbb{R}$ Skalarprodukte

$$(\cdot,\cdot)_p : \Lambda_p X \times \Lambda_p X \to \mathbb{R}, \qquad p = 0, 1, \ldots, n,$$

und einen $*$-Operator

$$* : \Lambda_p X \to \Lambda_{n-p} X, \qquad p = 0, 1, \ldots, n,$$

eingeführt. Diese Abbildungen induzieren auf kanonische Weise $\mathfrak{F}_0(M)$-bilineare Abbildungen

$$(\cdot,\cdot)_p : \mathfrak{F}_p(M) \times \mathfrak{F}_p(M) \to \mathfrak{F}_0(M), \qquad p = 0, 1, \ldots, n,$$

und wieder als $*$-Operator bezeichnete $\mathfrak{F}_0(M)$-lineare Abbildungen

$$* : \mathfrak{F}_p(M) \to \mathfrak{F}_{n-p}(M), \qquad p = 0, 1, \ldots, n:$$

Für $\omega, \tilde{\omega} \in \mathfrak{F}_p(M)$ definieren wir:

$$(\omega, \tilde{\omega})_p(x) := (\omega_x, \tilde{\omega}_x)_p, \qquad x \in M.$$

Dabei sei daran erinnert, daß ω_x für $x \in M$ die Beschränkung $\omega_x := \omega|_{(\mathfrak{T}_x M)^p}$ ist. Ferner setzen wir für $\omega \in \mathfrak{F}_p(M)$:

$$(*\omega)_x := *(\omega_x), \qquad x \in M.$$

$*\omega$ ist nach Konstruktion alternierend $(n-p)$-linear auf jedem Tangentialraum $\mathfrak{T}_x M$, $x \in M$.

Es bleibt die Differenzierbarkeit der Funktionen $(\omega, \tilde{\omega})_p : M \to \mathbb{R}$ und $*\omega : \mathfrak{T}M^{(n-p)} \to \mathbb{R}$ zu zeigen. Jeder Punkt aus M besitzt eine offene Umgebung U in M mit einem orientierten Orthonormalrahmen $(e_1, \ldots, e_n)$; $(e_1^*, \ldots, e_n^*)$ bezeichne den hierzu dualen Rahmen, d.h. $(e_{1x}^*, \ldots, e_{nx}^*)$ ist die Dualbasis zu $(e_{1x}, \ldots, e_{nx})$ für alle $x \in U$. Die Beschränkungen $\omega|_U$ und $\tilde{\omega}|_U$ haben dann die Darstellungen

$$\omega|_U = \sum_{1 \le i_1 < \cdots < i_p \le n} w_{i_1 \cdots i_p} e^*_{i_1} \wedge \cdots \wedge e^*_{i_p},$$

$$\tilde{\omega}|_U = \sum_{1 \le j_1 < \cdots < j_p \le n} \tilde{w}_{j_1 \cdots j_p} e^*_{j_1} \wedge \cdots \wedge e^*_{j_p}$$

mit auf U differenzierbaren Funktionen $w_{i_1 \cdots i_p}$, $\tilde{w}_{j_1 \cdots j_p}$, so daß für alle $x \in U$ gilt:

$$(\omega, \tilde{\omega})_p(x) = \sum_{\substack{1 \le i_1 < \cdots < i_p \le n \\ 1 \le j_1 < \cdots < j_p \le n}} w_{i_1 \cdots i_p}(x) \tilde{w}_{j_1 \cdots j_p}(x) (e^*_{i_1} \wedge \cdots \wedge e^*_{i_p}, e^*_{j_1} \wedge \cdots \wedge e^*_{j_p})_p$$

$$= \sum_{1 \le i_1 < \cdots < i_p \le n} w_{i_1 \cdots i_p}(x) \tilde{w}_{i_1 \cdots i_p}(x);$$

d.h. $(\omega, \tilde{\omega})_p$ ist differenzierbar auf U und damit auch auf ganz M.

$(*\omega)_x := *(\omega_x)$ hat die Darstellung (siehe Kap. I, § 3)

$$(*\omega)_x = \sum_{1 \le i_{p+1} < \cdots < i_n \le n} (\omega_x \wedge e^*_{i_{p+1} x} \wedge \cdots \wedge e^*_{i_n x}, dV_x)_n e^*_{i_{p+1} x} \wedge \cdots \wedge e^*_{i_n x}$$

für alle $x \in U$; also haben wir

$$*\omega|_U = \sum_{1 \le i_{p+1} < \cdots < i_n \le n} (\omega|_U \wedge e^*_{i_{p+1}} \wedge \cdots \wedge e^*_{i_n}, dV|_U)_n e^*_{i_{p+1}} \wedge \cdots \wedge e^*_{i_n},$$

d.h. $*\omega|_U$ ist differenzierbar und damit auch $*\omega$ selbst.

Die in Kap. I, § 3, abgeleiteten Rechenregeln für den ∗-Operator gelten auch für den ∗-Operator

$$*: \mathfrak{F}_p(M) \to \mathfrak{F}_{n-p}(M).$$

Zunächst einmal läßt sich, wie in Kap. I, § 3, der ∗-Operator dadurch eindeutig charakterisieren, daß für $\omega_p \in \mathfrak{F}_p(M)$, $\tilde{\omega}_{n-p} \in \mathfrak{F}_{n-p}(M)$ gilt:

$$(*\omega_p, \tilde{\omega}_{n-p})_{n-p} = (\omega_p \wedge \tilde{\omega}_{n-p}, dV)_n.$$

Ferner gelten wieder die Rechenregeln (a) bis (g) von Satz 3.10 in Kapitel I:

16.1 Satz:

(a) $*1 = dV, \; *dV = 1,$

(b) $(*\omega_p, \tilde{\omega}_{n-p})_{n-p} = (-1)^{(n-p)p} (\omega_p, *\tilde{\omega}_{n-p})_p$ *für* $\omega_p \in \mathfrak{F}_p(M)$, $\tilde{\omega}_{n-p} \in \mathfrak{F}_{n-p}(M)$,

(c) $(*\omega_p, *\tilde{\omega}_p)_{n-p} = (\omega_p, \tilde{\omega}_p)_p$ *für* $\omega_p, \tilde{\omega}_p \in \mathfrak{F}_p(M)$,

(d) $\omega_p \wedge *\tilde{\omega}_p = (\omega_p, \tilde{\omega}_p)_p dV$ *für* $\omega_p, \tilde{\omega}_p \in \mathfrak{F}_p(M)$,

(d′) $\varphi \wedge *\varphi = dV$ *für jede Pfaffsche Form* $\varphi \in \mathfrak{F}_1(M)$ *mit* $(\varphi, \varphi)_1 = 1$,

(e) $\omega_p \wedge *\tilde{\omega}_p = \tilde{\omega}_p \wedge *\omega_p,$

(e′) $*\omega_p \wedge \tilde{\omega}_p = *\tilde{\omega}_p \wedge \omega_p$ *für* $\omega_p, \tilde{\omega}_p \in \mathfrak{F}_p(M)$,

(f) $*(*\omega_p) = (-1)^{(n-p)p} \omega_p$ *für* $\omega_p \in \mathfrak{F}_p(M)$,

(g) $*(jX \wedge *jY) = g(X, Y)$ *für Vektorfelder* X, Y *auf* M.

Zu Aussage (g) ist folgendes zu bemerken: Das Skalarprodukt $g_x: \mathfrak{D}_x M \times \mathfrak{D}_x M \to \mathbb{R}$ auf dem Tangentialraum $\mathfrak{D}_x M, x \in M$, induziert einen Isomorphismus (siehe § 3):

$$j_x: \mathfrak{D}_x M \to (\mathfrak{D}_x M)^* = \Lambda_1(\mathfrak{D}_x M)$$

von $\mathfrak{D}_x M$ auf den Dualraum $(\mathfrak{D}_x M)^*$ von $\mathfrak{D}_x M$, definiert durch

$$(j_x X)\, Y := g_x(X, Y)$$

für $X, Y \in \mathfrak{D}_x M$. Man kann also eine Abbildung

$$j: \vec{\mathfrak{F}}_0(M) \to \mathfrak{F}_1(M)$$

erklären, die jedem Vektorfeld $X \in \vec{\mathfrak{F}}_0(M)$ eine Pfaffsche Form $j\,X \in \mathfrak{F}_1(M)$ zuordnet mit der Eigenschaft

$$(j\,X)_x := j_x(X(x)) = g_x(X(x), \square), \qquad x \in X.$$

Wie in Kap. I, § 3 (vergleiche 3.8 Zusatz 1 und Formel 3.11) beweist man

16.2 Satz:
(a) $(X_1, \ldots, X_n)$ *sei ein orientierter Orthonormalrahmen auf* M, $(\varphi_1, \ldots, \varphi_n)$ *bezeichne den dualen Rahmen; dann ist*

$$*(\varphi_{\nu_1} \wedge \cdots \wedge \varphi_{\nu_p}) = \operatorname{sign}(\nu_1, \ldots, \nu_n)\, \varphi_{\nu_{p+1}} \wedge \cdots \wedge \varphi_{\nu_n}$$

für jede Permutation $(\nu_1, \ldots, \nu_n) \in \mathcal{S}_n$.
(b) *Ist* $(X_1, \ldots, X_n)$ *ein orientierter n-Rahmen auf einer offenen Menge* $U \subseteq M$, *bestehend aus lauter Koordinatenvektoren* (*d.h.* $X_i = \dfrac{\partial}{\partial x_i}$ *mit Koordinatenfunktionen* $x_1, \ldots, x_n$ *auf* U), *dann können wir den dualen Rahmen mit* $(\mathrm{d}x_1, \ldots, \mathrm{d}x_n)$ *bezeichnen, und es gilt:*

$$*\mathrm{d}x_\nu = \sum_{\rho=1}^{n} (-1)^{\rho-1} g^{\nu\rho} \sqrt{|g|}\, \mathrm{d}x_1 \wedge \cdots \wedge \widehat{\mathrm{d}x_\rho} \wedge \cdots \wedge \mathrm{d}x_n$$

für $\nu = 1, \ldots, n$. *Dabei ist* $g_{ij} := g(X_i, X_j)$ *für* $i, j = 1, \ldots, n$ *und* $(g^{\nu\rho}) := (g_{ij})^{-1}$, $|g| := \det(g_{ij})$.

Mit Hilfe des $*$-Operators und der äußeren Ableitung $\mathrm{d}: \mathfrak{F}_p(M) \to \mathfrak{F}_{p+1}(M)$ kann man die sogenannte *Coableitung*

$$\delta: \mathfrak{F}_p(M) \to \mathfrak{F}_{p-1}(M)$$

für $p = 0, 1, \ldots, n$ einführen (dabei verabreden wir $\mathfrak{F}_{-1}(M) := \{0\}$). Sie ist eine $\mathbb{R}$-lineare Abbildung.

16.3 Definition:

(a) $\delta\omega_p := (-1)^{np+n} * (d(*\omega_p))$ *für* $\omega_p \in \mathfrak{F}_p(M)$, $p = 1, 2, \ldots, n$.

(b) $\delta f := 0$ *für* $f \in \mathfrak{F}_0(M)$.

Bemerkung: Man beachte, daß δ nicht von der Orientierung von M abhängt, da in der Definition von δ der ∗-Operator zweimal vorkommt:

$$\mathfrak{F}_p(M) \xrightarrow{*} \mathfrak{F}_{n-p}(M) \xrightarrow{d} \mathfrak{F}_{n-p+1}(M) \xrightarrow{*} \mathfrak{F}_{p-1}(M).$$

$$\underbrace{\qquad\qquad\qquad\qquad\qquad\qquad\qquad\qquad}_{(-1)^{np+n}\,\delta}$$

Insbesondere läßt sich δ auch auf einer nicht orientierten Mannigfaltigkeit definieren, indem man diese lokal irgendwie orientiert und so δ lokal definiert.

Wir wollen einige Rechenregeln für die Coableitung zusammenstellen:

16.4 Satz:

(a) $\delta\delta = 0$,

(b) $*\delta d = d\delta *$,

(c) $*d\delta = \delta d *$,

(d) $d * \delta = \delta * d = 0$,

(e) $*(\delta\omega_p) = (-1)^{p-1} d(*\omega_p)$,

(f) $\delta(*\omega_p) = (-1)^p * (d\omega_p)$ *für* $\omega_p \in \mathfrak{F}(M)$.

Beweis:

(a) $\delta\delta = \pm(*d*)(*d*) = \pm *dd* = 0$.

(b)
$$\begin{aligned}(*\delta d)\omega_p &= (-1)^{n(p+1)+n} ** d * d\omega_p = (-1)^{np}(-1)^{(n-p)p} d * d\omega_p \\ &= (-1)^p d * d\omega_p \quad \text{für} \quad \omega_p \in \mathfrak{F}_p(M),\end{aligned}$$

$$\begin{aligned}(d\delta *)\omega_p &= (-1)^{n(n-p)+n} d * d ** \omega_p = (-1)^{np}(-1)^{(n-p)p} d * d\omega_p \\ &= (-1)^p d * d\omega_p \quad \text{für} \quad \omega_p \in \mathfrak{F}_p(M).\end{aligned}$$

Daraus folgt: $*\delta d = d\delta *$.

(c) und (d) beweist man analog zu (b).

(e)
$$\begin{aligned}*(\delta\omega_p) &= (-1)^{np+n} ** d * \omega_p = (-1)^{np+n}(-1)^{(n-p+1)(p-1)} d * \omega_p \\ &= (-1)^{p-1} d(*\omega_p).\end{aligned}$$

(f) beweist man analog zu (e). ∎

Wir wollen die Coableitung δ in Koordinaten beschreiben. Sei U eine offene Menge in M mit orientierten Koordinaten $x_1, \ldots, x_n$ (d. h. $\left(\frac{\partial}{\partial x_1}, \ldots, \frac{\partial}{\partial x_n}\right)$ ist ein orientierter n-Rahmen), dann läßt sich eine 1-Form

$\omega \in \mathfrak{F}_1(M)$ in der Form $\omega|_U = \sum_{\mu=1}^{n} f_\mu \mathrm{d}x_\mu$ darstellen, und es gilt (vergleiche Satz 16.2, (b)):

$$*\omega|_U = \sum_{\mu=1}^{n} f_\mu * \mathrm{d}x_\mu = \sum_{\mu=1}^{n} \sum_{\rho=1}^{n} (-1)^{\rho-1} f_\mu g^{\mu\rho} \sqrt{|g|}\, \mathrm{d}x_1 \wedge \cdots \wedge \widehat{\mathrm{d}x_\rho} \wedge \cdots \wedge \mathrm{d}x_n .$$

Daraus folgt

$$\begin{aligned}\delta\omega|_U &= *\mathrm{d}*\omega|_U \\ &= * \sum_{\nu=1}^{n} \sum_{\mu=1}^{n} \sum_{\rho=1}^{n} (-1)^{\rho-1} \frac{\partial}{\partial x_\nu} (f_\mu g^{\mu\rho} \sqrt{|g|}) \mathrm{d}x_\nu \wedge \mathrm{d}x_1 \wedge \cdots \wedge \widehat{\mathrm{d}x_\rho} \wedge \cdots \wedge \mathrm{d}x_n \\ &= * \sum_{\nu=1}^{n} \sum_{\mu=1}^{n} \frac{\partial}{\partial x_\nu} (f_\mu g^{\mu\nu} \sqrt{|g|}) \mathrm{d}x_1 \wedge \cdots \wedge \mathrm{d}x_n ,\end{aligned}$$

d.h.

16.5
$$\delta\omega|_U = \frac{1}{\sqrt{|g|}} \sum_{\nu=1}^{n} \sum_{\mu=1}^{n} \frac{\partial}{\partial x_\nu} (f_\mu g^{\mu\nu} \sqrt{|g|}) .$$

Sind $x_1, \ldots, x_n$ euklidische Koordinaten, d.h., ist $g_{ij} = g^{ij} = \delta_{ij}$ und somit $|g| = 1$, dann ist

$$\delta\omega|_U = \sum_{\nu=1}^{n} \frac{\partial f_\nu}{\partial x_\nu} .$$

Allgemein läßt sich die Coableitung $\delta\omega_p$ einer p-Form $\omega_p \in \mathfrak{F}_p(M)$ in euklidischen Koordinaten wie folgt ausdrücken: Sei

$$\omega_p|_U = \sum_{1 \le \nu_1 < \cdots < \nu_p \le n} f_{\nu_1 \ldots \nu_p} \mathrm{d}x_{\nu_1} \wedge \cdots \wedge \mathrm{d}x_{\nu_p} ,$$

wobei $f_{\nu_1 \ldots \nu_p} \in \mathfrak{F}_0(U)$ ist, dann gilt:

16.6
$$\delta\omega_p|_U = \sum_{1 \le \nu_1 < \cdots < \nu_p \le n} \sum_{\rho=1}^{p} (-1)^{\rho-1} \frac{\partial f_{\nu_1 \ldots \nu_p}}{\partial x_{\nu_\rho}} \mathrm{d}x_{\nu_1} \wedge \cdots \wedge \widehat{\mathrm{d}x_{\nu_\rho}} \wedge \cdots \wedge \mathrm{d}x_{\nu_p} .$$

Es genügt zu beweisen, daß für $\omega_p = f \mathrm{d}x_1 \wedge \cdots \wedge \mathrm{d}x_p$ mit $f \in \mathfrak{F}_0(U)$ gilt: $\delta\omega_p = \sum_{\rho=1}^{p} (-1)^{\rho-1} \frac{\partial f}{\partial x_\rho} \mathrm{d}x_1 \wedge \cdots \wedge \widehat{\mathrm{d}x_\rho} \wedge \cdots \wedge \mathrm{d}x_p$.

$$\begin{aligned}\delta\omega_p &= (-1)^{np+n} * \mathrm{d} * (f \mathrm{d}x_1 \wedge \cdots \wedge \mathrm{d}x_p) \\ &= (-1)^{np+n} * \mathrm{d}(f \mathrm{d}x_{p+1} \wedge \cdots \wedge \mathrm{d}x_n) \\ &= (-1)^{np+n} * \sum_{\rho=1}^{p} \frac{\partial f}{\partial x_\rho} \mathrm{d}x_\rho \wedge \mathrm{d}x_{p+1} \wedge \cdots \wedge \mathrm{d}x_n\end{aligned}$$

$$=(-1)^{np+n}\sum_{\rho=1}^{p}\frac{\partial f}{\partial x_\rho}*(dx_\rho\wedge dx_{p+1}\wedge\cdots\wedge dx_n)$$

$$=(-1)^{np+n}\sum_{\rho=1}^{p}\frac{\partial f}{\partial x_\rho}\operatorname{sign}(\rho,p+1,\ldots,n,1,\ldots,\rho-1,\rho+1,\ldots,p)dx_1\wedge\cdots\wedge\widehat{dx_\rho}\wedge\cdots\wedge dx_p$$

$$=(-1)^{np+n}\sum_{\rho=1}^{p}\frac{\partial f}{\partial x_\rho}(-1)^{(n-p)(p-1)+\rho-1}dx_1\wedge\cdots\wedge\widehat{dx_\rho}\wedge\cdots\wedge dx_p$$

$$=\sum_{\rho=1}^{p}(-1)^{\rho-1}\frac{\partial f}{\partial x_\rho}dx_1\wedge\cdots\wedge\widehat{dx_\rho}\wedge\cdots\wedge dx_p\,.$$

Mit Hilfe von d und δ können wir den Laplace-Beltrami-Operator einführen.

16.7 Definition: *Die* $\mathbb{R}$*-lineare Abbildung* $\Delta := d\delta + \delta d : \mathfrak{F}_p(M) \to \mathfrak{F}_p(M)$ *heißt Laplace-Beltramischer Differentialoperator.*

Bemerkung: Genau wie die Coableitung δ hängt auch Δ nicht von der Orientierung von M ab. Insbesondere läßt sich Δ auch wieder auf nicht-orientierbaren Riemannschen Mannigfaltigkeiten definieren. Für $p=0$, d.h. $f\in\mathfrak{F}_0(M)$ ist $\Delta f=\delta d f$, da $\delta f=0$ ist.

Wir wollen einige Rechenregeln für den Laplace-Operator zusammenstellen:

16.8 Satz:

(a) $$*\Delta=\Delta *;$$

(b) $$d\Delta=\Delta d=d\delta d;$$

(c) $$\delta\Delta=\Delta\delta=\delta d\delta.$$

Beweis: (a) $*\Delta=*d\delta+*\delta d=\delta d*+d\delta*=(\delta d+d\delta)*=\Delta*$,

(b) $d\Delta=dd\delta+d\delta d=d\delta d=d\delta d+\delta dd=(d\delta+\delta d)d=\Delta d$,

(c) $\delta\Delta=\delta d\delta+\delta\delta d=\delta d\delta=\delta d\delta+d\delta\delta=(\delta d+d\delta)\delta=\Delta\delta$. ∎

Wir wollen den Laplace-Operator mittels Koordinaten beschreiben. Sei U eine offene Menge in M mit orientierten Koordinaten $x_1,\ldots,x_n$; dann gilt für $f\in\mathfrak{F}_0(M)$:

$$\Delta f=\delta d f=\delta\sum_{\mu=1}^{n}\frac{\partial f}{\partial x_\mu}dx_\mu\,.$$

Unter Benutzung von Formel 16.5 erhält man hieraus:

16.9 $$\Delta f=\frac{1}{\sqrt{|g|}}\sum_{\mu=1}^{n}\sum_{\nu=1}^{n}\frac{\partial}{\partial x_\nu}\left(\frac{\partial f}{\partial x_\mu}g^{\mu\nu}\sqrt{|g|}\right).$$

Für euklidische Koordinaten $x_1,\ldots,x_n$ ergibt sich hieraus:

$$\Delta f = \sum_{\nu=1}^{n} \frac{\partial^2 f}{\partial x_\nu^2}.$$

Für euklidische Koordinaten läßt sich auch $\Delta\omega_p$ für $\omega_p \in \mathfrak{F}_p(M)$ leicht in Koordinaten angegeben. Sei

$$\omega_p = \sum_{1\le\nu_1<\cdots<\nu_p\le n} f_{\nu_1\ldots\nu_p}\, dx_{\nu_1}\wedge\cdots\wedge dx_{\nu_p},$$

dann gilt:

$$\Delta\omega_p = \sum_{1\le\nu_1<\cdots<\nu_p\le n} \Delta(f_{\nu_1\ldots\nu_p})\, dx_{\nu_1}\wedge\cdots\wedge dx_{\nu_p}.$$

Es genügt wieder, für $\omega_p = f\,dx_1\wedge\cdots\wedge dx_p$, $f\in\mathfrak{F}_0(M)$, zu zeigen: $\Delta\omega_p = (\Delta f)\,dx_1\wedge\cdots\wedge dx_p$.

$$\begin{aligned}
d(\delta\omega_p) &= d\sum_{\rho=1}^{p}(-1)^{\rho-1}\frac{\partial f}{\partial x_\rho}\,dx_1\wedge\cdots\wedge\widehat{dx_\rho}\wedge\cdots\wedge dx_p \\
&= \sum_{\rho=1}^{p}\sum_{\nu=1}^{n}(-1)^{\rho-1}\frac{\partial^2 f}{\partial x_\rho\partial x_\nu}\,dx_\nu\wedge dx_1\wedge\cdots\wedge\widehat{dx_\rho}\wedge\cdots\wedge dx_p \\
&= \sum_{\nu=1}^{p}\frac{\partial^2 f}{\partial x_\nu^2}\,dx_1\wedge\cdots\wedge dx_p \\
&\quad + \sum_{\rho=1}^{p}\sum_{\nu=p+1}^{n}(-1)^{\rho-1}\frac{\partial^2 f}{\partial x_\rho\partial x_\nu}\,dx_\nu\wedge dx_1\wedge\cdots\wedge\widehat{dx_\rho}\wedge\cdots\wedge dx_p,
\end{aligned}$$

$$\begin{aligned}
\delta(d\omega_p) &= \delta\sum_{\nu=1}^{n}\frac{\partial f}{\partial x_\nu}\,dx_\nu\wedge dx_1\wedge\cdots\wedge dx_p \\
&= \delta\sum_{\nu=p+1}^{n}(-1)^p\frac{\partial f}{\partial x_\nu}\,dx_1\wedge\cdots\wedge dx_p\wedge dx_\nu \\
&= \sum_{\nu=p+1}^{n}\frac{\partial^2 f}{\partial x_\nu^2}\,dx_1\wedge\cdots\wedge dx_p \\
&\quad - \sum_{\nu=p+1}^{n}\sum_{\rho=1}^{p}(-1)^{\rho-1}\frac{\partial^2 f}{\partial x_\nu\partial x_\rho}\,dx_\nu\wedge dx_1\wedge\cdots\wedge\widehat{dx_\rho}\wedge\cdots\wedge dx_p.
\end{aligned}$$

Daraus folgt:

$$\Delta\omega_p = d(\delta\omega_p)+\delta(d\omega_p) = \left(\sum_{\nu=1}^{n}\frac{\partial^2 f}{\partial x_\nu^2}\right)dx_1\wedge\cdots\wedge dx_p = (\Delta f)\,dx_1\wedge\cdots\wedge dx_p.$$

Beispiele: Den dreidimensionalen reellen Zahlenraum $\mathbb{R}^3 = \{(x_1,x_2,x_3);\ x_i\in\mathbb{R}\}$ kann man wie folgt als Riemannsche Mannigfaltigkeit ansehen:

Die Riemannsche Metrik g sei festgelegt durch $g\left(\frac{\partial}{\partial x_i}, \frac{\partial}{\partial x_j}\right) = \delta_{ij}$ für $i, j = 1, 2, 3$; $dV = dx_1 \wedge dx_2 \wedge dx_3$ repräsentiere die Orientierung, so daß also dV das orientierte euklidische Volumenmaß des $\mathbb{R}^3$ ist. Hierfür wollen wir einmal den Laplace-Operator in Kugel- und Zylinderkoordinaten berechnen.

(1) *Kugelkoordinaten:* Die Kugelkoordinaten (r, α, β) hängen mit den euklidischen Koordinaten (x_1, x_2, x_3) wie folgt zusammen:

$$x_1 = r\cos\alpha\sin\beta\,,$$
$$x_2 = r\sin\alpha\sin\beta\,,$$
$$x_3 = r\cos\beta\,,$$

für $0 < r < \infty$, $0 \leq \alpha < 2\pi$, $0 < \beta < \pi$.
Die Koordinatenvektorfelder haben die Gestalt

$$\begin{aligned}
X_1 &:= \frac{\partial}{\partial r} = \frac{\partial x_1}{\partial r}\frac{\partial}{\partial x_1} + \frac{\partial x_2}{\partial r}\frac{\partial}{\partial x_2} + \frac{\partial x_3}{\partial r}\frac{\partial}{\partial x_3} \\
&= \cos\alpha\sin\beta\frac{\partial}{\partial x_1} + \sin\alpha\sin\beta\frac{\partial}{\partial x_2} + \cos\beta\frac{\partial}{\partial x_3}, \\
X_2 &:= \frac{\partial}{\partial \alpha} = \frac{\partial x_1}{\partial \alpha}\frac{\partial}{\partial x_1} + \frac{\partial x_2}{\partial \alpha}\frac{\partial}{\partial x_2} + \frac{\partial x_3}{\partial \alpha}\frac{\partial}{\partial x_3} \\
&= -r\sin\alpha\sin\beta\frac{\partial}{\partial x_1} + r\cos\alpha\sin\beta\frac{\partial}{\partial x_2}, \\
X_3 &:= \frac{\partial}{\partial \beta} = \frac{\partial x_1}{\partial \beta}\frac{\partial}{\partial x_1} + \frac{\partial x_2}{\partial \beta}\frac{\partial}{\partial x_2} + \frac{\partial x_3}{\partial \beta}\frac{\partial}{\partial x_3} \\
&= r\cos\alpha\cos\beta\frac{\partial}{\partial x_1} + r\sin\alpha\cos\beta\frac{\partial}{\partial x_2} - r\sin\beta\frac{\partial}{\partial x_3}.
\end{aligned}$$

Daraus folgt für die Komponenten $g_{ij} := g(X_i, X_j)$ der Riemannschen Metrik g des $\mathbb{R}^3$, die durch $g\left(\frac{\partial}{\partial x_i}, \frac{\partial}{\partial x_j}\right) = \delta_{ij}$ festgelegt ist:
$g_{11} = 1$, $g_{22} = r^2\sin^2\beta$, $g_{33} = r^2$, $g_{ij} = 0$ für $i \neq j$, d.h.

$$(g_{ij}) = \begin{pmatrix} 1 & 0 & 0 \\ 0 & r^2\sin^2\beta & 0 \\ 0 & 0 & r^2 \end{pmatrix}.$$

Daraus folgt:

$$(g^{ij}) := (g_{ij})^{-1} = \begin{pmatrix} 1 & 0 & 0 \\ 0 & \dfrac{1}{r^2 \sin^2 \beta} & 0 \\ 0 & 0 & \dfrac{1}{r^2} \end{pmatrix}$$

und $\sqrt{|g|} = \sqrt{\det(g_{ij})} = r^2 \sin \beta$.

Auf Grund von Formel 16.9 gilt für $f \in \mathfrak{F}_0(\mathbb{R}^3)$:

$$\begin{aligned} \Delta f &= \frac{1}{\sqrt{|g|}} \left(\frac{\partial}{\partial r} \left(\frac{\partial f}{\partial r} g^{11} \sqrt{|g|} \right) + \frac{\partial}{\partial \alpha} \left(\frac{\partial f}{\partial \alpha} g^{22} \sqrt{|g|} \right) + \frac{\partial}{\partial \beta} \left(\frac{\partial f}{\partial \beta} g^{33} \sqrt{|g|} \right) \right) \\ &= \frac{1}{r^2 \sin \beta} \left(\frac{\partial}{\partial r} \left(\frac{\partial f}{\partial r} r^2 \sin \beta \right) + \frac{\partial}{\partial \alpha} \left(\frac{\partial f}{\partial \alpha} \frac{1}{r^2 \sin^2 \beta} r^2 \sin \beta \right) \right. \\ &\qquad \left. + \frac{\partial}{\partial \beta} \left(\frac{\partial f}{\partial \beta} \frac{1}{r^2} r^2 \sin \beta \right) \right) \\ &= \frac{1}{r^2} \left(\frac{\partial}{\partial r} \left(r^2 \frac{\partial f}{\partial r} \right) + \frac{1}{\sin^2 \beta} \frac{\partial^2 f}{\partial \alpha^2} + \frac{1}{\sin \beta} \frac{\partial}{\partial \beta} \left(\sin \beta \frac{\partial f}{\partial \beta} \right) \right), \end{aligned}$$

d.h.

$$\Delta = \frac{1}{r^2} \left(\frac{\partial}{\partial r} \left(r^2 \frac{\partial}{\partial r} \right) + \frac{1}{\sin \beta} \frac{\partial}{\partial \beta} \left(\sin \beta \frac{\partial}{\partial \beta} \right) + \frac{1}{\sin^2 \beta} \frac{\partial^2}{\partial \alpha^2} \right).$$

(2) *Zylinderkoordinaten:* Die Zylinderkoordinaten (r, α, h) hängen mit den euklidischen Koordinaten (x_1, x_2, x_3) wie folgt zusammen:

$$\begin{aligned} x_1 &= r \cos \alpha, \\ x_2 &= r \sin \alpha, \\ x_3 &= h, \end{aligned}$$

für $0 < r < \infty$, $0 \le \alpha < 2\pi$, $-\infty < h < +\infty$.

Die zugehörigen Koordinatenvektorfelder haben die Gestalt:

$$\begin{aligned} X_1 &:= \frac{\partial}{\partial r} = \cos \alpha \frac{\partial}{\partial x_1} + \sin \alpha \frac{\partial}{\partial x_2}, \\ X_2 &:= \frac{\partial}{\partial \alpha} = -r \sin \alpha \frac{\partial}{\partial x_1} + r \cos \alpha \frac{\partial}{\partial x_2}, \\ X_3 &:= \frac{\partial}{\partial h} = \frac{\partial}{\partial x_3}. \end{aligned}$$

Daraus folgt für $g_{ij} := g(X_i, X_j)$, $i,j = 1,2,3$: $g_{11} = 1$, $g_{22} = r^2$, $g_{33} = 1$, $g_{ij} = 0$ für $i \neq j$, d.h.

$$(g_{ij}) = \begin{pmatrix} 1 & 0 & 0 \\ 0 & r^2 & 0 \\ 0 & 0 & 1 \end{pmatrix}.$$

Daraus folgt:

$$(g^{ij}) = (g_{ij})^{-1} = \begin{pmatrix} 1 & 0 & 0 \\ 0 & \frac{1}{r^2} & 0 \\ 0 & 0 & 1 \end{pmatrix}$$

und $\sqrt{|g|} = \sqrt{\det(g_{ij})} = r$.

Auf Grund von Formel 16.9 gilt für $f \in \mathfrak{F}_0(\mathbb{R}^3)$:

$$\begin{aligned}
\Delta f &= \frac{1}{\sqrt{|g|}} \left(\frac{\partial}{\partial r}\left(\frac{\partial f}{\partial r} g^{11} \sqrt{|g|} \right) + \frac{\partial}{\partial \alpha}\left(\frac{\partial f}{\partial \alpha} g^{22} \sqrt{|g|} \right) + \frac{\partial}{\partial h}\left(\frac{\partial f}{\partial h} g^{33} \sqrt{|g|} \right) \right) \\
&= \frac{1}{r} \left(\frac{\partial}{\partial r}\left(r \frac{\partial f}{\partial r} \right) + \frac{\partial}{\partial \alpha}\left(\frac{1}{r} \frac{\partial f}{\partial \alpha} \right) + \frac{\partial}{\partial h}\left(r \frac{\partial f}{\partial h} \right) \right) \\
&= \frac{\partial^2 f}{\partial r^2} + \frac{1}{r} \frac{\partial f}{\partial r} + \frac{1}{r^2} \frac{\partial^2 f}{\partial \alpha^2} + \frac{\partial^2 f}{\partial h^2},
\end{aligned}$$

d.h.

$$\Delta = \frac{\partial^2}{\partial r^2} + \frac{1}{r} \frac{\partial}{\partial r} + \frac{1}{r^2} \frac{\partial^2}{\partial \alpha^2} + \frac{\partial^2}{\partial h^2}.$$

Dem obigen Beweis entnimmt man sofort, daß für den $\mathbb{R}^2$ der Laplace-Operator in *Polarkoordinaten* (r, α) die folgende Gestalt hat:

$$\Delta = \frac{\partial^2}{\partial r^2} + \frac{1}{r} \frac{\partial}{\partial r} + \frac{1}{r^2} \frac{\partial^2}{\partial \alpha^2}.$$

Wir wollen nun die Greenschen Formeln ableiten, die zusammen mit dem Stokesschen Integralsatz die Greenschen Integralformeln ergeben:

16.10 Satz: *(Greensche Formel)*:
Für $\omega_p \in \mathfrak{F}_p(M)$, $\tilde{\omega}_{p-1} \in \mathfrak{F}_{p-1}(M)$ *gilt:*

$$\begin{aligned}
d(\tilde{\omega}_{p-1} \wedge *\omega_p) &= d\tilde{\omega}_{p-1} \wedge *\omega_p + \tilde{\omega}_{p-1} \wedge *\delta\omega_p \\
&= (d\tilde{\omega}_{p-1}, \omega_p)_p \, dV + (\tilde{\omega}_{p-1}, \delta\omega_p)_{p-1} \, dV.
\end{aligned}$$

Beweis: $d(\tilde{\omega}_{p-1} \wedge *\omega_p) = d\tilde{\omega}_{p-1} \wedge *\omega_p + (-1)^{p-1}\tilde{\omega}_{p-1} \wedge d*\omega_p$ $= d\tilde{\omega}_{p-1} \wedge *\omega_p + \tilde{\omega}_{p-1} \wedge *\delta\omega_p$, da $d*\omega_p = (-1)^{p-1} * \delta\omega_p$ ist. Die zweite Gleichung folgt aus Satz 16.1(d). ∎

Wir wollen nun verschiedene Spezialfälle der obigen Greenschen Formel betrachten:

16.11 Satz: *Für* $\omega \in \mathfrak{F}_1(M)$ *ist*

$$d(*\omega) = \delta\omega \cdot dV.$$

Beweis: Man setze in Satz 16.10 für $\tilde{\omega}$ die Konstante 1 ein. ∎

16.12 Satz: *Für* $\omega, \tilde{\omega} \in \mathfrak{F}_p(M)$ *gilt:*

(a) $$d(\delta\tilde{\omega} \wedge *\omega) = (d\delta\tilde{\omega}, \omega)_p dV + (\delta\tilde{\omega}, \delta\omega)_{p-1} dV,$$

(b) $$d(\tilde{\omega} \wedge *d\omega) = (d\tilde{\omega}, d\omega)_{p+1} dV + (\tilde{\omega}, \delta d\omega)_p dV,$$

(c) $d(\delta\tilde{\omega} \wedge *\omega + \omega \wedge *d\tilde{\omega}) = (\Delta\tilde{\omega}, \omega)_p dV + (d\tilde{\omega}, d\omega)_{p+1} dV + (\delta\tilde{\omega}, \delta\omega)_{p-1} dV,$

(d) $((\Delta\tilde{\omega}, \omega)_p - (\Delta\omega, \tilde{\omega})_p) dV = d(\delta\tilde{\omega} \wedge *\omega - \delta\omega \wedge *\tilde{\omega} + \omega \wedge *d\tilde{\omega} - \tilde{\omega} \wedge *d\omega),$

(d') (*Spezialfall* $p=0$ *von* (d)):

$$((\Delta\tilde{f})f - \tilde{f} \cdot \Delta f) dV = d(f(*d\tilde{f}) - \tilde{f}(*df)),$$

(c') (*Spezialfall* $p=0$ *von* (c)):

$$d(f(*d\tilde{f})) = (\Delta\tilde{f}) f\, dV + (df, d\tilde{f})_1 dV.$$

Beweis: (a) Man setze in Satz 16.10 für $\tilde{\omega}_{p-1}$ die $(p-1)$-Form $\delta\tilde{\omega}$ ein.
(b) Man ersetze in Satz 16.10 p durch $p+1$ und ω_p durch $d\omega$.
(c) Man vertausche in (b) ω und $\tilde{\omega}$ und addiere dann die Gleichungen (a) und (b).
(d) ergibt sich auf naheliegende Weise aus (c). ∎

Wir wollen die Verträglichkeit der Operatoren $*, \delta$ und Δ mit dem Liften von Differentialformen untersuchen.

16.13 Satz: *M, N seien n-dimensionale orientierte Riemannsche Mannigfaltigkeiten, $f: M \to N$ eine orientierte isometrische differenzierbare Abbildung (d.h. $\mathfrak{T}_x f: \mathfrak{T}_x M \to \mathfrak{T}_{f(x)} N$ ist für alle $x \in M$ eine orientierte Isometrie).*

Dann sind die folgenden Diagramme für $p = 0, 1, \ldots, n$ kommutativ:

$$\begin{array}{ccc} \mathfrak{F}_p(M) & \xleftarrow{f^*} & \mathfrak{F}_p(N) \\ \Big\downarrow * & & \Big\downarrow * \\ \mathfrak{F}_{n-p}(M) & \xleftarrow{f^*} & \mathfrak{F}_{n-p}(N) \end{array}$$

Der Beweis ergibt sich sofort aus der entsprechenden Aussage in der multilinearen Algebra (siehe Satz 3.14, Kap. I).

16.14 Satz: *M, N seien n-dimensionale orientierbare Riemannsche Mannigfaltigkeiten, $f: M \to N$ eine isometrische differenzierbare Abbildung.*

Dann kommutieren die folgenden Diagramme für alle $p = 0, 1, \ldots, n$:

$$\begin{array}{ccc} \mathfrak{F}_p(M) & \xleftarrow{f^*} & \mathfrak{F}_p(N) \\ \delta \downarrow & & \downarrow \delta \\ \mathfrak{F}_{p-1}(M) & \xleftarrow{f^*} & \mathfrak{F}_{p-1}(N) \end{array} \qquad \begin{array}{ccc} \mathfrak{F}_p(M) & \xleftarrow{f^*} & \mathfrak{F}_p(N) \\ \Delta \downarrow & & \downarrow \Delta \\ \mathfrak{F}_p(M) & \xleftarrow{f^*} & \mathfrak{F}_p(N). \end{array}$$

Der Beweis ergibt sich sofort aus dem obigen Satz 16.13 und der Verträglichkeit der äußeren Ableitung d mit dem Liften sowie der Orientierungsunabhängigkeit von δ.

Ganz analog wie bei gewöhnlichen Differentialformen kann man auch für vektorwertige Differentialformen auf einer orientierten Riemannschen Mannigfaltigkeit M einen $*$-Operator einführen (man vergleiche die Einführung des $*$-Operators für vektorwertige alternierende p-Formen in Kap. I, § 4):

16.15 Definition: $*: \vec{\mathfrak{F}}_p(M) \to \vec{\mathfrak{F}}_{n-p}(M)$ *sei definiert durch*

$$(*\Omega)_x := *(\Omega_x) \quad \forall x \in M, \qquad \Omega \in \vec{\mathfrak{F}}_p(M).$$

U sei eine offene Menge in M mit orientierten Koordinaten $x_1, \ldots, x_n$; $\left(\frac{\partial}{\partial x_1}, \ldots, \frac{\partial}{\partial x_n}\right)$ bezeichne den orientierten n-Rahmen der zugehörigen Koordinatenvektorfelder. Dann läßt sich $\Omega|_U$ wie folgt schreiben:

$$\Omega|_U = \sum_{i=1}^{n} \frac{\partial}{\partial x_i} \wedge \omega_i \quad \text{mit} \quad \omega_i \in \mathfrak{F}_p(U).$$

Es gilt dann:

$$(*\Omega)_x := *(\Omega_x) = \sum_{i=1}^{n} \frac{\partial}{\partial x_i} \wedge (*\omega_i).$$

Beispiel 1: $\mathrm{d}s := I_{\mathfrak{D}M} \in \vec{\mathfrak{F}}_1(M)$ ist eine vektorwertige 1-Form (vergleiche Beispiel 1 von § 4, Kap. I), die sich in lokalen Koordinaten (siehe obige Bezeichnungen) wie folgt schreiben läßt:

$$\mathrm{d}s|_U = \sum_{i=1}^{n} \frac{\partial}{\partial x_i} \wedge \mathrm{d}x_i.$$

$dF := *ds \in \vec{\mathfrak{F}}_{n-1}(M)$ ist eine vektorwertige $(n-1)$-Form (vergleiche Beispiel 2 von § 4, Kap. I), die sich in orientierten lokalen Koordinaten wie folgt darstellt:

$$dF|_U = \sum_{i=1}^{n} \frac{\partial}{\partial x_i} \wedge *dx_i.$$

Mit Hilfe der vektorwertigen $(n-1)$-Form dF auf einer n-dimensionalen orientierten Riemannschen Mannigfaltigkeit M läßt sich das orientierte euklidische Volumenmaß dV' einer orientierten $(n-1)$-dimensionalen Riemannschen Untermannigfaltigkeit M' von M gut beschreiben. Man wähle auf einer geeigneten Umgebung U eines jeden Punktes aus M' einen orientierten Orthonormalrahmen $(X_2, \ldots, X_n)$. Es gibt dann genau ein Vektorfeld $\mathfrak{n}$ auf M', so daß $(\mathfrak{n}_x, X_{2,x}, \ldots, X_{n,x})$ für alle $x \in U$ eine orientierte Orthonormalbasis von $\mathfrak{T}_x M$ darstellt (vergleiche Satz 4.9 (3) und (4)). Es ist dann

$$dV' = dV(\mathfrak{n}, \square, \ldots, \square)|_{(\mathfrak{T}M')^{(n-1)}} = (dF, \mathfrak{n}).$$

Wir wollen $dV' = (dF, \mathfrak{n})$ in einem Spezialfall berechnen:

Beispiel 2: Wir können den reellen Zahlenraum $\mathbb{R}^n := \{(x_1, \ldots, x_n);\ x_i \in \mathbb{R}\}$ wie folgt als orientierte Riemannsche Mannigfaltigkeit ansehen: Die Riemannsche Metrik g sei festgelegt durch $g\left(\frac{\partial}{\partial x_i}, \frac{\partial}{\partial x_j}\right) = \delta_{ij}$ für $i,j = 1, \ldots, n$; $dV := dx_1 \wedge \cdots \wedge dx_n$ repräsentiere die Orientierung. Natürlich ist dV dann das orientierte euklidische Volumenmaß des $\mathbb{R}^n$.

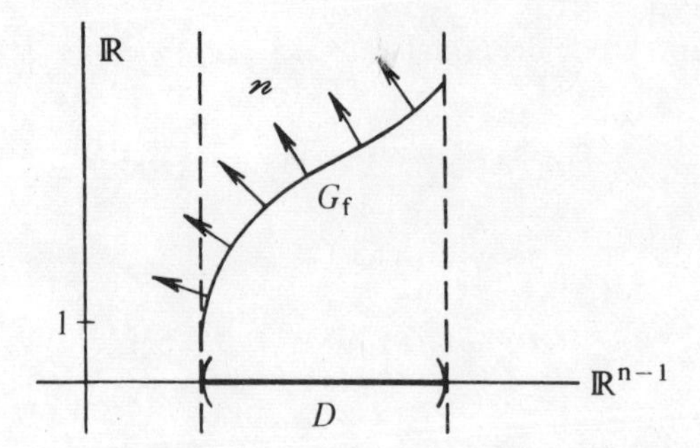

Figur 5

Sei nun D ein Gebiet im $\mathbb{R}^{n-1}$ mit den Koordinaten $x_2, \ldots, x_n$, $f := D \to \mathbb{R}^{n-1}$ eine differenzierbare Funktion. $G_f := \{(f(x), x);\ x = (x_2, \ldots, x_n) \in D\}$ ist eine abgeschlossene differenzierbare Untermannigfaltigkeit von $\mathbb{R} \times D \subseteq \mathbb{R}^n$, der sogenannte *Graph* von f.

Wir können G_f als Riemannsche Untermannigfaltigkeit des $\mathbb{R}^n$ ansehen, deren Metrik g' gleich der Beschränkung der Metrik g des $\mathbb{R}^n$ ist.

$i: D \to G_f$, $D \ni x = (x_2, \ldots, x_n) \overset{i}{\mapsto} (f(x), x_2, \ldots, x_n) \in G_f$, stellt einen Diffeomorphismus dar mit der Umkehrabbildung $(f(x), x_2, \ldots, x_n) \mapsto (x_2, \ldots, x_n)$; d.h. $x_2, \ldots, x_n$ sind Koordinaten von G_f.

Wir können eine Orientierung von G_f durch Angabe eines Normalenfeldes $\mathfrak{n}$ auf G_f vornehmen. Dazu betrachten wir das folgende Vektorfeld $\mathfrak{n}'$ auf G_f, das nirgends auf G_f verschwindet:

$$\mathfrak{n}'(f(x), x) := \frac{\partial}{\partial x_1}\bigg|_{(f(x), x)} - \sum_{\nu=2}^{n} \frac{\partial f}{\partial x_\nu}(x) \frac{\partial}{\partial x_\nu}\bigg|_{(f(x), x)}.$$

Wir können es wie folgt normieren:

$$\mathfrak{n} := \frac{\mathfrak{n}'}{\sqrt{g(\mathfrak{n}', \mathfrak{n}')}} = \frac{1}{\sqrt{1 + \sum\limits_{\rho=2}^{n} \left(\frac{\partial f}{\partial x_\rho}\right)^2}} \left(\frac{\partial}{\partial x_1} - \sum_{\nu=2}^{n} \frac{\partial f}{\partial x_\nu} \frac{\partial}{\partial x_\nu}\right).$$

Die Vektorfelder $X_\mu := \frac{\partial f}{\partial x_\mu} \frac{\partial}{\partial x_1} + \frac{\partial}{\partial x_\mu} = \mathfrak{D} i \left(\frac{\partial}{\partial x_\mu}\right)$ auf G_f, $\mu = 2, \ldots, n$, bilden einen $(n-1)$-Rahmen. Man verifiziert leicht, daß $(X_\mu, \mathfrak{n}') = 0$ ist für $\mu = 2, \ldots, n$. Das heißt, daß $\mathfrak{n}(f(x), x) \perp \mathfrak{D}_{(f(x), x)} G_f$ und $\|\mathfrak{n}(f(x), x)\| = 1$ ist für alle $x \in D$. $dV' = (dF, \mathfrak{n})$ repräsentiert also eine Orientierung auf G_f und stellt gleichzeitig das zugehörige orientierte euklidische Volumenmaß dar.

Wir wollen einmal dV' in den Koordinaten $x_2, \ldots, x_n$ ausdrücken, d.h. $i^* dV' = i^*(dF, \mathfrak{n})$ berechnen:

$$\begin{aligned}
i^* dV' &= i^* \left(\sum_{\nu=1}^{n} \frac{\partial}{\partial x_\nu} \wedge * dx_\nu, \frac{1}{\sqrt{1 + \sum\limits_{\rho=2}^{n} \left(\frac{\partial f}{\partial x_\rho}\right)^2}} \left(\frac{\partial}{\partial x_1} - \sum_{\mu=2}^{n} \frac{\partial f}{\partial x_\mu} \frac{\partial}{\partial x_\mu}\right)\right) \\
&= \frac{1}{\sqrt{1 + \sum\limits_{\rho=2}^{n} \left(\frac{\partial f}{\partial x_\rho}\right)^2}}\, i^* \left(* dx_1 - \sum_{\mu=2}^{n} \frac{\partial f}{\partial x_\mu} * dx_\mu \right) \\
&= \frac{1}{\sqrt{1 + \sum\limits_{\rho=2}^{n} \left(\frac{\partial f}{\partial x_\rho}\right)^2}}\, i^* \Big(dx_2 \wedge \cdots \wedge dx_n - \sum_{\mu=2}^{n} \frac{\partial f}{\partial x_\mu} (-1)^{\mu-1} \\
&\qquad \cdot dx_1 \wedge \cdots \wedge \widehat{dx_\mu} \wedge \cdots \wedge dx_n \Big)
\end{aligned}$$

$$= \frac{1}{\sqrt{1+\sum\limits_{\rho=2}^{n}\left(\frac{\partial f}{\partial x_\rho}\right)^2}} \left(dx_2 \wedge \cdots \wedge dx_n - \sum_{\mu=2}^{n} \frac{\partial f}{\partial x_\mu}(-1)^{\mu-1} \cdot i^*(dx_1) \wedge dx_2 \wedge \cdots \wedge \widehat{dx_\mu} \wedge \cdots \wedge dx_n \right)$$

$$= \frac{1}{\sqrt{1+\sum\limits_{\rho=2}^{n}\left(\frac{\partial f}{\partial x_\rho}\right)^2}} \left(dx_2 \wedge \cdots \wedge dx_n - \sum_{\mu=2}^{n} \frac{\partial f}{\partial x_\mu}(-1)^{\mu-1} \cdot \sum_{\nu=2}^{n} \frac{\partial f}{\partial x_\nu} dx_\nu \wedge dx_2 \wedge \cdots \wedge \widehat{dx_\mu} \wedge \cdots \wedge dx_n \right)$$

$$= \frac{1}{\sqrt{1+\sum\limits_{\rho=2}^{n}\left(\frac{\partial f}{\partial x_\rho}\right)^2}} \left(dx_2 \wedge \cdots \wedge dx_n - \sum_{\nu=2}^{n} \left(\frac{\partial f}{\partial x_\nu}\right)^2 (-1)^{\nu-1} \cdot dx_\nu \wedge dx_2 \wedge \cdots \wedge \widehat{dx_\nu} \wedge \cdots \wedge dx_n \right)$$

$$= \frac{1}{\sqrt{1+\sum\limits_{\rho=2}^{n}\left(\frac{\partial f}{\partial x_\rho}\right)^2}} \left(dx_2 \wedge \cdots \wedge dx_n + \sum_{\nu=2}^{n} \left(\frac{\partial f}{\partial x_\nu}\right)^2 dx_2 \wedge \cdots \wedge dx_n \right)$$

$$= \frac{1+\sum\limits_{\nu=2}^{n}\left(\frac{\partial f}{\partial x_\nu}\right)^2}{\sqrt{1+\sum\limits_{\nu=2}^{n}\left(\frac{\partial f}{\partial x_\nu}\right)^2}} dx_2 \wedge \cdots \wedge dx_n$$

$$= \sqrt{1+\sum_{\nu=2}^{n}\left(\frac{\partial f}{\partial x_\nu}\right)^2}\, dx_2 \wedge \cdots \wedge dx_n .$$

Fassen wir zusammen:

$$i^* dV' = \sqrt{1+\sum_{\nu=2}^{n}\left(\frac{\partial f}{\partial x_\nu}\right)^2}\, dx_2 \wedge \cdots \wedge dx_n .$$

§ 17: Vektoranalysis

Im folgenden sei M wie im vorangegangenen Paragraphen eine n-dimensionale orientierte Riemannsche Mannigfaltigkeit (mit Riemannscher Metrik $g \in \mathfrak{M}_2(M, \mathfrak{T}M)$ und orientiertem Riemannschen Volumenmaß $\mathrm{d}V \in \mathfrak{F}_n(M)$).

Wir wollen nun die Begriffe und Ergebnisse des letzten Paragraphen in die Sprache der Vektoranalysis übertragen. Die Übersetzung geschieht im wesentlichen mittels der Abbildung

$$j: \vec{\mathfrak{F}}_0(M) \to \mathfrak{F}_1(M),$$

die Vektorfeldern $X: M \to \mathfrak{T}M$ auf M gewöhnliche Differentialformen vom Grade 1, also Pfaffsche Formen $jX: \mathfrak{T}M \to \mathbb{R}$ auf M zuordnet. Ist Y ein Vektor aus $\mathfrak{T}_x M, x \in M$, so definiert man (vergleiche § 16, Seite 172)

$$(jX)\,Y := g(X(x), Y).$$

jX ist wegen der Differenzierbarkeit von g und X differenzierbar auf $\mathfrak{T}M$; da g eine lineare Funktion des zweiten Arguments darstellt, so ist jX auf allen Fasern $\mathfrak{T}_x M, x \in M$, linear; jX gehört also zu $\mathfrak{F}_1(M)$.

Wir wollen nun jX mittels orientierter Koordinaten $x_1, \ldots, x_n$ auf einer offenen Menge $U \subseteq M$ beschreiben. Der zugehörige orientierte n-Rahmen von Koordinatenvektorfeldern ist $\left(\frac{\partial}{\partial x_1}, \ldots, \frac{\partial}{\partial x_n}\right)$, und $X|_U$ läßt sich in der Form

$$X|_U = \sum_{i=1}^{n} f_i \frac{\partial}{\partial x_i}, \quad f_i \in \mathfrak{F}_0(U) \quad \text{für} \quad i = 1, \ldots, n,$$

darstellen, und es gilt (siehe Satz 3.1 (a)):

$$j\left(\frac{\partial}{\partial x_\nu}\right) = \sum_{\nu=1}^{n} g_{\nu\mu} \mathrm{d}x_\mu,$$

wobei $g_{\nu\mu} := g\left(\frac{\partial}{\partial x_\nu}, \frac{\partial}{\partial x_\mu}\right)$ für $\nu, \mu = 1, \ldots, n$ ist.

Daraus folgt nun:

$$jX|_U = j(X|_U) = \sum_{\mu=1}^{n} \left(\sum_{\nu=1}^{n} f_\nu g_{\nu\mu}\right) \mathrm{d}x_\mu.$$

j ist ein $\mathfrak{F}_0(M)$-Isomorphismus; und zwar gilt mit den eben verwendeten Bezeichnungen

$$j^{-1}(\mathrm{d}x_\mu) = \sum_{\nu=1}^{n} g^{\mu\nu} \frac{\partial}{\partial x_\nu}, \qquad \mu = 1, \ldots, n.$$

Wir definieren jetzt die klassischen Operationen der Vektoranalysis, die *Divergenz*

$$\operatorname{div}: \vec{\mathfrak{F}}_0(M) \to \mathfrak{F}_0(M),$$

den *Gradienten*

$$\operatorname{grad}: \mathfrak{F}_0(M) \to \vec{\mathfrak{F}}_0(M),$$

die *Rotation* (für $\dim M = 3$)

$$\operatorname{rot}: \vec{\mathfrak{F}}_0(M) \to \vec{\mathfrak{F}}_0(M)$$

und den *vektoriellen Laplace-Operator*

$$\vec{\Delta}: \vec{\mathfrak{F}}_0(M) \to \vec{\mathfrak{F}}_0(M).$$

17.1 Definition: *Für* $f \in \mathfrak{F}_0(M)$ *und* $X \in \vec{\mathfrak{F}}_0(M)$ *sei definiert*:

$$\operatorname{div} X := \delta j X = *\mathrm{d} * j X,$$
$$\operatorname{grad} f := j^{-1} \mathrm{d} f,$$
$$\operatorname{rot} X := j^{-1} * \mathrm{d} j X \quad (\dim M = 3),$$
$$\vec{\Delta} X := j^{-1} \Delta j X.$$

Wir wollen hierfür nun einige Rechenregeln beweisen. Dabei verwenden wir folgende

Bezeichnungen: Es sei M eine n-dimensionale orientierte Riemannsche Mannigfaltigkeit, $g \in \mathfrak{M}_2(M, \mathfrak{D} M)$ die zugehörige Riemannsche Metrik, $\mathrm{dV} \in \mathfrak{F}_\mathrm{n}(M)$ das orientierte Riemannsche Volumenmaß auf M, $\mathrm{D}: \vec{\mathfrak{F}}_0(M) \times \vec{\mathfrak{F}}_0(M) \to \vec{\mathfrak{F}}_0(M)$ der zugehörige affine Zusammenhang, $\vec{\mathrm{d}} := \mathrm{d}_\mathrm{D}$ die durch D induzierte äußere Ableitung $\vec{\mathrm{d}}: \vec{\mathfrak{F}}_\mathrm{p}(M) \to \vec{\mathfrak{F}}_{\mathrm{p}+1}(M)$, $p = 0, 1, \ldots, n$. Die vektorwertigen Differentialformen $\mathrm{ds} \in \vec{\mathfrak{F}}_1(M)$ und $\mathrm{dF} = *\mathrm{ds} \in \vec{\mathfrak{F}}_{\mathrm{n}-1}(M)$ seien wie in § 16, Seite 181, definiert. X und Y bezeichnen Vektorfelder auf M, f und h differenzierbare Funktionen auf M. $[X, Y]$ sei das Lie-Produkt der Vektorfelder X, Y auf M; statt $g(X, Y)$ schreiben wir häufig abgekürzt (X, Y). Mit $x_1, \ldots, x_\mathrm{n}$ bezeichnen wir Koordinaten auf einer offenen Menge $U \subseteq M$. Falls in einer Formel rot vorkommt, wird $\dim M = 3$ vorausgesetzt.

17.2 Satz:

(1) $(X, \mathrm{ds}) = jX, \quad (\mathrm{grad}\ f, \mathrm{ds}) = \mathrm{d}f, \quad (X, \mathrm{dF}) = *jX,$

(2) $\vec{\mathrm{d}}(\mathrm{ds}) = 0, \quad \vec{\mathrm{d}}(\mathrm{dF}) = 0,$

(3) $\mathrm{div}\, X \cdot \mathrm{dV} = *\delta j X = \mathrm{d}(X, \mathrm{dF}) = \vec{\mathrm{d}} X \wedge \mathrm{dF} = \mathrm{Sp}\, \vec{\mathrm{d}} X \cdot \mathrm{dV}$
$= \mathrm{div}_{\mathrm{D}} X \cdot \mathrm{dV},$ *und damit* $\mathrm{div}\, X = \mathrm{div}_{\mathrm{D}} X,$

(4) $\mathrm{grad}\, f \wedge \mathrm{dV} = \vec{\mathrm{d}}(f \cdot \mathrm{dF}) = \mathrm{d}f \wedge \mathrm{dF},$

(5) $(\mathrm{grad}\, f, \mathrm{dF}) = *\mathrm{d}f,$

(6) $(\mathrm{grad}\, f, \mathrm{grad}\, g)\mathrm{dV} = \mathrm{d}f \wedge *\mathrm{d}g = (\mathrm{d}f, \mathrm{d}g)_1 \mathrm{dV},$

(7) $\mathrm{rot}\, X \wedge \mathrm{dV} = \vec{\mathrm{d}}(\mathrm{dF} \times X) = \mathrm{dF} \times \vec{\mathrm{d}} X,$

(8) $(\mathrm{rot}\, X, \mathrm{dF}) = \mathrm{d}\, j X = \mathrm{d}(X, \mathrm{ds}) = \vec{\mathrm{d}} X \wedge \mathrm{ds},$

(9) $\mathrm{rot}\, X|_{\mathrm{U}} = \sum_{i=1}^{3} j^{-1}(\mathrm{d}x_{\mathrm{i}}) \times \mathrm{D}_{\frac{\partial}{\partial x_{\mathrm{i}}}}(X),$

(10) $\mathrm{grad}(f \cdot h) = f \cdot \mathrm{grad}\, h + h \cdot \mathrm{grad}\, f,$

(11) $\mathrm{div}(f \cdot X) = f \cdot \mathrm{div}\, X + (\mathrm{grad}\, f, X),$

(12) $\Delta(f \cdot h) = f \cdot \Delta h + h \cdot \Delta f + 2(\mathrm{grad}\, f, \mathrm{grad}\, h),$

(13) $\mathrm{div}(X \times Y) = (\mathrm{rot}\, X, Y) - (X, \mathrm{rot}\, Y),$

(14) $\mathrm{rot}(f \cdot X) = f \cdot \mathrm{rot}\, X + \mathrm{grad}\, f \times X,$

(15) $\mathrm{rot}(X \times Y) = (\mathrm{div}\, Y) \cdot X - (\mathrm{div}\, X) \cdot Y - [X, Y],$

(16) $\mathrm{grad}(X, Y) = j^{-1}((\vec{\mathrm{d}} X, Y) + (X, \vec{\mathrm{d}} Y))$
$= \mathrm{D}_{\mathrm{X}} Y + \mathrm{D}_{\mathrm{Y}} X + X \times \mathrm{rot}\, Y + Y \times \mathrm{rot}\, X,$

(17) $\mathrm{div}(\mathrm{grad}\, f) = \Delta f,$

(18) $\mathrm{grad}(\mathrm{div}\, X) = \mathrm{rot}(\mathrm{rot}\, X) + \vec{\Delta} X,$

(19) $\mathrm{rot}(\mathrm{grad}\, f) = 0,$

(20) $\mathrm{div}(\mathrm{rot}\, X) = 0,$

(21) $\mathrm{d}((f \cdot \mathrm{grad}\, h), \mathrm{dF}) = (f \cdot \Delta h + (\mathrm{grad}\, f, \mathrm{grad}\, h))\mathrm{dV},$

(22) $\mathrm{d}((f \cdot \mathrm{grad}\, h - h \cdot \mathrm{grad}\, f), \mathrm{dF}) = (f \cdot \Delta h - h \cdot \Delta f)\mathrm{dV}.$

Beweis: (1) $(X, \mathrm{ds}) = jX$ und $(X, \mathrm{dF}) = *jX$ folgen sofort aus den entsprechenden Aussagen der multilinearen Algebra (siehe Satz 4.8 (2) und (3)). Setzt man in $(X, \mathrm{ds}) = jX$ für X speziell $\mathrm{grad}\, f$ ein, so ergibt sich: $(\mathrm{grad}\, f, \mathrm{ds}) = j\, \mathrm{grad}\, f = \mathrm{d}f$.

(2) In lokalen Koordinaten $x_1, \ldots, x_n$ auf einer offenen Menge $U \subseteq M$ gilt:

$$\vec{\mathrm{d}}(\mathrm{ds}) = \vec{\mathrm{d}}\left(\sum_{i=1}^{n} \frac{\partial}{\partial x_{\mathrm{i}}} \wedge \mathrm{d}x_{\mathrm{i}}\right) = \sum_{i=1}^{n} \vec{\mathrm{d}}\left(\frac{\partial}{\partial x_{\mathrm{i}}}\right) \wedge \mathrm{d}x_{\mathrm{i}}$$

$$= \sum_{i=1}^{n} \sum_{j=1}^{n} \mathrm{D}_{\frac{\partial}{\partial x_{\mathrm{j}}}}\left(\frac{\partial}{\partial x_{\mathrm{i}}}\right) \wedge \mathrm{d}x_{\mathrm{j}} \wedge \mathrm{d}x_{\mathrm{i}}$$

$$=\sum_{j<i}\left(\mathrm{D}_{\frac{\partial}{\partial x_j}}\left(\frac{\partial}{\partial x_i}\right)-\mathrm{D}_{\frac{\partial}{\partial x_i}}\left(\frac{\partial}{\partial x_j}\right)\right)\wedge \mathrm{d}x_j\wedge \mathrm{d}x_i$$

$$=\sum_{j<i}\left[\frac{\partial}{\partial x_j},\frac{\partial}{\partial x_i}\right]\wedge \mathrm{d}x_j\wedge \mathrm{d}x_i=0.$$

Wählen wir nun orientierte Koordinaten $x_1,\dots,x_n$ auf einer offenen Menge $U\subseteq M$, die in einem Punkt $x\in M$ geodätisch sind, so gilt dort

$$\frac{\partial g_{ij}}{\partial x_k}(x)=\Gamma^{k}_{ij}(x)=\frac{\partial g^{ij}}{\partial x_k}(x)=\frac{\partial |g|}{\partial x_k}(x)=0.$$

Daraus folgt:

$$\left(\vec{\mathrm{d}}\frac{\partial}{\partial x_i}\right)_x=\left(\sum_{j=1}^{n}\mathrm{D}_{\frac{\partial}{\partial x_j}}\left(\frac{\partial}{\partial x_i}\right)\wedge \mathrm{d}x_j\right)_x$$

$$=\left(\sum_{j=1}^{n}\sum_{k=1}^{n}\Gamma^{k}_{ji}\frac{\partial}{\partial x_k}\wedge \mathrm{d}x_j\right)_x=0,$$

$$(\mathrm{d}{*}\mathrm{d}x_i)_x=\left(\mathrm{d}\sum_{\rho=1}^{n}(-1)^{\rho-1}g^{i\rho}\sqrt{|g|}\,\mathrm{d}x_1\wedge\cdots\wedge\widehat{\mathrm{d}x_\rho}\wedge\cdots\wedge \mathrm{d}x_n\right)_x$$

$$=\left(\sum_{\rho=1}^{n}\sum_{k=1}^{n}(-1)^{\rho-1}\frac{\partial}{\partial x_k}\left(g^{i\rho}\sqrt{|g|}\right)\mathrm{d}x_k\wedge \mathrm{d}x_1\wedge\cdots\wedge\widehat{\mathrm{d}x_\rho}\wedge\cdots\wedge \mathrm{d}x_n\right)_x=0.$$

Also gilt:

$$(\vec{\mathrm{d}}(\mathrm{dF}))_x=\left(\vec{\mathrm{d}}\sum_{i=1}^{n}\frac{\partial}{\partial x_i}\wedge{*}\mathrm{d}x_i\right)_x$$

$$=\sum_{i=1}^{n}\left(\vec{\mathrm{d}}\frac{\partial}{\partial x_i}\right)_x\wedge({*}\mathrm{d}x_i)_x+\sum_{i=1}^{n}\left(\frac{\partial}{\partial x_i}\right)_x\wedge(\mathrm{d}{*}\mathrm{d}x_i)_x=0,$$

d.h., es ist allgemein $\vec{\mathrm{d}}(\mathrm{dF})=0$.

(3) $\operatorname{div}X\cdot\mathrm{dV}=\delta(jX)\cdot\mathrm{dV}={*}\delta jX=\mathrm{d}({*}jX)=\mathrm{d}(X,\mathrm{dF})=\vec{\mathrm{d}}X\wedge\mathrm{dF}$.

Um $\vec{\mathrm{d}}X\wedge\mathrm{dF}=\mathrm{Sp}\,\vec{\mathrm{d}}X\cdot\mathrm{dV}$ zu verifizieren, wollen wir lokale Koordinaten $x_1,\dots,x_n$ auf einer offenen Menge $U\subseteq M$ verwenden. $X|_U$ hat dann eine Darstellung $X|_U=\sum_{k=1}^{n}f_k\frac{\partial}{\partial x_k}$ mit auf U differenzierbaren Funktionen $f_k, k=1,\dots,n$. Man rechnet nun aus:

$$\vec{\mathrm{d}}X\wedge\mathrm{dF}|_U=\sum_{i=1}^{n}\mathrm{D}_{\frac{\partial}{\partial x_i}}\left(\sum_{k=1}^{n}f_k\frac{\partial}{\partial x_k}\right)\wedge \mathrm{d}x_i\wedge\sum_{j=1}^{n}\frac{\partial}{\partial x_j}\wedge{*}\mathrm{d}x_j$$

$$=\sum_{i=1}^{n}\sum_{j=1}^{n}\left(\mathrm{D}_{\frac{\partial}{\partial x_i}}\sum_{k=1}^{n}f_k\frac{\partial}{\partial x_k},\frac{\partial}{\partial x_j}\right)\mathrm{d}x_i\wedge{*}\mathrm{d}x_j$$

$$=\sum_{i=1}^{n}\sum_{j=1}^{n}\sum_{k=1}^{n}\left(\frac{\partial}{\partial x_i}(f_k)\left(\frac{\partial}{\partial x_k},\frac{\partial}{\partial x_j}\right)+f_k\left(D_{\frac{\partial}{\partial x_i}}\left(\frac{\partial}{\partial x_k}\right),\frac{\partial}{\partial x_j}\right)\right)(dx_i,dx_j)_1\,dV$$

$$=\sum_{i=1}^{n}\sum_{j=1}^{n}\sum_{k=1}^{n}\left(\frac{\partial}{\partial x_i}(f_k)g_{kj}+f_k\sum_{r=1}^{n}\Gamma^r_{ik}g_{rj}\right)g^{ij}\,dV$$

$$=\left(\sum_{i=1}^{n}\frac{\partial}{\partial x_i}(f_i)+\sum_{i=1}^{n}\sum_{k=1}^{n}f_k\Gamma^i_{ik}\right)\cdot dV=\mathrm{Spur}(\vec{d}X)\cdot dV|_U$$

$$=\mathrm{div}_D X\cdot dV|_U.$$

Die vorletzte Gleichung folgt aus

$$\vec{d}X|_U=\sum_{i=1}^{n}D_{\frac{\partial}{\partial x_i}}\left(\sum_{k=1}^{n}f_k\frac{\partial}{\partial x_k}\right)dx_i$$

$$=\sum_{i=1}^{n}\sum_{k=1}^{n}\frac{\partial}{\partial x_i}(f_k)\frac{\partial}{\partial x_k}\wedge dx_i+\sum_{i=1}^{n}\sum_{k=1}^{n}\sum_{j=1}^{n}f_k\Gamma^j_{ik}\frac{\partial}{\partial x_j}\wedge dx_i,$$

$$\mathrm{Sp}\,\vec{d}X|_U=\sum_{i=1}^{n}\frac{\partial}{\partial x_i}(f_i)+\sum_{i=1}^{n}\sum_{k=1}^{n}f_k\Gamma^i_{ik}.$$

(4) $$\mathrm{grad}\,f\wedge dV=j^{-1}(df)\wedge dV=\sum_{i=1}^{n}\frac{\partial f}{\partial x_i}j^{-1}(dx_i)\wedge dV$$

$$=\sum_{i=1}^{n}\sum_{j=1}^{n}\frac{\partial f}{\partial x_i}g^{ij}\frac{\partial}{\partial x_j}\wedge dV=\sum_{i=1}^{n}\sum_{j=1}^{n}\frac{\partial f}{\partial x_i}\frac{\partial}{\partial x_j}\wedge dx_i\wedge *dx_j$$

$$=\sum_{i=1}^{n}\frac{\partial f}{\partial x_i}dx_i\wedge\sum_{j=1}^{n}\frac{\partial}{\partial x_j}\wedge *dx_j=df\wedge dF=\vec{d}(f\cdot dF).$$

(5) $$(\mathrm{grad}\,f,dF)=*j\,\mathrm{grad}\,f=*df.$$

(6) $$(\mathrm{grad}\,f,\mathrm{grad}\,h)dV=(df,dh)_1\,dV=df\wedge *dh,$$

(7) Wir rechnen erst einmal $d(jX)$ in lokalen Koordinaten x_1,x_2,x_3 aus:

$$d(jX)=d(X,ds)=\vec{d}X\wedge ds=\sum_{k=1}^{3}D_{\frac{\partial}{\partial x_k}}(X)\wedge dx_k\wedge ds$$

$$=\sum_{k=1}^{3}dx_k\wedge\left(D_{\frac{\partial}{\partial x_k}}(X),ds\right)=\sum_{k=1}^{3}dx_k\wedge j\left(D_{\frac{\partial}{\partial x_k}}(X)\right).$$

Daraus folgt:

$$\mathrm{rot}\,X=j^{-1}*dj\,X=j^{-1}*\sum_{k=1}^{n}dx_k\wedge j\left(D_{\frac{\partial}{\partial x_k}}X\right).$$

Wir können nun die Rechenregel (7) beweisen:

$$\begin{aligned}
\mathrm{dF}\times\vec{\mathrm{d}}X &= \left(\sum_{i=1}^{3}\frac{\partial}{\partial x_\mathrm{i}}\wedge *\mathrm{d}x_\mathrm{i}\right)\times\left(\sum_{k=1}^{3}\mathrm{D}_{\frac{\partial}{\partial x_\mathrm{k}}}(X)\wedge\mathrm{d}x_\mathrm{k}\right)\\
&= \sum_{i=1}^{3}\sum_{k=1}^{3}\left(\frac{\partial}{\partial x_\mathrm{i}}\times\mathrm{D}_{\frac{\partial}{\partial x_\mathrm{k}}}X\right)\wedge(*\mathrm{d}x_\mathrm{i}\wedge\mathrm{d}x_\mathrm{k})\\
&= \sum_{i=1}^{3}\sum_{k=1}^{3}j^{-1}*\left(j\frac{\partial}{\partial x_\mathrm{i}}\wedge j\mathrm{D}_{\frac{\partial}{\partial x_\mathrm{k}}}X\right)g^{\mathrm{ik}}\cdot\mathrm{dV}\\
&= j^{-1}*\left(\sum_{i=1}^{3}\sum_{k=1}^{3}j\left(g^{\mathrm{ik}}\frac{\partial}{\partial x_\mathrm{i}}\right)\wedge j\left(\mathrm{D}_{\frac{\partial}{\partial x_\mathrm{k}}}X\right)\right)\cdot\mathrm{dV}\\
&= j^{-1}*\left(\sum_{k=1}^{3}\mathrm{d}x_\mathrm{k}\wedge j\left(\mathrm{D}_{\frac{\partial}{\partial x_\mathrm{k}}}X\right)\right)\cdot\mathrm{dV}\\
&= \mathrm{rot}\,X\wedge\mathrm{dV}.
\end{aligned}$$

(8) $(\mathrm{rot}\,X,\mathrm{dF}) = *j(\mathrm{rot}\,X) = *jj^{-1}*\mathrm{d}jX = **\mathrm{d}jX = \mathrm{d}jX$
$= \mathrm{d}(X,\mathrm{ds}) = \vec{\mathrm{d}}X\wedge\mathrm{ds} + X\wedge\vec{\mathrm{d}}\mathrm{ds} = \vec{\mathrm{d}}X\wedge\mathrm{ds}.$

(9) Beim Beweis zur Rechenregel (7) haben wir in lokalen Koordinaten x_1, x_2, x_3 ausgerechnet:

$$\mathrm{rot}\,X = j^{-1}*\sum_{k=1}^{3}\mathrm{d}x_\mathrm{k}\wedge j\left(\mathrm{D}_{\frac{\partial}{\partial x_\mathrm{k}}}X\right).$$

Daraus folgt:

$$\begin{aligned}
\mathrm{rot}\,X &= \sum_{k=1}^{3}j^{-1}*\left(j(j^{-1}\mathrm{d}x_\mathrm{k})\wedge j\left(\mathrm{D}_{\frac{\partial}{\partial x_\mathrm{k}}}X\right)\right)\\
&= \sum_{k=1}^{3}j^{-1}(\mathrm{d}x_\mathrm{k})\times\mathrm{D}_{\frac{\partial}{\partial x_\mathrm{k}}}(X).
\end{aligned}$$

(10) $\mathrm{grad}(f\cdot h) = j^{-1}\mathrm{d}(f\cdot h) = j^{-1}((\mathrm{d}f)\cdot h + f\cdot\mathrm{d}h)$
$= j^{-1}(\mathrm{d}f)\cdot h + f\cdot j^{-1}(\mathrm{d}h) = (\mathrm{grad}\,f)\cdot h + f\cdot(\mathrm{grad}\,h).$

(11) $\mathrm{div}\,fX = \delta j(fX) = *\mathrm{d}*(f\cdot jX) = *\mathrm{d}(f\cdot *jX)$
$= *(\mathrm{d}f\wedge *jX) + f(*\mathrm{d}*jX) = *(j\,\mathrm{grad}\,f\wedge *jX) + f\cdot\delta jX$
$= (\mathrm{grad}\,f, X) + f\cdot\mathrm{div}\,X.$

(12) $\Delta(f\cdot h) = \mathrm{div}(\mathrm{grad}(f\cdot h)) = \mathrm{div}(f\cdot\mathrm{grad}\,h + h\cdot\mathrm{grad}\,f)$
$= \mathrm{div}(f\cdot\mathrm{grad}\,h) + \mathrm{div}(h\cdot\mathrm{grad}\,f)$
$= 2(\mathrm{grad}\,f,\mathrm{grad}\,h) + f\cdot\mathrm{div}(\mathrm{grad}\,h) + h\cdot\mathrm{div}(\mathrm{grad}\,f)$
$= 2(\mathrm{grad}\,f,\mathrm{grad}\,h) + f\cdot\Delta h + h\cdot\Delta f.$

(13) $\operatorname{div}(X\times Y)=\operatorname{div}(j^{-1}*(jX\wedge jY))=\delta*(jX\wedge jY)$
$=*\mathrm{d}(jX\wedge jY)=*(\mathrm{d}(jX)\wedge jY-jX\wedge\mathrm{d}(jY))$
$=*(*j\operatorname{rot}X\wedge jY)-*(jX\wedge *j\operatorname{rot}Y)$
$=*(jY\wedge *j\operatorname{rot}X)-*(jX\wedge *j\operatorname{rot}Y)$
$=(Y,\operatorname{rot}X)-(X,\operatorname{rot}Y)$.

(14) $\operatorname{rot}(fX)=j^{-1}*\mathrm{d}j(fX)=j^{-1}*\mathrm{d}(f\cdot jX)$
$=j^{-1}*(\mathrm{d}f\wedge jX+f\cdot\mathrm{d}jX)$
$=j^{-1}*(j(\operatorname{grad}f)\wedge jX)+f\cdot j^{-1}*\mathrm{d}jX$
$=\operatorname{grad}(f)\times X+f\cdot\operatorname{rot}X$.

(15) Wir beweisen zunächst mittels lokaler Koordinaten x_1,x_2,x_3:

$$\begin{aligned}\mathrm{D}_Y X=\vec{\mathrm{d}}X(Y)&=\sum_{i=1}^{3}\mathrm{D}_{\frac{\partial}{\partial x_i}}(X)\mathrm{d}x_i(Y)=\sum_{i=1}^{3}\mathrm{D}_{\frac{\partial}{\partial x_i}}(X)(j^{-1}\mathrm{d}x_i,Y)\\&=\sum_{i=1}^{3}\mathrm{D}_{\frac{\partial}{\partial x_i}}(X)*(\mathrm{d}x_i\wedge *jY)\\&=*\sum_{i=1}^{3}\mathrm{D}_{\frac{\partial}{\partial x_i}}(X)(\mathrm{d}x_i\wedge *jY)\\&=*\left(*jY\wedge\sum_{i=1}^{3}\mathrm{D}_{\frac{\partial}{\partial x_i}}(X)\wedge\mathrm{d}x_i\right)\\&=*(*jY\wedge\vec{\mathrm{d}}X)=*((\mathrm{dF},Y)\wedge\vec{\mathrm{d}}X),\end{aligned}$$

d.h.

$$\mathrm{D}_Y(X)\wedge\mathrm{dV}=(\mathrm{dF},Y)\wedge\vec{\mathrm{d}}X.$$

Daraus folgt mit (7):

$$\begin{aligned}\operatorname{rot}(X\times Y)\wedge\mathrm{dV}&=\vec{\mathrm{d}}(\mathrm{dF}\times(X\times Y))=\vec{\mathrm{d}}((\mathrm{dF},Y)\wedge X-(\mathrm{dF},X)\wedge Y)\\&=\mathrm{d}(\mathrm{dF},Y)\wedge X+(\mathrm{dF},Y)\wedge\vec{\mathrm{d}}X-\mathrm{d}(\mathrm{dF},X)\wedge Y-(\mathrm{dF},X)\wedge\vec{\mathrm{d}}Y\\&=(\operatorname{div}Y)\cdot X\wedge\mathrm{dV}-(\operatorname{div}X)\cdot Y\wedge\mathrm{dV}+\mathrm{D}_Y(X)\wedge\mathrm{dV}-\mathrm{D}_X(Y)\wedge\mathrm{dV},\end{aligned}$$

d.h. es gilt:

$$\begin{aligned}\operatorname{rot}(X\times Y)&=(\operatorname{div}Y)\cdot X-(\operatorname{div}X)\cdot Y+(\mathrm{D}_Y X-\mathrm{D}_X Y)\\&=(\operatorname{div}Y)\cdot X-(\operatorname{div}X)\cdot Y-[X,Y].\end{aligned}$$

(16) $\operatorname{grad}(X,Y)=j^{-1}(\mathrm{d}(X,Y))=j^{-1}((\vec{\mathrm{d}}X,Y)+(X,\vec{\mathrm{d}}Y))$.
Es bleibt das Folgende zu zeigen:

$$(*)\qquad j^{-1}(X,\vec{\mathrm{d}}Y)=\mathrm{D}_X Y+X\times\operatorname{rot}Y.$$

$$X \times \operatorname{rot} Y = X \times \sum_{i=1}^{3} j^{-1}(\mathrm{d}x_i) \times \mathrm{D}_{\frac{\partial}{\partial x_i}} Y$$

$$= \sum_{i=1}^{3} \left(\left(X, \mathrm{D}_{\frac{\partial}{\partial x_i}} Y \right) \cdot j^{-1}(\mathrm{d}x_i) - (X, j^{-1}(\mathrm{d}x_i)) \cdot \mathrm{D}_{\frac{\partial}{\partial x_i}} Y \right)$$

$$= j^{-1} \left(\sum_{i=1}^{3} \left(X, \mathrm{D}_{\frac{\partial}{\partial x_i}} Y \right) \mathrm{d}x_i \right) - \sum_{i=1}^{3} \mathrm{d}x_i(X) \cdot \mathrm{D}_{\frac{\partial}{\partial x_i}} Y$$

$$= j^{-1}(X, \vec{\mathrm{d}} Y) - \vec{\mathrm{d}} Y(X) = j^{-1}(X, \vec{\mathrm{d}} Y) - \mathrm{D}_X Y.$$

Daraus folgt sofort Gleichung (*).

(17) $\operatorname{div}(\operatorname{grad} f) = \delta j(j^{-1}(\mathrm{d}f)) = \delta \mathrm{d} f = \delta \mathrm{d} f + \mathrm{d}\delta f = \Delta f$ (wegen $\delta f = 0$).

(18) $\operatorname{grad}(\operatorname{div} X) = j^{-1} \mathrm{d}\delta j X = j^{-1}(\mathrm{d}\delta) j X$

$$= j^{-1}(\Delta - \delta \mathrm{d}) j X = j^{-1} \Delta j X - j^{-1} \delta \mathrm{d} j X.$$

$$= \vec{\Delta} X + j^{-1} {*}\mathrm{d}{*}\mathrm{d} j X = \vec{\Delta} X + (j^{-1} {*}\mathrm{d} j)(j^{-1} {*}\mathrm{d} j) X$$

$$= \vec{\Delta} X + \operatorname{rot}(\operatorname{rot} X).$$

(19) $\operatorname{rot}(\operatorname{grad} f) = j^{-1} {*}\mathrm{d} j j^{-1} \mathrm{d} f = j^{-1} {*}\mathrm{d}\mathrm{d} f = 0$, da $\mathrm{d}\mathrm{d} = 0$ ist.

(20) $\operatorname{div}(\operatorname{rot} X) = \delta j(j^{-1} {*}\mathrm{d} j X) = \delta {*}\mathrm{d} j X = 0$, da $\delta {*}\mathrm{d} = 0$ ist.

(21) und (22) sind Umformulierungen der Greenschen Formeln (c′), (d′) von Satz 16.12. ∎

Wir wollen noch die Operatoren grad, div, rot mittels lokaler Koordinaten ausdrücken. Dazu sei f eine differenzierbare Funktion auf M und X ein Vektorfeld auf M, das sich in lokalen Koordinaten $x_1, \ldots, x_n$ auf einer offenen Menge $U \subseteq M$ in der Form

$$X = \sum_{i=1}^{n} f_i \frac{\partial}{\partial x_i}$$

darstellt, wobei die f_i differenzierbare Funktionen auf U sind. Wir nehmen dabei wieder $n = 3$ an, wenn wir $\operatorname{rot} X$ bilden.

Es gelten nun die folgenden Formeln:

17.3 $$\operatorname{grad} f = \sum_{i=1}^{n} \left(\sum_{k=1}^{n} \frac{\partial f}{\partial x_k} g^{ki} \right) \frac{\partial}{\partial x_i},$$

denn es ist

$$\operatorname{grad} f = j^{-1} \mathrm{d} f = j^{-1} \left(\sum_{k=1}^{n} \frac{\partial f}{\partial x_k} \mathrm{d}x_k \right) = \sum_{k=1}^{n} \frac{\partial f}{\partial x_k} j^{-1}(\mathrm{d}x_k)$$

$$= \sum_{k=1}^{n} \frac{\partial f}{\partial x_k} \sum_{i=1}^{n} g^{ki} \frac{\partial}{\partial x_i} = \sum_{i=1}^{n} \left(\sum_{k=1}^{n} \frac{\partial f}{\partial x_k} g^{ki} \right) \frac{\partial}{\partial x_i}.$$

17.4 $$\operatorname{div} X = \frac{1}{\sqrt{|g|}} \sum_{i=1}^{n} \frac{\partial}{\partial x_i} (f_i \sqrt{|g|}).$$

Unter Benutzung der Koordinatendarstellung des Operators δ (siehe 16.5) ergibt sich nämlich

$$\begin{aligned}
\operatorname{div} X &= \delta(jX) = \delta \sum_{i=1}^{n} f_i \cdot j\left(\frac{\partial}{\partial x_i}\right) = \delta \sum_{k=1}^{n} \left(\sum_{i=1}^{n} f_i g_{ik}\right) dx_k \\
&= \frac{1}{\sqrt{|g|}} \sum_{r=1}^{n} \frac{\partial}{\partial x_r}\left(\sum_{i=1}^{n} \sum_{k=1}^{n} f_i g_{ik} g^{kr} \sqrt{|g|}\right) \\
&= \frac{1}{\sqrt{|g|}} \sum_{i=1}^{n} \frac{\partial}{\partial x_i}(f_i \sqrt{|g|}).
\end{aligned}$$

17.5 $$\operatorname{rot} X = \frac{1}{\sqrt{|g|}} \sum_{i=1}^{3} \sum_{(k,m,r)\in\mathscr{S}_3} \operatorname{sign}(k,m,r) \frac{\partial}{\partial x_k}(f_i g_{im}) \frac{\partial}{\partial x_r}.$$

Man rechnet das wie folgt aus:

$$\begin{aligned}
\operatorname{rot} X &= j^{-1} * d j X = j^{-1} * d\left(\sum_{i=1}^{3} \sum_{m=1}^{3} f_i g_{im} dx_m\right) \\
&= j^{-1} * \sum_{i=1}^{3} \sum_{m \neq k} \frac{\partial}{\partial x_k}(f_i g_{im}) dx_k \wedge dx_m \\
&= j^{-1}\left(\frac{1}{\sqrt{|g|}} \sum_{i=1}^{3} \sum_{(k,m,r)\in\mathscr{S}_3} \operatorname{sign}(k,m,r) \frac{\partial}{\partial x_k}(f_i g_{im}) j\left(\frac{\partial}{\partial x_r}\right)\right) \\
&= \frac{1}{\sqrt{|g|}} \sum_{i=1}^{3} \sum_{(k,m,r)\in\mathscr{S}_3} \operatorname{sign}(k,m,r) \frac{\partial}{\partial x_k}(f_i g_{im}) \frac{\partial}{\partial x_r}
\end{aligned}$$

(vgl. Beispiel 2 von § 3).

Sind die in 17.3–17.5 auftretenden Koordinaten so gewählt, daß sie im Punkt x geodätisch sind (d.h. es ist $g_{ij}(x) = g^{ij}(x) = \delta_{ij}$ und $\frac{\partial g_{ij}}{\partial x_k}(x) = \frac{\partial g^{ij}}{\partial x_k}(x) = \frac{\partial |g|}{\partial x_k}(x) = 0$), so gilt:

17.3′ $$(\operatorname{grad} f)_x = \sum_{i=1}^{n} \frac{\partial f}{\partial x_i}(x) \frac{\partial}{\partial x_i}\bigg|_x.$$

17.4′ $$(\operatorname{div} X)(x) = \sum_{i=1}^{3} \frac{\partial f_i}{\partial x_i}(x).$$

17.5'
$$(\operatorname{rot} X)_x = \sum_{(k,i,r)\in \mathscr{S}_3} \operatorname{sign}(k,i,r) \frac{\partial f_i}{\partial x_k}(x) \frac{\partial}{\partial x_r}\bigg|_x$$
$$= \left(\frac{\partial f_3}{\partial x_2} - \frac{\partial f_2}{\partial x_3}\right)(x) \frac{\partial}{\partial x_1}\bigg|_x$$
$$+ \left(\frac{\partial f_1}{\partial x_3} - \frac{\partial f_3}{\partial x_1}\right)(x) \frac{\partial}{\partial x_2}\bigg|_x$$
$$+ \left(\frac{\partial f_2}{\partial x_1} - \frac{\partial f_1}{\partial x_2}\right)(x) \frac{\partial}{\partial x_3}\bigg|_x .$$

In euklidischen Koordinaten (wo allgemein $g_{ij} = \delta_{ij}$ ist) gelten die Gleichungen 17.3'–17.5' überall im Definitionsbereich des Koordinatensystems.

Wir wollen nun das Poincaré-Lemma in der Sprache der Vektoranalysis ausdrücken:

17.6 Satz: *Sei M eine 3dimensionale, zusammenziehbare, orientierte Riemannsche Mannigfaltigkeit, X ein Vektorfeld auf M. Dann gilt:*
(1) $\operatorname{div} X = 0 \Rightarrow$ *es gibt ein Vektorfeld Y auf M mit* $\operatorname{rot} Y = X$.
(2) $\operatorname{rot} X = 0 \Rightarrow$ *es gibt eine differenzierbare Funktion f auf M mit* $\operatorname{grad} f = X$.

Beweis: (1) Da nach Voraussetzung $d(X, dF) = \operatorname{div} X \cdot dV = 0$ ist, so gibt es nach dem Poincaré-Lemma eine Pfaffsche Form $\omega \in \mathfrak{F}_1(M)$ mit $d\omega = (X, dF)$. Für $Y := j^{-1}(\omega) \in \vec{\mathfrak{F}}_0(M)$ gilt dann: $(\operatorname{rot} Y, dF) = d(jY) = d\omega = (X, dF)$. Daraus folgt $\operatorname{rot} Y = X$.
(2) Nach Voraussetzung ist $(\operatorname{rot} X, dF) = d(jX) = 0$. Auf Grund des Poincaré-Lemmas gibt es eine differenzierbare Funktion $f \in \mathfrak{F}_0(M)$, so daß $df = jX$ ist; d.h. es gilt: $\operatorname{grad} f = j^{-1} df = X$. ∎

Wir wollen einmal untersuchen, von welchen Bestimmungsstücken einer Riemannschen Mannigfaltigkeit M (mit Riemannscher Metrik g und zugehörigem absoluten Riemannschen Volumenmaß $|dV|$) die Divergenz $\operatorname{div} = \delta \circ j$ effektiv abhängt. Betrachten wir die Darstellung von $\operatorname{div} X$ in lokalen Koordinaten $x_1, \ldots, x_n$ auf einer offenen Menge $U \subseteq M$:

$$\operatorname{div} X|_U = \frac{1}{\sqrt{|g|}} \sum_{i=1}^{n} \frac{\partial}{\partial x_i}(f_i \sqrt{|g|}) = \sum_{i=1}^{n} \frac{\partial f_i}{\partial x_i} + \sum_{i=1}^{n} f_i \frac{\partial}{\partial x_i}(\log \sqrt{|g|}),$$

wobei $X|_U = \sum_{i=1}^{n} f_i \frac{\partial}{\partial x_i}$ mit auf U differenzierbaren Funktionen $f_1, \ldots, f_n$ sei; dann sehen wir, daß $\operatorname{div} X$ nur von dem absoluten Riemannschen Volumenmaß $|\mathrm{dV}|$ (in Koordinaten:

$$|\mathrm{dV}|_U = \sqrt{|g|}\,|\mathrm{d}x_1 \wedge \cdots \wedge \mathrm{d}x_n|)$$

abhängt. Man kann also wie folgt zu einem absoluten Volumenmaß $\mathrm{d}\mu$ auf einer differenzierbaren Mannigfaltigkeit M einen Divergenzbegriff $\operatorname{div}_{\mathrm{d}\mu}$ einführen: Man wähle eine Riemannsche Metrik $g \in \mathfrak{M}_2(M, \mathfrak{D}M)$, so daß das zugehörige absolute Riemannsche Volumenmaß $|\mathrm{dV}|$ gleich $\mathrm{d}\mu$ ist, und setze dann für ein Vektorfeld X auf M

$$\operatorname{div}_{\mathrm{d}\mu} X := \delta(jX),$$

wobei δ die zur Riemannschen Metrik g gehörende Coableitung ist. Es ist nach den obigen Feststellungen klar, daß $\operatorname{div}_{\mathrm{d}\mu}$ nicht von der speziell gewählten Riemannschen Metrik g abhängt. (Den Nachweis, daß es so eine Metrik überhaupt gibt, überlassen wir dem Leser als Übungsaufgabe!) In lokalen Koordinaten $x_1, \ldots, x_n$ auf einer offenen Menge $U \subseteq M$ ist

$$\mathrm{d}\mu|_U = f\,|\mathrm{d}x_1 \wedge \cdots \wedge \mathrm{d}x_n|,$$

wobei $f: U \to \mathbb{R}$ differenzierbar und $f(x) > 0$ ist für alle $x \in U$. Folglich hat $\operatorname{div}_{\mathrm{d}\mu} X$ folgende Koordinatendarstellung:

$$\begin{aligned} \operatorname{div}_{\mathrm{d}\mu} X|_U &= \frac{1}{f} \sum_{i=1}^{n} \frac{\partial}{\partial x_i}(f_i \cdot f) \\ &= \sum_{i=1}^{n} \frac{\partial}{\partial x_i}(f_i) + \sum_{i=1}^{n} f_i \frac{\partial}{\partial x_i}(\log f). \end{aligned}$$

Wir wollen uns nun die Frage stellen, wann es auf einer affinen Mannigfaltigkeit mit symmetrischem affinem Zusammenhang D ein absolutes Volumenmaß $\mathrm{d}\mu$ gibt, so daß $\operatorname{div}_D = \operatorname{div}_{\mathrm{d}\mu}$ ist. Lokal läßt sich die Frage vollständig beantworten.

17.7 Satz: *M sei eine affine Mannigfaltigkeit mit einem symmetrischen affinen Zusammenhang* D. *Folgende Aussagen sind äquivalent:*

(1) *Jeder Punkt $x \in M$ besitzt eine offene Umgebung U mit einem absoluten Volumenmaß $\mathrm{d}\mu$, so daß $\operatorname{div}_{\mathrm{d}\mu}(X|_U) = \operatorname{div}_D X|_U$ für alle $X \in \vec{\mathfrak{F}}_0(M)$ ist.*

(2) *Die Spur des Krümmungstensors verschwindet:*

$$\operatorname{Sp} R = 0.$$

Bevor wir den Satz beweisen, wollen wir noch die verwendeten Bezeichnungen erläutern: $\mathrm{R} := \mathrm{R}_\mathrm{D}$ sei der zu D gehörende Krümmungstensor, definiert durch

$$\mathrm{R}(X, Y)Z := (\mathrm{d_D}(\mathrm{d_D} Z))(X, Y) \quad \text{für} \quad X, Y, Z \in \vec{\mathfrak{F}}_0(M).$$

Für festes X und Y ist $\mathrm{R}(X, Y) \in \vec{\mathfrak{F}}_1(M)$; also ist für $x \in M$ $\mathrm{R}(X, Y)_x$ eine $\mathbb{R}$-lineare Abbildung von $\mathfrak{D}_x M$ in sich, und wir können

$$((\mathrm{Sp}\,\mathrm{R})(X, Y))(x) := \mathrm{Sp}(\mathrm{R}(X, Y)_x)$$

bilden. SpR gehört zu $\mathfrak{F}_2(M)$, da für jedes $Z \in \vec{\mathfrak{F}}_0(M)$ $\mathrm{d_D}(\mathrm{d_D} Z) \in \vec{\mathfrak{F}}_2(M)$ ist.

Wir wollen $(\mathrm{Sp}\,\mathrm{R})(X, Y)$ einmal in lokalen Koordinaten $x_1, \ldots, x_n$ auf einer offenen Menge $U \subseteq M$ ausrechnen. Es gibt R_{ij} aus $\mathfrak{F}_2(U)$ mit

$$\mathrm{R}(X, Y)\left(\frac{\partial}{\partial x_j}\right) = \sum_{i=1}^{n} R_{ij}(X, Y) \frac{\partial}{\partial x_i}.$$

Daraus folgt:

$$(\mathrm{Sp}\,\mathrm{R})(X, Y) = \sum_{i=1}^{n} R_{ii}(X, Y).$$

Definiert man Funktionen f_{ij}^k auf U durch

$$\mathrm{D}_{\frac{\partial}{\partial x_i}}\left(\frac{\partial}{\partial x_j}\right) = \sum_{k=1}^{n} f_{ij}^k \frac{\partial}{\partial x_k},$$

so gilt:

$$\begin{aligned} R^i_{jkm} &:= R_{ij}\left(\frac{\partial}{\partial x_k}, \frac{\partial}{\partial x_m}\right) \\ &= \frac{\partial f^i_{mj}}{\partial x_k} - \frac{\partial f^i_{kj}}{\partial x_m} + \sum_{r=1}^{n} (f^r_{mj} f^i_{kr} - f^r_{kj} f^i_{mr}). \end{aligned}$$

Daraus folgt:

$$\begin{aligned} (\mathrm{Sp}\,\mathrm{R})\left(\frac{\partial}{\partial x_k}, \frac{\partial}{\partial x_m}\right) &= \sum_{i=1}^{n} R_{ii}\left(\frac{\partial}{\partial x_k}, \frac{\partial}{\partial x_m}\right) = \sum_{i=1}^{n} R^i_{ikm} \\ &= \sum_{i=1}^{n} \left(\frac{\partial f^i_{mi}}{\partial x_k} - \frac{\partial f^i_{ki}}{\partial x_m}\right) \end{aligned}$$

oder

$$\operatorname{Sp}R = \sum_{1 \le k < m \le n} \sum_{i=1}^{n} \left(\frac{\partial f^{i}_{mi}}{\partial x_k} - \frac{\partial f^{i}_{ki}}{\partial x_m} \right) dx_k \wedge dx_m$$

$$= \sum_{k=1}^{n} \sum_{m=1}^{n} \sum_{i=1}^{n} \frac{\partial f^{i}_{mi}}{\partial x_k} dx_k \wedge dx_m$$

$$= d\left(\sum_{m=1}^{n} \sum_{i=1}^{n} f^{i}_{mi}\, dx_m \right).$$

Beweis von 17.7: (1)⇒(2): U sei eine offene Umgebung eines Punktes $x \in M$, $d\mu$ ein absolutes Volumenmaß auf U, so daß für alle $X \in \vec{\mathfrak{F}}_0(M)$ gilt:

$$(*) \qquad \operatorname{div}_{d\mu}(X|_U) = \operatorname{div}_D X|_U.$$

Wählen wir U klein genug, so gibt es Koordinaten $x_1, \ldots, x_n$ auf U, so daß für ein Vektorfeld $X \in \vec{\mathfrak{F}}_0(M)$, das auf U die Darstellung

$$X|_U = \sum_{m=1}^{n} f_m \frac{\partial}{\partial x_m}$$

hat, gilt:

$$(**) \qquad \operatorname{div}_{d\mu}(X|_U) = \sum_{m=1}^{n} \frac{\partial f_m}{\partial x_m} + \sum_{m=1}^{n} f_m \frac{\partial}{\partial x_m}(\log f).$$

f ist dabei eine auf U differenzierbare Funktion mit $f(x) > 0$ für alle $x \in U$ und $d\mu = f|dx_1 \wedge \cdots \wedge dx_n|$.

Wie am Ende des Beweises von Satz 17.2 (3) zeigt man:

$$(***) \qquad \operatorname{div}_D X|_U = \sum_{m=1}^{n} \frac{\partial f_m}{\partial x_m} + \sum_{m=1}^{n} \sum_{i=1}^{n} f_m f^{i}_{im}.$$

Aus den drei Gleichungen (*), (**), (***) ergibt sich sofort:

$$d(\log f) = \sum_{m=1}^{n} \frac{\partial}{\partial x_m}(\log f)\, dx_m = \sum_{m=1}^{n} \sum_{i=1}^{n} f^{i}_{im}\, dx_m = \sum_{m=1}^{n} \sum_{i=1}^{n} f^{i}_{mi}\, dx_m.$$

(Man beachte die Symmetrie von D, d.h. $f^{i}_{jm} = f^{i}_{mj}$.)
Daraus folgt:

$$\operatorname{Sp}R|_U = d\left(\sum_{m=1}^{n} \sum_{i=1}^{n} f^{i}_{mi}\, dx_m \right) = d(d(\log f)) = 0.$$

(2)$\Rightarrow$(1): Jeder Punkt $x \in M$ besitzt eine zusammenziehbare Umgebung U mit Koordinaten $x_1, \ldots, x_n$. $\mathrm{Sp}\,\mathrm{R} = 0$ bedeutet

$$\mathrm{d}\left(\sum_{m=1}^{n}\sum_{i=1}^{n} f^{\mathrm{i}}_{\mathrm{im}}\,\mathrm{d}x_{\mathrm{m}}\right) = \mathrm{d}\left(\sum_{m=1}^{n}\sum_{i=1}^{n} f^{\mathrm{i}}_{\mathrm{mi}}\,\mathrm{d}x_{\mathrm{m}}\right) = 0.$$

Auf Grund des Poincaréschen Lemmas gibt es eine differenzierbare Funktion h auf U, so daß gilt:

$$\mathrm{d}h = \sum_{m=1}^{n}\sum_{i=1}^{n} f^{\mathrm{i}}_{\mathrm{im}}\,\mathrm{d}x_{\mathrm{m}}.$$

Setzen wir $f = \mathrm{e}^h$, d.h. $h = \log f$, dann ist

$$\frac{\partial}{\partial x_{\mathrm{m}}}(\log f) = \sum_{i=1}^{n} f^{\mathrm{i}}_{\mathrm{im}},$$

und $\mathrm{d}\mu = f|\mathrm{d}x_1 \wedge \cdots \wedge \mathrm{d}x_{\mathrm{n}}|$ ist ein absolutes Volumenmaß auf U, so daß (vgl. (**) und (***))

$$\mathrm{div}_{\mathrm{d}\mu}(X|_{\mathrm{U}}) = \mathrm{div}_{\mathrm{D}}\, X|_{\mathrm{U}}$$

für alle $X \in \vec{\mathfrak{F}}_0(M)$ ist. ∎

Bemerkungen: (1) Unter der Voraussetzung $\mathrm{Sp}\,\mathrm{R} = 0$ gibt es im allgemeinen kein absolutes Volumenmaß $\mathrm{d}\mu$ auf ganz M, so daß $\mathrm{div}_{\mathrm{d}\mu} = \mathrm{div}_{\mathrm{D}}$ ist. Ist dagegen M zusammenziehbar, so ist $\mathrm{Sp}\,\mathrm{R} = 0$ auch hinreichend für die Existenz eines absoluten Volumenmaßes $\mathrm{d}\mu$ mit $\mathrm{div}_{\mathrm{d}\mu} = \mathrm{div}_{\mathrm{D}}$.
(2) Gibt es auf einer offenen zusammenhängenden Menge $U \subseteq M$ ein absolutes Volumenmaß $\mathrm{d}\mu$ mit $\mathrm{div}_{\mathrm{d}\mu}(X|_{\mathrm{U}}) = \mathrm{div}_{\mathrm{D}}\, X|_{\mathrm{U}}$ für alle $X \in \vec{\mathfrak{F}}_0(M)$, dann ist solch ein $\mathrm{d}\mu$ bis auf einen positiven konstanten Faktor eindeutig bestimmt.

17.8 Satz: *Für einen symmetrischen affinen Zusammenhang* D *auf einer differenzierbaren Mannigfaltigkeit* M *sind folgende Bedingungen äquivalent:*
(1) $\mathrm{Sp}\,\mathrm{R} = 0$.
(2) *Der Riccitensor* Ric *zu* D *ist symmetrisch.*

Bezeichnungen: Der *Riccitensor* $\mathrm{Ric}(X, Y)$, $X, Y \in \vec{\mathfrak{F}}_0(M)$, ist definiert als

$$\begin{aligned}\mathrm{Ric}(X, Y) := \mathrm{Ric}_{\mathrm{D}}(X, Y) &:= \mathrm{Sp}\big((\mathrm{d}_{\mathrm{D}}(\mathrm{d}_{\mathrm{D}} X))(\square, Y)\big)\\ &= \mathrm{Sp}(\mathrm{R}(\square, Y)(X)).\end{aligned}$$

Beweis: Für den Krümmungstensor R gilt wegen der Symmetrie von D die sogenannte *Bianchi-Identität*

$$\mathrm{R}(X,Y)Z+\mathrm{R}(Y,Z)X+\mathrm{R}(Z,X)Y=0, \qquad X,Y,Z\in\vec{\mathfrak{F}}_0(M).$$

Aus der Definition von R folgt unmittelbar

$$\mathrm{R}(X,Y)(Z)=-\mathrm{R}(Y,X)(Z), \qquad X,Y,Z\in\vec{\mathfrak{F}}_0(M).$$

Daraus ergibt sich

$$\mathrm{Ric}(X,Y)-\mathrm{Ric}(Y,X)=(\mathrm{Sp}\,\mathrm{R})(X,Y)$$

für beliebige Vektorfelder $X, Y\in\vec{\mathfrak{F}}_0(M)$; d.h., der Riccitensor ist genau dann symmetrisch, wenn $\mathrm{Sp}\,\mathrm{R}=0$ ist. ∎

Wir wollen noch eine geometrische Deutung von $\mathrm{div}_{\mathrm{d}\mu}$ für eine differenzierbare Mannigfaltigkeit mit absolutem Volumenmaß $\mathrm{d}\mu$ geben:

17.9 Satz: *$\Phi: I\times M\to M$ $(I=(-\varepsilon,\varepsilon), \varepsilon>0)$ sei eine differenzierbare Abbildung (eine sogenannte differenzierbare Schar von differenzierbaren Selbstabbildungen von M) mit $\Phi(0,x)=x$ für alle $x\in M$. $X\in\vec{\mathfrak{F}}_0(M)$ sei das folgende Vektorfeld (infinitesimale Transformation zu Φ):*

$$X(x):=\mathfrak{D}\Phi_x\left(\left(\frac{\partial}{\partial t}\right)_{t=0}\right), \qquad x\in M,$$

wobei $\Phi_x: I\to M$ durch $\Phi_x(t):=\Phi(t,x)$ definiert ist. Dann gilt:

$$(*) \qquad \mathrm{div}_{\mathrm{d}\mu}X=\frac{\partial}{\partial t}\bigg|_0\left(\frac{{}_t\Phi^*(\mathrm{d}\mu)}{\mathrm{d}\mu}\right),$$

wobei ${}_t\Phi: M\to M$ durch ${}_t\Phi(x):=\Phi(t,x)$ definiert ist.

Bemerkung: Beschreibt $\Phi: I\times M\to M$ eine Strömung auf M im Zeitintervall I, so ist X das Geschwindigkeitsfeld der Strömung zum Zeitpunkt $t=0$ und $\mathrm{div}_{\mathrm{d}\mu}X$ nichts anderes als die relative Volumenänderung der Strömung pro Zeiteinheit zum Zeitpunkt $t=0$.

Beweis: Da die Aussage des Satzes lokaler Natur ist, können wir uns auf eine offene Menge U von M mit Koordinaten $x_1,\dots,x_n$ beschränken. Wir wollen dann für einen Punkt $x_0\in U$ die obige Gleichung nachweisen. Wir können annehmen, daß x_0 eine offene Umgebung $V\subseteq U$ besitzt, so daß $\Phi(I\times V)\subseteq U$ ist. Definieren wir $\Phi^i(t,x):=x_i\circ\Phi(t,x)$, so ist

$$X(x)=\sum_{i=1}^{n}\frac{\partial\Phi^i}{\partial t}(0,x)\frac{\partial}{\partial x_i}\bigg|_x$$

für alle $x \in V$. Es gilt dann

$$(\operatorname{div}_{\mathrm{d}\mu} X)(x) = \sum_{i=1}^{n} \frac{\partial^2 \Phi^{\mathrm{i}}}{\partial t \, \partial x_{\mathrm{i}}}(0,x) + \sum_{i=1}^{n} \frac{\partial \Phi^{\mathrm{i}}}{\partial t}(0,x) \frac{\partial}{\partial x_{\mathrm{i}}}(\log f)(x),$$

wobei f eine positive differenzierbare Funktion mit

$$\mathrm{d}\mu|_{\mathrm{U}} = f |\mathrm{d}x_1 \wedge \cdots \wedge \mathrm{d}x_{\mathrm{n}}|$$

ist.

Wir wollen nun die rechte Seite der obigen Gleichung (*) berechnen. Es ist

$$\begin{aligned}
&({}_{\mathrm{t}}\Phi^*(\mathrm{d}\mu))_{\mathrm{x}} \left(\left(\frac{\partial}{\partial x_1} \right)_{\mathrm{x}}, \ldots, \left(\frac{\partial}{\partial x_{\mathrm{n}}} \right)_{\mathrm{x}} \right) \\
&= (\mathrm{d}\mu)_{\Phi(\mathrm{t},\mathrm{x})} \left(\frac{\partial}{\partial x_1} \bigg|_{\Phi(\mathrm{t},\mathrm{x})}, \ldots, \frac{\partial}{\partial x_{\mathrm{n}}} \bigg|_{\Phi(\mathrm{t},\mathrm{x})} \right) \cdot \left| \det \left(\frac{\partial \Phi^{\mathrm{i}}}{\partial x_{\mathrm{j}}}(t,x) \right) \right| \\
&= f(\Phi(t,x)) \cdot \left| \det \left(\frac{\partial \Phi^{\mathrm{i}}}{\partial x_{\mathrm{j}}}(t,x) \right) \right|.
\end{aligned}$$

Daraus folgt:

$$\frac{({}_{\mathrm{t}}\Phi^*(\mathrm{d}\mu))_{\mathrm{x}}}{\mathrm{d}\mu_{\mathrm{x}}} = \frac{({}_{\mathrm{t}}\Phi^*(\mathrm{d}\mu))_{\mathrm{x}} \left(\frac{\partial}{\partial x_1} \Big|_{\mathrm{x}}, \ldots, \frac{\partial}{\partial x_{\mathrm{n}}} \Big|_{\mathrm{x}} \right)}{\mathrm{d}\mu_{\mathrm{x}} \left(\frac{\partial}{\partial x_1} \Big|_{\mathrm{x}}, \ldots, \frac{\partial}{\partial x_{\mathrm{n}}} \Big|_{\mathrm{x}} \right)} = \frac{f(\Phi(t,x))}{f(x)} \left| \det \left(\frac{\partial \Phi^{\mathrm{i}}}{\partial x_{\mathrm{j}}}(t,x) \right) \right|,$$

$$\begin{aligned}
\frac{\partial}{\partial t} \bigg|_0 \left(\frac{{}_{\mathrm{t}}\Phi^*(\mathrm{d}\mu)}{\mathrm{d}\mu} \right) &= \frac{1}{f(x)} \sum_{i=1}^{n} \frac{\partial f}{\partial x_{\mathrm{i}}}(x) \frac{\partial \Phi^{\mathrm{i}}}{\partial t}(0,x) + \frac{\partial}{\partial t} \bigg|_{(0,x)} \left| \det \left(\frac{\partial \Phi^{\mathrm{i}}}{\partial x_{\mathrm{j}}} \right) \right| \\
&= \sum_{i=1}^{n} \frac{\partial \Phi^{\mathrm{i}}}{\partial t}(0,x) \frac{\partial}{\partial x_{\mathrm{i}}}(\log f)(x) + \sum_{i=1}^{n} \frac{\partial^2 \Phi^{\mathrm{i}}}{\partial t \, \partial x_{\mathrm{i}}}(0,x),
\end{aligned}$$

denn auf Grund der Rechenregeln für das Differenzieren von Determinanten und wegen $\left(\frac{\partial \Phi^{\mathrm{i}}}{\partial x_{\mathrm{j}}}(0,x) \right) = (\delta_{\mathrm{ij}})$ gilt:

$$\frac{\partial}{\partial t} \bigg|_{(0,x)} \left| \det \left(\frac{\partial \Phi^{\mathrm{i}}}{\partial x_{\mathrm{j}}} \right) \right| = \frac{\partial}{\partial t} \bigg|_{(0,x)} \det \left(\frac{\partial \Phi^{\mathrm{i}}}{\partial x_{\mathrm{j}}} \right) = \sum_{i=1}^{n} \frac{\partial^2 \Phi^{\mathrm{i}}}{\partial t \, \partial x_{\mathrm{i}}}(0,x). \quad ∎$$

KAPITEL IV

INTEGRATIONSTHEORIE AUF DIFFERENZIERBAREN MANNIGFALTIGKEITEN

§ 18: Das Transformationsgesetz für Gebietsintegrale

In diesem Paragraphen wollen wir die Transformationsformel für das Riemann-Integral über dem $\mathbb{R}^n$ beweisen, weil sie die Grundlage für die Definition des Integrals auf differenzierbaren Mannigfaltigkeiten bildet. Dazu erklären wir zunächst den verwendeten Integralbegriff und beginnen mit der Definition von meßbaren Mengen im $\mathbb{R}^n$.

$Q = I^1 \times \cdots \times I^n$ sei ein kompakter Quader im $\mathbb{R}^n$; dabei seien die I^i kompakte Intervalle der Länge $\mathrm{L}(I^i)$ in $\mathbb{R}$. Das euklidische Volumen des Quaders Q definieren wir dann durch

$$\mathrm{V}(Q) := \mathrm{L}(I^1) \ldots \mathrm{L}(I^n).$$

Ist A jetzt irgendeine *kompakte* Teilmenge des $\mathbb{R}^n$, so können wir versuchen, A durch kompakte Quader auszufüllen. D.h., wir betrachten endliche Familien $(Q_i)_{i=1,\ldots,N}$ von kompakten Quadern, die paarweise höchstens Randpunkte gemeinsam haben und alle in A liegen, wie es die folgende Zeichnung veranschaulichen soll:

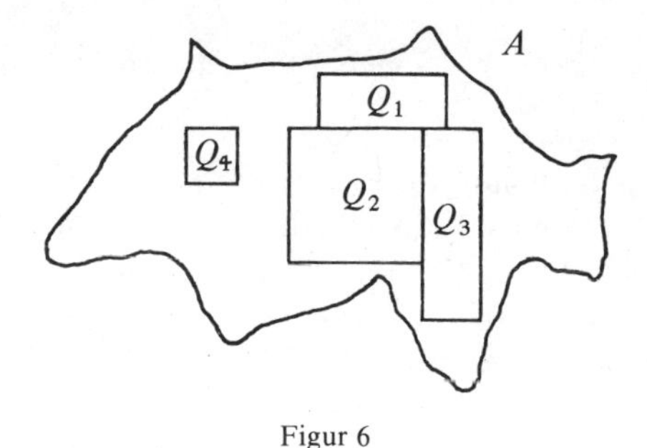

Figur 6

$\sum_{i=1}^{N} \mathrm{V}(Q_i)$ können wir dann als das Gesamtvolumen der N Quader $Q_1, \ldots, Q_N$ bezeichnen. Die Gesamtvolumina aller solcher Quader-Mosaiken in A haben wegen der Kompaktheit von A ein Supremum, das man als *inneres Volumen* von A bezeichnet. Entsprechend definiert man das *äußere Volumen* von A: Man bringt A in der Vereinigung endlich vieler kompakter Quader unter. Auf die Bedingung, daß sich die Quader nur am Rand berühren dürfen, kann dabei verzichtet werden. Das Infimum der Gesamtvolumina solcher Quader-Überdeckungen von A heißt das äußere Volumen von A. Sind inneres und äußeres Volumen gleich, so spricht man einfach vom *Volumen* $\mathrm{V}(A)$ von A und nennt A *meßbar*. A heißt eine Nullmenge, wenn A meßbar und $\mathrm{V}(A)=0$ ist. Das ist genau dann der Fall, wenn das äußere Volumen von A verschwindet, d.h., wenn es zu jedem $\varepsilon>0$ endlich viele Quader mit einem Gesamtvolumen kleiner als ε gibt, in deren Vereinigung A liegt. Dieselbe Charakterisierung bleibt richtig, wenn man Würfel anstelle von Quadern nimmt. Wichtig ist die folgende Charakterisierung kompakter meßbarer Mengen:

18.1 Satz: *Eine kompakte Teilmenge A des $\mathbb{R}^n$ ist genau dann meßbar, wenn ihr Rand ∂A eine Nullmenge ist.*

Wir wollen keinen vollständigen Beweis dieses Satzes geben, sondern lediglich die Beweisidee klarmachen. Daß der Rand einer kompakten meßbaren Menge eine Nullmenge ist, sieht man leicht. Um die Umkehrung zu zeigen, nehmen wir an, wir hätten ∂A in der Vereinigung von N Quadern $Q_1, \ldots, Q_N$ mit einem Gesamtvolumen $\sum_{i=1}^{N} \mathrm{V}(Q_i)<\varepsilon$ untergebracht. Dann können wir $A-\bigcup_{i=1}^{N} Q_i$ vollständig durch ein Mosaik aus M weiteren Quadern $Q_{N+1}, \ldots, Q_{N+M}$ ausfüllen, und wir haben $\sum_{i=1}^{N+M} \mathrm{V}(Q_i)-\sum_{i=N+1}^{N+M} \mathrm{V}(Q_i)<\varepsilon$. Somit ist auch die Differenz zwischen äußerem und innerem Volumen von A kleiner als ε. ∎

A sei eine meßbare kompakte Teilmenge des $\mathbb{R}^n$ und $f: A \to \mathbb{R}$ irgendeine stetige Funktion, die wir uns außerhalb A durch 0 fortgesetzt denken. Die Menge A können wir wegen ihrer Kompaktheit in einem hinreichend großen Quader Q unterbringen, den wir in endlich viele Quader zerlegen. Ist $\mathscr{Z}=(Q_i)_{i=1,\ldots,N}$ so eine Zerlegung, so können wir die *Darbouxsche Untersumme*

$$\underline{\mathrm{S}}_{\mathscr{Z}}(f) := \sum_{i=1}^{N} \mathrm{V}(Q_i) \inf_{x \in Q_i} f(x)$$

und ebenso die *Obersumme*

$$\overline{\mathrm{S}}_{\mathscr{Z}}(f) := \sum_{i=1}^{N} \mathrm{V}(Q_i) \sup_{x \in Q_i} f(x)$$

bilden. Aus der Stetigkeit von $f|A$ und der Meßbarkeit von A folgert man dann, daß das Infimum der Obersummen zu allen Zerlegungen des Quaders Q existiert und gleich dem Supremum der Untersummen ist. Man nennt diesen Wert das *(Riemann-) Integral* von f über A und schreibt dafür

$$\int_A f \, \mathrm{d}x_1 \ldots \mathrm{d}x_n.$$

Ist f eine stetige Funktion auf einem Gebiet G des $\mathbb{R}^n$ mit kompaktem Träger, so können wir den Träger $\operatorname{supp}(f)$ in einem kompakten Quader Q unterbringen und, da dieser meßbar ist, $\int_Q f \, \mathrm{d}x_1 \ldots \mathrm{d}x_n$ bilden. Dieser Wert hängt nicht von der Wahl von Q ab, und wir schreiben dafür einfach

$$\int_G f \, \mathrm{d}x_1 \ldots \mathrm{d}x_n.$$

Wir haben uns hier von vorneherein auf stetige Funktionen beschränkt. Man kann die oben beschriebenen Prozesse der Unter- und Obersummenbildung natürlich auch für andere Funktionen durchführen und auf diese Art erklären, wann eine Funktion integrierbar im Riemannschen Sinne heißt. Da wir uns später sogar auf differenzierbare Funktionen beschränken werden, wollen wir hier auf diese Allgemeinheit verzichten und nur stetige Funktionen betrachten.

Für die Transformationsformel von Integralen muß man im wesentlichen wissen, wie sich meßbare Mengen unter Diffeomorphismen verhalten. Wir untersuchen dazu zunächst, auf was für eine Menge ein kompakter Würfel mittels eines Diffeomorphismus abgebildet wird.

Wir verabreden folgende Bezeichnungen:

$\|x\| := \max\{|x_i|;\, i=1,\ldots,n\}$ für $x=(x_1,\ldots,x_n)\in\mathbb{R}^n$,

$\|A\| := \max\{|a_{ij}|;\, i,j=1,\ldots,n\}$ für eine $(n\times n)$-Matrix $A=(a_{ij})$

$Q_r := \{x\in\mathbb{R}^n;\, \|x\|\le r\}$.

Damit gilt der folgende Satz:

18.2 Satz: *$F: G\to G'$ sei ein Diffeomorphismus zwischen zwei offenen Teilmengen des $\mathbb{R}^n$ mit $0\in G$ und $F(0)=0\in G'$. Ferner sei $\mathfrak{D}_0 F = I_{\mathbb{R}^n}$, und für alle $x\in Q_r\subseteq G$ sei*

$$\|\mathfrak{D}_x F - I_{\mathbb{R}^n}\| < \frac{\varepsilon}{n}$$

für ein ε mit $0<\varepsilon<1$.

Dann gilt:

$$Q_{r(1-\varepsilon)} \subseteq F(Q_r) \subseteq Q_{r(1+\varepsilon)}.$$

Beweis: Es sei $g := F - I_{\mathbb{R}^n}$. Dann gilt für alle $x \in Q_r$

$$\left|\frac{\partial g_i}{\partial x_j}(x)\right| < \frac{\varepsilon}{n}, \qquad i,j=1,\ldots,n.$$

Nach dem Mittelwertsatz der Differentialrechnung gibt es Zahlen $h_1,\ldots, h_n$ mit $0 < h_i < 1$, so daß

$$g_i(x) = \sum_{j=1}^{n} \frac{\partial g_i}{\partial x_j}(h_i x) x_j$$

gilt. Daraus folgt für alle $x \in Q_r$

$$\|g(x)\| = \|F(x) - x\| < n\frac{\varepsilon}{n}\|x\| \leq \varepsilon r.$$

Speziell gilt also für $x \in Q_r$

$$\|F(x)\| = \|F(x) - x + x\| \leq \|F(x) - x\| + \|x\| \leq r + \varepsilon r = r(1+\varepsilon),$$

und für $x \in \partial Q_r$:

$$\|F(x)\| = \|F(x) - x + x\| \geq \|x\| - \|F(x) - x\| > r - \varepsilon r = r(1-\varepsilon).$$

Die erste dieser beiden Ungleichungen besagt gerade $F(Q_r) \subseteq Q_{r(1+\varepsilon)}$, die zweite $F(\partial Q_r) \cap Q_{r(1-\varepsilon)} = \emptyset$. Da $F(\partial Q_r) = \partial(F(Q_r))$ ist, muß $Q_{r(1-\varepsilon)} \subseteq F(Q_r)$ sein, oder es muß $Q_{r(\varepsilon-1)} \subseteq \mathbb{R}^n - F(Q_r)$ gelten. Das letztere kann aber nicht der Fall sein, da $0 \in Q_{r(1-\varepsilon)} \cap F(Q_r)$ ist. Damit haben wir insgesamt $Q_{r(1-\varepsilon)} \subseteq F(Q_r) \subseteq Q_{r(1+\varepsilon)}$ gezeigt. ∎

Satz 18.2 können wir sofort verallgemeinern, indem wir nicht unbedingt fordern, daß $\mathfrak{D}_0 F$ die Identität ist:

18.3 Satz: *$F: G \to G'$ sei ein Diffeomorphismus zwischen zwei offenen Teilmengen des $\mathbb{R}^n$ mit $0 \in G$ und $F(0) = 0 \in G'$. Ferner sei $M := \|\mathfrak{D}_0 F^{-1}\|$, und für alle $x \in Q_r \subseteq G$ sei*

$$\|\mathfrak{D}_x F - \mathfrak{D}_0 F\| < \frac{\varepsilon}{n^2 M}.$$

Dann gilt:

$$\mathfrak{D}_0 F(Q_{r(1-\varepsilon)}) \subseteq F(Q_r) \subseteq \mathfrak{D}_0 F(Q_{r(1+\varepsilon)}).$$

Beweis: Es sei $\tilde{F} := \mathfrak{D}_0 F^{-1} \circ F$. Dann erfüllt $\tilde{F}$ die Voraussetzungen von Satz 18.2, denn es ist $\mathfrak{D}_0 \tilde{F} = \mathfrak{D}_0 F^{-1} \circ \mathfrak{D}_0 F = I_{\mathbb{R}^n}$ und

$$\|\mathfrak{D}_x \tilde{F} - I_{\mathbb{R}^n}\| = \|\mathfrak{D}_0 F^{-1} \circ (\mathfrak{D}_x F - \mathfrak{D}_0 F)\| \leq n M \|\mathfrak{D}_x F - \mathfrak{D}_0 F\| < \frac{\varepsilon}{n}.$$

Also ist $Q_{r(1-\varepsilon)} \subseteq \tilde{F}(Q_r) \subseteq Q_{r(1+\varepsilon)}$ und folglich wegen $F = \mathfrak{D}_0 F \circ \tilde{F}$

$$\mathfrak{D}_0 F(Q_{r(1-\varepsilon)}) \subseteq F(Q_r) \subseteq \mathfrak{D}_0 F(Q_{r(1+\varepsilon)}). \quad \blacksquare$$

Der letzte Satz besagt insbesondere, daß $F(Q_r)$ in einem Parallelotop mit dem Volumen $|\det \mathfrak{D}_0 F|(1+\varepsilon)^n V(Q_r)$ liegt und ein weiteres Parallelotop mit dem Volumen $|\det \mathfrak{D}_0 F|(1-\varepsilon)^n V(Q_r)$ enthält. Dabei verwenden wir die Tatsache, daß für eine lineare Abbildung $T: \mathbb{R}^n \to \mathbb{R}^n$ $T(Q_r)$ meßbar ist mit $V(T(Q_r)) = |\det T| V(Q_r)$ (vgl. [20], §11, S. 138).

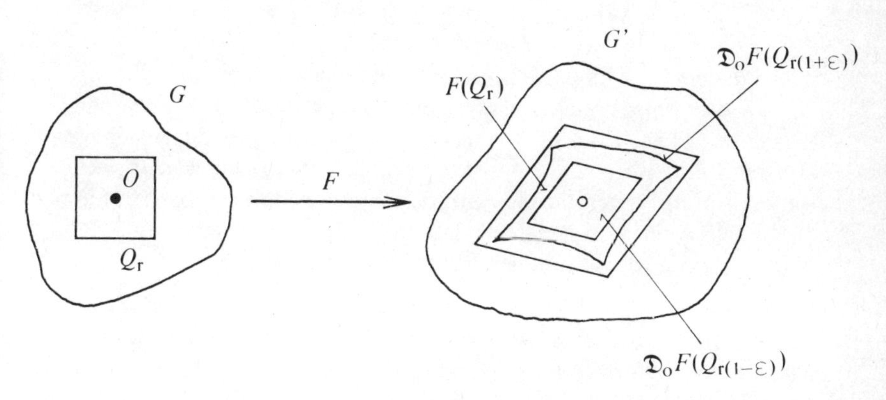

Figur 7

Der nächste Satz macht eine Aussage über das Verhalten von Nullmengen unter Diffeomorphismen:

18.4 Satz: *$F: G \to G'$ sei ein Diffeomorphismus zwischen offenen Mengen im $\mathbb{R}^n$, und $A \subseteq G$ sei eine kompakte Nullmenge. Dann ist $A' := F(A)$ eine kompakte Nullmenge in G'.*

Beweis: Zu jedem $\varepsilon' > 0$ gibt es endlich viele kompakte Würfel $Q_1, \ldots, Q_N$, deren Vereinigung A enthält, so daß die Summe der Volumina dieser Würfel kleiner als ε' ist. Zu vorgegebenem $\varepsilon > 0$ können wir dabei ε' so wählen, daß folgendes gilt:

$$(1+\varepsilon')^n < 2, \qquad \varepsilon' < \frac{\varepsilon}{2c},$$

wo $c := \max\left\{ |\det(\mathfrak{D}_x F)|;\, x \in \bigcup_{i=1}^{N} Q_i \right\}$ ist. Außerdem können die Würfel so klein gewählt werden, daß für ihre maximale halbe Kantenlänge r gilt:

$\|\mathfrak{D}_{x'}F-\mathfrak{D}_{x''}F\|<\frac{\varepsilon'}{n^2M}$ für $x',x''\in\bigcup_{i=1}^{N}Q_i$ mit $\|x'-x''\|<r$, wobei $M:=\max\left\{\|\mathfrak{D}_{x'}F^{-1}\|;\ x\in\bigcup_{i=1}^{N}Q_i\right\}$ ist.

Haben wir ε' und die Q_i so ausgewählt, so ist nach Satz 18.3 jedes $F(Q_i)$ in einem Parallelotop B_i enthalten mit $V(B_i)\le c(1+\varepsilon')^n V(Q_i)$. Insbesondere ist also $F(A)\subseteq\bigcup_{i=1}^{N}B_i$, und es gilt

$$\sum_{i=1}^{N}V(B_i)\le c(1+\varepsilon')^n\sum_{i=1}^{N}V(Q_i)\le 2c\varepsilon'<\varepsilon. \quad \blacksquare$$

Aus diesem Satz folgt unter anderem, daß jede kompakte Teilmenge einer niederdimensionalen Untermannigfaltigkeit des $\mathbb{R}^n$ eine Nullmenge im $\mathbb{R}^n$ ist; denn für kompakte Teilmengen niederdimensionaler linearer Teilräume ist diese Aussage offenbar richtig. Eine weitere wichtige Folgerung ist der nächste Satz, dessen Beweis unmittelbar aus Satz 18.1 folgt, wenn man beachtet, daß ein Diffeomorphismus den Rand einer Teilmenge des $\mathbb{R}^n$ auf den Rand der Bildmenge abbildet:

18.5 Satz: *$F:G\to G'$ sei ein Diffeomorphismus zwischen zwei offenen Mengen des $\mathbb{R}^n$, und A sei eine kompakte meßbare Teilmenge von G. Dann ist $F(A)$ ebenfalls meßbar.*

18.6 Satz: *$F:G\to G'$ sei ein Diffeomorphismus zwischen zwei offenen Mengen des $\mathbb{R}^n$, A eine kompakte meßbare Teilmenge von G und $f:A\to\mathbb{R}$ eine stetige Funktion auf $A':=F(A)$. Dann gilt:*

$$\int_{A'}f(y)\,dy_1\ldots dy_n=\int_{A}f(F(x))|\det\mathfrak{D}_xF|\,dx_1\ldots dx_n.$$

Beweis: $\tilde{A}$ sei eine kompakte Umgebung von A in G, d.h. eine kompakte Teilmenge von G, in deren Innerem A liegt, dann ist $\tilde{A}':=F(\tilde{A})$ eine kompakte Umgebung von A' in G'.

Für das Folgende dürfen wir o.B.d.A. annehmen, daß $f(y)\ge 0$ ist für alle $y\in\tilde{A}'$. (Andernfalls zerlege man f in positiven und negativen Anteil und behandle beide getrennt.) Wir setzen jetzt

$$M:=\max\{\|\mathfrak{D}_yF^{-1}\|;\ y\in\tilde{A}'\},$$
$$c:=\max\{|\det(\mathfrak{D}_xF)|;\ x\in\tilde{A}\}$$

und wählen zu vorgegebenem ε mit $0<\varepsilon<1$ ein $r>0$, so daß für alle $x',x''\in A$ mit $\|x'-x''\|\le r$ gilt:

$$\|\mathfrak{D}_{x'}F-\mathfrak{D}_{x''}F\|<\frac{\varepsilon}{n^2M}.$$

Q sei ein kompakter Würfel im $\mathbb{R}^n$, der A im Innern enthält, und $\mathscr{Z}=(Q_i)_{i=1,\ldots,N}$ sei eine Zerlegung dieses Würfels in kleinere Würfel, deren Kantenlänge kleiner als r sei. Von diesen liegen etwa $Q_1, \ldots, Q_{N_0}$ in $\tilde{A}$, und bei genügend feiner Zerlegung dürfen wir annehmen, daß A im Inneren von $\bigcup_{i=1}^{N_0} Q_i$ liegt.

Wir setzen

$$J(x) := \det(\mathfrak{D}_x F), \quad g := f \circ F,$$
$$dx := dx_1 \ldots dx_n, \quad dy := dy_1 \ldots dy_n,$$
$$m_i := \min\{g(x);\ x \in Q_i\} = \min\{f(y);\ y \in F(Q_i)\},$$
$$M_i := \max\{g(x);\ x \in Q_i\} = \max\{f(y);\ y \in F(Q_i)\},$$

(f und g seien außerhalb A' bzw. A durch 0 fortgesetzt), und bezeichnen den Mittelpunkt von Q_i mit x_i. Dann haben wir die folgende Kette von Ungleichungen:

$$\begin{array}{ccccc} \sum_{i=1}^{N_0} m_i V(F(Q_i)) & \leq & \int_{A'} f(y)\,dy & \leq & \sum_{i=1}^{N_0} M_i V(F(Q_i)) \\ \vee\!| & & & & |\!\wedge \end{array}$$

$$\sum_{i=1}^{N_0} m_i (1-\varepsilon)^n |J(x_i)| V(Q_i) \leq \sum_{i=1}^{N_0} g(x_i) |J(x_i)| V(Q_i) \leq \sum_{i=1}^{N_0} M_i (1+\varepsilon)^n |J(x_i)| V(Q_i).$$

Für die Differenz der beiden äußeren Glieder in der unteren Zeile können wir folgende Abschätzung machen:

$$\begin{aligned} \Delta &:= \sum_{i=1}^{N_0} M_i (1+\varepsilon)^n |J(x_i)| V(Q_i) - \sum_{i=1}^{N_0} m_i (1-\varepsilon)^n |J(x_i)| V(Q_i) \\ &= \sum_{i=1}^{N_0} (M_i (1+\varepsilon)^n - m_i (1-\varepsilon)^n) |J(x_i)| V(Q_i) \\ &= \sum_{i=1}^{N_0} (M_i - m_i)(1+\varepsilon)^n |J(x_i)| V(Q_i) + \sum_{i=1}^{N_0} m_i ((1+\varepsilon)^n - (1-\varepsilon)^n) |J(x_i)| V(Q_i) \\ &= (1+\varepsilon)^n \sum_{i=1}^{N_0} |J(x_i)| (M_i - m_i) V(Q_i) + ((1+\varepsilon)^n - (1-\varepsilon)^n) \sum_{i=1}^{N_0} m_i |J(x_i)| V(Q_i) \\ &\leq 2^n c \sum_{i=1}^{N_0} (M_i - m_i) V(Q_i) + c\, V(Q) \max_{y \in \tilde{A}'} |f(y)| ((1+\varepsilon)^n - (1-\varepsilon)^n). \end{aligned}$$

Ist jetzt $\delta > 0$ vorgegeben, so können wir durch Wahl eines hinreichend kleinen $\varepsilon > 0$ erreichen, daß der rechte Summand kleiner als $\frac{\delta}{2}$ wird, und wegen der Integrierbarkeit von g über A können wir durch genügende Verfeinerung der Zerlegung $\mathscr{Z}$ erreichen, daß auch die linke Seite kleiner als $\frac{\delta}{2}$ wird. Damit folgt dann aus der obigen Ungleichungskette

$$\int_A g(x)|J(x)|\mathrm{d}x = \int_{A'} f(y)\mathrm{d}y,$$

womit unser Satz bewiesen ist. ∎

Der vorangegangene Satz überträgt sich natürlich auf den Fall, wo A der ganze $\mathbb{R}^n$ ist und die zu integrierende Funktion einen kompakten Träger hat.

Für die spätere Anwendung beim Beweis des Satzes von Stokes erinnern wir noch an den Hauptsatz der Differential- und Integralrechnung: Ist $[a,b]$ ein kompaktes Intervall in $\mathbb{R}$ und f eine stetig differenzierbare Funktion auf einer Umgebung von $[a,b]$, so ist

$$\int_a^b f'\mathrm{d}x = f(b) - f(a),$$

wobei f' die Ableitung von f ist. Den Ausdruck auf der rechten Seite können wir dabei ebenfalls als Integral bzw. als Differenz zweier Integrale auffassen, wenn wir verabreden, daß das nulldimensionale euklidische Volumen eines Punktes – also des $\mathbb{R}^0$ – gleich 1 sein soll. Wir setzen also für eine Zahl $c \in \mathbb{R}$, die wir als Funktion auf $\mathbb{R}^0$ auffassen können,

$$\int_{\mathbb{R}^0} c := c.$$

§ 19: Integration von Funktionen und Differentialformen auf Mannigfaltigkeiten

M sei eine differenzierbare Mannigfaltigkeit mit einem (absoluten) Volumenmaß $d\mu$. $\mathscr{C}_c^0(M)$ sei die Menge der stetigen Funktionen auf M, deren Träger kompakt ist. Wir wollen nun das Integral $\int_M f\,d\mu$ von $f \in \mathscr{C}_c^0(M)$ über M bezüglich des Maßes $d\mu$ definieren. Grundsätzlich können wir dabei so vorgehen, wie man es etwa im Falle $M = \mathbb{R}^n$ tut: Man kann zu einer Zerlegung von M Riemannsche Summen bilden und deren Grenzwert betrachten, wenn man die Zerlegung immer mehr verfeinert. Dieses Verfahren ist jedoch nicht besonders geschickt, weil etliche Schwierigkeiten auftreten. Zunächst haben wir im $\mathbb{R}^n$ die kanonischen Zerlegungen in Quader oder Simplizes. Dem entspräche die Triangulierung einer Mannigfaltigkeit, deren Existenz durchaus nicht trivial ist. Ferner müßten wir das Maß der einzelnen Teilstücke der Mannigfaltigkeit definieren, was im Grunde genommen nur geht, wenn man den Integralbegriff bereits hat.

Wir gehen daher anders vor, indem wir weitgehend von unseren Kenntnissen über das Riemann-Integral im $\mathbb{R}^n$ Gebrauch machen. Dazu müssen wir zunächst diesen Integralbegriff noch etwas erweitern. G sei eine offene Menge im $\mathbb{R}^n$ mit den euklidischen Koordinaten $x_1, \ldots, x_n$, und $d\mu$ sei ein Volumenmaß auf G. Es gibt dann eine eindeutig bestimmte differenzierbare und überall positive Funktion h auf G mit

$$d\mu = h\,dx_1 \ldots dx_n := h|dx_1 \wedge \cdots \wedge dx_n|.$$

Ist jetzt f eine stetige Funktion auf G mit kompaktem Träger, so definieren wir

$$\int_G f\,d\mu := \int_G f h\,dx_1 \ldots dx_n$$

und nennen diesen Ausdruck das Integral von f über G bezüglich $d\mu$.

Die für uns wichtigsten Eigenschaften dieses Integrals sind seine Linearität und seine Invarianz gegenüber maßerhaltenden Abbildungen. Damit meinen wir folgendes:

19.1 Lemma: *Ist $d\mu$ ein Volumenmaß auf der offenen Menge G im $\mathbb{R}^n$, so ist die durch $f \mapsto \int_G f\,d\mu$ definierte Abbildung $\mathscr{C}_c^0(G) \to \mathbb{R}$ $\mathbb{R}$-linear.*

Ist D eine weitere offene Menge im $\mathbb{R}^n$ und $F: D \to G$ ein Diffeomorphismus, so ist für $f \in \mathscr{C}_c^0(G)$

$$\int_D F^*(f)\,F^*(d\mu) = \int_G f\,d\mu.$$

Beweis: Es sei $\mathrm{d}\mu = h\,\mathrm{d}x_1 \ldots \mathrm{d}x_n = h|\mathrm{d}x_1 \wedge \cdots \wedge \mathrm{d}x_n|$; dann ist für $f, g \in \mathscr{C}_c^0(G)$ und $r, s \in \mathbb{R}$

$$\begin{aligned}\int_G (rf+sg)\,\mathrm{d}\mu &= \int_G (rf+sg)h\,\mathrm{d}x_1 \ldots \mathrm{d}x_n \\ &= \int_G (rfh+sgh)\,\mathrm{d}x_1 \ldots \mathrm{d}x_n = r\int_G f\,\mathrm{d}\mu + s\int_G g\,\mathrm{d}\mu,\end{aligned}$$

womit die erste Aussage bewiesen ist.

Die zweite Aussage ergibt sich aus Satz 18.6:

$$\begin{aligned}\int_D F^*(f)F^*(\mathrm{d}\mu) &= \int_D F^*(f)F^*(h)|(\mathrm{d}x_1 \wedge \ldots \wedge \mathrm{d}x_n) \circ \mathfrak{D}F^{(n)}| \\ &= \int_D F^*(fh)|J_F|\,\mathrm{d}y_1 \ldots \mathrm{d}y_n \\ &= \int_G fh\,\mathrm{d}x_1 \ldots \mathrm{d}x_n = \int_G f\,\mathrm{d}\mu,\end{aligned}$$

wobei $|J_F|$ der Absolutbetrag der Funktionaldeterminante von F ist. ∎

Wir kehren jetzt zu unserem Problem zurück und betrachten eine n-dimensionale differenzierbare Mannigfaltigkeit M mit einem Volumenmaß $\mathrm{d}\mu$.

$(U_i, g_i)_{i \in I}$ sei ein $\mathscr{C}^\infty$-Atlas von M, so daß $(U_i)_{i \in I}$ eine lokal-endliche Überdeckung von M ist. $(h_i)_{i \in I}$ sei eine differenzierbare Partition der Eins zu dieser Überdeckung. Auf $G_i := g_i(U_i)$ ist dann $(g_i^{-1})^*(\mathrm{d}\mu)$ ein wohldefiniertes Volumenmaß, und wenn $f \in \mathscr{C}_c^0(M)$ ist, so ist $(g_i^{-1})^*(h_i f) = (h_i f) \circ g_i^{-1} \in \mathscr{C}_c^0(G_i)$. Wir können also das Integral

$$\int_{G_i} g_i^{-1*}(h_i f)\, g_i^{-1*}(\mathrm{d}\mu)$$

für jedes $i \in I$ bilden, und es verschwindet für fast alle i, da $h_i f$ für fast alle i wegen der Kompaktheit des Trägers von f verschwindet. Wir setzen

19.2
$$\int_M f\,\mathrm{d}\mu := \sum_{i \in I} \int_{G_i} g_i^{-1*}(h_i f)\, g_i^{-1*}(\mathrm{d}\mu),$$

wobei wir in der Summe wie üblich alle Summanden fortlassen, die Null sind. Dann bleibt eine endliche Summe, so daß der angegebene Ausdruck vernünftig ist. Wenn wir noch zeigen können, daß er nicht von der Wahl des Atlas und der Partition der Eins abhängt, können wir ihn als das Integral von f über M bezüglich $\mathrm{d}\mu$ bezeichnen.

Sei also $(V_j, f_j)_{j \in J}$ ein weiterer $\mathscr{C}^\infty$-Atlas von M, so daß $(V_j)_{j \in J}$ eine lokal-endliche Überdeckung von M ist, und sei $(k_j)_{j \in J}$ eine zu dieser Überdeckung gehörende Partition der Eins.

Wir setzen $D_j := f_j(V_j)$. Dann ist

$$\sum_{i\in I} \int_{G_i} g_i^{-1*}(h_i f) g_i^{-1*}(d\mu) = \sum_{\substack{i\in I\\ j\in J}} \int_{G_i} g_i^{-1*}(h_i k_j f) g_i^{-1*}(d\mu)$$
$$= \sum_{\substack{i\in I\\ j\in J}} \int_{g_i(U_i\cap V_j)} g_i^{-1*}(h_i k_j f) g_i^{-1*}(d\mu);$$

das letzte Gleichheitszeichen gilt deswegen, weil der Träger von $g_i^{-1*}(h_i k_j f)$ in $g_i(U_i \cap V_j)$ liegt.

Außerdem haben wir für $i \in I$ und $j \in J$ den Diffeomorphismus $g_{ij} := g_i \circ f_j^{-1} : f_j(U_i \cap V_j) \to g_i(U_i \cap V_j)$. Nach Lemma 19.1 ist also

$$\int_{g_i(U_i\cap V_j)} g_i^{-1*}(h_i k_j f) g_i^{-1*}(d\mu) = \int_{f_j(U_i\cap Vj)} g_{ij}^* \circ g_i^{-1*}(h_i k_j f) g_{ij}^* \circ g_i^{-1*}(d\mu)$$
$$= \int_{f_j(U_i\cap Vj)} f_j^{-1*}(h_i k_j f) f_j^{-1*}(d\mu),$$

so daß wir insgesamt

$$\sum_{i\in I} \int_{G_i} g_i^{-1*}(h_i f) g_i^{-1*}(d\mu) = \sum_{\substack{i\in I\\ j\in J}} \int_{g_i(U_i\cap V_j)} g_i^{-1*}(h_i k_j f) g_i^{-1*}(d\mu)$$
$$= \sum_{\substack{i\in I\\ j\in J}} \int_{f_j(V_j\cap U_i)} f_j^{-1*}(h_i k_j f) f_j^{-1*}(d\mu)$$
$$= \sum_{j\in J} \int_{D_i} f_j^{-1*}(k_j f) f_j^{-1*}(d\mu)$$

haben. ▮

Die Eigenschaften des Integrals in Lemma 19.1 übertragen sich auf unser soeben definiertes Integral. Der Vollständigkeit halber wollen wir noch eine andere Eigenschaft aufführen.

19.3 Satz: *M sei eine differenzierbare Mannigfaltigkeit mit einem Volumenmaß* $d\mu$. *Dann hat das Integral über M bezüglich* $d\mu$ *die folgenden Eigenschaften:*

(1) *Für $f, g \in \mathscr{C}_c^0(M)$ und $r, s \in \mathbb{R}$ ist*

$$\int_M (rf + sg)\,d\mu = r\int_M f\,d\mu + s\int_M g\,d\mu.$$

(2) *Ist für $f \in \mathscr{C}_c^0(M)$ $f(x) \geq 0$ für alle $x \in M$ und $f(x_0) > 0$ für mindestens ein $x_0 \in M$, so ist*

$$\int_M f\,d\mu > 0.$$

(3) *Ist $F: N \to M$ ein Diffeomorphismus von einer weiteren differenzierbaren Mannigfaltigkeit N nach M, so ist für $f \in \mathscr{C}_c^0(M)$*

$$\int_N F^*(f) F^*(\mathrm{d}\mu) = \int_M f \, \mathrm{d}\mu .$$

Beweis: (1) folgt unmittelbar aus Lemma 19.1. Um (2) und (3) zu beweisen, nehmen wir wieder einen $\mathscr{C}^\infty$-Atlas $(U_i, g_i)_{i \in I}$ für M, so daß $(U_i)_{i \in I}$ eine lokal-endliche Überdeckung ist, zu der $(h_i)_{i \in I}$ eine Partition der Eins sei. Dann ist für alle $i \in I$ die Funktion $g_i^{-1*}(h_i f)$ auf $G_i := g_i(U_i)$ nirgends negativ, und für mindestens ein i_0 nimmt sie sogar einen positiven Wert an. Das Maß $g_i^{-1*}(\mathrm{d}\mu)$ können wir in der Form $g_i^{-1*}(\mathrm{d}\mu) = f_i \mathrm{d}x_1 \ldots \mathrm{d}x_n$ schreiben, wo f_i auf ganz G_i positiv ist. Für jedes $i \in I$ ist folglich $g_i^{-1*}(h_i f) f_i$ auf ganz G_i nicht-negativ, also ist auch

$$\int_{G_i} g_i^{-1*}(h_i f) g_i^{-1*}(\mathrm{d}\mu) = \int_{G_i} g_i^{-1*}(h_i f) f_i \, \mathrm{d}x_1 \ldots \mathrm{d}x_n \geq 0 .$$

Für i_0 hat $g_{i_0}^{-1}(h_{i_0} f) f_{i_0}$ sogar einen positiven Wert. Wegen der Stetigkeit ist dann auch

$$\int_{G_{i_0}} g_{i_0}^{-1*}(h_{i_0} f) g_{i_0}^{-1*}(\mathrm{d}\mu) = \int_{G_{i_0}} g_{i_0}^{-1*}(h_{i_0} f) f_{i_0} \mathrm{d}x_1 \ldots \mathrm{d}x_n > 0 .$$

Daraus ergibt sich jetzt sofort (2):

$$\int_M f \, \mathrm{d}\mu = \sum_{i \in I} \int_{G_i} g_i^{-1*}(h_i f) g_i^{-1*}(\mathrm{d}\mu) \geq \int_{G_{i_0}} g_{i_0}^{-1*}(h_{i_0} f) g_{i_0}^{-1*}(\mathrm{d}\mu) > 0 .$$

Für den Beweis von (3) nehmen wir auf N den $\mathscr{C}^\infty$-Atlas $(V_i, \tilde{g}_i)_{i \in I}$ mit $V_i := F^{-1}(U_i)$ und $\tilde{g}_i := g_i \circ F$. Dann ist $(V_i)_{i \in I}$ eine lokal-endliche Überdeckung von N, und durch $k_i := h_i \circ F$, $i \in I$ wird eine dazu gehörige Partition der Eins auf N definiert. Nach Definition 19.2 ist also

$$\begin{aligned} \int_N F^*(f) F^*(\mathrm{d}\mu) &= \sum_{i \in I} \int_{G_i} \tilde{g}_i^{-1*}(F^*(f)) \tilde{g}_i^{-1*}(F^*(\mathrm{d}\mu)) \\ &= \sum_{i \in I} \int_{G_i} (F \circ \tilde{g}_i^{-1})^*(f) (F \circ \tilde{g}_i^{-1})^*(\mathrm{d}\mu) \\ &= \sum_{i \in I} \int_{G_i} g_i^{-1*}(f) g_i^{-1*}(\mathrm{d}\mu) \\ &= \int_M f \, \mathrm{d}\mu . \quad \blacksquare \end{aligned}$$

Es gibt noch eine weitere Eigenschaft unseres Integrals, die eng mit (3) zusammenhängt. Weil wir sie weiter unten benötigen werden, wollen wir sie in einem besonderen Lemma formulieren:

19.4 Lemma: *M sei eine differenzierbare Mannigfaltigkeit mit einem Volumenmaß $\mathrm{d}\mu$, und h sei eine auf ganz M positive differenzierbare Funktion. Dann ist für $f \in \mathscr{C}_c^0(M)$*

$$\int_M (f\,h)\,\mathrm{d}\mu = \int_M f(h\,\mathrm{d}\mu).$$

Beweis: Der Beweis ist beinahe trivial. Wir verwenden dieselben Bezeichnungen wie im ersten Teil des Beweises von Satz 19.3. Dann ist

$$\begin{aligned}\int_M (f\,h)\,\mathrm{d}\mu &= \sum_{i \in I} \int_{G_i} g_i^{-1*}(h_i\,f\,h)\,g_i^{-1*}(\mathrm{d}\mu)\\ &= \sum_{i \in I} \int_{G_i} g_i^{-1*}(h_i\,f)\,g_i^{-1*}(h)\,g_i^{-1*}(\mathrm{d}\mu)\\ &= \sum_{i \in I} \int_{G_i} g_i^{-1*}(h_i\,f)\,g_i^{-1*}(h\,\mathrm{d}\mu) = \int_M f(h\,\mathrm{d}\mu). \quad \blacksquare\end{aligned}$$

Bisher haben wir nur solche Funktionen integriert, deren Träger kompakt waren. Statt dessen kann man natürlich auch Meßbarkeit und Kompaktheit des Integrationsgebietes verlangen. Den Begriff der Meßbarkeit präzisieren wir dabei wie folgt:

19.5 Definition: *Eine kompakte Teilmenge K einer n-dimensionalen Mannigfaltigkeit M heißt meßbar, wenn für jede $\mathscr{C}^\infty$-Karte (U, g) von M folgendes gilt: Ist K' eine kompakte meßbare Teilmenge von $g(U)$, so ist $g(K \cap U) \cap K'$ meßbar.*

K heißt eine Nullmenge, wenn analog $g(K \cap U) \cap K'$ eine Nullmenge ist. (K' soll dabei alle kompakten Teilmengen von $g(U)$ durchlaufen.)

Da ein Diffeomorphismus zwischen offenen Mengen im $\mathbb{R}^n$ meßbare kompakte Mengen wieder in solche überführt, ist es klar, daß eine kompakte Teilmenge K von M meßbar ist, wenn die oben angegebene Bedingung für die Karten eines festen $\mathscr{C}^\infty$-Atlas erfüllt ist. Überdies gilt auch wieder, daß K genau dann meßbar ist, wenn der Rand ∂K eine Nullmenge ist.

Sei jetzt M eine n-dimensionale Mannigfaltigkeit mit Volumenmaß $\mathrm{d}\mu$ und einem Atlas $(U_i, g_i)_{i \in I}$, so daß $(U_i)_{i \in I}$ eine lokal-endliche Überdeckung von M ist. $(h_i)_{i\in I}$ sei eine zugehörige Partition der Eins. Ist K eine meßbare kompakte Teilmenge von M und f eine stetige Funktion auf M, so ist für $i\in I$ $g_i(\mathrm{supp}(h_i))$ sicher in einer meßbaren kompakten Teilmenge K_i' von $g_i(U_i)$ enthalten. Insbesondere ist also $g_i(K\cap U_i)\cap K_i'$ meßbar, und

$$\int_{g_i(K\cap U_i)\cap K_i'} g_i^{-1*}(h_i f) g_i^{-1*}(\mathrm{d}\mu)$$

ist definiert. Dieses Integral hängt wegen $\mathrm{supp}(h_i)\subseteq K_i'$ nicht von der Wahl von K_i' ab, und wir schreiben deshalb einfach

$$\int_{g_i(K\cap U_i)} g_i^{-1*}(h_i f) g_i^{-1*}(\mathrm{d}\mu)$$

und definieren

19.6
$$\int_K f\,\mathrm{d}\mu := \sum_{i\in I} \int_{g_i(K\cap U_i)} g_i^{-1*}(h_i f) g_i^{-1*}(\mathrm{d}\mu).$$

Satz 19.3 und Lemma 19.4 gelten sinngemäß für diese Integration über meßbare kompakte Teilmengen von Mannigfaltigkeiten.

Auf einer differenzierbaren Mannigfaltigkeit M gibt es i.allg. viele Volumenmaße, und jedes dieser Volumenmaße definiert ein Integral über M für Funktionen aus $\mathscr{C}_c^0(M)$. Trotz der Verschiedenheit dieser Integrale ist die Lage nicht ganz so unübersichtlich, wie man es zunächst erwartet. Ist nämlich $\mathrm{d}\mu$ ein festes Volumenmaß auf M, so folgt aus den Überlegungen in Kap. II, § 10, sofort, daß sich jedes andere Volumenmaß $\mathrm{d}\nu$ auf M in der Form $\mathrm{d}\nu = h\,\mathrm{d}\mu$ schreiben läßt, wo h eine auf ganz M positive differenzierbare Funktion ist. Lemma 19.4 gestattet es also, ein Integral über M bezüglich $\mathrm{d}\nu$ auf ein Integral bezüglich $\mathrm{d}\mu$ zurückzuführen. Man ist daher versucht, ein bestimmtes Volumenmaß auf M auszuzeichnen. Auf der anderen Seite kann man sich fragen, ob es nicht möglich ist, die Abhängigkeit des Integrals von einem Volumenmaß ganz auszuschalten. Dazu muß offenbar der Integrand selbst eine Information über die Abhängigkeit der verschiedenen Volumenmaße voneinander enthalten.

Führt man diese Überlegungen weiter aus, so kommt man schließlich auf folgendes:

$(M,\mathcal{O})$ sei eine n-dimensionale orientierte Mannigfaltigkeit, und $\Delta\in\mathcal{O}$ sei ein orientiertes Volumenmaß, also eine nirgends verschwindende n-Form und damit ein Basis-Element des freien $\mathscr{C}^\infty(M)$-Moduls $\mathfrak{F}_n(M)$. $|\Delta|$ ist dann ein absolutes Volumenmaß auf M.

Ist jetzt $\mathfrak{F}_n^c(M)$ die Menge der n-Formen auf M mit kompaktem Träger (d.h. für $\omega\in\mathfrak{F}_n^c(M)$ soll $\mathrm{supp}(\omega) := \{x\in M;\ \omega_x \neq 0\}$ kompakt sein), so läßt sich jedes $\omega \in \mathfrak{F}_n^c(M)$ eindeutig in der Form $\omega = f\Delta$ schreiben, mit $f \in \mathscr{C}_c^\infty(M)$. (Anstelle von f schreiben wir auch $\frac{\omega}{\Delta}$.) Insbesondere können wir einmal

$$\int_M f|\Delta|$$

bilden.

Wir behaupten nun, daß dieser Ausdruck lediglich von ω und $\mathcal{O}$ abhängt, nicht aber von dem speziellen Repräsentanten $\Delta \in \mathcal{O}$. Das ist in der Tat leicht einzusehen: Ist etwa $\Delta' \in \mathcal{O}$ ein anderer Repräsentant von $\mathcal{O}$, so gibt es eine auf ganz M positive differenzierbare Funktion h mit $\Delta' = h\Delta$. Andererseits gibt es eine differenzierbare Funktion f' mit kompaktem Träger, so daß $\omega = f'\Delta'$ ist, und zwar muß $f' = \frac{f}{h}$ sein. Dann ist aber nach Lemma 19.4

$$\int_M f'|\Delta'| = \int_M f'|h\Delta| = \int_M f'(h|\Delta|) = \int_M (f'h)|\Delta| = \int_M f|\Delta|.$$

Wir machen daher die folgende Definition:

19.7 Definition: *$(M, \mathcal{O})$ sei eine orientierte n-dimensionale differenzierbare Mannigfaltigkeit, $\omega \in \mathfrak{F}_n^c(M)$ eine n-Form auf M mit kompaktem Träger.*
Dann heißt

$$\int_{(M,\mathcal{O})} \omega := \int_M \frac{\omega}{\Delta}|\Delta|$$

das Integral von ω über die orientierte Mannigfaltigkeit $(M, \mathcal{O})$. Dabei sei Δ ein beliebiger Repräsentant von $\mathcal{O}$.

Ganz analog können wir das Integral einer beliebigen n-Form $\omega \in \mathfrak{F}_n(M)$, deren Träger nicht notwendig kompakt ist, über eine meßbare kompakte Teilmenge K von M definieren:

19.8
$$\int_{(K,\mathcal{O})} \omega := \int_K \frac{\omega}{\Delta}|\Delta|, \qquad \Delta \in \mathcal{O}.$$

Für den folgenden Satz ist zu beachten, daß eine zusammenhängende differenzierbare Mannigfaltigkeit genau zwei Orientierungen trägt, wenn sie überhaupt orientierbar ist. Diese beiden Orientierungen kann man dann mit $\mathcal{O}$ und $-\mathcal{O}$ bezeichnen. (Es ist $-\mathcal{O} = \{-\Delta;\, \Delta \in \mathcal{O}\}$!)

19.9 Satz: *$(M,\mathcal{O})$ sei eine n-dimensionale orientierte differenzierbare Mannigfaltigkeit. Dann gilt für die Integration von n-Formen über M bzw. über meßbare kompakte Teilmengen von M folgendes:*

(1) $\omega,\tilde{\omega}\in\mathfrak{F}_n^c(M)$, $r,s\in\mathbb{R} \Rightarrow \int\limits_{(M,\mathcal{O})}(r\omega+s\tilde{\omega}) = r\int\limits_{(M,\mathcal{O})}\omega + s\int\limits_{(M,\mathcal{O})}\tilde{\omega}$.

(2) $\omega\in\mathcal{O}$, $K\subseteq M$ *meßbar kompakt, K keine Nullmenge* $\Rightarrow \int\limits_{(K,\mathcal{O})}\omega>0$.

(3) *Ist $(N,\mathcal{O}')$ eine weitere differenzierbare Mannigfaltigkeit und $F\colon M\to N$ ein orientierungstreuer Diffeomorphismus, d.h., ist $F^*(\mathcal{O}')=\mathcal{O}$, so ist*

$$\int\limits_{(M,\mathcal{O})} F^*\omega = \int\limits_{(N,\mathcal{O}')}\omega$$

für $\omega\in\mathfrak{F}_n^c(N)$.

(4) *Ist M zusammenhängend, so ist für* $\omega\in\mathfrak{F}_n^c(M)$

$$\int\limits_{(M,-\mathcal{O})}\omega = \int\limits_{(M,\mathcal{O})}-\omega = -\int\limits_{(M,\mathcal{O})}\omega.$$

Die Formeln (1), (3) *und* (4) *gelten entsprechend für die Integration beliebiger n-Formen über meßbare kompakte Teilmengen.*

Beweis: (1) und (2) folgen sofort aus den entsprechenden Aussagen von Satz 19.3, ebenso (3), denn für $\Delta\in\mathcal{O}'$ ist $F^*\Delta\in\mathcal{O}$ und daher

$$\int\limits_{(M,\mathcal{O})} F^*\omega = \int\limits_M \frac{F^*\omega}{F^*\Delta}|F^*\Delta| = \int\limits_M F^*\left(\frac{\omega}{\Delta}\right)F^*(|\Delta|) = \int\limits_N \frac{\omega}{\Delta}|\Delta| = \int\limits_{(N,\mathcal{O}')}\omega.$$

Zum Beweis von (4) sei schließlich $\Delta\in\mathcal{O}$. Dann ist $-\Delta\in-\mathcal{O}$, also

$$\int\limits_{(M,-\mathcal{O})}\omega = \int\limits_M \frac{\omega}{-\Delta}|-\Delta| = \int\limits_M \frac{-\omega}{\Delta}|\Delta| = \int\limits_{(M,\mathcal{O})}-\omega = -\int\limits_{(M,\mathcal{O})}\omega. \quad ∎$$

Wir wollen noch ganz kurz auf die Integration von Nullformen über nulldimensionalen orientierten Mannigfaltigkeiten eingehen: M sei eine nulldimensionale Mannigfaltigkeit, also $M=\{x_i|i\in I\}$. Eine Orientierung $\mathcal{O}$ auf M wird dann durch eine Nullform Δ repräsentiert, also eine (differenzierbare) Funktion. Diese Nullform darf nirgends verschwinden. Definieren wir jetzt eine neue Nullform Δ' auf M durch

$$\Delta'(x_i) := \operatorname{sign}\Delta(x_i),$$

so repräsentiert diese dieselbe Orientierung. Eine Orientierung auf einer nulldimensionalen Mannigfaltigkeit kann also als Bewertung der einzelnen Punkte mit $+1$ oder -1 aufgefaßt werden. Ist jetzt $F\in\mathcal{C}_c^\infty(M)$

eine Funktion mit kompaktem Träger, so ist $F(x_i)=0$ für fast alle $i \in I$, und es ist $F=F'\Delta'$ mit $F' = \frac{F}{\Delta'} = F\Delta'$. Daraus folgt

$$\int\limits_{(M,\mathcal{O})} F = \sum_{i\in I} F(x_i)\Delta'(x_i) = \sum_{\substack{i\in I\\ \Delta'(x_i)=+1}} F(x_i) - \sum_{\substack{i\in I\\ \Delta'(x_i)=-1}} F(x_i).$$

Unter speziellen Voraussetzungen kann man auch das Integral einer vektorwertigen Differentialform einführen. Damit so ein Integral überhaupt sinnvoll gebildet werden kann, muß man die Werte der Differentialformen an verschiedenen Stellen addieren können, d.h., die Tangentialräume in zwei Punkten der Mannigfaltigkeit müssen miteinander vergleichbar sein. Das bedeutet, daß es auf der Mannigfaltigkeit M n linear unabhängige Vektorfelder $X_1, \ldots, X_n$ geben muß ($n := \dim M$). Eine Form $\Phi \in \vec{\mathfrak{F}}_n(M)$ können wir dann in der Gestalt

$$\Phi = \sum_{i=1}^{n} \varphi_i \wedge X_i$$

darstellen mit $\varphi_i \in \mathfrak{F}_n(M)$. Ist jetzt M orientiert mit einer Orientierung $\mathcal{O}$, so können wir für eine kompakte meßbare Teilmenge K von M

$$\int\limits_{(K,\mathcal{O})} \Phi := \sum_{i=1}^{n} \Big(\int\limits_{(K,\mathcal{O})} \varphi_i \Big) X_i$$

bilden. Leider hängt dieser Ausdruck i. allg. von der speziellen Wahl der Basisvektorfelder $X_1, \ldots, X_n$ ab, wie man sich an einfachen Beispielen leicht überzeugt. Man darf also nur eine bestimmte Klasse von Vektorfeldern zulassen. Eine solche ausgezeichnete Klasse existiert auf den flachen Mannigfaltigkeiten: Man nehme die Klasse der konstanten Vektorfelder (vgl. Satz 15.17).

Wir fassen unsere Überlegungen zusammen: (M, D) sei eine zusammenhängende n-dimensionale flache Mannigfaltigkeit, auf der es einen n-Rahmen $(X_1, \ldots, X_n)$ konstanter Vektorfelder gibt. Ferner habe M eine feste Orientierung $\mathcal{O}$. Ist dann $K \subseteq M$ eine kompakte meßbare Teilmenge und $\Phi \in \vec{\mathfrak{F}}_n(M)$ eine vektorwertige Differentialform auf M, so setzen wir

19.10
$$\int\limits_{(K,\mathcal{O})} \Phi := \sum_{i=1}^{n} \Big(\int\limits_{(K,\mathcal{O})} \varphi_i \Big) X_i,$$

wenn $\Phi = \sum_{i=1}^{n} \varphi_i \wedge X_i$ ist mit $\varphi_i \in \mathfrak{F}_n(M)$.

Dieser Ausdruck hängt jetzt nicht mehr von der speziellen Wahl des konstanten n-Rahmens $(X_1, \ldots, X_n)$ ab. Ist nämlich $(Y_1, \ldots, Y_n)$ ein weiterer n-Rahmen konstanter Vektorfelder, so ist

$$Y_j = \sum_{i=1}^{n} a_{ij} X_i, \quad j = 1, \ldots, n,$$

mit konstanten $a_{ij} \in \mathbb{R}$, weil ja

$$0 = \mathrm{d}_D Y_j = \sum_{i=1}^{n} (\mathrm{d}a_{ij} \wedge X_i + a_{ij} \mathrm{d}_D X_i) = \sum_{i=1}^{n} \mathrm{d}a_{ij} \wedge X_i$$

gilt und folglich $\mathrm{d}a_{ij} = 0$ sein muß. Aus dem Zusammenhang von M folgt dann $a_{ij} \in \mathbb{R}$.

Dann ist

$$\Phi = \sum_{j=1}^{n} \psi_j \wedge Y_j$$

mit $\sum_{j=1}^{n} a_{ij} \psi_j = \varphi_i, \; i = 1, \ldots, n.$

Daraus folgt:

$$\sum_{j=1}^{n} \left(\int_{(K,\mathcal{O})} \psi_j \right) Y_j = \sum_{j=1}^{n} \sum_{i=1}^{n} \left(\int_{(K,\mathcal{O})} \psi_j \right) a_{ij} X_i = \sum_{j=1}^{n} \sum_{i=1}^{n} \left(\int_{(K,\mathcal{O})} a_{ij} \psi_j \right) X_i = \sum_{i=1}^{n} \left(\int_{(K,\mathcal{O})} \varphi_i \right) X_i.$$

Es tritt noch eine ähnliche Situation auf, in der man vektorwertige Differentialformen integrieren möchte. Wir machen über die Mannigfaltigkeit M dieselben Annahmen wie oben und betrachten eine p-dimensionale kompakte Untermannigfaltigkeit N mit Orientierung $\mathcal{O}_N$. Ist jetzt $\Phi \in \vec{\mathfrak{F}}_p(M)$ eine vektorwertige p-Form auf M, so ist $\Phi|_N$ im allgemeinen kein Element aus $\vec{\mathfrak{F}}_p(N)$, sondern eine p-lineare alternierende Abbildung von $\mathfrak{D} N^{(p)}$ nach $\mathfrak{D} M|_N$. Jedoch können wir $\Phi|_N$ in der Form

$$\Phi|_N = \sum_{i=1}^{n} \varphi_i \wedge X_i|_N$$

mit $\varphi_i \in \mathfrak{F}_p(N)$ schreiben, wo $(X_1, \ldots, X_n)$ der betrachtete n-Rahmen aus konstanten Vektorfeldern auf M ist. In diesem Sinne können wir dann das Integral

$$\int_{(N, \mathcal{O}_N)} \Phi := \int_{(N, \mathcal{O}_N)} \Phi|_N := \sum_{i=1}^{n} \left(\int_{(N, \mathcal{O}_N)} \varphi_i \right) X_i|_N$$

bilden. Es hängt nicht von der Wahl des n-Rahmens $(X_1, \ldots, X_n)$ ab.

§ 20: Der Satz von Stokes und seine Umkehrung

Wir wollen nun den Zusammenhang zwischen der Integralrechnung und der Differentialrechnung mit Differentialformen herstellen. Dazu erinnern wir an den sogenannten Hauptsatz der Differential- und Integralrechnung, nach dem man das Integral einer stetigen Funktion über einem Intervall auf die Werte der Stammfunktion an den Intervallenden zurückführen kann. Die Differenz dieser beiden Werte kann als Integral über den nulldimensionalen Intervallrand gedeutet werden (vgl. § 18, Schluß). Eine Verallgemeinerung dieser Aussage wäre ein Satz, nach dem man in geeigneten Fällen ein Integral über eine berandete Mannigfaltigkeit auf ein Integral über den Rand zurückführen kann. Wir beginnen mit der Untersuchung eines ganz einfachen Falles:

$Q = I^1 \times \cdots \times I^n$ sei ein Quader im $\mathbb{R}^n$, d.h. $I^i = (a^i, b^i)$ sei ein Intervall in $\mathbb{R}$. Wir führen wie schon in Kap. II, § 6, die Bezeichnungen

$$\tilde{Q} := \tilde{I}^1 \times I^2 \times \cdots \times I^n, \qquad \tilde{I}^1 := I^1 \cap (-\infty, 0]$$

und

$$\partial Q := (I^1 \cap \{0\}) \times I^2 \times \cdots \times I^n$$

ein. $\mathcal{O}^n$ sei die Standardorientierung im $\mathbb{R}^n$ und $\partial\mathcal{O}^n$ die dadurch induzierte Orientierung auf ∂Q. Dann gilt die folgende Aussage:

20.1 Lemma: *Für* $\omega \in \mathfrak{F}_{n-1}(Q)$ *mit* $\operatorname{supp}(\omega) \cap \tilde{Q}$ *kompakt in* Q *ist*

$$\int_{(\tilde{Q}, \mathcal{O}^n)} d\omega = \int_{(\partial Q, \partial\mathcal{O}^n)} \omega.$$

(Dabei steht auf der rechten Seite ω für $\omega|_{\partial Q} := j^*(\omega)$, wo $j := \partial Q \to Q$ die kanonische Injektion ist.)

Beweis: Zunächst behandeln wir den Fall $a^1 < 0 < b^1$. Wir können ω in der Form $\omega = \sum_{i=1}^{n} f_i dx_1 \wedge \cdots \wedge \widehat{dx_i} \wedge \cdots \wedge dx_n$ schreiben. Dann ist $d\omega = \left(\sum_{i=1}^{n} (-1)^{i+1} \frac{\partial f_i}{\partial x_i}\right) dx_1 \wedge \cdots \wedge dx_n$, und weil $dx_1 \wedge \cdots \wedge dx_n \in \mathcal{O}^n$ ist, ist

$$\int_{(\tilde{Q}, \mathcal{O}^n)} d\omega = \sum_{i=1}^{n} (-1)^{i+1} \int_{\tilde{Q}} \frac{\partial f_i}{\partial x_i} dx_1 \dots dx_n$$

$$= \int_{I^2 \times \cdots \times I^n} (f_1(0, x_2, \dots, x_n) - f_1(a_1, x_2, \dots, x_n)) dx_2 \dots dx_n$$

$$+\sum_{i=2}^{n}(-1)^{i+1}\int\limits_{\tilde{I}^1\times\cdots\times\widehat{I^i}\times\cdots\times I^n}(f_i(x_1,..,b^i,..,x_n)-f_i(x_1,..,a^i,..,x_n))\,\mathrm{d}x_1..\widehat{\mathrm{d}x_i}..\mathrm{d}x_n.$$

Hierin verschwinden die letzten $n-1$ Summanden, weil ja für $i\geq 2$ $f_i(x_1,\ldots,b^i,\ldots,x_n)=f_i(x_1,\ldots,a^i,\ldots,x_n)=0$ ist, wenn $a^1\leq x_1\leq 0$ ist; und da außerdem $f_i(a^1,x_2,\ldots,x_n)=0$ und $\mathrm{d}x_2\wedge\cdots\wedge\mathrm{d}x_n|_{\partial Q}\in\partial\mathcal{O}^n$ ist, bleibt

$$\int\limits_{(\tilde{Q},\mathcal{O}^n)}\mathrm{d}\omega=\int\limits_{I^2\times\cdots\times I^n}f_1(0,x_2,\ldots,x_n)\,\mathrm{d}x_2\ldots\mathrm{d}x_n=\int\limits_{(\partial Q,\partial\mathcal{O}^n)}f_1\mathrm{d}x_2\wedge\cdots\wedge\mathrm{d}x_n.$$

Da ferner $f_i\mathrm{d}x_1\wedge\cdots\wedge\widehat{\mathrm{d}x_i}\wedge\cdots\wedge\mathrm{d}x_n|_{\partial Q}$ für $i\geq 2$ die Nullform in $\mathfrak{F}_{n-1}(\partial Q)$ ist, haben wir

$$\int\limits_{(\tilde{Q},\mathcal{O}^n)}\mathrm{d}\omega=\int\limits_{(\partial Q,\partial\mathcal{O}^n)}\sum_{i=1}^{n}f_i\mathrm{d}x_1\wedge\cdots\wedge\widehat{\mathrm{d}x_i}\wedge\cdots\wedge\mathrm{d}x_n=\int\limits_{(\partial Q,\partial\mathcal{O}^n)}\omega,$$

womit unser Lemma für den Fall $a^1<0<b^1$ bewiesen ist.

Im Falle $0\leq a^1$ sind $\tilde{Q}$ und ∂Q leer, so daß nichts mehr zu zeigen ist, und für $b^1\leq 0$ tritt in den obigen Ausdrücken b^1 an die Stelle von 0, weil ja $\tilde{Q}=Q$ ist, d. h. genauer, es gilt

$$\int\limits_{(\tilde{Q},\mathcal{O}^n)}\mathrm{d}\omega=\int\limits_{I^2\times\cdots\times I^n}f_1(b^1,x_2,\ldots,x_n)\mathrm{d}x_2\ldots\mathrm{d}x_n.$$

Dieser Ausdruck muß verschwinden, da wegen der Kompaktheit des Trägers von ω $f_1(b^1,x_2,\ldots,x_n)=0$ ist. Andererseits ist $\partial Q=\emptyset$, so daß auch die rechte Seite der zu beweisenden Gleichung verschwindet. ∎

Das soeben bewiesene Lemma enthält den Hauptteil des Beweises für den nun folgenden *Satz von Stokes:*

20.2 Satz: $(M,\mathcal{O})$ *sei eine n-dimensionale orientierte differenzierbare Mannigfaltigkeit und* $G\subseteq M$ *eine berandete Untermannigfaltigkeit mit der durch* $\mathcal{O}$ *induzierten Orientierung* $\partial\mathcal{O}$ *des Randes* ∂G. *Ist dann für* $\omega\in\mathfrak{F}_{n-1}(M)$ $\operatorname{supp}(\omega)\cap G$ *kompakt, so ist*

$$\int\limits_{(G,\mathcal{O})}\mathrm{d}\omega=\int\limits_{(\partial G,\partial\mathcal{O})}\omega.$$

(Genauer gilt wieder $\int\limits_{(G,\mathcal{O})}\mathrm{d}\omega=\int\limits_{(\partial G,\partial\mathcal{O})}j^*(\omega)$, *wo* $j:\partial G\to M$ *die kanonische Injektion ist.)*

Beweis: Nach der Bemerkung im Anschluß an Definition 10.8 in Kap. II dürfen wir annehmen, daß wir für G einen $\mathscr{C}^\infty$-Atlas $(U_i,g_i,Q_i)_{i\in I}$ aus quaderförmigen Karten haben, so daß $(U_i,g_i)_{i\in I}$ ein orientierter

Atlas von M ist*. Nach Satz 10.14 in Kap. II ist dann der dem Rand ∂G von G zugeordnete Atlas $(\partial U_i, \partial g_i)_{i\in I}$ ein orientierter Atlas bezüglich $\partial \mathcal{O}$. Wir dürfen außerdem annehmen, daß $(U_i)_{i\in I}$ eine lokal-endliche Überdeckung von M ist, zu der es eine Partition der Eins $(h_i)_{i\in I}$ gibt.

Für $\omega\in\mathfrak{F}_{n-1}(M)$ ist dann $\mathrm{d}\omega=\sum_{i\in I}\mathrm{d}(h_i\omega)$, und wenn wir mit $\mathcal{O}^n$ die Standardorientierung des $\mathbb{R}^n$ bezeichnen, gilt nach Lemma 20.1, weil ja der Durchschnitt des Trägers von $h_i\omega$ mit $G\cap U_i$ kompakt in U_i liegt, und nach Satz 19.9

$$\begin{aligned}\int_{(G,\mathcal{O})}\mathrm{d}\omega &= \int_{(G,\mathcal{O})}\sum_{i\in I}\mathrm{d}(h_i\omega)=\sum_{i\in I}\int_{(G,\mathcal{O})}\mathrm{d}(h_i\omega)\\ &=\sum_{i\in I}\int_{(G\cap U_i,\mathcal{O})}\mathrm{d}(h_i\omega)=\sum_{i\in I}\int_{(\tilde{Q}_i,\mathcal{O}^n)} g_i^{-1*}(\mathrm{d}(h_i\omega))\\ &=\sum_{i\in I}\int_{(\tilde{Q}_i,\mathcal{O}^n)}\mathrm{d}g_i^{-1*}(h_i\omega)=\sum_{i\in I}\int_{(\partial Q_i,\partial\mathcal{O}^n)} g_i^{-1*}(h_i\omega)\\ &=\sum_{i\in I}\int_{(\partial G\cap U_i,\partial\mathcal{O})} j^*(h_i\omega)=\sum_{i\in I}\int_{(\partial G,\partial\mathcal{O})} j^*(h_i\omega)=\int_{(\partial G,\partial\mathcal{O})} j^*(\omega)\,.\end{aligned}$$

In der ersten und letzten Summe verschwinden nämlich wegen der Kompaktheit von $\operatorname{supp}(\omega)\cap G$ fast alle Summanden. ∎

Im Falle $n=1$ ist der Satz von Stokes genau der bekannte Hauptsatz der Differential- und Integralrechnung. Sei der Einfachheit halber z.B. $M=\mathbb{R}$ und $G=[a,b]$ ein kompaktes Intervall. Ist etwa t Koordinatenfunktion von $\mathbb{R}$, so repräsentiert $\mathrm{d}t$ die Standardorientierung. Ein äußeres Normalenfeld $\boldsymbol{n}$ auf $\partial G=\{a,b\}$ wird etwa durch $\boldsymbol{n}_a=-\left.\frac{\partial}{\partial t}\right|_a$ und $\boldsymbol{n}_b=+\left.\frac{\partial}{\partial t}\right|_b$ gegeben. Daher wird die induzierte Orientierung auf der nulldimensionalen Mannigfaltigkeit $\{a,b\}$ durch die Nullform $\mathrm{d}t\,(\boldsymbol{n})$ repräsentiert. Diese Nullform, also eine Funktion, hat aber an der Stelle a den Wert -1 und an der Stelle b den Wert $+1$. Für eine Funktion $F\in\mathscr{C}^\infty(\mathbb{R})$ ist daher nach Definition des Integrals $\int_{(\partial G,\mathcal{O}^1)} F=F(b)-F(a)$, und das ist bekanntlich gleich $\int_a^b\frac{\mathrm{d}F}{\mathrm{d}t}\mathrm{d}t=\int_{(G,\partial\mathcal{O}^1)}\mathrm{d}F$.

* Diese Voraussetzung ist nur im Fall $n\geq 2$ erfüllt! Die genaue Behandlung des Falles $n=1$ überlassen wir dem Leser.

Aus dem Satz von Stokes können wir eine wichtige Folgerung in einem Spezialfall ziehen:

20.3 Corollar: *Ist* $(M,\mathcal{O})$ *eine kompakte n-dimensionale orientierte Mannigfaltigkeit, so ist für jede* $(n-1)$*-Form* $\omega\in\mathfrak{F}_{n-1}(M)$

$$\int_{(M,\mathcal{O})} \mathrm{d}\omega=0.$$

Beweis: Mit den Bezeichnungen von Satz 20.2 kann man $G=M$ nehmen. Die Aussage folgt dann wegen $\partial G=\emptyset$. ∎

Der Satz von Stokes und das Lemma von Poincaré, bzw. dessen etwas stärkere Version 13.4 sind zentrale Aussagen über Differentialformen. Wir wollen das am Beispiel dreier Sätze zeigen, deren Beweis mit Hilfe des folgenden Corollars recht einfach wird.

Dabei verabreden wir für das Folgende, daß unsere Mannigfaltigkeiten mit einer festen Orientierung $\mathcal{O}$ versehen sind. Für den $\mathbb{R}^n$ soll dies die Standardorientierung sein. Statt $\int_{(M,\mathcal{O})}$ schreiben wir dann einfach $\int_M$ etc.

20.4 Corollar: *M und N seien kompakte orientierte Mannigfaltigkeiten der Dimension n. Sind dann die differenzierbaren Abbildungen* $f,g\colon M\to N$ *zueinander homotop, so ist für* $\omega\in\mathfrak{F}_n(N)$

$$\int_M f^*\omega=\int_M g^*\omega.$$

Beweis: Nach 13.4 ist $f^*\omega-g^*\omega=\mathrm{d}\eta$ für ein $\eta\in\mathfrak{F}_{n-1}(M)$. Mit 20.3 folgt daher

$$\int_M f^*\omega-\int_M g^*\omega=\int_M \mathrm{d}\eta=0. \quad ∎$$

Nun zu den drei Beispielen:

20.5 Satz vom Igel: *Auf einer Sphäre* S^n *gerader Dimension hat jedes differenzierbare Vektorfeld* $X\in\vec{\mathfrak{F}}_0(S^n)$ *eine Nullstelle.*

Bemerkung: Der Stachelpelz eines idealen Igels ist ein Vektorfeld auf der 2-Sphäre. In diesem Fall besagt der Satz: Ist der Igel glatt gekämmt (d.h. ist das Vektorfeld differenzierbar), so hat er mindestens einen Glatzenpunkt.

Beweis: Wir denken uns S^n als Standardsphäre im euklidischen $\mathbb{R}^{n+1}$. Für jedes $x\in S^n$ können wir $\mathfrak{T}_x S^n$ mit dem orthogonalen Komplement der Geraden $\mathbb{R}x$ im $\mathbb{R}^{n+1}$ identifizieren. X kann also als Abbildung $X\colon S^n\to\mathbb{R}^{n+1}$ mit $X(x)\perp x$ aufgefaßt werden.

Hat X keine Nullstelle, so können wir X durch $\frac{X}{\|X\|}$ ersetzen und daher o.B.d.A. $\|X\|=1$ annehmen. Insbesondere bildet also X die n-Sphäre S^n in sich ab.

$I:=[0,1]$ sei das abgeschlossene Einheitsintervall in $\mathbb{R}$. Wir bilden $F: I\times S^n \to S^n$,

$$F(t,x):=(\cos\pi t)x+(\sin\pi t)X(x).$$

Dann ist $F(0,x)=x$, $F(1,x)=-x$, d.h. die Identität I_{S^n} ist homotop zur Antipodenabbildung $\alpha:=-I_{S^n}$. Nach 20.4 ist daher für jede n-Form $\omega\in\mathfrak{F}_n(S^n)$

$$\int_{S^n}\omega=\int_{S^n}\alpha^*\omega.$$

Andererseits kehrt α, da n gerade ist, jede Orientierung von S^n um. Nach 19.9, (3) und (4), ist daher

$$\int_{S^n}\alpha^*\omega=-\int_{S^n}\omega,$$

$$\int_{S^n}\omega=-\int_{S^n}\omega=0$$

für jede n-Form $\omega\in\mathfrak{F}_n(S_n)$. Das ist aber offensichtlich falsch. ∎

20.6 Fixpunktsatz von Brouwer: *Jede differenzierbare Abbildung $f: B^n\to B^n$ der abgeschlossenen Einheitsvollkugel in sich hat einen Fixpunkt.*

Beweis: Für $n=1$ folgt die Behauptung aus dem Zwischenwertsatz für stetige Funktionen. Wir nehmen daher $n\geq 2$ an. Hat f keinen Fixpunkt, so können wir für jedes $x\in B^n$ die Verbindungsstrecke von $f(x)$ nach x ziehen. Ihre Verlängerung über x hinaus schneidet $S^{n-1}=\partial B^n$ in einem Punkt $g(x)$. Wir überlassen es dem Leser, die Differenzierbarkeit von g nachzuweisen. Für $x\in S^n$ gilt $g(x)=x$.

Wir bilden nun $F: I\times S^{n-1}\to S^{n-1}$,

$$F(t,x):=g(tx).$$

Für $x\in S^{n-1}$ ist $F(0,x)=g(0)$, $F(1,x)=x$, d.h. die Identität $I_{S^{n-1}}$ ist homotop zur konstanten Abbildung $p: S^{n-1}\to g(0)$. Wegen $n\geq 2$ ist $p^*\omega=0$ für $\omega\in\mathfrak{F}_{n-1}(S^{n-1})$, und mit 20.4 folgt

$$\int_{S^{n-1}}\omega=\int_{S^{n-1}}p^*\omega=0$$

für jede Differentialform $\omega\in\mathfrak{F}_{n-1}(S^{n-1})$. Das ist derselbe Widerspruch wie im Beweis von 20.5. ∎

Bemerkung: Die beiden vorstehenden Sätze bleiben richtig, wenn man „differenzierbar" durch „stetig" ersetzt. Man kann das aus den obigen Versionen herleiten.

20.7 Fundamentalsatz der Algebra: *Jedes Polynom* $P:\mathbb{C}\to\mathbb{C}$ *vom Grade* $n>0$ *hat eine Nullstelle.*

Beweis: Wir dürfen annehmen, daß P normiert ist, d.h. $P(z)=z^n+a_1z^{n-1}+\cdots+a_n$, $a_i\in\mathbb{C}$. $P:\mathbb{C}\to\mathbb{C}$ ist eine reell-differenzierbare Abbildung, wenn wir $\mathbb{C}$ mit dem $\mathbb{R}^2$ identifizieren. Hat P keine Nullstelle, so ist $f:\mathbb{C}\to S^1$ mit

$$f(z):=\frac{P(z)}{|P(z)|}$$

wohldefiniert, und wir können $g:=f|S^1\to S^1$ betrachten.

Der Leser möge nachweisen, daß g homotop zur Abbildung $p_n: S^1\to S^1$, $p_n(z):=z^n$, ist.

Wir bilden nun $F: I\times S^1\to S^1$,

$$F(t,z):=f(tz).$$

Für $z\in S^1$ ist $F(0,z)=f(0)$ und $F(1,z)=g(z)$, d.h. insgesamt ist p_n homotop zur konstanten Abbildung $p: S^1\to f(0)$. Genau wie beim Beweis von 20.6 schließt man, daß

$$\int_{S^1} p_n^*\omega=0$$

für jede 1-Form $\omega\in\mathfrak{F}_1(S^1)$ ist. Andererseits rechnet man leicht

$$\int_{S^1} p_n^*\omega=n\int_{S^1}\omega$$

aus. Wir haben also

$$n\int_{S^1}\omega=0$$

für jede 1-Form $\omega\in\mathfrak{F}_1(S^1)$. Das kann nur für $n=0$ der Fall sein. ∎

Im Falle, daß die kompakte Mannigfaltigkeit M zusammenhängend ist, ist auch die Umkehrung von 20.3 richtig: Verschwindet das Integral einer n-Form über M, so ist sie bereits exakt, d.h. Ableitung einer $(n-1)$-Form. Das ist durchaus nicht trivial, und im Rest dieses Paragraphen soll diese Behauptung bewiesen werden. Wir werden sogar eine allgemeinere Aussage herleiten (Satz 20.10).

20.8 Lemma: *M sei eine offene Vollkugel im $\mathbb{R}^n$ oder die n-Sphäre S^n. Ist dann $\omega \in \mathfrak{F}_n^c(M)$ eine n-Form auf M mit kompaktem Träger, so daß $\int_M \omega = 0$ ist, so gibt es eine $(n-1)$-Form $\eta \in \mathfrak{F}_{n-1}^c(M)$ mit $\omega = d\eta$.*

Beweis: Wir führen den Beweis durch Induktion über n und beginnen mit $n=1$:

Fall a: M ist ein offenes Intervall (a,b) in $\mathbb{R}$. ω hat dann die Form $\omega = f \cdot dx$ mit $f \in \mathscr{C}_c^\infty(a,b)$. Wir können f außerhalb von (a,b) durch 0 differenzierbar fortsetzen. $\tilde{F}$ sei eine Stammfunktion von f auf $\mathbb{R}$. Dann ist also

$$0 = \int_a^b f(x)\,dx = \tilde{F}(b) - \tilde{F}(a).$$

Setzen wir daher $F := \tilde{F} - \tilde{F}(a)$, so ist F ebenfalls eine Stammfunktion von f, und da der Träger von f kompakt in (a,b) liegt, muß F außerhalb dieses Trägers lokal-konstant sein. Wegen $F(a) = F(b) = 0$ verschwindet also F in einer Umgebung von $\mathbb{R} - (a,b)$, hat also kompakten Träger in (a,b) und ist somit die gesuchte Stammfunktion von f.

Fall b: M ist die Kreislinie S^1. Wir können uns S^1 als $\mathbb{R}/2\pi\mathbb{Z}$ gegeben denken, wobei wir die kanonische Projektion von $\mathbb{R}$ auf S^1 mit $p: \mathbb{R} \to S^1$ bezeichnen. Anschaulich bedeutet p das Aufwickeln der Geraden $\mathbb{R}$ zu einer Kreislinie S^1 vom Radius 1. Ist $\omega \in \mathfrak{F}_1^c(S^1) = \mathfrak{F}_1(S^1)$, so hat $p^*\omega$ die Gestalt $p^*\omega = f \cdot dt$, wobei $f: \mathbb{R} \to \mathbb{R}$ eine $\mathscr{C}^\infty$-Funktion mit der Periode 2π ist, d.h., es gilt $f(x+2\pi) = f(x)$ für alle $x \in \mathbb{R}$. $\tilde{F}$ sei eine Stammfunktion von f. Dann gilt nach Voraussetzung

$$0 = \int_{S^1} \omega = \int_x^{x+2\pi} f(t)\,dt = \tilde{F}(x+2\pi) - \tilde{F}(x)$$

für alle $x \in \mathbb{R}$. $\tilde{F}$ hat also ebenfalls die Periode 2π und kann daher als Funktion auf S^1 gedeutet werden: $\tilde{F} = p^*F$, wobei $F \in \mathfrak{F}_0(S^1)$ eindeutig durch $\tilde{F}$ bestimmt ist. Für dieses F ist dann $dF = \omega$.

$(n-1) \Rightarrow n$: *Fall a:* M ist eine offene Vollkugel im $\mathbb{R}^n$. Da ω kompakten Träger in M hat, können wir ω außerhalb M durch 0 differenzierbar fortsetzen. Da $\mathbb{R}^n$ kontrahierbar ist, ist ω exakt, d.h., es gibt eine $(n-1)$-Form $\tilde{\eta} \in \mathfrak{F}_{n-1}(\mathbb{R}^n)$ mit $d\tilde{\eta} = \omega$. Wir werden $\tilde{\eta}$ so abändern, daß der Träger der neuen Form η kompakt in M liegt, aber immer noch $d\eta = \omega$ gilt:

R sei eine Kugelschalenumgebung von ∂M, d.h. eine offene Kugel mit größerem Radius als M, aus der eine abgeschlossene Kugel mit kleinerem Radius als M herausgenommen ist. R läßt sich auf ∂M deformieren, d.h., es gibt eine $\mathscr{C}^\infty$-Abbildung $r: R \to \partial M$, so daß die Abbildungen $r \circ j$ und $j \circ r$ homotop zur Identität auf ∂M bzw. auf R sind. Dabei bezeichne $j: \partial M \to R$ die Inklusion.

Nach Voraussetzung ist

$$0 = \int_M \omega = \int_M d\tilde{\eta} = \int_{\partial M} \tilde{\eta} = \int_{\partial M} j^*(\tilde{\eta}),$$

d.h. $j^*(\tilde{\eta})$ ist nach Induktionsvoraussetzung exakt. Da außerdem $d\tilde{\eta}|_R = \omega|_R = 0$ ist, muß nach Satz 13.4 auch $\tilde{\eta}|_R$ exakt sein. (Es sind nämlich $\tilde{\eta}|_R - r^* \circ j^*(\tilde{\eta})$ und $r^* \circ j^*(\tilde{\eta})$ exakt.) D.h., es gibt eine $(n-2)$-Form $\tilde{\varphi} \in \mathfrak{F}_{n-2}(R)$ mit $d\tilde{\varphi} = \tilde{\eta}|_R$. Wir können $\tilde{\varphi}$ außerhalb einer geeigneten Umgebung U von ∂M auf ganz $\mathbb{R}^n$ fortsetzen, zu einer Form $\varphi \in \mathfrak{F}_{n-2}(\mathbb{R}^n)$, so daß immer noch $d\varphi|_U = \tilde{\eta}|_U$ gilt.

$\eta := (\tilde{\eta} - d\varphi)|_M$ hat dann kompakten Träger, und nach Konstruktion gilt:

$$d\eta = (d\tilde{\eta} - d(d\varphi))|_M = d\tilde{\eta}|_M = \omega.$$

Fall b: M ist die n-Sphäre S^n. Wir zerlegen S^n in zwei abgeschlossene Hemisphären G_N und G_S (Nord- und Südhemisphäre), deren Durchschnitt der zu S^{n-1} diffeomorphe Äquator E ist. Wir versehen ihn mit der Orientierung, die er als Rand von G_N trägt. U_N und U_S seien offene kontrahierbare Umgebungen von G_N bzw. G_S, so daß $R := U_N \cap U_S$ einen Ring bildet, der sich auf den Äquator E deformieren läßt.

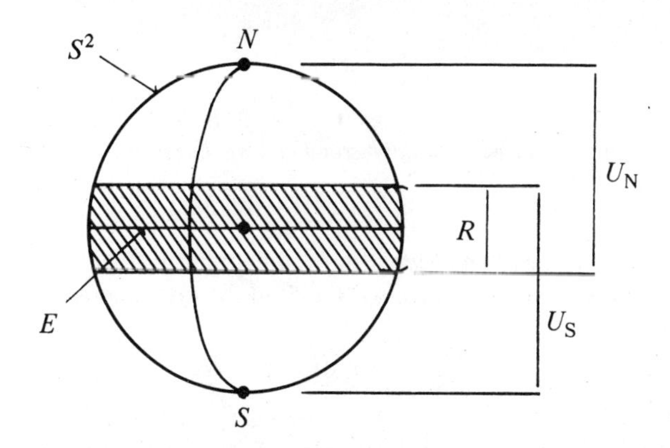

Figur 8

Da U_N und U_S kontrahierbar sind, gibt es $(n-1)$-Formen η_N und η_S auf U_N bzw. U_S mit

$$d\eta_N = \omega|_{U_N}, \qquad d\eta_S = \omega|_{U_S}.$$

Über R gilt $(d\eta_N - d\eta_S)|_R = 0$. Außerdem haben wir nach dem Satz von Stokes

$$\begin{aligned} 0 &= \int_{S^n} \omega = \int_{G_N} \omega + \int_{G_S} \omega = \int_{G_N} d\eta_N + \int_{G_S} d\eta_S \\ &= \int_{\partial G_N} \eta_N + \int_{\partial G_S} \eta_S = \int_E \eta_N - \int_E \eta_S = \int_E \eta_N - \eta_S. \end{aligned}$$

Dabei tritt im vorletzten Ausdruck das Minuszeichen auf, weil E als Rand von G_S entgegengesetzt zu orientieren ist wie als Rand von G_N. Nach Induktionsvoraussetzung und wegen der Deformierbarkeit von R auf E können wir genau wie bei Fall *a* schließen, daß es eine $(n-2)$-Form φ auf S^n gibt, so daß über einer Umgebung U von E noch

$$d\varphi|_U = (\eta_N - \eta_S)|_U$$

gilt. Definieren wir jetzt $\eta \in \mathfrak{F}_{n-1}(S^n) = \mathfrak{F}^c_{n-1}(S^n)$ durch

$$\eta_x := \begin{cases} \eta_{N,x}, & x \in G_N, \\ \eta_{S,x} + d\varphi_x, & x \in G_S, \end{cases}$$

so gilt $d\eta = \omega$, womit Lemma 20.8 vollständig bewiesen ist. ∎

20.9 Lemma: *M sei eine n-dimensionale orientierte zusammenhängende Mannigfaltigkeit. Dann läßt sich jede $\mathbb{R}$-lineare Abbildung*

$$T: \mathfrak{F}^c_n(M) \to \mathbb{R}$$

mit $T \circ d^c = 0$ *in der Form*

$$T = r \cdot \int_M$$

schreiben für ein $r \in \mathbb{R}$. (*Dabei bezeichnen wir mit* d^c *die äußere Ableitung*

$$d^c := d|\mathfrak{F}^c_{n-1}(M) \to \mathfrak{F}^c_n(M).)$$

Beweis: U sei eine offene Menge in M, diffeomorph zu einer Vollkugel des $\mathbb{R}^n$. In Lemma 20.8 haben wir die Exaktheit der Sequenz

$$\mathfrak{F}^c_{n-1}(U) \xrightarrow{d^c} \mathfrak{F}^c_n(U) \xrightarrow{\int_U} \mathbb{R} \longrightarrow 0$$

an der Stelle $\mathfrak{F}^c_n(U)$ bewiesen. Außerdem ist die lineare Abbildung $\int_U : \mathfrak{F}^c_n(U) \to \mathbb{R}$ surjektiv, d.h., die obige Sequenz ist überhaupt exakt.

Jede Differentialform aus $\mathfrak{F}_n^c(U)$ können wir außerhalb U durch 0 fortsetzen und in diesem Sinne $\mathfrak{F}_n^c(U)$ als linearen Teilraum von $\mathfrak{F}_n^c(M)$ auffassen. Insbesondere ist $T|\mathfrak{F}_n^c(U)\to\mathbb{R}$ eine wohldefinierte lineare Abbildung, die wir wegen $T\circ d^c=0$ und der Exaktheit der obigen Sequenz über $\int_U$ faktorisieren können, d. h., es gibt eine Zahl $r_U\in\mathbb{R}$ mit

$$T|_{\mathfrak{F}_n^c(U)}=r_U\cdot\int_U .$$

$(U_i)_{i\in I}$ sei eine lokal-endliche Überdeckung von M durch offene Mengen U_i, die zu Vollkugeln des $\mathbb{R}^n$ diffeomorph sind. (Der Leser überlege sich, daß so eine Überdeckung existiert!) $(h_i)_{i\in I}$ sei eine zugehörige Partition der Eins. Dann ist für $\varphi\in\mathfrak{F}_n^c(M)$

$$T(\varphi)=T\Big(\sum_{i\in I}h_i\varphi\Big)=\sum_{i\in I}T(h_i\varphi),$$

da wegen der Kompaktheit von $\operatorname{supp}(\varphi)$ die Formen $h_i\varphi$ für fast alle $i\in I$ verschwinden. Nach der oben durchgeführten Überlegung haben wir daher

$$\begin{aligned}T(\varphi)&=T\Big(\sum_{i\in I}h_i\varphi\Big)=\sum_{i\in I}T(h_i\varphi)\\&=\sum_{i\in I}T|_{\mathfrak{F}_n^c(U_i)}(h_i\varphi)=\sum_{i\in I}r_i\int_{U_i}h_i\varphi\\&=\sum_{i\in I}\int_{U_i}r_ih_i\varphi=\sum_{i\in I}\int_M r_ih_i\varphi=\int_M\Big(\sum_{i\in I}r_ih_i\Big)\cdot\varphi,\end{aligned}$$

wo die r_i nur von T abhängende reelle Zahlen sind. Wir haben also

$$T(\varphi)=\int_M f\varphi$$

mit $f:=\sum_{i\in I}r_ih_i\in\mathscr{C}^\infty(M)$.

Zu zeigen bleibt noch, daß f eine Konstante ist. Wegen des Zusammenhangs von M ist das gleichbedeutend mit $df=0$. Nach Voraussetzung gilt für jede $(n-1)$-Form $\eta\in\mathfrak{F}_{n-1}^c(M)$

$$0=T\circ d^c(\eta)=T(d\eta)=\int_M f\,d\eta=\int_M d(f\eta)-\int_M df\wedge\eta.$$

Im letzten Ausdruck verschwindet der erste Summand nach dem Satz von Stokes. Also ist

$$\int_M df\wedge\eta=0$$

für alle $\eta \in \mathfrak{F}^c_{n-1}(M)$. Man sieht sofort (vgl. 19.3 (2)), daß das nur richtig sein kann, wenn $df = 0$ ist. ∎

Jetzt können wir die angekündigte Aussage beweisen, die in gewissem Sinne eine Umkehrung des Satzes von Stokes darstellt:

20.10 Satz: *M sei eine n-dimensionale orientierte Mannigfaltigkeit und G eine zusammenhängende kompakte berandete Untermannigfaltigkeit. Ferner sei U eine Umgebung von ∂G und $\hat{U} := G \cup U$. $\omega \in \mathfrak{F}_n(\hat{U})$ und $\eta \in \mathfrak{F}_{n-1}(U)$ seien Differentialformen mit*

$$\omega|_U = d\eta, \quad \int_G \omega = \int_{\partial G} \eta.$$

Dann gibt es Umgebungen $\hat{V}$ und V von G bzw. ∂G und eine $(n-1)$-Form $\hat{\eta} \in \mathfrak{F}_{n-1}(\hat{V})$ mit

$$\omega|_{\hat{V}} = d\hat{\eta}, \quad \hat{\eta}|_V = \eta|_V.$$

Beweis: Zunächst können wir U so zu einer Umgebung $\tilde{V}$ von ∂G verkleinern, daß sich η außerhalb $\tilde{V}$ fortsetzen läßt zu einer Form $\tilde{\eta} \in \mathfrak{F}_{n-1}(\hat{V})$ mit $\hat{V} := G \cup \tilde{V}$.

Für $\tilde{\omega} := \omega|_{\hat{V}} - d\tilde{\eta}$ gilt nun:

$$\tilde{\omega}|_{\tilde{V}} = 0, \quad \int_G \tilde{\omega} = 0.$$

Die erste dieser beiden Gleichungen besagt, daß der Träger von $\tilde{\omega}$ in $\mathring{G}$ kompakt ist. Da nach der zweiten Gleichung $r \cdot \int_G \tilde{\omega} = 0$ ist für alle $r \in \mathbb{R}$, folgt aus Lemma 20.9, daß $T(\tilde{\omega}) = 0$ ist für jede $\mathbb{R}$-lineare Abbildung

$$T: \mathfrak{F}^c_n(\mathring{G}) \to \mathbb{R}$$

mit $T \circ d^c = 0$. $\tilde{\omega}|_{\mathring{G}}$ muß deshalb selber schon zu $d^c(\mathfrak{F}^c_{n-1}(\mathring{G})) = d(\mathfrak{F}^c_{n-1}(\mathring{G}))$ gehören. Es gibt also eine $(n-1)$-Form $\psi \in \mathfrak{F}^c_{n-1}(\mathring{G})$ mit $d\psi = \tilde{\omega}|_{\mathring{G}}$. Setzen wir ψ außerhalb G trivial auf $\hat{V}$ fort (das geht, weil $\operatorname{supp}(\psi) \subseteq \mathring{G}$ kompakt ist), so gilt für $\hat{\eta} := \tilde{\eta} + \psi$

$$\omega|_{\hat{V}} = \tilde{\omega} + d\tilde{\eta} = d\psi + d\tilde{\eta} = d\hat{\eta}$$

und

$$\hat{\eta}|_V = \tilde{\eta}|_V + \psi|_V = \tilde{\eta}|_V = \eta|_V,$$

wenn wir $V := \tilde{V} - \operatorname{supp}(\psi)$ setzen. ∎

Im Falle, daß M selbst kompakt und zusammenhängend ist, können wir $G = M$ nehmen. Dann ist $\partial G = \emptyset$, und wir können auch $U = \emptyset$ nehmen. Satz 20.10 ergibt dann die folgende Aussage:

20.11 Corollar: *M sei eine zusammenhängende n-dimensionale kompakte orientierte Mannigfaltigkeit. Ist dann* $\omega \in \mathfrak{F}_n(M)$ *eine Differentialform mit*

$$\int_M \omega = 0,$$

so ist ω *exakt, d.h., es gibt eine* $(n-1)$*-Form* $\eta \in \mathfrak{F}_{n-1}(M)$ *mit*

$$\omega = \mathrm{d}\eta .$$

Lemma 20.9 gestattet es, noch den für topologische Untersuchungen bei differenzierbaren Mannigfaltigkeiten wichtigen Begriff des Abbildungsgrades einzuführen:

20.12 Satz und Definition: $F: M \to N$ *sei eine differenzierbare Abbildung zwischen kompakten orientierten Mannigfaltigkeiten der Dimension n, wobei N zusammenhängend sei. Dann gibt es eine reelle Zahl** $\deg F \in \mathbb{R}$, *so daß*

$$\int_M F^* \omega = \deg F \cdot \int_N \omega$$

für jede Differentialform $\omega \in \mathfrak{F}_n(N)$ *gilt.* $\deg F$ *heißt der Abbildungsgrad von F.*

Beweis: Für $\omega \in \mathfrak{F}_n(N)$ setzen wir $T(\omega) := \int_M F^* \omega$. Dann ist $T: \mathfrak{F}_n(N) \to \mathbb{R}$-linear und erfüllt nach Satz 20.3 die Bedingung $T \circ \mathrm{d}^c = 0$. Nach Lemma 20.9 können wir also

$$T(\omega) = \deg F \cdot \int_N \omega$$

schreiben, wo $\deg F \in \mathbb{R}$ nur von F abhängt. ∎

Zum Schluß dieses Paragraphen bemerken wir noch, daß aus 19.10 und dem gewöhnlichen Stokesschen Satz sofort der Stokessche Satz für vektorwertige Differentialformen folgt:

20.13 Satz: $(M, \mathcal{O})$ *sei eine orientierte zusammenhängende n-dimensionale Mannigfaltigkeit mit flachem affinen Zusammenhang* D, *so daß es auf M n linear unabhängige konstante Vektorfelder gibt. Ist dann G eine kompakte berandete Untermannigfaltigkeit und* $\Phi \in \vec{\mathfrak{F}}_{n-1}(M)$, *so gilt*

$$\int_{(G, \mathcal{O})} \mathrm{d}_\mathrm{D} \Phi = \int_{(\partial G, \partial \mathcal{O})} \Phi .$$

* $\deg F$ ist sogar eine ganze Zahl. (Zum Beweis siehe etwa [17].)

§ 21: Greensche Integralformeln

$(M,\mathcal{O})$ sei in diesem Abschnitt stets eine n-dimensionale orientierte Riemannsche Mannigfaltigkeit; $(G,\mathcal{O})$ bezeichne eine n-dimensionale kompakte berandete (gleich orientierte) Untermannigfaltigkeit von $(M,\mathcal{O})$. Ansonsten seien die Bezeichnungen wie in §§ 16 und 17 gewählt.

Aus der Greenschen Formel (siehe Satz 16.10) für Differentialformen $\omega_p \in \mathfrak{F}_p(M)$ und $\tilde{\omega}_{p-1} \in \mathfrak{F}_{p-1}(M)$:

$$d(\tilde{\omega}_{p-1} \wedge *\omega_p) = (d\tilde{\omega}_{p-1}, \omega_p)_p \, dV + (\tilde{\omega}_{p-1}, \delta\omega_p)_{p-1} \, dV$$

erhält man mittels des Stokesschen Integralsatzes sofort:

21.1 Satz: *(Greensche Integralformel)*

$$\int_{(G,\mathcal{O})} (d\tilde{\omega}_{p-1}, \omega_p)_p \, dV + \int_{(G,\mathcal{O})} (\tilde{\omega}_{p-1}, \delta\omega_p)_{p-1} \, dV = \int_{(\partial G, \partial\mathcal{O})} \tilde{\omega}_{p-1} \wedge *\omega_p .$$

Wie in Kap. III, § 16, leitet man hieraus die folgenden Integralformeln her (siehe Satz 16.12):

21.2 Satz: *Für $\omega, \tilde{\omega} \in \mathfrak{F}_p(M)$ gilt:*

(a) $$\int_{(G,\mathcal{O})} (d\delta\tilde{\omega}, \omega)_p \, dV + \int_{(G,\mathcal{O})} (\delta\tilde{\omega}, \delta\omega)_{p-1} \, dV = \int_{(\partial G, \partial\mathcal{O})} \delta\tilde{\omega} \wedge *\omega ,$$

(b) $$\int_{(G,\mathcal{O})} (d\tilde{\omega}, d\omega)_{p+1} \, dV + \int_{(G,\mathcal{O})} (\tilde{\omega}, \delta d\omega)_p \, dV = \int_{(\partial G, \partial\mathcal{O})} \tilde{\omega} \wedge *d\omega ,$$

(c) $$\int_{(G,\mathcal{O})} (\Delta\tilde{\omega}, \omega)_p \, dV + \int_{(G,\mathcal{O})} (d\tilde{\omega}, d\omega)_{p+1} \, dV + \int_{(G,\mathcal{O})} (\delta\tilde{\omega}, \delta\omega)_{p-1} \, dV = \int_{(\partial G, \partial\mathcal{O})} (\delta\tilde{\omega} \wedge *\omega + \omega \wedge *d\tilde{\omega}) ,$$

(d) $$\int_{(G,\mathcal{O})} (\Delta\tilde{\omega}, \omega)_p \, dV - \int_{(G,\mathcal{O})} (\Delta\omega, \tilde{\omega})_p \, dV = \int_{(\partial G, \partial\mathcal{O})} (\delta\tilde{\omega} \wedge *\omega - \delta\omega \wedge *\tilde{\omega} + \omega \wedge *d\tilde{\omega} - \tilde{\omega} \wedge *d\omega) .$$

Wir wollen einige Spezialfälle von Satz 21.1 und Satz 21.2 (c) (d) betrachten:

21.3 Satz: *Für $\omega \in \mathfrak{F}_1(M)$ gilt:*

$$\int_{(G,\mathcal{O})} \delta\omega \cdot dV = \int_{(\partial G, \partial\mathcal{O})} *\omega .$$

Beweis: Man setze in Satz 21.1 $p=1$, $\omega_p = \omega$, $\tilde{\omega}_{p-1} = 1$. ∎

21.4 Satz: *Für* $f, g \in \mathfrak{F}_0(M)$ *gilt:*

(c′) $$\int_{(G,\mathcal{O})} f \cdot \Delta g \, \mathrm{dV} + \int_{(G,\mathcal{O})} (\mathrm{d}f, \mathrm{d}g)_1 \, \mathrm{dV} = \int_{(\partial G, \partial\mathcal{O})} f \cdot * \mathrm{d}g \,,$$

(d′) $$\int_{(G,\mathcal{O})} (f \cdot \Delta g - g \cdot \Delta f) \mathrm{dV} = \int_{(\partial G, \partial\mathcal{O})} (f \cdot * \mathrm{d}g - g \cdot * \mathrm{d}f) \,.$$

Unter den Formeln der Vektoranalysis, die wir in Satz 17.2 zusammengestellt haben, wollen wir die heraussuchen, die Aussagen über die äußere Ableitung gewisser Differentialformen enthalten:

(1) $$\mathrm{d}f = (\operatorname{grad} f, \mathrm{d}s) \quad \text{für} \quad f \in \mathfrak{F}_0(M) \,.$$

(2) $$\mathrm{d}(X, \mathrm{dF}) = \operatorname{div} X \cdot \mathrm{dV} \quad \text{für} \quad X \in \vec{\mathfrak{F}}_0(M) \,.$$

(3) $$\mathrm{d}(f \cdot \operatorname{grad} h, \mathrm{dF}) = (f \cdot \Delta h + (\operatorname{grad} f, \operatorname{grad} h)) \mathrm{dV} \quad \text{für} \quad f, h \in \mathfrak{F}_0(M) \,.$$

(4) $$\mathrm{d}(f \cdot \operatorname{grad} h - h \cdot \operatorname{grad} f, \mathrm{dF}) = (f \cdot \Delta h - h \cdot \Delta f) \mathrm{dV} \quad \text{für} \quad f, h \in \mathfrak{F}_0(M) \,.$$

(5) $$\mathrm{d}(X, \mathrm{ds}) = (\operatorname{rot} X, \mathrm{dF}) \quad \text{für} \quad X \in \vec{\mathfrak{F}}_0(M) \quad \text{und} \quad \dim M = 3 \,.$$

(6) $$\vec{\mathrm{d}}(f \cdot \mathrm{dF}) = \operatorname{grad} f \wedge \mathrm{dV} \quad \text{für} \quad f \in \mathfrak{F}_0(M) \,.$$

(7) $$\vec{\mathrm{d}}(\mathrm{dF} \times X) = \operatorname{rot} X \wedge \mathrm{dV} \quad \text{für} \quad X \in \vec{\mathfrak{F}}_0(M), \quad \dim M = 3 \,.$$

(8) $$\vec{\mathrm{d}}(\mathrm{ds}) = 0 \,.$$

(9) $$\vec{\mathrm{d}}(\mathrm{dF}) = 0 \,.$$

Zusammen mit dem Stokesschen Satz erhalten wir hieraus die folgenden Integralformeln:

21.5 Satz:

(1) $\int_\gamma (\operatorname{grad} f, \mathrm{ds}) = f(\gamma(b)) - f(\gamma(a))$ *für eine differenzierbare Kurve* $\gamma : [a, b] \to M$ *(mit* $\dot{\gamma}(t) \neq 0, t \in [a, b]$*).*

(2) $$\int_{(G,\mathcal{O})} \operatorname{div} X \cdot \mathrm{dV} = \int_{(\partial G, \partial\mathcal{O})} (X, \mathrm{dF}) \,.$$

(3) $$\int_{(G,\mathcal{O})} (f \cdot \Delta h + (\operatorname{grad} f, \operatorname{grad} h)) \mathrm{dV} = \int_{(\partial G, \partial\mathcal{O})} (f \cdot \operatorname{grad} h, \mathrm{dF}) \,.$$

(4) $$\int_{(G,\mathcal{O})} (f \cdot \Delta h - h \cdot \Delta f) \mathrm{dV} = \int_{(\partial G, \partial\mathcal{O})} (f \cdot \operatorname{grad} h - h \cdot \operatorname{grad} f, \mathrm{dF}) \,.$$

(5) $$\int_{(G',\mathcal{O}')} (\operatorname{rot} X, \mathrm{dF}) = \int_{(\partial G', \partial\mathcal{O}')} (X, \mathrm{ds}) \,,$$

wobei $(G', \mathcal{O}')$ *eine kompakte orientierte berandete Untermannigfaltigkeit einer 2dimensionalen orientierten Untermannigfaltigkeit* $(M', \mathcal{O}')$ *von* $(M, \mathcal{O})$ *darstellt und* M *selbst 3dimensional ist.*

(6) $$\int_{(G,\mathcal{O})} \operatorname{grad} f \wedge \mathrm{dV} = \int_{(\partial G, \partial\mathcal{O})} f \cdot \mathrm{dF} \,,$$

falls M flach ist und einen n-Rahmen konstanter Vektorfelder hat.

(7)
$$\int_{(G,\mathcal{O})} \operatorname{rot} X \wedge \mathrm{dV} = \int_{(\partial G,\partial\mathcal{O})} \mathrm{dF} \times X\,,$$

falls $\dim M = 3$ *und M flach ist und einen 3-Rahmen konstanter Vektorfelder hat.*

(8)
$$\int_{(\partial G',\partial\mathcal{O}')} \mathrm{ds} = 0\,,$$

falls M flach ist und einen n-Rahmen konstanter Vektorfelder hat und $(G',\mathcal{O}')$ *eine 2dimensionale orientierte berandete Untermannigfaltigkeit einer 2dimensionalen orientierten Untermannigfaltigkeit* $(M',\mathcal{O}')$ *von* $(M,\mathcal{O})$ *ist (d.h.* $(\partial G',\partial\mathcal{O}')$ *ist eine differenzierbare orientierte Kurve, die eine 2dimensionale orientierte differenzierbare Untermannigfaltigkeit von* $(M,\mathcal{O})$ *berandet).*

(9)
$$\int_{(\partial G,\partial\mathcal{O})} \mathrm{dF} = 0\,,$$

falls M flach ist und einen n-Rahmen konstanter Vektorfelder hat.

Bemerkungen: (a) Die Integralformeln (2), (3) und (4) sind nur Umformulierungen der Greenschen Integralformeln von Satz 21.3 und Satz 21.4 (c′), (d′).

(b) Bei der Integration von Differentialformen über niederdimensionale Untermannigfaltigkeiten (z.B. Randmannigfaltigkeiten) haben wir in den obigen Integralformeln stets die Beschränkungsabbildungen ausgelassen.

Das folgende Corollar beschreibt einen Spezialfall der obigen Formel (5):

21.6 Corollar: *Für eine 2dimensionale kompakte orientierte Untermannigfaltigkeit* $(G',\mathcal{O}')$ *von* $(M,\mathcal{O})$ *mit* $\dim M = 3$ *gilt:*

$$\int_{(G',\mathcal{O}')} (\operatorname{rot} X, \mathrm{dF}) = 0\,.$$

Wir wollen die Integralformeln (1) bis (9) von 21.5 noch in einer anderen Schreibweise notieren, die man häufig in der Vektoranalysis verwendet.

Sei $(M',\mathcal{O}')$ eine $(n-1)$-dimensionale differenzierbare Untermannigfaltigkeit von $(M,\mathcal{O})$ mit induzierter Riemannscher Metrik (z.B. eine Randmannigfaltigkeit $(\partial G,\partial\mathcal{O})$). Es gibt dann genau ein Orthonormalenfeld $\mathfrak{n}$ auf M' (siehe § 16, Beispiel 1, nach Definition 16.15), so daß gilt: $(\mathfrak{n},\mathrm{dF})|_{(\mathfrak{T}M')^{n-1}} = \mathrm{dV}'$:= orientiertes Riemannsches Volumenmaß auf

$(M',\mathcal{O}')$. Bei einer Randmannigfaltigkeit $(\partial G,\partial\mathcal{O})$ ist $\mathfrak{n}$ das äußere Orthonormalenfeld. Auf Grund von 4.11, Corollar 2, gilt dann:

$$\mathrm{dF}|_{(\mathfrak{D}M')^{n-1}} = \mathfrak{n}\cdot \mathrm{dV}'.$$

Ist X ein Vektorfeld auf M, so bezeichnet $X_{\mathfrak{n}} := (X|_{M'},\mathfrak{n})$ die Komponente des Vektorfeldes $X|_{M'}$ in Richtung des Orthonormalenfeldes $\mathfrak{n}$. Daraus folgt:

$$(X,\mathrm{dF})|_{(\mathfrak{D}M')^{n-1}} = X_{\mathfrak{n}}\cdot \mathrm{dV}'.$$

Ist speziell $X = \operatorname{grad} f$, $f\in\mathfrak{F}_0(M)$, so bezeichnen wir die Richtungsableitung $\mathrm{d}f(\mathfrak{n}) = (\operatorname{grad} f,\mathfrak{n})$ von f in Richtung $\mathfrak{n}$ im Punkte $x\in M'$ mit $\left.\frac{\partial f}{\partial\mathfrak{n}}\right|_x$. Es gilt dann:

$$(\operatorname{grad} f,\mathrm{dF})|_{(\mathfrak{D}M')^{n-1}} = \frac{\partial f}{\partial\mathfrak{n}}\cdot \mathrm{dV}'.$$

Sei $(C,\tilde{\mathcal{O}})$ eine orientierte glatte Kurve in $(M,\mathcal{O})$, d.h. eine 1dimensionale (berandete oder unberandete) orientierte Untermannigfaltigkeit von $(M,\mathcal{O})$; dann gibt es genau ein normiertes Tangentenfeld $\mathfrak{t}$ auf C, d.h. $\mathfrak{t}_x\in\mathfrak{D}_x C$ und $(\mathfrak{t}_x,\mathfrak{t}_x)=1$ für alle $x\in C$, und genau eine 1-Form $\mathrm{d}\sigma\in\mathfrak{F}_1(C)$, das sogenannte Bogenmaß, so daß $\mathrm{d}\sigma_x(\mathfrak{t}_x)=1$ ist für alle $x\in C$.

Da $(\mathfrak{t}\cdot\mathrm{d}\sigma)(\mathfrak{t}) = \mathfrak{t}\cdot\mathrm{d}\sigma(\mathfrak{t}) = \mathfrak{t} = \mathrm{ds}(\mathfrak{t})$ gilt, so ist

$$\mathrm{ds}|_{\mathfrak{D}C} = \mathfrak{t}\cdot\mathrm{d}\sigma.$$

Ist X ein Vektorfeld auf M, so bezeichnet $X_{\mathfrak{t}} := (X|_C,\mathfrak{t})$ die tangentielle Komponente des Vektorfeldes $X|_C$. Es gilt dann:

$$(X,\mathrm{ds})|_{\mathfrak{D}C} = X_{\mathfrak{t}}\cdot\mathrm{d}\sigma.$$

Unter Verwendung der obigen Schreibweisen sehen die Integralformeln (1) bis (9) von Satz 21.5 wie folgt aus (vergleiche jeweils die entsprechenden Voraussetzungen):

(1) $$\int_{(C,\mathcal{O})} (\operatorname{grad} f)_{\mathfrak{t}}\,\mathrm{d}\sigma = f(\gamma(b)) - f(\gamma(a)),$$

wenn $(C,\tilde{\mathcal{O}})$ eine orientierte glatte Kurve mit Rand in $(M,\mathcal{O})$ ist mit einer Parameterdarstellung $\gamma\colon[a,b]\to C$, wobei γ einen orientierungserhaltenden Diffeomorphismus darstellt. (Die Orientierung von $[a,b]$ sei durch die Form $\mathrm{d}t\in\mathfrak{F}_1(\mathbb{R})$ repräsentiert; dann ist die Orientierung von C nichts anderes als der „Durchlaufsinn“ von $\gamma(a)$ nach $\gamma(b)$.)

(2) $$\int_{(G,\mathcal{O})} \operatorname{div} X\cdot\mathrm{dV} = \int_{(\partial G,\partial\mathcal{O})} X_{\mathfrak{n}}\cdot\mathrm{dV}'.$$

wobei dV' das orientierte Riemannsche Volumenmaß auf $(\partial G, \partial \mathcal{O})$ ist.

(3) $$\int_{(G,\mathcal{O})} (f \cdot \Delta g + (\operatorname{grad} f, \operatorname{grad} g))\, dV = \int_{(\partial G, \partial \mathcal{O})} f \cdot \frac{\partial g}{\partial n}\, dV'.$$

(4) $$\int_{(G,\mathcal{O})} (f \cdot \Delta g - g \cdot \Delta f)\, dV = \int_{(\partial G, \partial \mathcal{O})} \left(f \frac{\partial g}{\partial n} - g \frac{\partial f}{\partial n} \right) dV'.$$

(5) $$\int_{(G',\mathcal{O}')} (\operatorname{rot} X)_n\, dV' = \int_{(\partial G', \partial \mathcal{O}')} X_t\, d\sigma.$$

(6) $$\int_{(G,\mathcal{O})} \operatorname{grad} f \cdot dV = \int_{(\partial G, \partial \mathcal{O})} f \cdot n \cdot dV'.$$

(7) $$\int_{(G,\mathcal{O})} \operatorname{rot} X\, dV = \int_{(\partial G, \partial \mathcal{O})} (n \times X)\, dV'.$$

(8) $$\int_{(\partial G', \partial \mathcal{O}')} t \cdot d\sigma = 0,$$

d.h., das Integral des orientierten normierten Tangentenfeldes t über eine glatte orientierte Randkurve $(\partial G', \partial \mathcal{O}')$ verschwindet.

(9) $$\int_{(\partial G, \partial \mathcal{O})} n \cdot dV' = 0,$$

d.h., das Integral des äußeren Orthonormalenfeldes n über eine orientierte Randmannigfaltigkeit $(\partial G, \partial \mathcal{O})$ verschwindet.

Zum Schluß wollen wir eine Anwendung der Umkehrung des Stokesschen Integralsatzes behandeln: Eine differenzierbare Funktion f auf einer Riemannschen Mannigfaltigkeit M ist stets lokal gleich der Divergenz eines Vektorfeldes; denn es ist $d(f \cdot dV) = 0$, und auf Grund des Poincaré-Lemmas existiert lokal stets eine $(n-1)$-Form φ_{n-1}, so daß über dem Definitionsbereich von φ_{n-1} $d\varphi_{n-1} = f \cdot dV$ ist; $X := (-1)^{n-1} j^{-1} * \varphi_{n-1}$ ist dann ein lokales Vektorfeld mit $\varphi_{n-1} = *jX$ und $d\varphi_{n-1} = d*jX = \operatorname{div} X \cdot dV$, d.h., f ist lokal gleich der Divergenz von X.

Die Umkehrung des Satzes von Stokes (siehe Satz 20.10) liefert ein Kriterium dafür, wann eine differenzierbare Funktion global gleich der Divergenz eines Vektorfeldes ist:

21.7 Satz: $(M, \mathcal{O})$ *sei eine n-dimensionale orientierte Riemannsche Mannigfaltigkeit, G eine zusammenhängende, kompakte, berandete Untermannigfaltigkeit, f eine Funktion aus* $\mathfrak{F}_0(M)$. *Auf einer offenen Umgebung U von* ∂G *existiere ein Vektorfeld X mit folgenden Eigenschaften:*

(1) $$f|_U = \operatorname{div} X,$$

(2) $$\int_{(G,\mathcal{O})} f\, dV = \int_{(\partial G, \partial \mathcal{O})} (X, dF).$$

Dann gibt es ein Vektorfeld $\hat{X}$ auf einer offenen Umgebung $\hat{U}$ von G, so daß gilt:

(1) $$f|_{\hat{U}} = \operatorname{div} \hat{X}\,.$$

(2) $\hat{X}|_V = X|_V$ *für eine Umgebung* $V \subseteq U \cap \hat{U}$ *von* ∂G.

Beweis: $\varphi_{n-1} := *jX$ ist eine $(n-1)$-Form aus $\mathfrak{F}_{n-1}(U)$ mit folgenden Eigenschaften:

(1) $$d\varphi_{n-1} = d*jX = d(X, dF) = \operatorname{div} X \cdot dV = f|_U \cdot dV\,,$$

(2) $$\int_{(G,\mathcal{O})} f \cdot dV = \int_{(\partial G, \partial\mathcal{O})} \varphi_{n-1}\,.$$

Nach Satz 20.10 gibt es eine $(n-1)$-Form $\hat{\varphi}_{n-1}$ auf einer geeigneten Umgebung $\hat{U}$ von G, so daß gilt:

(1) $$d\hat{\varphi}_{n-1} = f|_{\hat{U}} \cdot dV\,,$$

(2) $\hat{\varphi}_{n-1}|_V = \varphi_{n-1}|_V$ für eine Umgebung $V \subseteq U \cap \hat{U}$ von ∂G.

Mittels $\hat{\varphi}_{n-1}$ gewinnt man ein Vektorfeld $\hat{X} := (-1)^{n-1} j^{-1} * \hat{\varphi}_{n-1}$ auf $\hat{U}$, für das gilt: $\hat{\varphi}_{n-1} := *j\hat{X}$. Man verifiziert nun leicht für $\hat{X}$ die Aussagen (1) und (2) des Satzes. ∎

21.8 Corollar: *Ist* $(G, \mathcal{O})$ *ein kompakte, zusammenhängende differenzierbare Mannigfaltigkeit, f eine differenzierbare Funktion auf G mit*

$$\int_{(G,\mathcal{O})} f \cdot dV = 0\,,$$

dann gibt es ein Vektorfeld X auf G, so daß gilt:

$$f = \operatorname{div} X\,.$$

§ 22: Stückweise glatte Untermannigfaltigkeiten

In den Anwendungen benötigt man gelegentlich Integrale über stückweise glatte Flächen im Raum (z. B. die Oberfläche eines Würfels). Wir wollen deshalb stückweise glatte Untermannigfaltigkeiten einer differenzierbaren Mannigfaltigkeit einführen und den Stokesschen Satz für kompakte Teilmengen einer Mannigfaltigkeit beweisen, deren Rand so eine stückweise glatte Untermannigfaltigkeit ist.

M sei eine Mannigfaltigkeit mit einem Volumenmaß $\mathrm{d}\mu$. Ist K eine meßbare kompakte Teilmenge von M, so definieren wir das Volumen $\mu(K)$ durch

$$\mu(K) := \int_K \mathrm{d}\mu .$$

Diese Volumenmessung soll nun auch für nicht-kompakte Mengen eingeführt werden. Für praktische Zwecke genügt es dabei, lokal-abgeschlossene Mengen zu berücksichtigen: Eine Teilmenge G der Mannigfaltigkeit M heißt lokal-abgeschlossen, wenn jeder Punkt $x \in G$ eine offene Umgebung U_x in M besitzt, so daß $G \cap U_x$ abgeschlossen in U_x ist, also $\overline{G} \cap U_x = G \cap U_x$ gilt. Wir können in diesem Falle $G = \overline{G} \cap \left(\bigcup_{x \in G} U_x \right)$ schreiben, d. h., G ist Durchschnitt einer offenen und einer abgeschlossenen Menge in M. Umgekehrt ist so eine Teilmenge von M lokal-abgeschlossen. Beispiele lokal-abgeschlossener Teilmengen des $\mathbb{R}^n$ sind z. B. Würfel und Quader, bei denen einige Seiten mit dazugehören und andere nicht; insbesondere sind also alle Intervalle in $\mathbb{R}$ lokal-abgeschlossen.

Eine lokal-abgeschlossene Teilmenge G der Mannigfaltigkeit M nennen wir nun meßbar (mit dem Volumenmaß $\mathrm{d}\mu$), wenn sie sich durch kompakte, meßbare Mengen ausschöpfen läßt und die Menge

$$\{\mu(K);\ K \subseteq G,\ K \text{ kompakt, meßbar}\}$$

beschränkt ist. In diesem Falle nennen wir ihre obere Schranke das Volumenmaß von G:

$$\mu(G) := \sup\{\mu(K);\ K \subseteq G,\ K \text{ kompakt, meßbar}\}.$$

$f: G \to \mathbb{R}$ sei eine stetige beschränkte Funktion auf der meßbaren lokal-abgeschlossenen Teilmenge G von M. f kann in der Form $f = f^+ - f^-$ geschrieben werden mit zwei nicht-negativen stetigen beschränkten Funktionen f^+ und f^- auf G. f^+ und f^- sind zwar nicht eindeutig bestimmt, jedoch ist für zwei Zerlegungen $f=f_1^+-f_1^-=f_2^+-f_2^-$ dieser Art $f_1^+-f_2^+=f_1^--f_2^-$. Die Zahl

$$\int_G f\,d\mu := \sup\left\{\int_K f^+\,d\mu;\ K\subseteq G \text{ kompakt, meßbar}\right\} - \sup\left\{\int_K f^-\,d\mu;\ K\subseteq G \text{ kompakt, meßbar}\right\}$$

ist dann wohldefiniert, und wir nennen sie das Integral von f über G (bezüglich $d\mu$).

Bei der nun folgenden Einführung stückweise glatter Untermannigfaltigkeiten einer n-dimensionalen Mannigfaltigkeit beschränken wir uns auf solche der Dimension $n-1$. Stückweise glatte Untermannigfaltigkeiten wollen wir durch lokale Eigenschaften charakterisieren; wir beginnen daher mit der Definition sogenannter stückweise glatter Graphen.

Dazu noch eine Vorbemerkung: Den $\mathbb{R}^n$ denken wir uns stets mit der üblichen euklidischen Metrik versehen. Das zugehörige Volumenmaß bezeichnen wir mit dV_n. Ist N irgendeine $(n-1)$-dimensionale Untermannigfaltigkeit des $\mathbb{R}^n$, so wird durch die euklidische Metrik des $\mathbb{R}^n$ eine Riemannsche Metrik g_{n-1} auf N induziert. Das zugehörige (absolute) Riemannsche Volumenmaß werde mit dV_{n-1} bezeichnet.

Ist D eine offene Teilmenge im $\mathbb{R}^{n-1}$ und $f: D\to\mathbb{R}$ eine Funktion, so verstehen wir unter ihrem *Graphen* die Teilmenge

$$G_f := \{(y,x)\in\mathbb{R}\times D;\ y=f(x),\ x\in D\}$$

von $\mathbb{R}\times D$. Üblicherweise definiert man den Graphen als Teilmenge von $D\times\mathbb{R}$. Um jedoch später bei der Definition einer Orientierung nicht in Vorzeichenschwierigkeiten zu geraten, haben wir die Komponenten vertauscht.

Einen Punkt $z\in G_f$ nennen wir *regulär*, wenn es eine offene Umgebung U von z in $\mathbb{R}\times D$ gibt, so daß $G_f\cap U$ eine differenzierbare Untermannigfaltigkeit von U ist. Die Menge der regulären Punkte werde mit R_f bezeichnet. R_f ist per definitionem offen in G_f. $S_f := G_f - R_f$ heißt die *Singularitätenmenge* von G_f. Mit $\pi: \mathbb{R}\times D\to D$ bezeichnen wir im folgenden die Projektion auf D.

22.1 Definition: *D sei eine offene meßbare Teilmenge des $\mathbb{R}^{n-1}$. Der Graph*

$$G_f := \{(f(x),x);\ x\in D\}\subseteq\mathbb{R}\times D$$

einer stetigen Funktion $f: D\to\mathbb{R}$ heißt *stückweise glatt, wenn folgendes gilt:*

(1) *Die Menge R_f der regulären Punkte von G_f ist (bez. dV_{n-1}) meßbar.*
(2) *$\pi(S_f)$ ist eine Nullmenge in D.*
(3) *f ist auf $\pi(S_f)$ lokal Lipschitz-stetig, d.h., zu jeder kompakten Teilmenge K von $\pi(S_f)$ gibt es eine reelle Zahl k, so daß für $x, y \in K$ $|f(x)-f(y)| \leq k\|x-y\|$ gilt.*

Im folgenden sei $G_f \subseteq \mathbb{R} \times D$ ein fester stückweise glatter Graph der Dimension $n-1$. Auf R_f gibt es ein ausgezeichnetes Orthonormalenfeld $\mathfrak{n} \in \Gamma(R_f, \mathfrak{T}(\mathbb{R} \times D))$, das in allen Punkten in Richtung

$$G_f^+ := \{(y,x) \in \mathbb{R} \times D;\, y \geq f(x)\}$$

weist. (Eine formal strenge Definition kann in Analogie zu Definition 10.9 gegeben werden.) Die Differentialform $dx_1 \wedge \cdots \wedge dx_n \in \mathfrak{F}_n(\mathbb{R} \times D)$ repräsentiert die Orientierung von $\mathbb{R} \times D$, und nach Satz 10.13 repräsentiert $(dx_1 \wedge \cdots \wedge dx_n)^{\mathfrak{n}} \in \mathfrak{F}_{n-1}(R_f)$ eine Orientierung auf R_f, die wir mit $\mathcal{O}^{n-1}$ bezeichnen. Wir nennen sie die Standardorientierung des Graphen G_f.

22.2 Lemma: *$\varphi \in \mathfrak{F}_{n-1}^c(\mathbb{R} \times D)$ sei eine $(n-1)$-Form auf $\mathbb{R} \times D$ mit kompaktem Träger. Dann gibt es eine stetige beschränkte Funktion $h: R_f \to \mathbb{R}$, so daß*

$$\varphi|_{R_f} := i^* \varphi = h \cdot (dx_1 \wedge \cdots \wedge dx_n)^{\mathfrak{n}}$$

ist. Dabei sei $i: R_f \to \mathbb{R} \times D$ die Inklusionsabbildung.

Beweis: Auf R_f ist die Funktion .

$$h := \frac{i^* \varphi}{(dx_1 \wedge \cdots \wedge dx_n)^{\mathfrak{n}}}$$

wohldefiniert und sogar differenzierbar. Wir müssen also nur noch die Beschränktheit von h zeigen. Sei dazu $z \in R_f$ und $(X_2, \ldots, X_n)$ eine orientierte Orthonormalbasis von $\mathfrak{T}_z(R_f)$ (bezüglich g_{n-1} und der Standardorientierung $\mathcal{O}^{n-1}$ von G_f). Dann ist

$$\begin{aligned} h(z) &= \frac{(i^* \varphi)(X_2, \ldots, X_n)}{(dx_1 \wedge \cdots \wedge dx_n)^{\mathfrak{n}}(X_2, \ldots, X_n)} \\ &= \frac{(i^* \varphi)(X_2, \ldots, X_n)}{dx_1 \wedge \cdots \wedge dx_n(\mathfrak{n}_z, X_2, \ldots, X_n)} \\ &= \frac{(i^* \varphi)(X_2, \ldots, X_n)}{1} = \varphi(X_2, \ldots, X_n). \end{aligned}$$

φ können wir in der Form

$$\varphi = \sum_{i=1}^{n} f_i \, \mathrm{d}x_1 \wedge \cdots \wedge \widehat{\mathrm{d}x_i} \wedge \cdots \wedge \mathrm{d}x_n$$

schreiben mit $f_i \in \mathfrak{F}_0^c(\mathbb{R} \times D)$. X_i hat die Gestalt

$$X_i = \sum_{j=1}^{n} a_{ij} \frac{\partial}{\partial x_j}\bigg|_z, \qquad a_{ij} \in \mathbb{R}.$$

Da die X_i eine Orthonormalbasis von $\mathfrak{T}_z(R_f)$ und die $\frac{\partial}{\partial x_j}\Big|_z$ eine von $\mathfrak{T}_z(\mathbb{R} \times D)$ bilden, muß $|a_{ij}| \leq 1$ sein für $i = 2, \ldots, n; j = 1, \ldots, n$. Daher ist

$$\begin{aligned}
&|\varphi(X_2, \ldots, X_n)| \\
&= \left| \sum_{i=1}^{n} f_i(z) \mathrm{d}x_1 \wedge \cdots \wedge \widehat{\mathrm{d}x_i} \wedge \cdots \wedge \mathrm{d}x_n \left(\sum_{j=1}^{n} a_{2j} \frac{\partial}{\partial x_j}\bigg|_z, \ldots, \sum_{j=1}^{n} a_{nj} \frac{\partial}{\partial x_j}\bigg|_z \right) \right| \\
&= \left| \sum_{i=1}^{n} f_i(z) \sum_{\substack{\sigma \in \mathscr{S}_n \\ \sigma(1) = i}} (-1)^{i-1} \operatorname{sign}(\sigma) a_{2\sigma(2)} \cdots a_{n\sigma(n)} \right| \\
&\leq \sum_{i=1}^{n} |f_i(z)| (n-1)!.
\end{aligned}$$

Weil nun die f_i kompakten Träger in $\mathbb{R} \times D$ haben und stetig sind, muß der letzte Ausdruck beschränkt sein, woraus nach unserer obigen Rechnung die Beschränktheit von h folgt. ∎

Das vorliegende Lemma gestattet es nun, für eine Differentialform $\varphi \in \mathfrak{F}_{n-1}^c(\mathbb{R} \times D)$

22.3 $$\int_{(G_f, \mathcal{O}^{n-1})} \varphi := \int_{(R_f, \mathcal{O}^{n-1})} i^* \varphi = \int_{R_f} \frac{i^* \varphi}{(\mathrm{d}x_1 \wedge \cdots \wedge \mathrm{d}x_n)^{\nu}} \mathrm{d}V_{n-1}$$

zu definieren.

Für den Beweis der nächsten Aussage, die ein Analogon zu Lemma 20.1 darstellt, bemerken wir noch, daß für $a \in \mathbb{R}$ die Menge

$$\{(y, x) \in \mathbb{R} \times D;\ a \leq y \leq f(x)\}$$

meßbar ist, und zwar ist sie ein sogenannter Normalbereich über der meßbaren Menge D im $\mathbb{R}^{n-1}$.

22.4 Lemma: *Die Differentialform $\varphi \in \mathfrak{F}^c_{n-1}(\mathbb{R} \times D)$ verschwinde über einer Umgebung von S_f in $\mathbb{R} \times D$. Ferner sei $\hat{G}_f := \{(y,x) \in \mathbb{R} \times D;\ y \leq f(x)\}$. Dann gilt*

$$\int_{(\hat{G}_f, \mathcal{O}^n)} d\varphi = \int_{(G_f, \mathcal{O}^{n-1})} \varphi.$$

Beweis: Zunächst müssen wir noch erklären, was wir unter $\int_{(\hat{G}_f, \mathcal{O}^n)} d\varphi$ verstehen. $\hat{G}_f$ ist i. allg. ja nicht meßbar, aber wegen der Kompaktheit von $\mathrm{supp}(d\varphi)$ gibt es eine Zahl $a \in \mathbb{R}$ mit

$$\mathrm{supp}(\varphi) \subseteq {}_a\hat{G}_f := \{(y,x) \in \mathbb{R} \times D;\ a \leq y \leq f(x)\},$$

und das Integral $\int_{({}_a\hat{G}_f, \mathcal{O}^n)} d\varphi$ ist unabhängig von der speziellen Wahl dieses a, so daß wir es als Integral von $d\varphi$ über $\hat{G}_f$ bezeichnen können.

Nun zum Beweis des Lemmas: φ verschwinde über der offenen Umgebung V von S_f in $\mathbb{R} \times D$. Weil S_f abgeschlossen in G_f und damit auch in V ist, gibt es eine offene Umgebung U von S_f in $\mathbb{R} \times D$, so daß $\bar{U} \cap (\mathbb{R} \times D)$ ganz in V liegt. $(\mathbb{R} \times D) - \bar{U}$ ist eine n-dimensionale differenzierbare Mannigfaltigkeit M, und $\hat{G}_f \cap M$ ist eine berandete Untermannigfaltigkeit von M mit $G_f \cap M$ als Rand. $\hat{G}_f \cap M$ ist zwar i. allg. nicht kompakt, aber der Träger von φ ist kompakt in M. Nach Satz 20.2 erhält man daher

$$\int_{(\hat{G}_f \cap M, \mathcal{O}^n)} d\varphi = \int_{(G_f \cap M, \mathcal{O}^{n-1})} \varphi.$$

Da schließlich $\mathrm{supp}(\varphi) \cap G_f$ kompakt in $G_f \cap M$ liegt und $\mathrm{supp}(d\varphi) \cap \hat{G}_f$ kompakt in $\hat{G}_f \cap M$, haben wir

$$\int_{(\hat{G}_f, \mathcal{O}^n)} d\varphi = \int_{(\hat{G}_f \cap M, \mathcal{O}^n)} d\varphi = \int_{(G_f \cap M, \mathcal{O}^{n-1})} \varphi = \int_{(G_f, \mathcal{O}^{n-1})} \varphi. \quad \blacksquare$$

Wir wollen nun in Lemma 22.4 die Voraussetzung, daß φ in einer Umgebung von S_f verschwindet, fallen lassen. Dazu werden wir wesentlich die Bedingungen (2) und (3) der Definition 22.1 benutzen und mit ihrer Hilfe zwei Lemmata beweisen. Einige Bezeichnungen nehmen wir vorweg. Ist Q ein Würfel in D, etwa mit Kantenlänge $2r$, so bezeichnet Q' den Würfel mit gleichem Mittelpunkt, dessen Kantenlänge zwei Drittel der Kantenlänge von Q beträgt, also $\frac{4r}{3}$. Entsprechendes gilt für einen Quader $\hat{Q}$ in $\mathbb{R} \times D$.

22.5 Lemma: *K sei eine kompakte Teilmenge von S_f, und es sei $\delta > 0$ vorgegeben. Dann gibt es für hinreichend kleines $r > 0$ endlich viele kompakte Würfel $Q_1, \ldots, Q_N$ der Kantenlänge $2r$ in D mit folgenden Eigenschaften:*

(1) $\pi(K) \subseteq \bigcup_{i=1}^{N} Q'_i$. *(Zur Definition von Q'_i siehe oben.)*

(2) *Je $n+1$ verschiedene der Q_i haben leeren Durchschnitt.*

(3) $$V_{n-1}\left(\bigcup_{i=1}^{N} Q_i\right) \leq \delta .$$

(4) $$V_{n-1}\left(\pi^{-1}\left(\bigcup_{i=1}^{N} Q_i\right) \cap R_f\right) \leq \delta .$$

Beweis: $\pi(K)$ ist eine kompakte Nullmenge in D. Es gibt daher eine Folge meßbarer offener Umgebungen U_ν von $\pi(K)$ in D mit $U_\nu \supseteq U_{\nu+1}$, $\bigcap_{\nu=1}^{\infty} \bar{U}_\nu = \pi(K)$ und $\lim_{\nu\to\infty} V_{n-1}(U_\nu) = 0$. $\pi^{-1}(U_\nu) \cap R_f$ ist dann eine offene Teilmenge von R_f und ebenfalls für jedes ν meßbar, und wegen $\bigcap_{\nu=1}^{\infty} \pi^{-1}(\bar{U}_\nu) \cap R_f = \emptyset$ muß auch $\lim_{\nu\to\infty} V_{n-1}(\pi^{-1}(U_\nu) \cap R_f) = 0$ gelten: Zu beliebigem $\eta > 0$ gibt es wegen der Meßbarkeit von R_f eine kompakte Teilmenge A von R_f mit $V_{n-1}(A) > V_{n-1}(R_f) - \eta$. Die $R_f - \pi^{-1}(\bar{U}_\nu)$ bilden eine offene Überdeckung von R_f, und es gibt deshalb ein ν mit $A \subseteq R_f - \pi^{-1}(\bar{U}_\nu)$. Daraus folgt aber $V_{n-1}(\pi^{-1}(U_\nu) \cap R_f) < \eta$, womit $\lim_{\nu\to\infty} V_{n-1}(\pi^{-1}(U_\nu) \cap R_f) = 0$ gezeigt ist. Es gibt also sicher eine meßbare offene Umgebung U von $\pi(K)$ in D mit $V_{n-1}(U) \leq \delta$ und $V_{n-1}(\pi^{-1}(U) \cap R_f) \leq \delta$.

Für hinreichend kleines $r > 0$ können wir jetzt $\pi(K)$ durch endlich viele, ganz in U liegende Würfel der Kantenlänge $2r$ überdecken, so daß (1) und (2) gelten ((3) und (4) sind dann automatisch erfüllt): Dazu zerlege man einfach den $\mathbb{R}^{n-1}$ in Würfel der Kantenlänge $\frac{4r}{3}$, so daß je $n+1$ verschiedene leeren Durchschnitt haben (siehe Figur 9). $\pi(K)$ liegt in der Vereinigung endlich vieler dieser Würfel, und indem man diese

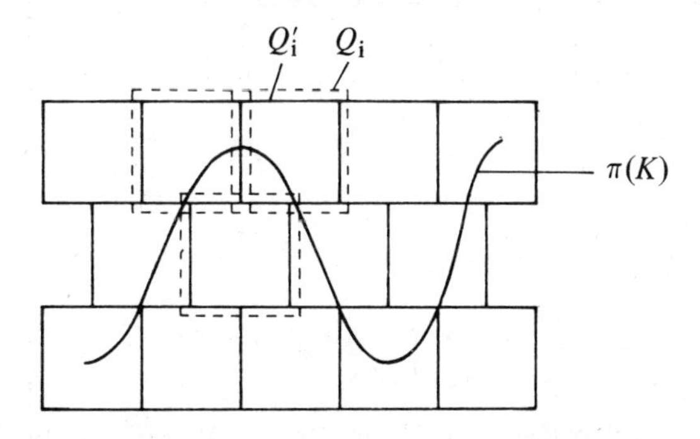

Figur 9

anschließend entsprechend vergrößert, erhält man die gesuchten Würfel. Für genügend kleines r liegen sie alle ganz in U. ∎

22.6 Lemma: *K sei eine kompakte Teilmenge von S_f. Dann gibt es zu jedem $\varepsilon>0$ eine Umgebung U_ε von K in $\mathbb{R}\times D$ und eine differenzierbare Funktion h_ε auf $\mathbb{R}\times D$ mit folgenden Eigenschaften:*

(1) *U_ε und $U_\varepsilon\cap R_f$ sind meßbar, und es gilt* $V_n(U_\varepsilon)\leq\varepsilon$, $V_{n-1}(U_\varepsilon\cap R_f)\leq\varepsilon$.

(2) $0\leq h_\varepsilon\leq 1$, $h_\varepsilon=0$ *über einer Umgebung von K in U_ε,* $h_\varepsilon=1$ *außerhalb* U_ε.

(3) $V_n(U_\varepsilon)\left\|\frac{\partial h_\varepsilon}{\partial x_j}\right\|\leq\varepsilon$ *mit* $\left\|\frac{\partial h_\varepsilon}{\partial x_j}\right\|:=\sup\left|\frac{\partial h_\varepsilon}{\partial x_j}(z)\right|$; $j=1,\ldots,n$.

Beweis: Wegen (3) in Definition 22.1 gibt es eine reelle Zahl k mit $|f(x)-f(y)|\leq k\|x-y\|$ für $x,y\in\pi(K)$. $Q_1,\ldots,Q_N$ seien Würfel, wie sie nach Lemma 22.5 existieren, wobei das δ noch zu bestimmen ist. Für $i=1,\ldots,N$ können wir dann in $\pi^{-1}(Q_i)=\mathbb{R}\times Q_i$ einen Quader $\hat{Q}_i$ der Höhe $2kr$ ausschneiden, so daß $K\subseteq\bigcup_{i=1}^{N}\hat{Q}'_i$ gilt (zur Definition von $\hat{Q}'_i$ siehe oben).

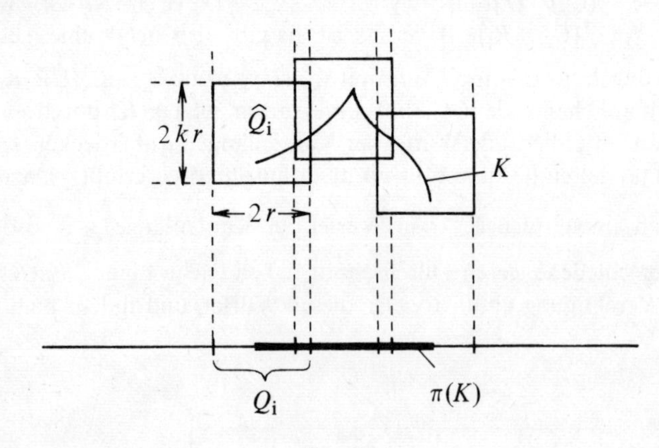

Figur 10

Setzen wir jetzt $W_\delta:=\bigcup_{i=1}^{N}\hat{Q}_i$, so ist $\pi(W_\delta)=\bigcup_{i=1}^{N}Q_i$, und wir haben

$$V_n(W_\delta)\leq 2krn\,V_{n-1}(\pi(W_\delta))\leq 2krn\delta\,,$$
$$V_{n-1}(W_\delta\cap R_f)\leq\delta\,.$$

Dabei dürfen wir o.B.d.A. $k\geq 1$ annehmen. Außerdem haben je $n+1$ verschiedene der $\hat{Q}_i$ leeren Durchschnitt.

Zu $\hat{Q}_i$ gibt es sicher eine $\mathscr{C}^\infty$-Funktion h_i auf $\mathbb{R}\times D$ mit $0\le h_i\le 1$, $h_i=0$ auf $\hat{Q}'_i$ und $h_i=1$ außerhalb $\hat{Q}_i$, so daß $\left\|\frac{\partial h_i}{\partial x_j}\right\|\le\frac{a}{r}$ ist, wo a eine nicht von r abhängende Konstante ist. $h_\delta:=\prod_{i=1}^{N} h_i$ ist dann eine $\mathscr{C}^\infty$-Funktion mit $0\le h_\delta\le 1$, die in einer Umgebung von K den Wert 0 annimmt und außerhalb von W_δ den Wert 1. Da je $n+1$ verschiedene der $\hat{Q}_i$ leeren Durchschnitt haben und h_i außerhalb $\hat{Q}_i$ konstant ist, rechnet man leicht aus:

$$\left\|\frac{\partial h_\delta}{\partial x_j}\right\|=\left\|\sum_{i=1}^{N}\frac{\partial h_i}{\partial x_j}\prod_{k\neq i}h_k\right\|\le n\frac{a}{r},\qquad j=1,\dots,n.$$

Daraus folgt aber

$$\mathrm{V}_n(W_\delta)\left\|\frac{\partial h_\delta}{\partial x_j}\right\|\le 2krn^2\delta\frac{a}{r}=2kn^2a\delta,$$

und für $\delta:=\min\left\{\varepsilon,\frac{\varepsilon}{2kn^2a}\right\}$ erfüllen dann $U_\varepsilon:=W_\delta$ und $h_\varepsilon:=h_\delta$ die Forderungen (1) bis (3) von Lemma 22.6. ∎

22.7 Lemma: *Es sei* $\varphi\in\mathfrak{F}^c_{n-1}(\mathbb{R}\times D)$. *Dann ist*

$$\int_{(\hat{G}_f,\mathcal{O}^n)}\mathrm{d}\varphi=\int_{(G_f,\mathcal{O}^{n-1})}\varphi.$$

Beweis: Die Funktionen

$$\hat{g}:=\frac{\mathrm{d}\varphi}{\mathrm{d}x_1\wedge\cdots\wedge\mathrm{d}x_n},\qquad g:=\frac{i^*\varphi}{(\mathrm{d}x_1\wedge\cdots\wedge\mathrm{d}x_n)^n}$$

sind auf $\mathbb{R}\times D$ bzw. R_f stetig und beschränkt, d.h., es gibt eine reelle Zahl m mit $\|\hat{g}\|\le m$ und $\|g\|\le m$. Zu $\varepsilon>0$ wählen wir U_ε und h_ε nach Lemma 22.6, wobei wir $K:=S_f\cap\operatorname{supp}(\varphi)$ nehmen. Die Differentialform $h_\varepsilon\varphi$ verschwindet dann in einer Umgebung von S_f, und wir können auf sie Lemma 22.4 anwenden. Andrerseits gilt:

$$\begin{aligned}\left|\int_{(\hat{G}_f,\mathcal{O}^n)}\mathrm{d}\varphi-\int_{(\hat{G}_f,\mathcal{O}^n)}\mathrm{d}(h_\varepsilon\varphi)\right|&=\left|\int_{(\hat{G}_f,\mathcal{O}^n)}\mathrm{d}(\varphi-h_\varepsilon\varphi)\right|\\&\le\left|\int_{(\hat{G}_f,\mathcal{O}^n)}(\mathrm{d}\varphi-h_\varepsilon\mathrm{d}\varphi)\right|+\left|\int_{(\hat{G}_f,\mathcal{O}^n)}\mathrm{d}h_\varepsilon\wedge\varphi\right|\\&=\left|\int_{(\hat{G}_f,\mathcal{O}^n)}\hat{g}(1-h_\varepsilon)\mathrm{dV}_n\right|+\left|\int_{(\hat{G}_f,\mathcal{O}^n)}\mathrm{d}h_\varepsilon\wedge\varphi\right|\\&\le\|\hat{g}\|\mathrm{V}_n(U_\varepsilon)+\left|\int_{(\hat{G}_f,\mathcal{O}^n)}\mathrm{d}h_\varepsilon\wedge\varphi\right|\le m\varepsilon+\left|\int_{(\hat{G}_f,\mathcal{O}^n)}\mathrm{d}h_\varepsilon\wedge\varphi\right|.\end{aligned}$$

Hat jetzt φ die Form

$$\varphi = \sum_{i=1}^{n} f_i \mathrm{d}x_1 \wedge \cdots \wedge \widehat{\mathrm{d}x_i} \wedge \cdots \wedge \mathrm{d}x_n$$

mit $f_i \in \mathfrak{F}_0^c(\mathbb{R} \times D)$, so sind die f_i beschränkt, etwa durch $M \in \mathbb{R}$, und wegen $\operatorname{supp}(\mathrm{d}h_\varepsilon) \subseteq U_\varepsilon$ gilt

$$\begin{aligned}\left| \int_{(\hat{G}_f, \mathcal{O}^n)} \mathrm{d}h_\varepsilon \wedge \varphi \right| &\leq \sum_{i=1}^{n} \int_{\hat{G}_f} |f_i| \left| \frac{\partial h_\varepsilon}{\partial x_i} \right| \mathrm{dV}_n \\ &\leq \sum_{i=1}^{n} M \left\| \frac{\partial h_\varepsilon}{\partial x_i} \right\| \mathrm{V}_n(U_\varepsilon) \leq n M \varepsilon .\end{aligned}$$

Folglich haben wir

$$\left| \int_{(\hat{G}_f, \mathcal{O}^n)} \mathrm{d}\varphi - \int_{(\hat{G}_f, \mathcal{O}^n)} \mathrm{d}(h_\varepsilon \varphi) \right| \leq (m + nM)\varepsilon .$$

Ebenso erhält man

$$\begin{aligned}\left| \int_{(G_f, \mathcal{O}^{n-1})} \varphi - \int_{(G_f, \mathcal{O}^{n-1})} h_\varepsilon \varphi \right| &\leq \left| \int_{R_f} g(1 - h_\varepsilon) \mathrm{dV}_{n-1} \right| \\ &\leq \|g\| \mathrm{V}_{n-1}(U_\varepsilon \cap R_f) \leq m\varepsilon .\end{aligned}$$

Insgesamt ergibt sich also unter Anwendung von Lemma 22.4

$$\left| \int_{(\hat{G}_f, \mathcal{O}^n)} \mathrm{d}\varphi - \int_{(G_f, \mathcal{O}^{n-1})} \varphi \right| \leq (2m + nM)\varepsilon$$

für jedes $\varepsilon > 0$. Da m und M nur von φ abhängende Konstanten sind, ist damit Lemma 22.7 bewiesen. ∎

Aus den bisherigen Ergebnissen dieses Paragraphen können wir jetzt eine Theorie der stückweise glatten Untermannigfaltigkeiten aufbauen. Entscheidend ist dabei das folgende Lemma, das im wesentlichen besagt, daß das, was wir bisher gemacht haben, koordinatenunabhängig ist. Insbesondere ist es also auch nebensächlich, daß wir im $\mathbb{R}^n$ die übliche euklidische Metrik verwendet haben, wir hätten genausogut eine andere nehmen können.

22.8 Lemma: *D und D' seien meßbare offene Teilmengen im $\mathbb{R}^{n-1}$, $f: D \to \mathbb{R}$ und $f': D' \to \mathbb{R}$ seien stetige Funktionen, so daß G_f und $G_{f'}$ stückweise glatte Graphen sind. $F: U \to U'$ sei ein orientierungserhaltender Diffeomorphismus zwischen Umgebungen U und U' von G_f bzw. $G_{f'}$, so daß G_f auf $G_{f'}$ und $\hat{G}_f \cap U$ auf $\hat{G}_{f'} \cap U'$ abgebildet wird. Dann ist für $\varphi \in \mathfrak{F}_{n-1}^c(\mathbb{R} \times D')$*

$$\int_{(G_{f'}, \mathcal{O}^{n-1})} \varphi = \int_{(G_f, \mathcal{O}^{n-1})} F^* \varphi .$$

Beweis: Bevor wir Lemma 22.8 beweisen, bemerken wir noch, daß es genügt, wenn G_f stückweise glatt und f' stetig ist. Aus den geforderten Eigenschaften von F folgert man dann, daß auch $G_{f'}$ stückweise glatt ist. Nun zum Beweis:

Wir dürfen o.B.d.A. annehmen, daß der Träger von φ in U' liegt. Da F orientierungserhaltend ist und überdies $\hat{G}_f \cap U$ auf $\hat{G}_{f'} \cap U'$ abbildet, haben wir

$$\int_{(\hat{G}_{f'}, \mathcal{O}^n)} d\varphi = \int_{(\hat{G}_f, \mathcal{O}^n)} F^*(d\varphi) = \int_{(\hat{G}_f, \mathcal{O}^n)} d(F^*\varphi).$$

Zusammen mit Lemma 22.7 folgt daraus die Behauptung. ▮

22.9 Definition: *M sei eine n-dimensionale Mannigfaltigkeit. Dann heißt eine abgeschlossene Teilmenge N von M eine $(n-1)$-dimensionale stückweise glatte Untermannigfaltigkeit, wenn es zu jedem $x \in N$ eine Karte (U, g) mit $x \in U$ von M gibt (verträglich mit der $\mathscr{C}^\infty$-Struktur von M!), so daß $g(U) = I \times D$ ist, wo I ein Intervall in $\mathbb{R}$ und D eine meßbare offene Teilmenge im $\mathbb{R}^{n-1}$ ist, und daß $g(U \cap N)$ ein stückweise glatter Graph in $\mathbb{R} \times D$ ist.*

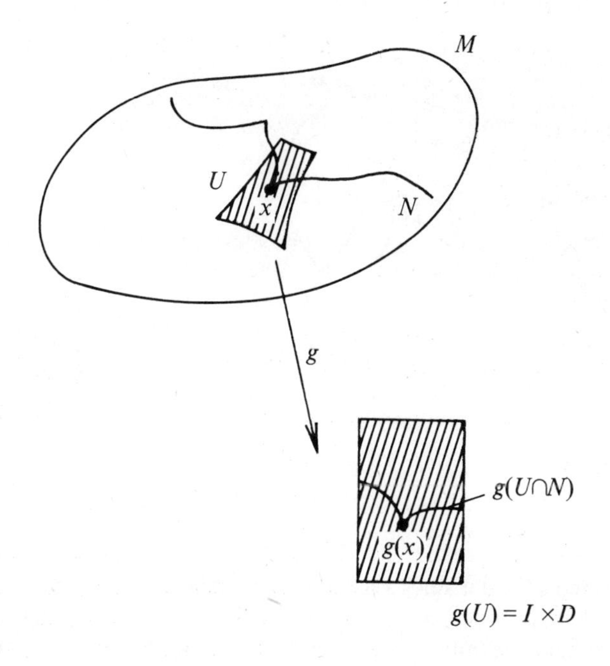

Figur 11

Es ist klar, daß man auf N jetzt wieder den Begriff des regulären und singulären Punktes einführen kann. Ebenso läßt sich erklären, was eine Orientierung auf N ist. Es ist eine Orientierung der Regularitätsmenge $R(N)$ von N, so daß die oben erwähnten Karten (U, g) so gewählt werden können, daß die Abbildungen $g|R(N) \cap U \to g(R(N) \cap U)$ die Orientierung erhalten, wenn wir den stückweise glatten Graphen $g(N \cap U)$ mit der Standardorientierung $\mathcal{O}^{n-1}$ versehen.

Ist jetzt $(N, \mathcal{O}_N)$ eine stückweise glatte orientierte Untermannigfaltigkeit von M, so kann für eine Differentialform $\varphi \in \mathfrak{F}^c_{n-1}(M)$ deren Integral $\int_{(N,\mathcal{O}_N)} \varphi$ auf dieselbe Weise mit Hilfe einer Partition der Eins auf M und der lokalen Definition 22.3 des Integrals erklärt werden, wie das im Falle differenzierbarer Mannigfaltigkeiten geschehen ist.

22.10 Definition: *M sei eine n-dimensionale differenzierbare Mannigfaltigkeit. Eine abgeschlossene Teilmenge G von M heißt stückweise glatt berandete Untermannigfaltigkeit von M, wenn es zu jedem Punkt $x \in G$ eine Karte (U, g) auf M mit $x \in U$ gibt, so daß $g(U)$ ein Quader in $\mathbb{R} \times \mathbb{R}^{n-1}$ ist, in dem $g(\partial G \cap U)$ ein stückweise glatter Graph G_f ist, so daß $g(G \cap U) = \hat{G}_f \cap g(U)$ gilt.*

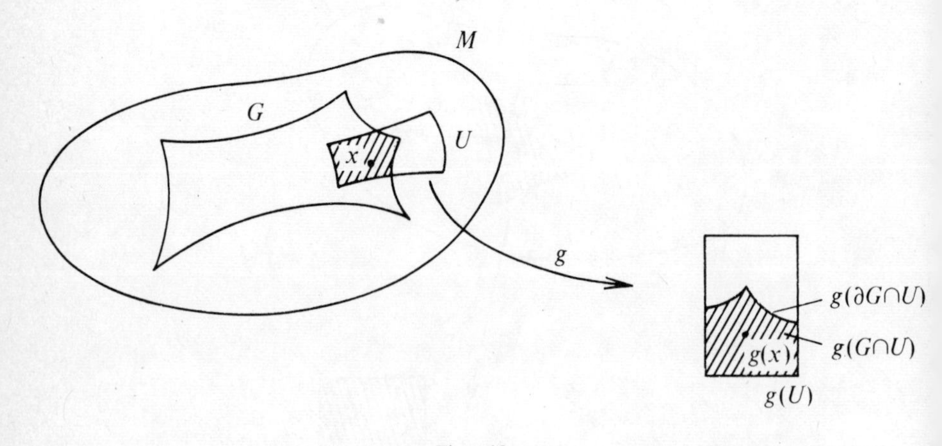

Figur 12

Der Rand ∂G einer stückweise glatt berandeten Untermannigfaltigkeit G von M ist also eine stückweise glatte Untermannigfaltigkeit von M im Sinne von Definition 22.9. Trägt M eine Orientierung $\mathcal{O}$, so wird durch sie in der gleichen Weise wie in § 10 eine Orientierung $\partial\mathcal{O}$ auf ∂G

induziert. Mit demselben Verfahren wie in § 20 gewinnt man jetzt aus Lemma 22.7 den folgenden *Satz von Stokes*:

22.11 Satz: $(M, \mathcal{O})$ *sei eine n-dimensionale orientierte Mannigfaltigkeit, G eine kompakte stückweise glatt berandete Untermannigfaltigkeit. Dann gilt für jede* $(n-1)$*-Form* $\omega \in \mathfrak{F}_{n-1}(M)$

$$\int_{(G,\mathcal{O})} d\omega = \int_{(\partial G, \partial\mathcal{O})} \omega .$$

LITERATURVERZEICHNIS

[1] *Auderset, C.:* Intégration et Dualité de Poincaré dans les Variétés différentielles. Fribourg (Suisse), 1969 (Diplomarbeit).

[2] *Auslander, L.:* Differential Geometry. Harper and Row, New York, 1967.

[3] *Bishop, R. and S. Goldberg:* Tensor Analysis on Manifolds. Macmillan, New York/London, 1968.

[4] *Bourbaki, N.:* Topologie générale, Chap. I. Hermann, Paris, 1951.

[5] *Cartan, E.:* Leçons sur la Géométrie des Espaces de Riemann. Gauthier-Villars, Paris, 1945.

[6] *Cartan, H.:* Formes différentielles. Hermann, Paris, 1967.

[7] *Centro Internazionale Matematico Estivo:* Forme differenziali e loro integrali. Edizioni Cremonese, Roma, 1963.

[8] *Choquet-Bruhat, Y.:* Géométrie Différentielle et Systèmes Extérieurs. Dunod, Paris, 1968.

[9] *Dombrowski, P. und F. Hirzebruch:* Vektoranalysis. Bonn, 1962 (Vorlesungsausarbeitung).

[10] *Erwe, F.:* Differential- und Integralrechnung I u. II. Mannheim, Bibliographisches Institut, 1962 (Hochschultaschenbücher 30/30a u. 31/31a).

[11] *Flanders, H.:* Differential Forms. Academic Press, New York, 1962.

[12] *Godbillon, D.:* Géométrie Différentielle et Mécanique Analytique. Hermann, Paris, 1969.

[13] *Godement, R.:* Topologie Algébrique et Théorie des Faisceaux. Hermann, Paris, 1958.

[14] *Grauert, H. und W. Fischer:* Differential- und Integralrechnung II. Springer, Heidelberg, 1968 (Heidelberger Taschenbuch Nr. 36).

[15] *Grauert, H. und I. Lieb:* Differential- und Integralrechnung III. Springer, Heidelberg, 1968 (Heidelberger Taschenbuch Nr. 43).

[16] *Greub, W. H.:* Multilinear Algebra. Springer, Berlin–Heidelberg–New York, 1967.

[17] *Greub, W. H., Halperin, S., and R. J. Vanstone:* Curvature, Connections and Cohomology, Vol. I. Academic Press, New York, 1972.

[18] *Hicks, N.:* Notes on Differential Geometry. Van Nostrand-Reinhold, Princeton, New Jersey, 1965.

[19] *Helgason, S.:* Differential Geometry and Symmetric Spaces. Academic Press, New York, 1962.

[20] *Holmann, H.:* Lineare und multilineare Algebra I. Bibliographisches Institut, Mannheim, 1970 (B.I. Hochschultaschenbuch 173).

[21] *Lang, S.:* Analysis II. Addison-Wesley, Reading, Mass., 1969.

[22] *Lang, S.:* Introduction to Differentiable Manifolds. John Wiley & Sons, Inc., New York, 1962.

[23] *Laugwitz, D.:* Differentialgeometrie. Teubner, Stuttgart, 1960.

[24] *Milnor, J. W.:* Topology from the Differentiable Viewpoint. Univ. Press of Virginia, Charlottesville, 1965.

[25] *Munkres, J. R.:* Elementary Differential Topology (Ann. of Math. Studies No. 54). Princeton Univ. Press, Princeton, New Jersey, 1966.

[26] *Narasimhan, R.:* Analysis on Real and Complex Manifolds. Masson & Cie., Paris, North Holland Publ. Co., Amsterdam, 1968.

[27] *de Rham, G.:* Variétés différentiables. Hermann, Paris, 1955.

[28] *Slebodzinski, W.:* Formes Extérieures et leurs Applications, Vol. II. PWN, Warszawa, 1963.

[29] *Spivak, M.:* A Comprehensive Introduction to Differential Geometry. Brandeis Univ., 1970.

[30] *Spivak, M.:* Calculus on Manifolds. W. A. Benjamin, Inc., New York, 1965.

[31] *Teichmann, H.:* Physikalische Anwendungen der Vektor- und Tensorrechnung. Bibliographisches Institut, Mannheim, 1963 (B.I. Hochschultaschenbuch 39/39a).

[32] *Warner, F. W.:* Foundations of Differentiable Manifolds and Lie Groups. Scott, Foresman & Co., Glenview, Ill., 1971.

[33] *Whitney, H.:* Differentiable Manifolds. Annals of Mathematics 37, p. 645–680, 1937.

[34] *Brehmer, S. und H. Haar:* Differentialformen und Vektoranalysis. VEB Deutscher Verlag der Wissenschaften, Berlin, 1973.

[35] *Heil, E.:* Differentialformen. Bibliographisches Institut, Zürich, 1974.

[36] *Nöbeling, G.:* Integralsätze der Analysis. De Gruyter, Berlin, 1978.

[37] *Schreiber, M.:* Differential Forms. Springer, New York, 1977 (Universitext).

Erklärung der Symbole

$\mathscr{A} = \mathscr{A}_{\mathbb{R}}$, $\mathscr{A}^g = \mathscr{A}^g_{\mathbb{R}}$	Kategorie der (graduierten) $\mathbb{R}$-Algebren	11
$\mathrm{Ann}(\varphi_1, \ldots, \varphi_q)$	Annullator der Pfaffschen Formen $\varphi_1, \ldots, \varphi_q$	142
$\mathfrak{Ann}(B)$	Annullator des Teilbündels B von $\mathfrak{D}M$	146
$\mathfrak{A}_p(X)$, $\mathfrak{A}(X) := \bigoplus_{p \in \mathbb{N}} \mathfrak{A}_p(X)$	alternierende p-Formen, alternierende Multilinearformen auf dem Vektorraum X	17
$\mathfrak{A}_p(f)$, $\mathfrak{A}(f)$	Abbildung zwischen Moduln alternierender Multilinearformen, induziert durch die Abbildung f	17, 18
$B \underset{M}{\times} B'$, $B_1 \underset{M}{\times} \cdots \underset{M}{\times} B_r$	Faserprodukt von Vektorraumbündeln	82, 83
$B^{(r)}$	r-faches Faserprodukt des Vektorraumbündels B über M mit sich selbst	83
$\mathscr{C}^r_x(M)$	Algebra der $\mathscr{C}^r$-Funktionskeime in $x \in M$	66
$\mathscr{C}^r(U)$	Algebra der r-mal stetig differenzierbaren Funktionen auf U	51
D	affiner Zusammenhang	153
dF	Hyperflächenmaß	47, 182
ds	Bogenmaß	47, 181
dV, |dV|	orientiertes bzw. absolutes euklidisches (Riemannsches) Volumenmaß	31, 170
$d\mu$, $\|\Delta\|$	Volumenmaß	109
df, $d\varphi$	äußere Ableitung einer Funktion bzw. Differentialform	125
$d_D\Phi$, $\vec{d}\Phi$	äußere Ableitung einer vektorwertigen Differentialform	155, 186
$\deg F$	Abbildungsgrad der Abbildung F	231
div_D, div, $\mathrm{div}_{d\mu}$	Divergenz	168, 186, 195
$\mathfrak{D}_x F$	totales Differential der Abbildung f im Punkte x	52, 98, 100
$\mathfrak{D}_x M$	Tangentialraum an M im Punkte x	98

$\Lambda(X)=\bigoplus_{p\in\mathbb{N}}\Lambda_p(X)$	Graßmann-Algebra des Vektorraums X	21
$\Lambda(f)=\bigoplus_{p\in\mathbb{N}}\Lambda_p(f)$	Abbildung zwischen Graßmann-Algebren, induziert durch die Abbildung f	21, 90
$\Lambda(M,B):=\bigoplus_{p\in\mathbb{N}}\Lambda_p(M,B)$	Graßmann-Algebra der alternierenden Multilinearformen auf dem Vektorraumbündel B über M	89
$\vec{\Lambda}_p X$	Vektorraum der vektorwertigen alternierenden p-Formen auf X	40
$\vec{\Lambda}_p f$	Abbildung zwischen Moduln vektorwertiger alternierender p-Formen, induziert durch die Abbildung f	40
$\vec{\Lambda}_p(M,B)$	vektorwertige alternierende p-Formen auf dem Vektorraumbündel B über M	91
$\mathfrak{M}_p(X)$	p-lineare Formen auf dem Vektorraum X	12
$\mathfrak{M}(X):=\bigoplus_{p\in\mathbb{N}}\mathfrak{M}_p(X)$	Multilinearformenalgebra auf X	12
$\mathfrak{M}_p(f)$, $\mathfrak{M}(f):=\bigoplus_{p\in\mathbb{N}}\mathfrak{M}_p(f)$	Abbildung zwischen Multilinearformenmoduln, induziert durch die lineare Abbildung f	13
$\mathfrak{M}_p(M,B)$, $\Lambda_p(M,B)$	(alternierende) p-Linearformen auf dem Vektorraumbündel B über M	88
$\mathscr{n}$	Normalenfeld	116
$\mathcal{O}$	Orientierung	30, 111
$\partial\mathcal{O}$	induzierte Orientierung auf dem Rand einer berandeten Untermannigfaltigkeit	119
$\varphi_p\wedge\psi_q$, $\varphi_p\wedge\phi_q$, $\phi_p\wedge\Psi_q$	Graßmann-Produkte	21, 42, 43, 89, 93, 151
$(\varphi_p,\psi_p)_p$	induziertes Skalarprodukt für p-Formen	30, 170
$\phi_p\times\Psi_q$	Vektorprodukt vektorwertiger alternierender p-Formen	46, 159

REGISTER

S

T

U

V

W

Z